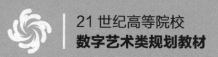

21世纪高等院校
数字艺术类规划教材

Photoshop CC+ Illustrator CC 图形图像处理应用教程

王金玲 陈浩杰 ◎ 主编
焦春燕 张成新 王俊卿 ◎ 副主编

人民邮电出版社
北京

图书在版编目（CIP）数据

Photoshop CC+ Illustrator CC图形图像处理应用教程 / 王金玲，陈浩杰主编. -- 北京 : 人民邮电出版社，2017.4
21世纪高等院校数字艺术类规划教材
ISBN 978-7-115-44686-2

Ⅰ. ①P… Ⅱ. ①王… ②陈… Ⅲ. ①图象处理软件－高等学校－教材 Ⅳ. ①TP391.41

中国版本图书馆CIP数据核字(2017)第008305号

内 容 提 要

Photoshop CC 和 Illustrator CC 是当今最流行的图像处理和图形设计制作软件，被广泛应用于平面设计、广告制作、包装装潢、网页设计和影视后期制作等诸多领域。这两个软件界面友好、易学易用，且具有强大的图像和图形处理功能，深受广大用户青睐。

本书以循序渐进的方式，全面介绍了 Photoshop CC 和 Illustrator CC 的基本操作和功能，中间配有针对性小实例，以加深读者对软件功能的理解，提高读者的基本操作技能。每章最后一节设置综合实例，意在帮助读者巩固所学知识，拓展读者的实际综合应用能力。本书最后一章是这两个软件的综合应用案例，目的是让读者在实际工作中，如何更好地利用 Photoshop CC 和 Illustrator CC 的优势，轻松出色地完成平面设计任务。

本书案例丰富，与实践结合密切，适合作为高等院校广告设计、艺术设计和印刷包装专业的教材，也可供广大爱好图像图形处理和网页设计的用户参考。

◆ 主　　编　王金玲　陈浩杰
　副 主 编　焦春燕　张成新　王俊卿
　责任编辑　张　斌
　责任印制　杨林杰

◆ 人民邮电出版社出版发行　　北京市丰台区成寿寺路 11 号
　邮编　100164　　电子邮件　315@ptpress.com.cn
　网址　https://www.ptpress.com.cn
　涿州市般润文化传播有限公司印刷

◆ 开本：787×1092　1/16
　印张：22　　　　　　　　2017 年 4 月第 1 版
　字数：536 千字　　　　　2024 年 9 月河北第 15 次印刷

定价：55.00 元

读者服务热线：(010)81055256　印装质量热线：(010)81055316
反盗版热线：(010)81055315
广告经营许可证：京东市监广登字 20170147 号

前言

Photoshop CC 和Illustrator CC 是当今最流行的图像处理和图形设计制作软件，编写本书的目的是为了使更多读者快速掌握Photoshop CC 和Illustrator CC软件的功能，提高操作技能。

1. 本书特点

- 结构科学，自学、教学均可

本书采用分篇的方式编写，全书分为基础知识篇、Photoshop篇、Illustrator篇和综合案例篇。基础知识篇讲解了图像图形处理的基础知识，为以后的学习和设计制作奠定基础。Photoshop篇和Illustrator篇分别讲解这两个软件的基本功能和命令，并以针对性的实例对知识进行巩固和应用。每一章的最后都安排了综合实例和练习，便于读者综合应用本章的知识操作实例并自我练习，真正对所学软件融会贯通、熟练掌握。综合案例篇主要讲解这两个软件在实际工作中的综合应用，帮助读者更好地利用Photoshop CC 和Illustrator CC的优势，轻松出色地完成平面设计任务。因此，本书不管用于自学还是教学，都可以获得不错的效果。

- 语言通俗易懂，讲解清晰，前后呼应

本书以较小的篇幅、通俗易懂的语言来讲解软件的每一项功能和每一个实例。

- 实例丰富，与实践紧密结合

本书实例丰富，对经常使用的软件功能和命令，均以实例的形式展现出来，便于读者学习和掌握相关知识，并且每个实例以标题的形式列在目录中，方便读者快速查阅。

- 版面美观，图例清晰

本书每一个图例都经过作者精心选择和编辑。

2. 本书内容介绍

本书分为4篇，共16章，其主要内容介绍如下。

- 基础知识篇（第1章）

在这一篇（第1章）中，介绍了图像图形处理的基础知识。主要内容包括：Photoshop CC 和Illustrator CC的基本功能及两者的区别；位图和矢量图、像素和分辨率的概念；图像的格式及各种格式的适用范围；平面设计中版面布局原则和色彩搭配原则。

- Photoshop篇（第2～10章）

在这一篇（第2～10章）中，详细介绍了Photoshop CC 的各项功能。内容主要包括：Photoshop CC 的基本操作；图像选择、图层、路径、通道基本操作和应用；图像色彩调整、图像绘制和修图的基本方法与技巧；滤镜的功能和应用。

- Illustrator篇（第11～15章）

在这一篇（第11～15章）中，详细介绍了Illustrator CC 的各项功能。内容主要包括：基本路径的绘制；路径的编辑；文字的创建与编辑；描摹图像和实时上色；图层与蒙版应用；画笔、符号与混合的应用；特殊效果、网格与封套扭曲；图表的应用等。

- 综合案例篇（第16章）

在这一篇（第16章）中，介绍了“日照啤酒广告”和“药品包装盒制作”两个综合案例，分析了Photoshop CC和Illustrator CC 结合使用的方法和技巧。

3. 配套资料

为方便读者线下学习和教学，本书提供书中所有案例的基本素材和效果文件，读者可以根据这些文件轻松地制作出与本书实例相同的效果。

本书以章为单位精心制作了本书对应的PPT教学课件，课件的结构与书本讲解的内容相同，能更好地辅助老师教学。以上资料，用户可通过登录人邮教育网站（www.ryjiaoyu.com）进行下载。

由于时间仓促，加之编者水平有限，疏漏之处在所难免，希望广大读者给予指正。

编　者

2016年12月

目录
CONTENTS

基础知识篇

Photoshop 篇

Illustrator篇

综合案例篇

基础知识篇

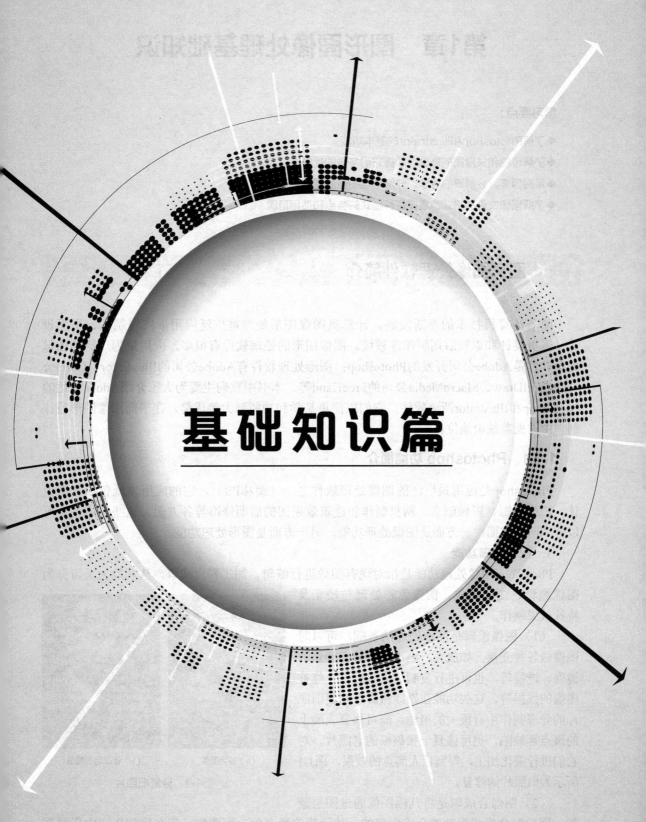

第1章　图形图像处理基础知识

学习要点：

- ◆了解Photoshop和Illustrator的基本功能
- ◆了解位图和矢量图的概念，掌握它们各自的优缺点
- ◆掌握像素、分辨率的概念，分辨率与图像质量之间的关系
- ◆了解图像文件的格式，掌握每种格式的特点和适用范围

1.1 图形图像处理软件简介

随着计算机技术的不断发展，计算机图像图形处理被广泛应用于广告制作、平面设计、网页设计和影视后期制作等领域。图像图形的处理软件有很多，应用最为广泛的图像处理软件是Adobe公司开发的Photoshop；图形处理软件有Adobe公司的Illustrator、Corel公司的CorelDraw、MacroMedia公司的FreeHand等。本书中我们主要为大家介绍Adobe公司的Photoshop和Illustrator两个软件，它们以简单易学和功能强大等优势，在平面图像图形设计制作中占据着统治地位。

1.1.1 Photoshop 功能简介

Photoshop是应用最广泛的图像处理软件之一（简称PS），它的应用领域包括平面设计、广告摄影、影像创意、网页制作和建筑效果图的后期修饰等各方面。这些应用主要可以分为两个方面：一方面是图像处理功能，另一方面是图形处理功能。

1. 图像处理功能

Photoshop图像处理功能是指对现有图像进行编辑、加工和合成等，从功能上又可分为图像编辑、图像合成、图像色彩处理与校正及特殊效果制作。

（1）图像编辑是图像处理的基础，可以对图像做各种变换，如放大、缩小、旋转、倾斜、镜像、透视等，也可进行复制、去除斑点、修补图像的残损等。这些功能在婚纱摄影、修复旧照片的处理制作中有很大的用途，既可修复人脸上的斑点等缺陷，也可修复一张破损的老照片，对它们进行美化加工，得到让人满意的效果。图1-1所示为旧照片的修复。

（a）原始图像　（b）修改后的图像

图1-1　修复旧照片

（2）图像合成则是将几幅图像通过图层蒙版、图层混合模式等功能合成完整的、传达明确意义的一幅图像。现在日常生活中所见到的广告设计、平面设计等作品，大多都是通过图像合成制作的。图1-2所示的化妆品的广告，就是由Photoshop将多幅图像合成的效果。

（3）图像色彩处理与校正是对图像的颜色进行明暗、色偏和阶调的调整和校正，以及图像在不同颜色模式之间进行切换，以满足图像在不同领域如网页设计、印刷、多媒体等方面的应用。图1-3所示为偏色原稿校正。

（4）特殊效果制作主要是由滤镜、通道及工具综合应用完成，包括图像的特殊效果创意和特效文字的制作等。图1-4所示照片的边框效果，就是由Photoshop滤镜制作的一种效果。

图1-2 广告版面

（a）偏色原稿 （b）色彩校正后的图像

图1-3 色彩校正

图1-4 照片的边框效果

2. 图形处理功能

Photoshop图形处理功能是指通过一些绘图工具及命令，新绘制出一些图形，图1-5所示的Adobe公司的标志和奥运五环就是通过Photoshop绘制的。这一功能也为美术设计者和艺术家带来了方便，他们可以不用画笔和颜料，随心所欲地发挥想象，创作自己的作品。

图1-5 绘制的图形

3. Photshop CC 功能简介

Photshop CC 是Adobe推出的最新版本，与以前版本相比，它有以下几项主要功能。

（1）智能锐化：新功能的智能锐化让软件对图像进行分析，分辨出图像真实细节与噪点，做到只对细节锐化，忽略噪点，再也不用担心图像锐化的同时会让噪点也更加明显。

（2）智能放大采样：Photoshop CC 改进了“图像大小”功能，增加了预览窗口和保留细节及减少杂色控制，让我们在处理图片大小的时候，能够更好地保持原图的真实度。

（3）相机防抖功能：此功能可自动减少由相机震动产生的图像模糊，软件会分析相机在拍摄过程中的移动方向，然后应用一个反向补偿，消除模糊画面。这意味着摄影师在手持拍摄慢门照片或使用长焦镜头时可以更安心。

（4）改良了3D绘画和3D面板：在3D对象和纹理对应上进行绘图时，实时预览的速度最高可加快100倍，互动效果也更好。有了强大的Photoshop绘图引擎，任何的3D模型都看起来栩栩如生。3D面板可使2D到3D编辑的转变更为顺畅。

（5）CSS属性复制：以手动方式编写网页设计的程序代码时，不一定能取得与原始元素相符的元素（例如圆角和色彩）。Photoshop CC针对特定的设计元素产生CSS程序代码，可以轻松将程序代码复制并粘贴至网页编辑器，获得想要的结果。

1.1.2 Illustrator 功能简介

Photoshop虽然具有一定的绘图功能，但此功能并不强大。为了弥补Photoshop矢量作图上的不足，Adobe公司推出了Illustrator专业矢量绘图软件（简称AI），已成为出版、多媒体和网络图像的工业标准矢量插画软件。该软件不仅能处理矢量图形，也可处理位图图形。它提供许多设计工具，方便设计师使用，通过利用这些工具，可以很快绘画出一些比较复杂的图形，用于Web、广告、印刷以及动态媒体等项目。Illustrator在印刷出版、海报和书籍排版、专业插画、多媒体图形制作和互联网页面的制作等众多领域都可发挥重要的作用。它不仅仅是艺术作品工具，同时也提供相当的精度，设计的作品胜任各种小型到大型的复杂项目，图1-6所示的服装广告和插画就是用Illustrator设计制作的。

图1-6 Illustrator绘制的广告和图形

Adobe Illustrator CC 软件是Adobe近几年推出的新版本，它具有以下特点。

（1）触控文字工具：以强大的新方法设计文字。可以像处理独立物件般地处理文字。随时都可以变更字体或加以编辑，可以自由地尝试各种创意，将文字移动、缩放及旋转。也可以在不转曲文字的基础上，进行文字中单个文字的修改，如旋转、缩放等。

（2）以影像制作笔刷：可使用从图像制作的笔刷进行绘图。书法画笔笔刷、图案画笔笔刷和散点画笔笔刷等都可包含点阵图像，用简单的笔刷画一下就可快速建立复杂的生动设计。位图可以定义成画笔笔触，进行路径描边。

（3）多对象置入：同时将多个对象置入AI版面并使用新的控制方法。可以定义对象（图像、图形和文字）的位置和尺寸大小，并使用新的缩图查看每个对象的位置及大小。

（4）CSS 撷取：AI可以自动生成每个选中物体的网页代码，方便将设计与网页结合。

（5）区域和点状文字转换：在区域文字和点状文字之间进行快速切换。

（6）用笔刷自动制作角位的样式：使用自动产生的角位快速建立图样笔刷，并与笔画的其他部分完全吻合。

（7）分离模式：将物件分成一组进行编辑，不干扰图稿的其他部分。轻松选取难以选择的物件，而不必重新堆叠、锁定或隐藏图层。

（8）多个工作画板：可组织并检视高达100个大小各异、重叠或在格线上的工作画板。快速新增、删除、重新排序和命名。单独或一起储存、转存和列印。

（9）渐层与透明度：直接在物件上处理渐层，定义椭圆形渐层的尺寸、编辑色彩并调整不透明度。沿着笔画的长边、宽边或在笔画本身内部套用渐层。甚至在网格上建立渐层效果。

（10）图像描图：针对色彩和图形提供了控制功能的强大描图引擎，可将点阵图像转换成可编辑的矢量图。利用简单、直觉式的选项，获得清晰的线条、精确的调整与稳定的效果。

（11）3D和透视绘图：通过突出和旋转路径，将2D形状转化为可编辑的3D物件。还可加入光源和表面图像，建立栩栩如生的矢量图。运用内建透视格点，以精确的1、2或3点线性透视进行绘制，取得逼真的深度和距离。

1.2 图像处理的基础知识

要想熟练高质量地处理图像图形，不仅要熟练掌握图像图形处理的相关软件，而且还需要掌握图像和图形方面的基础知识，如图像的类型、图像分辨率和图像的格式等。

1.2.1 图像的类型

计算机图像的类型主要分为两类：位图图像和矢量图形。这两种类型的图像各有优缺点，因此了解两类图像间的差异，对创建、编辑和导入图像很有帮助。

1. 位图图像

位图图像由许多点组成，这些点称为像素。所谓像素是具有一定颜色值和亮度的小方块。

（1）位图图像的优点。

①能表现颜色和色调变化丰富的图像，可逼真地表现出自然界的景观，如照片。

②能够在不同软件之间交换文件。

（2）位图图像的缺点。

①位图图像质量与分辨率有关，它们包含固定数量的像素，每个像素都分配有特定的位置和颜色值。图像在旋转或放缩时可能失真，如图1-7所示，当位图图像放大一定尺寸后或者采用过低的分辨率打印时，位图图像会出现锯齿现象。

②需要的存贮空间大，图像的处理速度也慢。

图1-7　不同放大级别的位图图像示例

2. 矢量图像

矢量图像是由经过精确定义的直线和曲线组成，这些直线和曲线称为向量。矢量图形与分辨率无关，也就是说，可以将它们缩放到任意尺寸，可以按任意分辨率打印，而不会丢失细节或降低清晰度，如图1-8所示。

图1-8　不同放大级别的矢量图像示例

矢量图像的缺点：

①矢量图的文件所占容量较小，但这种图形的缺点是不易制作色调丰富和颜色变化太多的图像，无法像照片一样精确地描述自然界的景观的颜色。

②不易在不同的软件间交换文件。因此，矢量图形最适合表现卡通、标志和工程图等，这类图缩放到不同大小时要求必须保持线条清晰的图像。

1.2.2 像素和分辨率

1. 像素

像素是具有一定颜色值和亮度的小方块，它是数字图像的最基本单位。

2. 分辨率

分辨率指单位长度内包含的点（即像素）个数。它可以分为以下几种类型。

（1）图像分辨率：就是每英寸图像包含多少个像素（英文缩写px）或点，单位是像素/英寸（英文缩写为ppi）、点/英寸（英文缩写为dpi）。图像的大小直接影响图像的质量，图像分辨率越高，图像越清晰，但图像文件也越大，处理它也就越费时。因此应根据实际需要，适当设置图像的分辨率，如图像要在网上传递，图像分辨率设为72dpi就足够了，因为计算机屏幕的分辨率一般为72dpi；如果图像要印刷，图像的分辨率一般设为300dpi。

（2）设备分辨率：是各类设备每英寸上可产生的点数或像素数，它与图像分辨率有着不同之处，图像分辨率可以更改，而设备分辨率则不可以更改。如显示器、喷墨打印机、激光打印机、扫描仪和数字相机，各自都有一个固定的分辨率。

（3）位分辨率：位分辨率又称位深度，指定图像中的每个像素可以使用的颜色信息数量。每个像素使用的信息位数越多，能表示的颜色就越多，颜色表现就更逼真。例如，位深度为1的图像的像素有两个可能的值：黑色和白色。位深度为8的图像有2^8（即256）个可能的值，位深度为8的灰度模式图像有256个可能的灰色值。RGB图像由三个颜色通道组成。8位/像素的RGB图像中的每个通道有256个可能的值，该图像有1600万个以上可能的颜色值。有时将带有8位/通道的RGB图像称作24位图像（8位×3通道=24位数据/像素）。

除了8位/通道的图像之外，Photoshop还可以处理包含16位/通道或32位/通道的图像。包含32位/通道的图像也称作高动态范围（HDR）图像。

1.2.3 图像文件的格式

图像文件的格式是指图像数据以电子方式保存的规定和规范，根据记录图像信息的方式（位图或矢量图形）和压缩图像数据的方式不同，可以分为多种，如BMP、JPEG、TIFF、PSD、EPS等。每一种格式都有它各自的特点和使用范围。

1. TIFF

TIFF（Tag Image File Format）图像文件是由Aldus和Microsoft公司为桌上出版系统研制开发的一种较为通用的图像文件格式。它是一种无损压缩格式、能够存储非常多的图像细微层次的信息，因此非常有利于原稿的复制，故常用于打印、印刷。

特点：支持多种图像模式；支持Alpha通道；支持多图层与带路径图像。

2. JPEG

JPEG是Joint Photographic Experts Group（联合图像专家组）的缩写，它是一种有损压缩格式，能够将图像压缩在很小的储存空间，图像中重复或不重要的资料会被丢失，因此容易造成图像数据的损失。因为JPEG格式的文件尺寸较小，下载速度快，常用于网络文件。

特点：数据量小，节省磁盘空间；不支持Alpha通道和多图层图像；支持带路径图像。

3. EPS

EPS（Encapsulated PostScript）是用PostScript语言描述的一种ASCII码文件格式，主要用于排版、打印等输出工作。

特点：存储裁切路径；支持其他格式不能支持的图像模式，如单色调、双色调图像；包含加网信息；能够保存分色信息，如纸张和油墨组合、分色类型、网点扩大关系、黑版生成函数、黑墨极限和油墨总量等；能够保存色彩管理信息。

4. PDF

PDF（Portable Document Format）是Adobe公司开发的电子文件格式。不仅用于印前，也用于电子出版。如电子图书、产品说明、公司广告、网络资料。

特点：PDF文件格式与操作系统平台无关；PDF文件使用了工业标准的压缩算法，PDF文件小，易于传输与储存；PDF文件格式可以将文字、字型、格式、颜色和图形、图像等封装在一个文件中；PDF文件格式包含超文本链接、声音和动态影像等电子信息。

5. PSD

PSD（Photo Shop Document）是Photoshop图像处理软件的专用文件格式。

特点：可以支持图层、通道、蒙版和不同色彩模式的各种图像特征，是一种非压缩的原始文件保存格式。PSD文件有时会很大，但由于可以保留所有原始信息，在图像处理中对于尚未制作完成的图像，选用 PSD格式保存是最佳的选择。

6. BMP

BMP是Windows操作系统中的标准图像文件格式。

特点：BMP格式与现有Windows程序兼容性好；BMP不支持压缩，包含的图像信息较丰富，但文件占用磁盘空间过大。目前BMP在单机上比较流行，而不受Web浏览器支持。

7. GIF

GIF（Graphics Interchange Format）的原意是“图像交换格式”，目前是Internet上的最常用的彩色动画文件格式。

特点：压缩比高，磁盘空间占用较少，网络上传输速度快；不能存储超过256色。

1.3 版式设计

1.3.1 平面设计概念

平面设计（graphic design），也称为视觉传达设计，是以“视觉”作为沟通和表达方式，是传达信息的重要手段和媒介。它通过画面中的视觉元素——图形、色彩、文字等，经过一定的艺术创造和技术处理来吸引观众，创造一种气氛，激起人们的美感，满足人们的审美情趣，使人们在美好享受中接受某种信息，进而达到认同或占有的目的。

版式设计和颜色搭配是平面设计的重要方面组成部分，这两方面设计的好坏，直接决定设计作品的成败，是现代设计者所必备的基本功。因此，本章介绍一些版式设计和颜色搭配的基本原则，为读者提供一定的平面设计理论。

1.3.2 版式设计的基本原则

版式设计就是在版面上，将图片、文字进行排列组合，以达到传递信息和满足审美需求的作用，它是艺术构思与编排技术相结合的工作，是艺术与技术的统一体，是平面设计中的重要组成部分。通常版式设计可遵循以下原则。

1. 突出主题

平面设计版面中，往往有大量的视觉设计元素，想要清晰、明确的表达出主题，首先就要确定主题思想内容。版面设计中要突出主题，就不能将所有的设计元素设计成一样的均衡，色彩或者形式上要有所变化，强调出个性。图1-9和图1-10所示的版面，就是放大主题部分，缩小次要部分，并给主体留有充足的空白。图1-9的婚戒广告中，主题婚戒被放大，说明文字被缩小，使观众瞬间过目不忘，达到了产品宣传的最佳效果。在图1-10（b）的名片中，姓名被放大，且上下都留有空白，而地址和电话等信息被缩小。与图1-10（a）版式相比，有了明确主题，画面就有了主次，信息更有条理，便于阅读。

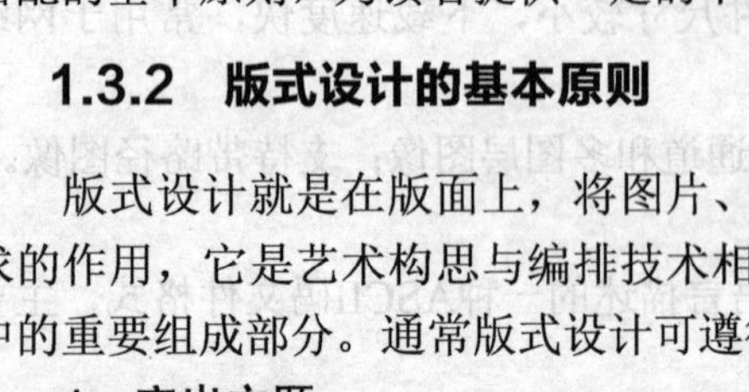

图1-9　突出主题图像

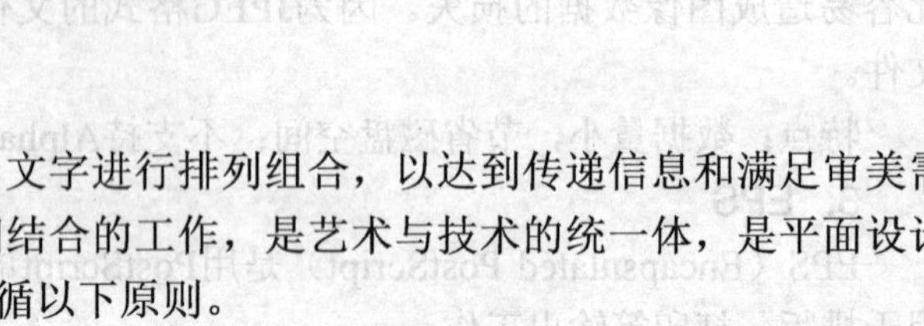

（a）　（b）

图1-10　突出主题文字

2. 形式与内容要统一

任何设计都是为内容服务的，版面设计更要遵从这一原则，只有达到内容与形式的统一，才能让读者更充分的了解作品所要表达的内容。版面设计要在内容的引导下体现设计的风格，并在此基础上使用较为准确而又具新鲜感的形态语言，表现设计师的艺术风格特色。图1-11所示的环保公益广告，设计师要表达保护环境、关注全球暖化的主题，采用一个骑自行车人的形象来展现，再配有相关文字，就能将内容和形式很好地统一起来。

图1-11　形式与内容统一

3. 强调整体布局

设计画面中，为清楚表达意图，将信息准确的传递，需要将相类似的视觉元素进行分类，使图与图、图与文在编排结构和色彩上做整体设计。获得整体性布局的方法有以下几种。

（1）加强信息的集合性，设计过程中就要有意识地将同类信息放置在同一片区域内。

图1-12（a）中图片的文字解释说明放在一起，信息就不明确。图1-12（b）调整了图片的文字的解释说明，使文字说明紧随图片，并用线条隔开，就增强了版面文字的条理性和清晰的导读性。

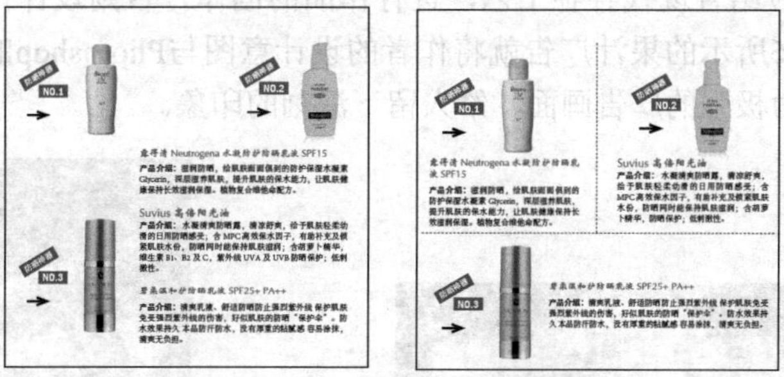

（a）　（b）

图1-12　加强信息的集合性

再如图1-13（a）虽然同类信息放在一个区域，但是文字和图片不对齐，版面就显得杂乱。图1-13（b）中各组图片和文字都有各自区域，并且图片、文字与段落都对齐排列，这样可以使版面条理清晰。

（a）　（b）

图1-13　信息对齐

（2）加强整体结构的组织方向的图视觉秩序，如水平结构、垂直结构、倾斜结构和曲线结构等。图1-14（a）中图片和文字排列为水平，引导视线在水平线上左右地移动，这种视觉秩序为水平结构。通常采用这种视觉秩序排版的信息会传达出稳重、可信的视觉语言，在商业广告中运用较多。图1-14（b）的视觉秩序为倾斜结构，这种结构给人强烈的运动冲击感，能有效地烘托主题诉求，能够吸引人的视线。

（a） （b）

图1-14 视觉秩序一致

（3）加强展开页的整体设计。无论是跨页、折页还是同一视野下连页的设计，均为同一视线下展示的版面。图1-15所示为同一视野下的跨页，上面的图为同一图像，下面版面颜色相同，加强整体性可以获得更加良好的视觉效果。

4. 艺术与技术的统一

艺术是指在色彩、构图、文字与图案搭配方面融入设计者自己的意图和感觉，注重艺术表现。但设计者应结合现代各种工艺，进行作品的创作，否则设计作品将会在现行技术下无法实施。图1-16所示的果汁广告就将作者的设计意图与Photoshop的图像处理技术相结合，产生视觉冲击力极强的广告画面，给人留下深刻的印象。

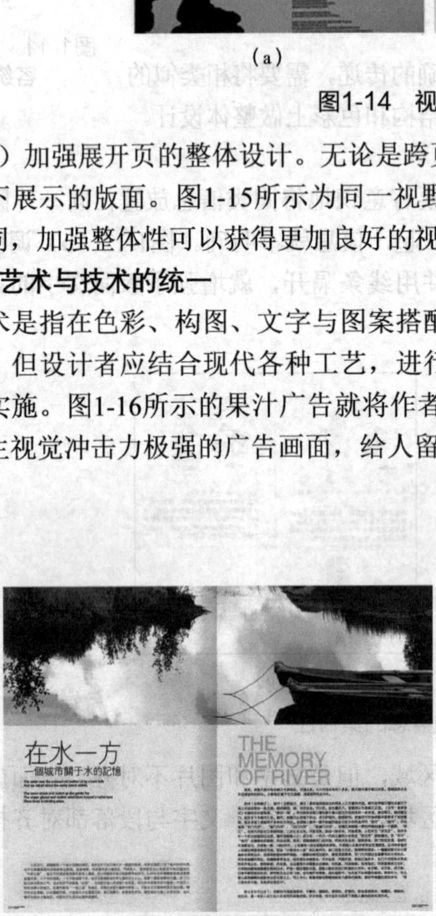

图1-15 跨页整体设计

图1-16 艺术与技术的统一

1.3.3 版面设计的编排构成

1. 点、线、面的编排构成

版面有点、线、面3种不同编排形式。一个平面作品如果突出了其中一种编排形式，则平面作品就体现了该形式所具有的属性和视觉效果。于是，人们把点、线、面的编排形式作为一种编排的规则。点、线、面的构图规则是版面设计的基本元素和主要的视觉语言形式。

（1）点的编排规则。版面上的主体以点的形式存在，为突出局部效果而设计。人们在观察以点的形式表现的主体时，会不由自主地用心观察局部细节，集中了视线，产生了突出主体的视觉效果。

图1-17所示是典型的点构图形式，图中的点是汉堡，图片放大，并置于版面中央，突出了主体视觉效果，达到了产品宣传的最佳效果。

（2）线的编排规则。线是点的轨迹，线可以是静止的，也可以运动。版面设计中有各种类型的线，如直线、曲线和花线。线可以构成各种装饰的图案和各种形状，对版面内容进行分隔，以实现清晰、条理的秩序，不同比例的空间分割，使版面产生空间对比与节奏感，最终实现和谐统一。图1-18（a）中，线起到分割版面的作用；图1-18（b）中，线又起到引导视线的作用。由此可见，线能使版面富于变化，也能够产生规则、平稳的视觉效果。

（3）面的编排规则。面在版面中的概念，可理解为点的放大、点的密集或线的重复。另外，线的分割产生各种比例的空间，同时也形成各种比例关系的面。面在版面中具有平衡、丰富空间层次、烘托及深化主题的作用。

图1-17 版面中的点

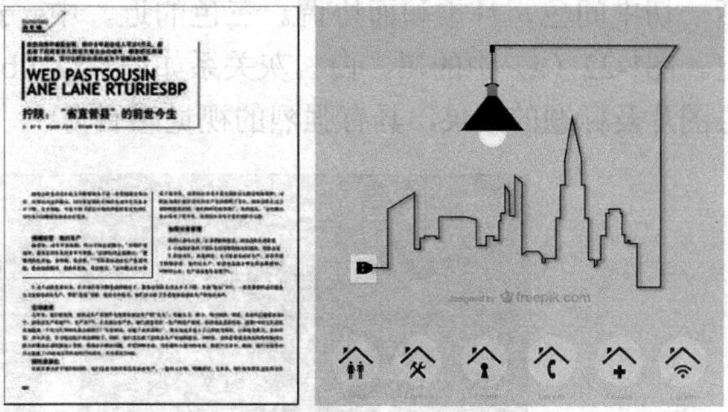

（a） （b）

图1-18 版面中的线

2. 三维空间的编排构成

平面编排中的三维空间，是在二维平面上建立的近、中、远立体的看见关系，可见摸不着，是假想空间，是借助多方面的可见的关系表现，即比例、动静图像、肌理等可见因素。

（1）比例关系的空间层次。是指面积大小的比例关系，即近大远小所产生近、中、远的空间层次。在版面编排中，可将主体形象放大或标题文字放大，次要形象缩小，来建立良好的主次、强弱的空间层次关系，同时也可增强版面的节奏感和韵律感。如图1-19所示，前面的人物大，后面的天鹅小，通过画面中图像的大小比例不同，使画面有了立体空间的感觉。

（2）位置关系的空间层次。一种是前后叠压的位置关系所构成的空间层次。将图像或文字作前后叠压排列，产生具有节奏的空间层次关系和层次丰富的空间视觉效果。如图1-20所示，图像前后叠压，产生空间的立体层次。

另一种位置关系的空间层次是指版面上、下、左、右、中间位置所产生的空间层次。版面的最佳视域安排重要的信息，其他信息与主体信息配合，安排在上或下的次要位置。如图1-21所示，将手表图片放在了版面的中央，文字和其他信息排在了上或下的次要位置，产生版面空间的立体层次。

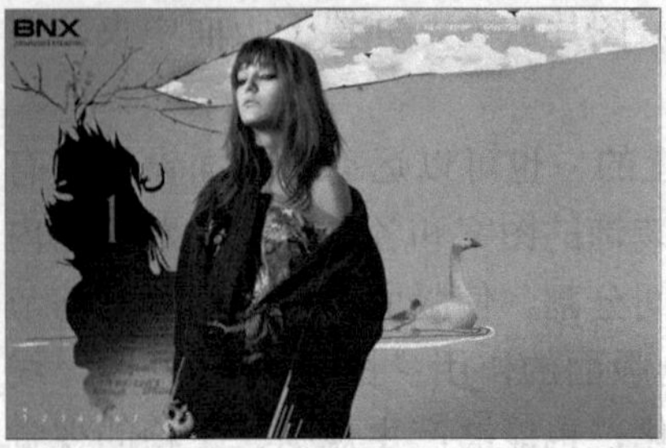

图1-19　比例关系的空间层次

图1-20　位置关系的空间层次

图1-21　位置关系的空间层次

（3）黑、白、灰关系的空间层次。在版式设计中，图形与图形、图形与文字、文字与文字、元素与背景之间，无论是有色或无色的，我们在视觉分析时都可归为黑、白、灰三色空间层次。黑白为对比极色，最单纯、强烈、醒目，最能保持远距离视觉；灰色能概括一切中间色，且柔和而协调。三色的近、中、远空间位置，依版面具体的明暗调关系而定。图1-22（a）中的黑、白、灰关系如图1-22（b）所示，文字色彩的减弱，加强了视觉中心图片及标题的效果，具有强烈的视觉感召力。

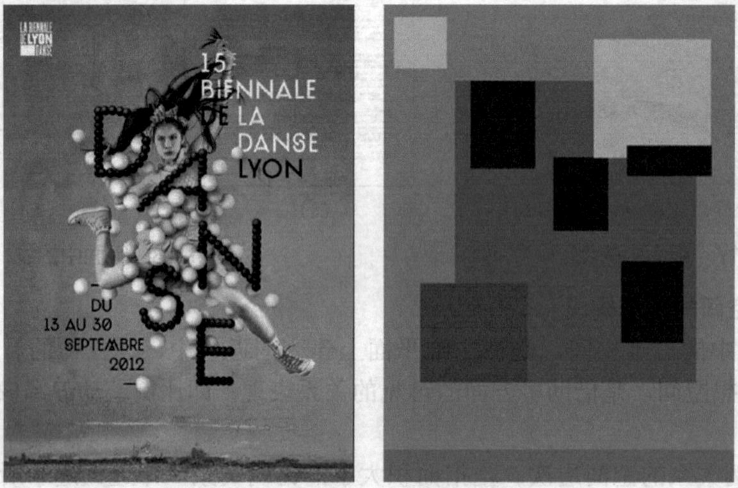

（a）　　　　　　　　　　（b）

图1-22　黑、白、灰关系的空间层次

3. 文字的编排构成

文字是任何版面的核心，也是视觉传达最直接的方式。在版式设计中，应该从文字的风格、大小、方向、明暗度等方面进行综合比较，才能使文字与画面融合与统一，使作品具有感染力。

（1）字体、字号和行距。字体设计和选用是版式设计的基础，并且每种字体都有自己的特色，在字体设计和选用时，应注意以下原则。

① 限定字体种类。一般而言一个平面页面最多采用三种字体，否则，会显得零乱而缺乏整体效果。如果文本数量太多，则最好采用同一字体家族中多种风格的字体。这样可使外观清新，信息传达统一协调。

② 突出个性，易读性。在字体设计时，尽量保证字体的书写规律，一般只在局部做夸张、变型、替代等变化，表达装饰处理的手法要鲜明。

③ 结合主题特点，选择与内容相符合的字体。如果想要传达的信息内容与字体给人的感觉不相符，观众就得不到共鸣，无法产生阅读的兴趣。图1-23（a）的版面标题用印刷字体黑体，图1-23（b）版面的标题用书法字体行楷。右侧版面标题字体与书法协会内容相符，读者容易产生共鸣，产生阅读的兴趣。

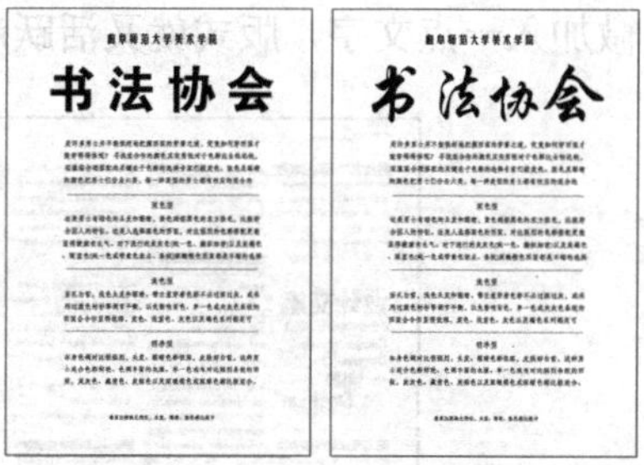

（a）（b）

图1-23 字体选择

④ 字号的选择原则是标题要醒目，一般选14～20磅的字，正文一般选8～11磅的字。

⑤ 正文的行距一般是半个字高，可以根据版面风格调整。但是字号小时，正文的行距不宜过紧密，尤其在字数较多情况下，不易阅读。如果字数不多，字号较大的正文的行距可适当缩小，可以给人信息丰富以及活泼可爱的感觉。

（2）文字排列方式。常见的文字排列方式有左齐或右齐、左右均齐、居中等。

① 左齐或右齐排列方式有松有紧，有虚有实，能自由呼吸，飘逸而有节奏感。左齐符合人们的阅读习惯，容易产生亲切感。右齐不符合人的阅读习惯，只适合用于少数情况，如右齐部分往往会与版面其他元素建立视觉联系，以取得版面的整体效果。图1-24（a）为左齐排版方式，给人很舒服的感觉。图1-24（b）左侧版面文字为右齐，虽这种排版方式不易阅读，但这样排版的目的是为右侧版面产生呼应，整个版面显得很齐。

② 文字居中对齐编排是以版面的中轴线为准，文字居中排列。这种排列方式能使视线集中，具有优雅、庄重之感，适合在低图版率的环境中使用，如图1-25所示。但在正文较多的情况下不宜采用，因为阅读起来不太方便。

③ 左右均齐给人以严谨理性的感觉，较多的空白给人以舒畅和高品质的感觉，是目前书籍、报刊常用的一种排版方式，如图1-26所示。

（a）（b）

图1-24 左齐或右齐排列

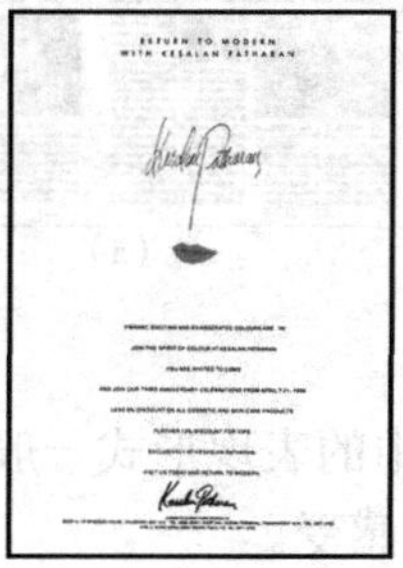
图1-25 居中排列

图1-26 左右均齐排列

4. 图形的编排构成

在版式设计中，图形是版面设计的视觉元素。图形视觉冲击力比文字语言更具有视觉艺术表现性，能够更直观、更形象、更通俗地传达信息。图形的排版应注意以下几点。

（1）图版率。图版率是指在版面中图形与文字所占的面积比。用%表示，版面中全是文字，图版率为0%。相反，版面中全是图形，图版率为100%。

图1-27所示为3种不同图版率的版面。图1-27（a）没有图的版式显得很压抑，令人窒息，这种版式只适合排版字典、法规等特殊用途的书籍。图1-27（b）加上一幅图后，版面有生气，让人产生阅读的兴趣。图1-27（c）图版率更大，版面显示更活跃，增加亲和力。但是图版率一旦超过了90%，如果没有文字，反而会感觉空洞无味，给人单调的感觉。稍

微加入一点文字，版式就又活跃起来。

（a）　　　　　　　　（b）　　　　　　　　（c）

图1-27　图版率

（2）跳跃率。跳跃率是指版面最小视觉元素（文字和图形）与最大视觉元素的比率。比率越大，跳跃率越高。图1-28所示放大某些图片或文字（标题文字），提高跳跃率，形成主次，版面显得更加有条理，有生气，吸引人的注意力。

（3）网格约束率。网格约束率是指文字、图形受网格约束程度。图1-29（a）是不同严格拘束于网格的版面，给人稳重的印象。图1-29（b）脱离网格则有自由的感觉，产生轻松有趣的版面。但是要体现庄重、高格调，最宜使用高网格拘束率的版面设计。

（a）　　　　　　　　（b）

图11-28　跳跃率　　　　　　　　图1-29　网格约束率

（4）图形的形态。图形在版面中的表现形式一般有角版、挖版、出血版和羽化版等几种，不同表现形式的图形给人不同的感受。

① 角版图也称为方形图，即画面被直线方框所切割，这是最常用、最简洁大方的形态，如图1-30（a）所示。这种图拘束性最强，给人严谨、冷静、高品质的影响，在较正式文版或宣传页设计中应用较多。

② 挖版图也称为退底图，即将图片中精彩的图像部分按需要剪裁下来，如图1-30（b）所示。这种图的不规则边缘给人以自由活泼的感受，是文学作品中常用的插图方式。但重要事件和人物不宜使用挖版，因为它给人轻松的感觉，不能体现严肃性，也不能引起读者注意。

③ 出血版有一个以上的边出血，无边框的限制，有向外扩张和舒展之势，如图1-30（c）所示，这种图更富变化、更加活泼，一般用于传达抒情或运动的版面。

④ 羽化版是将图像的边缘模糊，这种图片给人以柔美的印象。一般图片做背景，常用羽化处理，能使图片和背景色很好地融合在一起，如图1-30（d）所示。上面的两个人物图片羽化，与背景融合。另外，羽化版图片还有聚焦的功能，将非主题的内容羽化变虚，主题清晰可见，这样可以更好突出主题。可以想象一下，一部汽车，只突出其标志，而略去其他细节，可以更好的突出品牌。

（a）　（b）　（c）　（d）

图1-30　图形在版面中的形态

总之，角版沉静，挖版活泼，出血版舒展、大气，羽化版柔美。设计中，图形的处理方式可以穿插灵活运用，单一的编排方式会使版面显得呆板而松散无序。

1.3.4　版面的色彩搭配

1. 色彩的三属性

描述色彩有三个特征值：色相、明度、饱和度。

（1）色相是指色彩的相貌特征和相互区别。

（2）明度是指色彩的明暗程度，也就是色彩的深浅差别。

（3）饱和度是指色彩的纯净程度，用来表示色彩的鲜艳和明暗。

2. 色彩关系

（1）色相环。将可见光作环状弯曲，形成一个色相循序渐变封闭环，称为色相环。

（2）原色和间色。原色是指不能透过其他颜色的混合调配而得出的“基本色”。以不同比例将原色混合，可以产生出其他的新颜色。色光三原色是红色、绿色、蓝色；色料三原色是品红色、黄色、青色。在传统的颜料着色技术上，通常红、黄、蓝会被视为原色颜料（现代的美术书已不采用这种说法，而采用色料的三原色）。

间色，是由三原色中的某两种原色相互混合的颜色。

（3）暖色与冷色。暖色能让人感觉到温暖；冷色给人寒冷的感觉；中性色没有特别强烈的冷暖感觉。

（4）同类色。同类色是指单一色相变化明度、纯度达到丰富颜色变化效果。

（5）邻近色。在色相环中，凡是在60° 之内的颜色。或者相隔三四个数位的两种色彩称为邻近色。

（6）对比色是在色相环上与它互补色相邻的两种色相分别与该色形成对比关系，如黄色与红色、黄色与青色等，均为对比色。

（7）互补色是指色相环上相距180° 的一组色相互为补色。

各种色彩关系如图1-31所示。

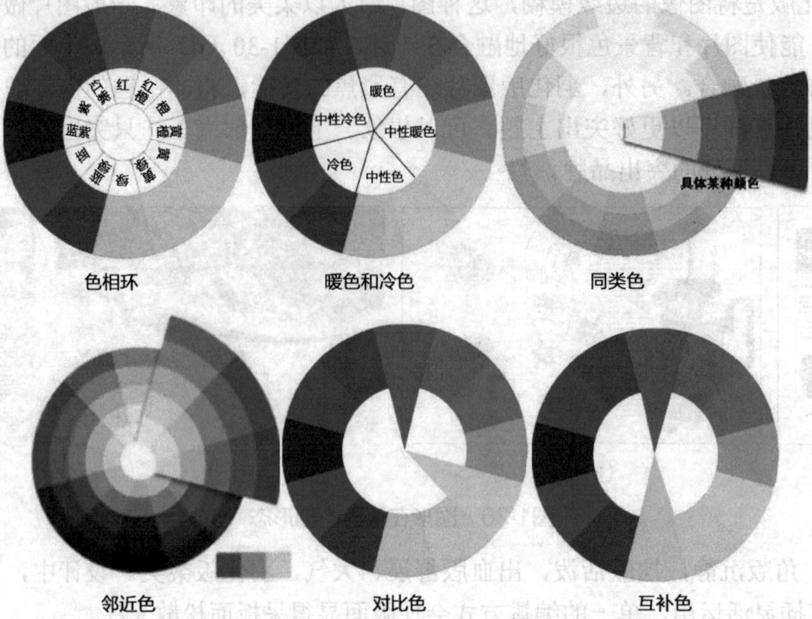

图1-31 色彩的关系

3. 色彩的对比与调和

色彩的对比是指两个或两个以上的色彩相比较，产生明确的差别。色彩种类繁多，千差万别，但归纳起来可分为以明度、纯度、色相、冷暖为差别的对比关系，因差别的大小而形成强弱不同的对比效果。

色彩的调和是指两个或两个以上的色彩，有秩序地、协调和谐地组织在一起，使人产生心情愉快的效果。我们进行色彩调和有两个目的：一是将对比强烈或对比太弱的色彩经过调整构成和谐统一的整体；二是在色彩自由的组织构成时达到美的色彩关系。

在平面设计中，当发现多个色彩放在一起产生不愉快的心情时，就要利用色彩的对比、调和关系进行画面处理，使其构成美的、和谐的色彩效果。

4. 色彩搭配原则

色彩搭配的目的是为了冲击视觉，产生美的心理感受。平面设计中进行作品设计时，如何将多种色彩配置在一起，达到完美的效果，需要了解色彩的搭配方法和原则。

（1）以色相为依据的色彩搭配。这个配色方法是以色相环为基础，按区域性进行不同色相的配色方案。当进行平面设计作品时首先应依照主题的思想、内容的特点、构想的效果、表现的因素等来决定主色或重点色。是冷色还是暖色、是艳色还是淡色、是柔色还是硬色等。主色决定后再决定配色，再将主色带入色相环便可以按照同一色相、邻近色相、对比色相、互补色相以及多色相进行配色。

① 同类色的配色是指相同的色相，主要靠明暗程度不同深浅的变化来构成色彩的搭配。同类色可以形成明暗的层次，给人一种简洁明快，单纯、幽雅、朴素、和谐的统一美。图1-32所示的洗发水广告，以不同深浅的蓝色进行搭配，给人一种清新自然的感觉。但是，采用同类色搭配，色彩变化小，会使色彩产生单调，缺乏颜色的层次感，属于对比较弱的色组。

图1-32　同类色搭配

② 邻近色相的配色包括的颜色范围较广，配色角度越大越显得活泼而富有朝气，如图1-33所示。角度越小越有稳定性和统一性。但如果太小就产生阴沉、灰暗、呆滞的感觉。反之，角度太大，产生色彩之间相互排斥、不和谐的画面效果。

③ 对比色相的配色，其配色角度大、距离远，颜色差异大，其效果活泼、跳跃、华丽、明朗，给人醒目、强烈和兴奋的感觉。但如果两色都是纯度高的颜色，则会对比强烈、刺眼，使人产生不舒服的感觉。

④ 互补色相的配色具有完整性的色彩领域，占有三原色的色素，所以其特色清晰、明亮、艳丽、灿烂，如图1-34所示。但它是色相中对比最强烈的配色，如果再加上色彩的纯度高，就会产生冲击力强烈、辛辣、嘈杂的感觉。

图1-33　邻近色

图1-34　对比色搭配

（2）以明度为依据的色彩搭配。前面谈到每一个色相都有不同的明暗程度，且它的变化可以控制色彩的表情，利用色彩高低不同的明暗调子，可以产生不同的心理感受。如高明度给人明朗、华丽、醒目、通畅、洁净、积极的感觉，中明度给人柔和、甜蜜、端庄、高雅的感觉，低明度给人严肃、谨慎、稳定、神秘、苦闷、钝重的感觉。

（3）以纯度为依据的色彩搭配。平面设计作品中，纯度的运用起着决定画面吸引力的作用。纯度越高，色彩越鲜艳、活泼，越引人注意，冲突性越强；纯度越低，色彩越朴素、典雅、安静、温和。因此常用高纯度的色彩作为突出主题的色彩，用低纯度的色彩作为衬托主题的色彩，也就是高纯度的色彩做主色，低纯度的色彩做辅色。

色彩包含的内容丰富多彩，但只要我们掌握了色彩的搭配方法，并遵循色彩构成的均衡、韵律、强调、反复等法则，以色彩美感为最终目的，将色彩组织安排在平面设计作品的画面上，便能得到一种和谐、优美、令人心情愉悦的视觉效果。

习题

本章部分图片

一、选择题

1. 下面对矢量图和位图描述正确的是（　　）。

（A）矢量图的基本单元是像素

（B）位图的基本单元是锚点和路径

（C）Illustrator 软件所生成的文件是由路径组成矢量图

（D）Photoshop 是用来处理像素图，但也可以保存矢量数据

2. 在印刷输出时，如果图像中包含剪贴路径，现需要在InDesign、飞腾排版软件中以剪贴路径的形状置入该图像，在Photoshop中应以（　　）格式保存该图像。

（A）PDF　　（B）TIFF　　（C）EPS　　（D）PSD

3. 图像要发布到网页上，可以将该图像保存为（　　）文件格式比较合适。

（A）TIFF　　（B）JPEG　　（C）PSD　　（D）GIF

4. 像素图的图像分辨率是指（　　）。

（A）单位长度上的锚点数量

（B）单位长度上的像素数量

（C）单位长度上的网点数量

5. 在Photoshop中，下列（　　）图像存储格式能够保留图层信息。

（A）TIFF　　（B）DCS 2.0　　（C）PSD　　（D）JPG

6. 下列（　　）搭配属于邻近色搭配。

（A）黄色和草绿色　（B）红色和紫色　（C）青色和天蓝色　（D）蓝色和橙色

二、简答题

1. 什么是位图图像？什么是矢量图像？两者的优缺点各是什么？
2. 什么是分辨率？图像分辨率与图像质量之间的关系是什么？
3. 如何使同类色的搭配既多样又和谐统一？

Photoshop篇

第2章　Photoshop 基本操作

学习要点：

◆了解Photoshop CC的工作界面

◆了解Photoshop CC屏幕显示模式的切换及查看图像的方法

◆掌握更改前景色与背景色的方法

◆掌握新建、保存及打开图像文件的方法

◆掌握更改图像尺寸、画布大小及对图像进行变换的方法

◆了解图像还原与重做的方法

2.1 Photoshop CC 的工作界面

启动Photoshop CC后，将出现图2-1所示的工作界面。它由以下几个部分组成。

图2-1　Photoshop CC 工作界面

1. 菜单栏

Photoshop CC有11个菜单，每一个菜单中都包含许多命令。通过执行这些命令，用户可完成Photoshop CC的图像处理功能。

2. 工具箱

Photoshop CC提供了许多工具，如图2-2所示。单击工具图标或按下工具的快捷键，就可以选择这些工具。这些工具能辅助我们完成各种图像的操作。用鼠标左键单击工具图标右下角的小三角形并按住不放，就可以打开隐藏的工具菜单，然后选择需要的工具。按住Alt键，单击工具图标，也可以切换同一组的工具。

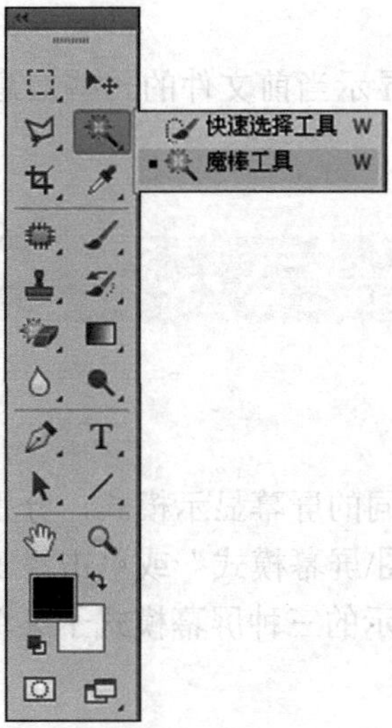

图2-2 工具箱

3. 工具选项栏

工具选项栏位于菜单栏的下方，用于显示或设置当前所选工具的属性。选择的工具不同，选项栏的内容也会随之变化，如图2-3所示。

图2-3 工具选项栏

4. 控制面板

控制面板用于配合图像编辑、工具参数和选项内容的设置。在“窗口”菜单中，选择未打钩的命令，打开对应的控制面板；单击缩为图标的按钮，也可以打开对应的控制面板，如图2-4所示。单击控制面板右上角的▶▶按钮，即可以将展开的面板折叠为图标按钮。按Shift+Tab组合键可以在保留显示工具箱的情况下显示和隐藏所有的控制面板。

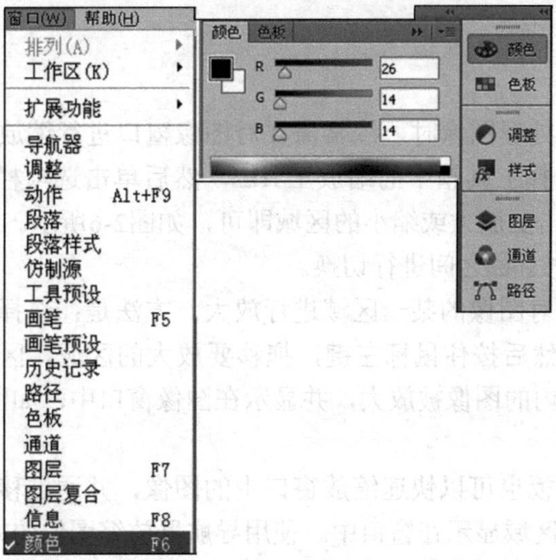

图2-4 显示控制面板菜单和控制面板窗口

5. 状态栏

状态栏位于窗口底部，用于显示当前文件的一些信息，如文件大小、文档尺寸、当前工具和视图比例等。

2.2 图像窗口的操作

2.2.1 切换屏幕显示模式

Photoshop CC 提供了三种不同的屏幕显示模式，分别是标准屏幕模式、带有菜单栏的全屏模式和全屏模式。选取“视图\屏幕模式”或单击“工具箱”底部的“屏幕模式”按钮下的小三角，即可显示图2-5所示的三种屏幕模式子菜单。选择其中一种模式后，可以在这三种屏幕模式之间切换。

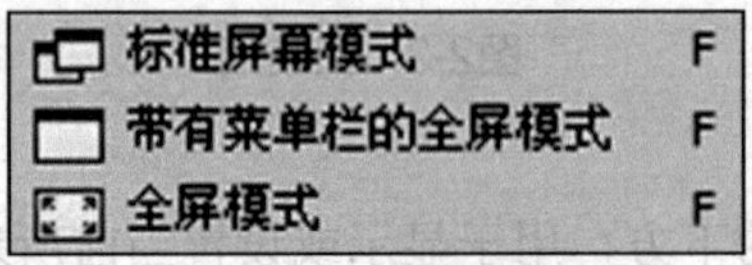

图2-5 三种屏幕模式

1. 标准屏幕模式

标准屏幕模式是Photoshop CC 的默认屏幕模式。在该模式下，可以显示Photoshop CC 的所有项目，如菜单栏、工具栏、标题栏和状态栏等。

2. 带有菜单栏的全屏模式

带有菜单栏的全屏模式下，显示全屏窗口，此窗口带有菜单栏和50%灰色背景，但图像窗口中没有标题栏或滚动条。

3. 全屏模式

全屏模式下，显示全屏窗口。此窗口只在黑色背景上显示图像，没有标题栏、菜单栏和滚动条。在全屏模式下，按F键或Esc键，可以退出全屏模式，进入标准模式。

2.2.2 查看图像

1. 缩放图像

在Photoshop CC中处理图像时，经常需要对图像窗口进行缩放，以便于对图像的局部细节进行编辑修改。选择工具箱中的缩放工具，然后单击选项栏中的“放大”按钮或“缩小”按钮，再单击要放大或缩小的区域即可，如图2-6所示。按住Alt键，则会在“放大”按钮和“缩小”按钮之间进行切换。

利用缩放工具可以对图像的某一区域进行放大。方法是：选择缩放工具，单击选项栏中的“放大”按钮，然后按住鼠标左键，拖移要放大的区域，区域周围出现虚线矩形。松开鼠标后，虚线矩形内的图像被放大，并显示在图像窗口中，如图2-7所示。

2. 导航器

使用“导航器”面板也可以快速缩放窗口中的图像，并通过移动“导航器”中的彩色方框，使要查看的图像区域显示在窗口中。使用导航器放缩图像的方法如下。

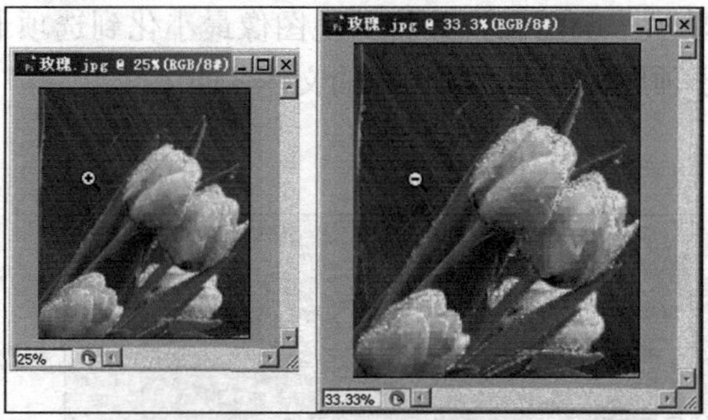

图2-6　使用缩放工具缩放图像窗口

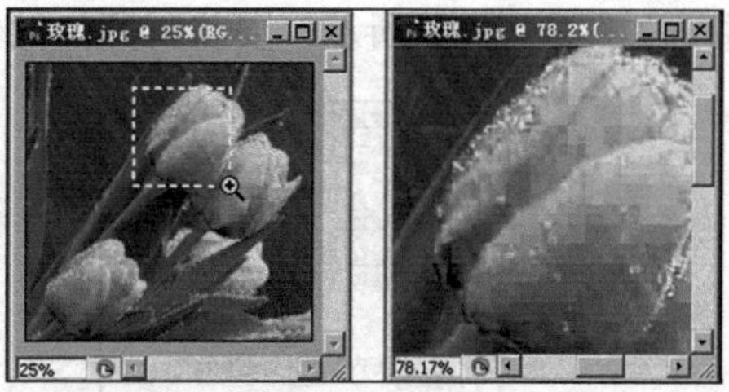

图2-7　使用缩放工具放大显示选定的区域

① 选择“窗口/导航器”命令，会打开图2-8（a）所示的导航器面板。

② 在“导航器”的缩放文本框中键入一个值，来更改图像放大率；也可以单击“缩小”“放大”按钮，或者拖移缩放滑块来缩放图像。

③ 拖移图像缩览图中的彩色方框，可以将要查看的图像区域移动到图像窗口中，如图2-8（a）所示。或者按Space（空格）键，鼠标变成手抓工具，将要显示的图像区域移动到显示窗口中，如图2-8（b）所示。

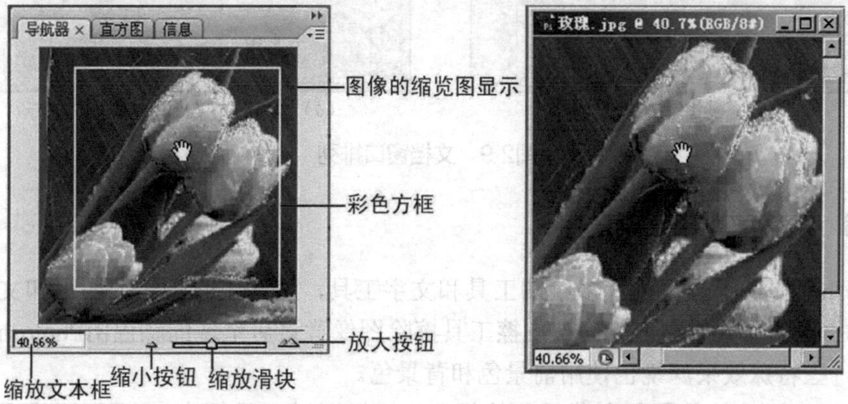

（a）导航器面板　　（b）图像窗口

图2-8　导航器面板及图像放缩实例

3. 在多窗口查看图像

在编辑图像时，常常需要打开多个窗口来显示不同图像或同一图像的不同视图。为了查看方便，就需要进行窗口的排列。

若要为同一图像打开不同的视图，选择“窗口\排列\为[图像文件名] 新建窗口”命令，如图2-9（a）所示，即可以在不同的视图中打开同一张图像。

若要排列窗口，请选择“窗口\排列”命令，从图2-9（a）下拉菜单中选择对应命令。

① 层叠：从屏幕左上角到右下角以堆叠和层叠方式显示文档窗口，效果如图2-9（b）所示。

② 平铺：以边靠边的方式显示窗口。当关闭图像时，打开的窗口将调整大小以填充可用空间，如图2-9（c）所示。

③ 在窗口中浮动：允许图像自由浮动。

④ 使所有内容在窗口中浮动：使所有图像浮动。

⑤ 将所有内容合并到选项卡中：全屏显示一个图像，并将其他图像最小化到选项卡中，如图2-9（d）所示。要将打开的图像置于顶层，单击选项卡中的文件名即可。

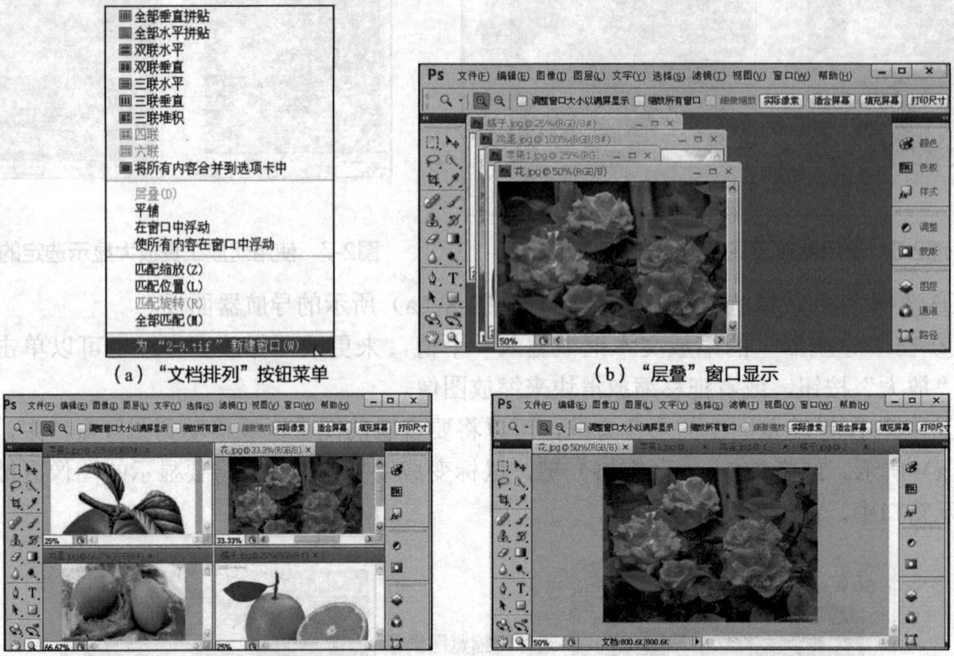

（a）"文档排列"按钮菜单　（b）"层叠"窗口显示

（c）"平铺"窗口显示　（d）"将所有内容合并到选项卡"显示

图2-9　文档窗口排列

2.2.3　设置前景色和背景色

Photoshop提供了画笔等许多绘图工具和文字工具，这些工具创建的图形和文字的色彩都由Photoshop的前景色决定。而橡皮擦工具擦除图像背景后呈现的颜色由Photoshop的背景色决定。一些特殊效果滤镜也使用前景色和背景色。

改变Photoshop的前景色和背景色的颜色，可以通过工具箱中的前景色和背景色按钮来设置，如图2-10所示。

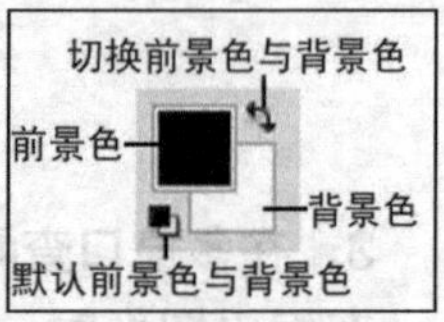

图2-10　前景色与背景色

系统默认的前景色为黑色，背景色为白色。单击工具箱下部的"默认前景色与背景色"按钮或按D键，可以将前景色和背景色恢复为默认的黑色和白色。

单击"切换前景色与背景色"按钮或按X键，可以实现前景色与背景色的互换。若要改变前景色和背景色的颜色，有以下几种方法。

1．使用"拾色器"对话框选取颜色

在工具箱中单击"前景色"或"背景色"按钮，将会打开图2-11所示的"拾色器"对话框。在拾色器中，可以使用四种颜色模型来选取颜色：HSB、RGB、Lab 和 CMYK。使用拾色器可以设置前景色、背景色和文本颜色。

可以在Lab、RGB、CMYK或HSB文本框中输入颜色值或使用颜色滑块和色域选取颜色。

要使用颜色滑块和色域来选取颜色，需在颜色滑块中单击或移动颜色滑块三角形以设置一个颜色分量，然后移动圆形标记或在色域中单击。在使用色域和颜色滑块调整颜色时，不同颜色模型的数值会相应地进行调整。颜色滑块右侧的矩形区域中的上半部分将显示新的颜色，下半部分将显示原始颜色。在以下两种情况下将会出现警告：颜色不是Web安全颜色或者颜色是印刷色域之外的颜色。单击溢色警告按钮或单击非Web安全颜色警告按钮，即可将当前所选取的颜色更换为其下小方块中显示的颜色。

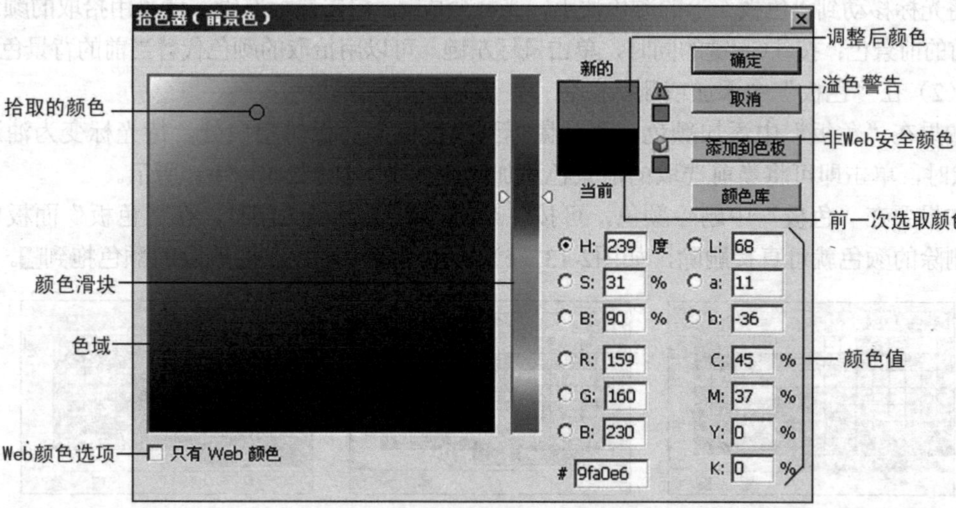

图2-11 “拾色器”对话框

2. 使用“颜色”面板选取颜色

选择“窗口/颜色”命令，就会打开图2-12所示的“颜色”面板。在“颜色”面板中，显示了当前的前景色和背景色的颜色，利用“颜色”面板改变前景色和背景色的方法有以下几种。

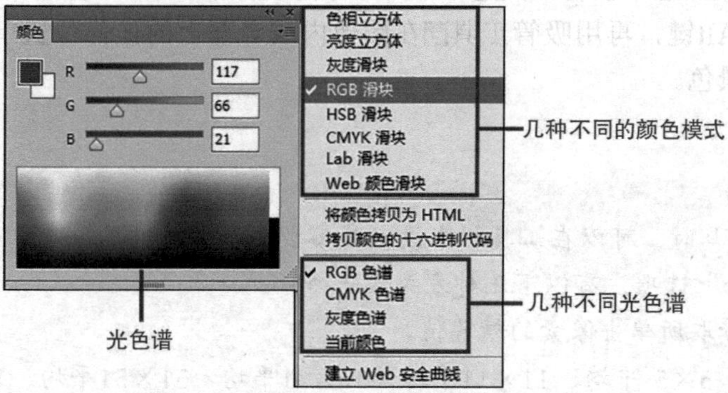

图2-12 “颜色”面板

（1）单击“颜色”面板上的“前景色”或“背景色”色块，再从“颜色”面板菜单中选择一种颜色模式，如图2-12所示，然后拖动“颜色”面板中的滑块，编辑前景色或背景色。

（2）双击“颜色”面板上的“前景色”或“背景色”色块，从打开的拾色器中选取一种颜色，然后单击“确定”按钮即可。

（3）移动鼠标到“颜色”面板上的光谱颜色条上，此时光标变成，单击鼠标左键，就可用拾取的颜色代替当前的前景色或背景色。

3. 使用“色板”选取颜色

选择“窗口/色板”命令，会打开图2-13（a）所示的“色板”面板。该面板存储了许多预先设置好的颜色，可以用于直接选取来更改前景色或背景色。

（1）在“色板”中选取颜色

将光标移动到“色板”上的颜色块上，光标变成吸管形状，单击鼠标左键，就可用拾取的颜色代替当前的前景色；按住Ctrl键的同时，单击鼠标左键，可以用拾取的颜色代替当前的背景色。

（2）在“色板”中添加或删除颜色

如果在“色板”中添加颜色，移动鼠标到“色板”面板的空白处，待光标变为油漆桶形状时，单击即可将当前选取的前景色添加到色板中，如图2-13（b）所示。

如果要在“色板”中删除颜色，可按住Alt键，当光标变为剪刀形状时，在“色板”面板中单击要删除的颜色就可直接删除，如图2-13（c）所示；或者直接将要删除的颜色拖到删除按钮。

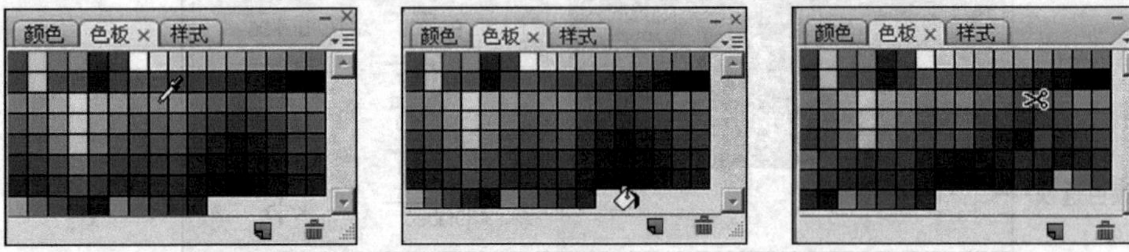

（a）“色板”面板　　（b）添加颜色　　（c）删除颜色

图2-13　“色板”面板及添加和删除颜色

4. 使用吸管工具选取颜色

使用“工具箱”中的吸管工具可以从现用图像或屏幕上的任何位置采集色样，并以采集的色样指定新的前景色或背景色。

若更改前景色，选中吸管工具后，在图像内或屏幕上的任何位置单击所需选取的颜色即可。若按住Alt键，再用吸管工具在图像内或屏幕上的任何位置单击所需选取的颜色，即可更改背景色。

说明

使用吸管工具时，可以在工具栏中设定其参数，以便更准确地选取颜色，该工具提供了“取样大小”选项，有以下几种方式供选择。

取样点：读取所单击像素的精确值。

3×3平均、5×5 平均、11×11平均、31×31平均、51×51平均、101×101平均：读取所单击区域内指定数量像素的平均值，两者区别如图2-14所示。

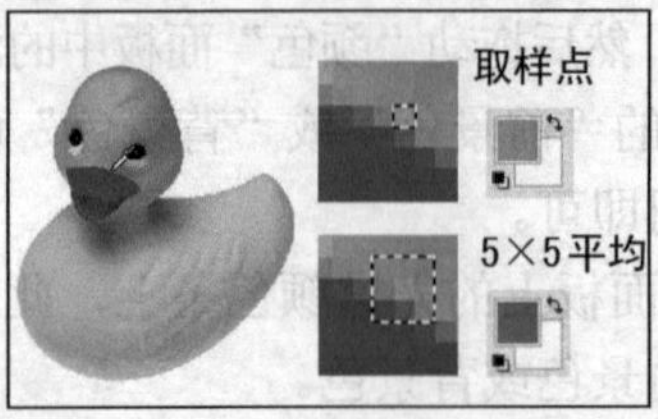

图2-14　用吸管工具选取前景色

2.3 文件的基本操作

图像文件的基本操作包括：新建图像文件、保存图像文件、关闭图像文件、打开图像文件、置入图像和导出图像。下面将学习几种最常用的操作方法。

2.3.1 新建图像文件

选择“文件/新建”命令，或者按Ctrl+N组合键，都会打开图2-15所示的“新建”对话框。

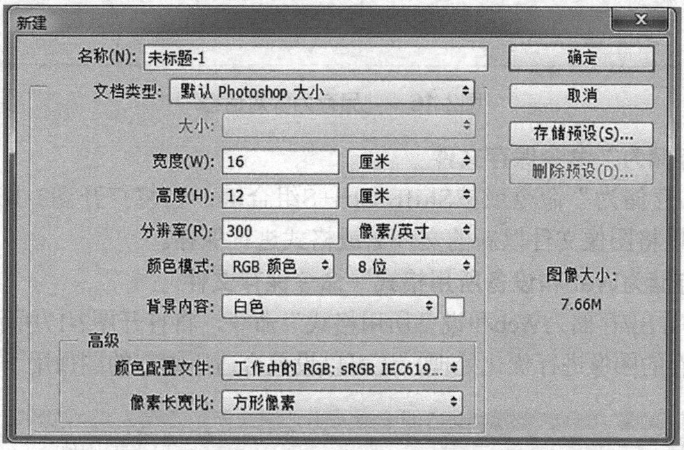

图2-15 “新建”对话框

（1）名称：用于输入新文件的名称。若不输入，则以默认的“未标题-1”命名。如果连续新建多个，则文件按“未标题-2”“未标题-3”顺序命名。

（2）预设：单击预设下拉框，可以从“预设”菜单选取系统预设好的图像大小。

（3）图像大小：可以设定新文件的“宽度”“高度”“分辨率”和“颜色模式”。

（4）背景内容：用于设置新图像的背景颜色，有三种方式可选择。默认为白色，当选择“背景色”时，新建文件的背景颜色与工具箱中背景色相同。若选择“透明”时，新建的文件只包含一个透明图层，而没有背景图层。

（5）高级：在此可以选取一个颜色配置文件，对图像文件进行色彩管理，或选取“不要对此文档进行色彩管理”。对于“像素长宽比”，除非用于视频的图像，否则选取“方形像素”。选取其他选项即可使用非方形像素。

以上参数设置完成后，单击“确定”按钮，即可建立一个空白文档。

2.3.2 存储图像文件

1. 利用“存储”命令保存文件

选择“文件/存储”命令，或者按Ctrl+S组合键，若该文件已被存储过，那么此操作就以同样的文件名覆盖原来的存储文件。若该文件是一个没有保存过的新文件，将打开图2-16所示“存储为”对话框。

在此对话框中可以设置图像存储的路径、图像存储的文件名称及图像文件的存储格式等，默认为PSD格式，是Photoshop的文件格式。

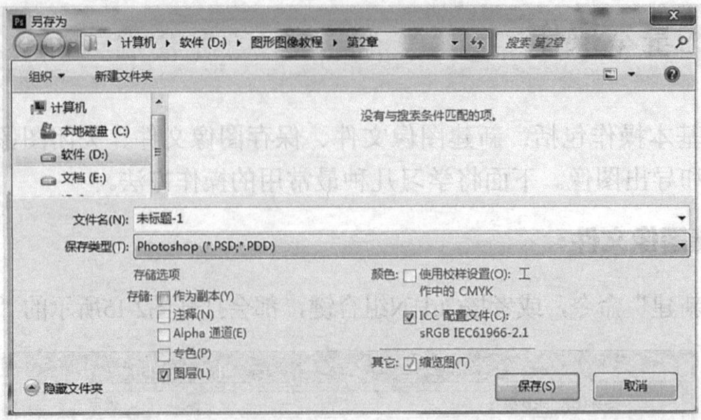

图2-16 “另存为”对话框

2. 利用“存储为”命令保存文件

选择“文件/存储为”命令或按Shift+Ctrl+S组合键，也将打开图2-16所示的打“另存为”对话框，可以将图像文件以新的文件名或格式进行保存。

3. 利用“存储为Web和设备所用格式”命令保存文件

选择“文件/导出/存储为Web和设备所用格式”命令，将打开图2-17所示的对话框。该对话框用于对要保存的图像进行优化处理，还可以设置合适压缩率的图像用于网络传输。

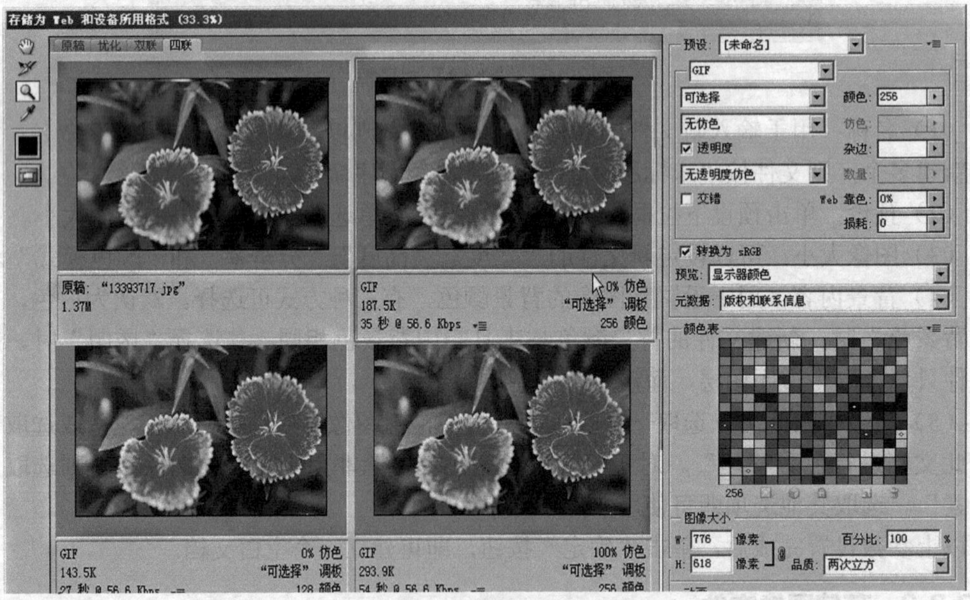

图2-17 “存储为Web和设备所用格式”对话框

2.3.3 打开图像文件

在Photoshop中要打开一个或多个已存在的图像文件时，可有以下几种方法。

1. 利用“打开”命令打开图像

选择“文件/打开”命令，或者按Ctrl+O组合键，将打开图2-18所示的“打开”对话框。在对话框左侧，找到文件所在路径，在右侧的窗口单击要打开的图像文件名，然后单击“打开”按钮或直接双击要打开的图像文件即可。

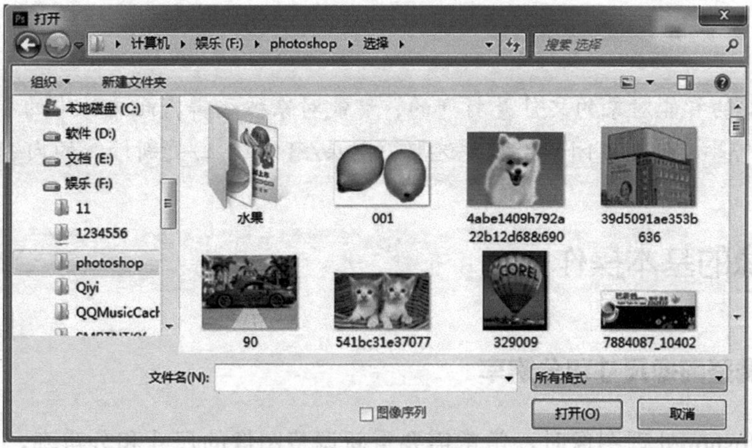

图2-18　“打开”对话框

2. 利用“打开为”命令打开图像

使用此方法只能打开用户指定格式的图像文件。方法是选择“文件\打开为”命令，或者按Alt+Shift+Ctrl+O组合键，将会打开“打开为”对话框，在“打开为”下拉框中选择要打开的文件格式和要打开的文件后，单击“打开”按钮即可。

3. 利用“最近打开文件”命令打开图像

当用户在Photoshop中保存文件或打开文件后，在“文件\最近打开文件”子菜单中就会显示出以前编辑过的图像文件，因此利用“文件\最近打开文件”子菜单列表就可以快速打开最近使用过的文件。

4. 打开为智能对象

此方法可以将栅格或矢量图像（如 Photoshop 或 Illustrator 文件）直接作为智能对象打开，智能对象将保留图像的源内容及其所有原始特性，可以对智能对象图层执行非破坏性编辑，即进行缩放、定位、斜切、旋转或变形操作，而不会降低图像的质量。

2.3.4　置入文件

“置入”命令可以将照片、图片或任何 Photoshop 支持的文件作为智能对象添加到文档中。智能对象可保留图像的原始内容以及原始特性，防止用户对图层执行破坏性编辑。Photoshop CC可采用“置入嵌入的智能对象”和“置入链接的智能对象”两种方式置入。

1. 置入嵌入的智能对象

选择“文件\置入嵌入的智能对象”命令，可以将图像、PDF 或 Illustrator文件嵌入Photoshop文件中，与源文件没有关系。智能对象置入后，在图层面板上，该智能对象图层缩略图右下角，会显示智能对象图标。

除了使用菜单命令之外，还可以从 Illustrator 中复制图片并粘贴到 Photoshop 文档中，Illustrator中的图片就以智能对象添加到Photoshop中。

2. 置入链接的智能对象

选择“文件\置入链接的智能对象”命令，置入到Photoshop中的智能对象，与源文件建立了链接关系，随源文件的更新而更新。假若多个文件中使用同一个智能对象，只修改一次，其他文件中点更新，就能同步修改了。智能对象置入后，在图层面板上该智能对象图层缩略图右下角，会显示链接图标。

提示

置入链接的智能对象的文件是打开的，智能对象被编辑，此文件中的智能对象可以自动更新。若此文件是关闭的，需要选取“图层/智能对象/更新修改的内容”。

2.4 图像的基本操作

2.4.1 调整图像尺寸和分辨率

利用Photoshop处理图像时，常常需要重新调整图像的尺寸和分辨率，以满足制作或输出要求。图像的尺寸和分辨率是与图像质量息息相关的，同样大小的图像，其分辨率越高，得到的印刷图像质量越好。图像的分辨率和尺寸越大，其文件的数据量也就越大，处理速度也越慢。因此若图像用于印刷，一般要设置为300dpi，而用于在屏幕上显示的图像设置为72dpi就够了。要调整图像尺寸和分辨率，可采用下面方法。

（1）打开要调整尺寸和分辨率的图像，选择“图像/图像大小”命令，将打开图2-19所示的“图像大小”对话框。

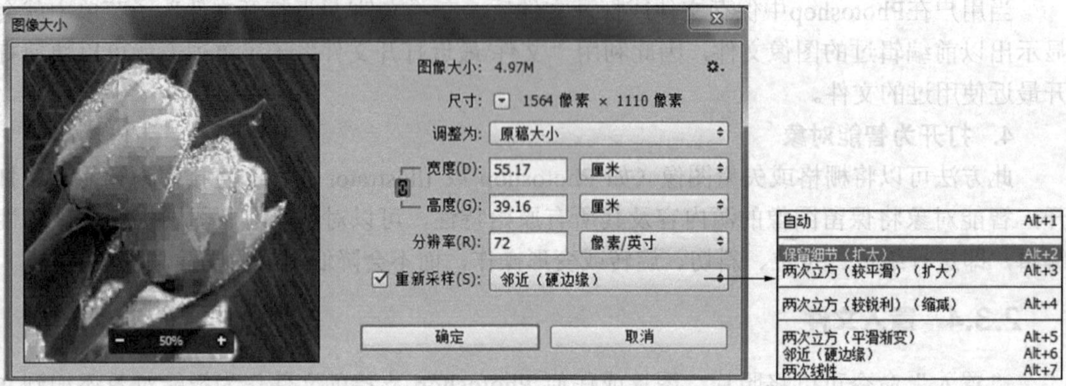

图2-19 图像大小对话框

（2）在预览内拖动图像，可以查看图像的其他区域；要更改预览显示比例，按住Ctrl键并单击预览图像，可以增大显示比例。按住 Alt 键并单击预览图像，可以减小显示比例。也可以单击预览图像上“-”和“+”按钮，更改预览图像显示比例。

（3）要保持图像当前的高度和宽度的比例，单击“约束比例”选项。更改高度时，该选项自动更改宽度，反之亦然。若取消“约束比例”选项，表示高度和宽度无关，即改变任一项的数值都不会影响另一项。

（4）选择“重新采样”复选框，调整图像尺寸或分辨率时，图像中的像素数目也随之改变，并且可以选取一种插值方法。

① 自动：Photoshop 根据文档类型及该文档是放大还是缩小文档来选取重新取样方法。

② 保留细节（扩大）：选取该方法，可在放大图像时使用“减少杂色”滑块消除杂色。

③ 两次立方（较平滑）（扩大）：基于两次立方插值，能产生更平滑的图像效果。

④ 两次立方（较锐利）（缩小）：基于两次立方插值，具有增强图像锐化效果。此方

法在重新取样后的图像中保留细节。

⑤ 两次立方（平滑渐变）：将周围像素值的分析作为依据，改进插值计算的方法，速度较慢，但精度较高，产生的色调渐变比“邻近”或“两次线性”更为平滑。

⑥ 邻近（硬边缘）：速度快但精度低的图像像素插值方法，能保留硬边缘并生成较小的文件。但是，该方法可能产生锯齿状效果。

⑦ 两次线性：通过平均周围像素颜色值来添加像素的方法。可以生成中等品质的图像。

若取消选择“重定图像像素”，调整图像尺寸和分辨率时，不改变图像中的像素总数。图像尺寸改变时，分辨率必定随之改变；同样，分辨率变化时，图像尺寸也必随之改变。

（5）在“高度”和“宽度”文本框中输入图像新的宽度和高度值，并在“分辨率”文本框中，输入一个新的分辨率值，单击“确定”按钮即可。

2.4.2 调整画布大小

画布是指绘制和编辑图像的工作区域，也就是图像显示区域。调整画布大小可以在图像的四周增加空白区域，也可将图像不需要的边缘裁切掉，其操作方法如下。

（1）选择“图像\画布大小”命令，即可打开图2-20所示的“画布大小”对话框。

（2）在“宽度”和“高度”文本框中可以重新设定画布的宽度值和高度值。当设定的值大于原图大小时，Photoshop就会在原图像的基础上增加空白区域，当设定的值小于原图大小时，就会将缩小的部分裁切掉。

（3）在对话框中的“定位”选项中，用来设置画布扩展（或收缩）的方向。

（4）以上选项设定合适后，单击“确定”按钮即可。画布扩展或收缩后的效果如图2-20所示。

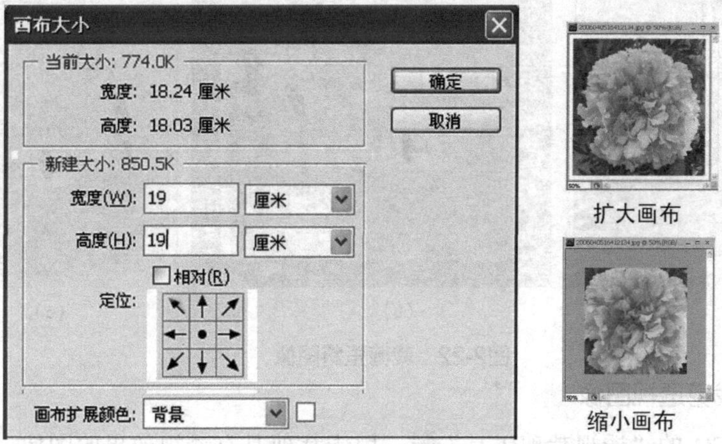

图2-20 “画布大小”对话框

2.4.3 裁剪图像

裁剪图像就是将图像四周没有用的部分去掉，只留下裁剪范围内的图像，裁剪后图像的尺寸将变小，其操作方法如下。

（1）在工具箱中选中“裁剪工具”，图像的周围出现裁剪选框，将鼠标置于四周的控制点上单击并拖动，可调整裁切范围大小；鼠标单击并拖动裁剪范围内的图像，可以移动图像；鼠标单击并拖动裁剪范围外的图像，可以旋转图像，如图2-21所示。

（2）裁剪范围或要裁剪的图像调整好后，在裁切选框内双击鼠标左键或按Enter键，也可单击工具栏上“提交当前裁剪操作”按钮，即完成裁剪操作，效果如图2-21（d）所示。

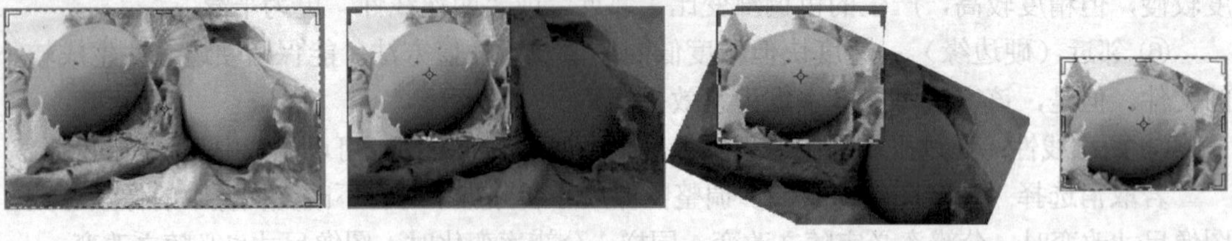

（a）（b）（c）（d）

图2-21 图像的裁剪

裁剪工具在裁剪图像同时，还可以对图像进行旋转、拉直及改变图像的分辨率等操作。

实例2-1：裁剪歪斜图像

本实例是“裁剪工具”的应用，学会利用“裁剪工具”纠正歪斜图像。

① 在工具箱中选中裁剪工具，图像的周围出现裁剪选框；如图2-22（a）所示，单击“工具选项栏”上的“拉直”按钮，在图像单击并拖动鼠标，沿着“包”的底边缘画一条直线。

② 放开鼠标左键，图像效果如图2-22（b）所示，调整裁剪选框的大小，单击“工具选项栏”上“提交当前裁剪操作”按钮，裁剪后的图像效果如图2-22（c）所示。

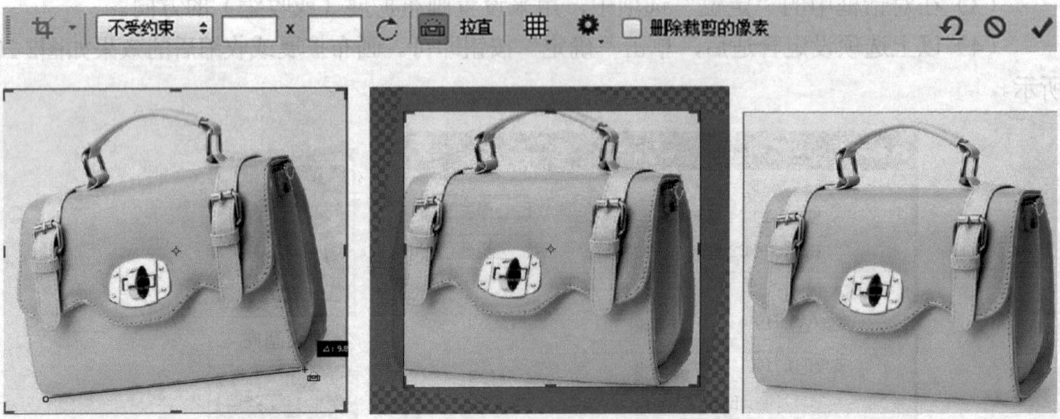

（a）（b）（c）

图2-22 裁剪歪斜图像

实例2-2：裁剪透视图像

Photoshop CC 的“透视裁剪工具”，用于裁剪具有透视效果的图像，其操作方法如下。

① 在工具中，选择“透视裁剪工具”，单击并拖动一个裁剪选框，如图2-23（a）所示。用鼠标拖动裁剪选框上的控制点，调整裁切范围，效果如图2-23（b）所示。

② 裁剪范围调整好后，在裁剪选框内双击或者按Enter键，即可完成裁剪操作。裁剪后的效果如图2-23（c）所示。

除了利用裁剪工作进行裁剪图像外，还可使用“图像\裁剪”命令，对图像进行裁剪，不过在使用该命令前，应先选取一个选择范围，选择范围外的图像将被裁剪掉。

（a）绘制的裁剪选区 （b）调整后的裁剪选区 （c）裁剪后效果

图2-23 裁剪中的透视变换

2.4.4 变换图像

Photoshop CC 中变换功能可以对图像进行缩放、旋转、斜切、伸展或变形处理；也可以对选区、整个图层、多个图层或图层蒙版应用变换；还可以对路径、矢量形状、矢量蒙版、选区边界或 Alpha 通道应用变换。但是，变换的操作方法是基本一样的，只是针对不同的对象，所以本节只讲图像的变换操作。

1. 自由变换图像

“自由变换”命令可用于一个连续的操作中应用变换（旋转、缩放、斜切、扭曲和透视），也可以应用变形变换。在自由变换时，不必选取其他命令，只需在键盘上按住相应的键，即可在变换类型之间进行切换，其操作方法如下。

（1）选择要变换的图像，选取“编辑\自由变换”命令或者按Ctrl+T组合键。

（2）此时进入图像的自由变换状态，如图2-24（a）所示。用户通过配合相应的按键，拖动定界框上的控制点，即可以完成对图像的变换操作。

① 缩放：将鼠标指针移到定界框的控制点上，鼠标指针变为↗ ↖ ↔ ↕ 形状时，单击并拖动鼠标左键，可缩放图像，效果如图2-24（b）所示。如拖动时按住Shift键可按比例缩放。

② 旋转：将鼠标指针移到定界框之外，鼠标指针变为↷形状时，单击并拖动鼠标左键，可以旋转图像，效果如图2-24（c）所示。按Shift键可将旋转限制为按15°增量进行。

③ 扭曲：按住Ctrl键，当鼠标指针移到定界框的控制点上时，鼠标指针变为▷形状，单击并拖动鼠标左键，可以扭曲图像，效果如图2-24（d）所示。

④ 斜切：按住Shift+Ctrl组合键，将鼠标指针移到定界框的边上时，鼠标指针变为▷↔形状，按住鼠标左键并拖动，可以斜切图像，效果如图2-24（e）所示。

⑤ 透视：按住Shift+Ctrl+Alt组合键，将鼠标指针移到定界框的控制点上时，鼠标指针变为▷形状，按住鼠标左键并拖动，可以透视图像，效果如图2-24（f）所示。

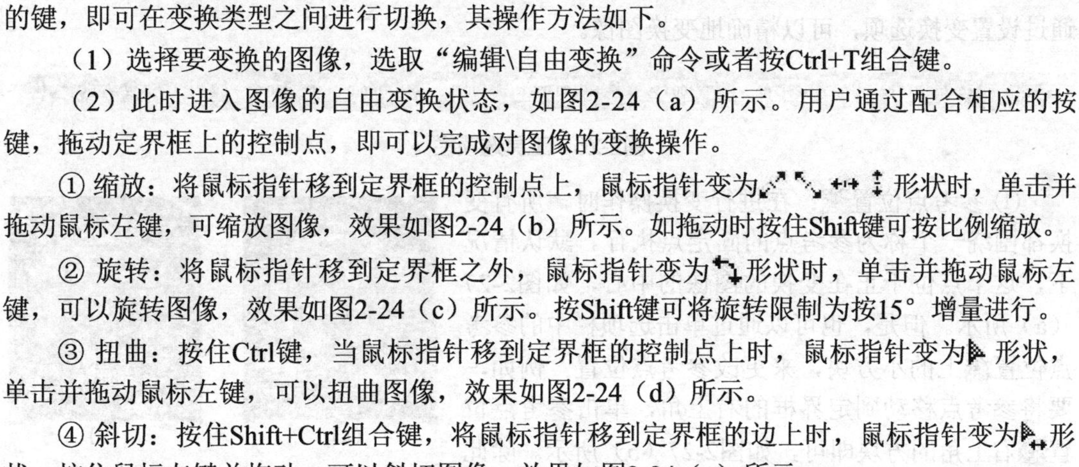

（a）原图 （b）缩放 （c）旋转 （d）扭曲 （e）斜切 （f）透视

图2-24 图像的自由变换

⑥ 变形：若要使图像变形，单击选项栏中的“在自由变换和变形模式之间切换”按钮 。拖动控制点以变换图像的形状，或从选项栏中的“变形”弹出式菜单中选取一种变形样式，如图2-25（a）所示，变形效果如图2-25（b）所示。

（3）图像变换完成后，按Enter键或者在定界框内双击鼠标左键即可。

（a）变形菜单　　（b）变形效果

图2-25　图像的变形菜单和变形效果

2. 利用“工具选项栏”变换

除了利用上面的相应组合键对图像进行变换外，还可以利用“工具选项”栏对图像进行精确变换，操作方法如下。

（1）选择要变换的图像，选取“编辑\自由变换”命令或者按Ctrl+T组合键。

（2）此时进入图像的自由变换状态，工具选项栏上会显示变换选项，如图2-26所示。通过设置变换选项，可以精确地变换图像。

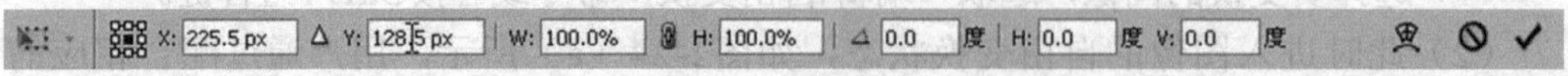

图2-26　工具选项栏

① 参考点位置：在进行变换操作时，所有变换都围绕一个称为参考点的固定点执行。默认情况下，这个点位于正在变换的图像的中心，如图2-27（a）所示。但是，也可以通过单击选项栏中的参考点位置上的小方块，来更改参考点位置。例如，要将参考点移动到定界框的右上角，单击参考点位置右上角的方块即可，如图2-27（b）所示。除此之外，也可以将变换中心点拖移到需要的位置。

（a）　　（b）

图2-27　更改变换中心的位置

② X（设置参考点的水平位置）\Y（设置参考点的垂直位置）：在“X”文本框中输入的数值，用于设置图像变换中心移动的水平位置，即可以水平移动图像。在“Y”文本框中输入的数值，用于设置图像变换中心移动的垂直位置，即可以垂直移动图像。

③ W（设置水平缩放）\H（设置垂直缩放）：在“W”文本框中输入数值，用于设置图像的宽度缩放的比例；在“H”文本框中输入数值，用于设置图像的高度缩放的比例；按这两项中间的“保持长宽比”按钮，可以对图像的长宽进行等比例缩放。

④ （旋转）：在此文本框中输入数值，用于设置图像旋转的角度。

⑤ H（设置水平斜切）\V（设置垂直斜切）：在“H”文本框中输入数值，用于设置图

像的水平斜切的角度；在“V”文本框中输入数值，用于设置图像的垂直斜切的角度。

⑥ （在自由变换和变形模式之间切换）：单击此按钮，可以切换到图像的变形模式，此时图像上会出现变形网格，编辑变形网格，即可实现对图像的变形。再次单击此按钮，又可以切换回自由变换模式。

⑦ （取消变换）：单击此按钮，则取消当前的变换操作。

⑧ （进行变换）：单击此按钮，则执行当前的变换操作。

3. 利用“变换”命令变换图像

选择“编辑\变换”命令，将打开图2-28所示的“变换”子菜单，其中包含用于图像变换操作的各种命令。选择“缩放”“旋转”“斜切”“扭曲”和“透视”时，在选择的图像上面会出现定界框，调整定界框上的控制点即可以实现对图像的变换，而不需要再按相应的快捷键。

① 变形：执行此命令可以对选中的图像进行变形操作。

② 旋转180度：执行此命令可以将当前选中的图像旋转180°。

③ 旋转90度（顺时针）：执行此命令可以将当前选中的图像顺时针旋转90°。

④ 旋转90度（逆时针）：执行此命令可以将当前选中的图像逆时针旋转90°。

⑤ 水平翻转：执行此命令可以将当前选中的图像水平翻转。

⑥ 垂直翻转：执行此命令可以将当前选中的图像垂直翻转。

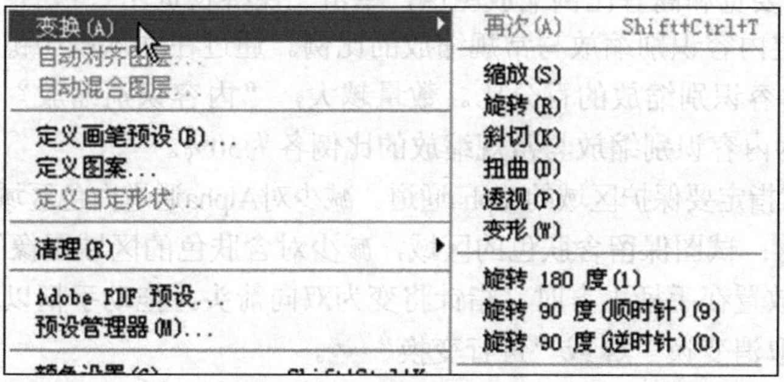

图2-28 “变换”子菜单

4. 利用“图像旋转”命令

“图像旋转”命令可以对整个图像进行旋转，并且旋转之前不用绘制选区，可直接对图像进行旋转，即使有选区，也是对整个图像进行旋转。执行“图像\图像旋转”命令，即可以打开图2-29（a）所示的下拉菜单，其中“180度”“旋转90度（顺时针）”“旋转90度（逆时针）”“水平翻转画布”和“垂直翻转画布”同“变换”命令相似，不同的是旋转的对象不同。执行“任意角度”命令，将打开图2-29（b）所示的“旋转画布”对话框。输入旋转的角度，选择旋转方向，按“确定”即可。

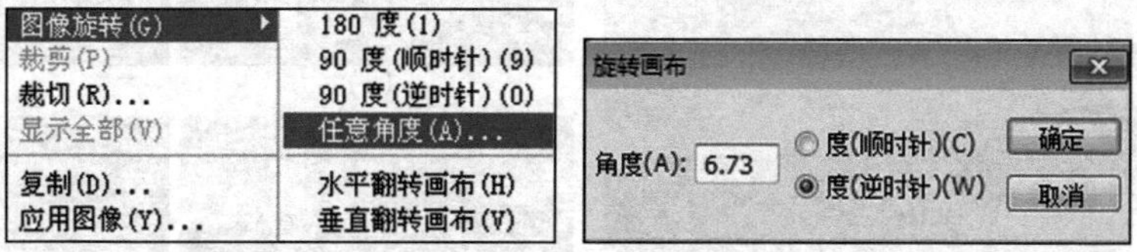

（a） （b）

图2-29 图像旋转命令及旋转画布对话框

2.4.5 内容识别缩放

内容识别缩放可以在不更改重要可视内容（如人物、建筑、动物等）的情况下调整图像大小。常规缩放在调整图像大小时会统一影响所有像素，而内容识别缩放主要影响没有重要可视内容的区域中的像素，对可视内容区域影响相对较小。若要在调整图像大小时使用一些常规缩放，可以指定内容识别缩放与常规缩放的比例。下面以具体的实例说明其用法。

实例2-3：图像内容识别缩放

本实例应用“内容识别缩放”功能，有选择缩放图像背景，而使图像主题——斑马在缩放过程中受到较小的影响。

（1）打开图2-30（b）所示的图像，选取“选择/全部”命令，或按Ctrl+A组合键，选中整个图像。选取“编辑/内容识别缩放”命令，图像周围出现控制框。选项栏如图2-30（a）所示。

① 参考点位置：单击参考点定位符上的方块，指定缩放图像时要围绕的固定点。默认情况下，该参考点位于图像的中心。

② 使用参考点相对定位：单击该按钮以指定相对于当前参考点位置的新参考点位置。

③ 参考点位置：X 轴和 Y 轴后的文本框中，输入像素值，可将参考点放置于特定位置。也可以用鼠标拖动参考点到合适的位置。本例将参考点拖到斑马的肚子上。

④ 缩放比例：指定图像按原始大小的百分比进行缩放。输入宽度（W）和高度（H）的百分比。如果需要宽和高等比例缩放图像，单击“保持长宽比”。

⑤ 数量：指定内容识别缩放与常规缩放的比例。通过在文本框中键入值或单击箭头和移动滑块来指定内容识别缩放的百分比。数量越大，“内容识别缩放”占的比例越大，图2-30（e）的效果为内容识别缩放与常规缩放的比例各为50%。

⑥ 保护：选取指定要保护区域的Alpha通道。减少对Alpha通道白色区域内的图像的扭曲。

⑦ 保护肤色：试图保留含肤色的区域，减少对含肤色的区域图像的扭曲。

（2）当鼠标放置在手柄上方时，指针将变为双向箭头，拖动手柄以缩放图像。

（3）单击“取消变换”或“进行变换”。

图2-30（b）所示为原图，图2-30（c）所示为常规缩放，斑马和背景均被缩小；图2-30（d）所示为内容识别缩放，数量为100%，蓝天被缩小较多，而斑马几乎没被缩小；图2-30（e）所示为内容识别缩放的数量为50%；图2-30（f）所示内容识别缩放的数量为100%，且利用了Alpha通道保护。

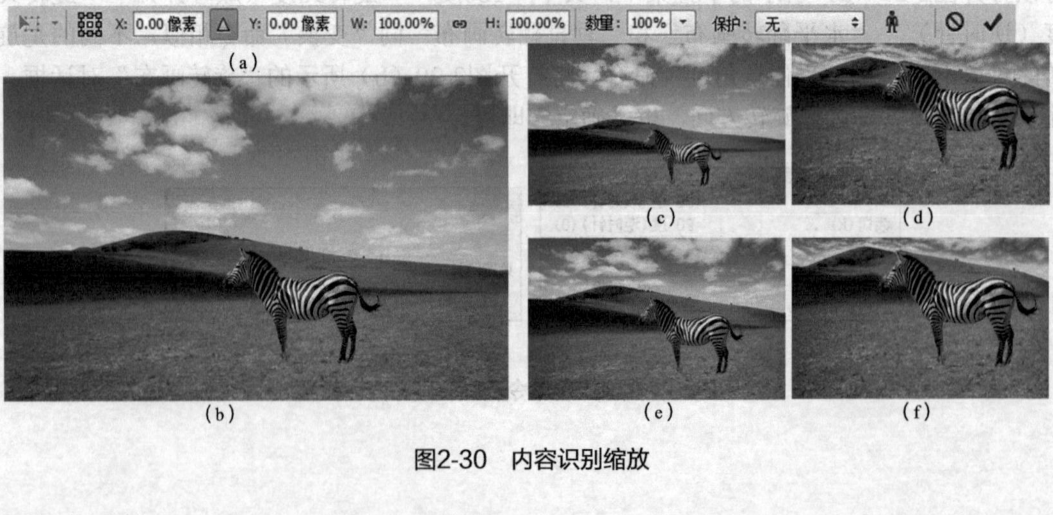

图2-30 内容识别缩放

提示

内容识别缩放适用于处理图层和选区。不适用于处理调整图层、图层蒙版、各个通道、智能对象、3D 图层、视频图层、图层组，或者同时处理多个图层。

2.4.6 操控变形和透视变形

1. 操控变形

操控变形功能提供了一种可视的网格，借助该网格，可以随意地扭曲特定图像区域的同时保持其他区域不变。应用范围小至精细的图像修饰（如发型设计），大至总体的变换（如重新定位手臂或下肢）。下面以一个具体的实例说明其用法。

实例2-4：图像的操控变形

本实例应用“操控变形”功能，改变人物的站立姿势。

（1）打开“控制变形”图像，在工具箱中，选中“魔棒工具”，单击图像背景，然后选取“选择/反向”命令，再按Ctrl+C组合键复制图像，按Ctrl+V组合键粘贴图像。

（2）选取“编辑/操控变形”命令，图像效果如图2-31（a）所示，人物布满了网格。

（3）操控变形的选项栏，如图2-31（b）所示，在选项栏中设置以下参数。

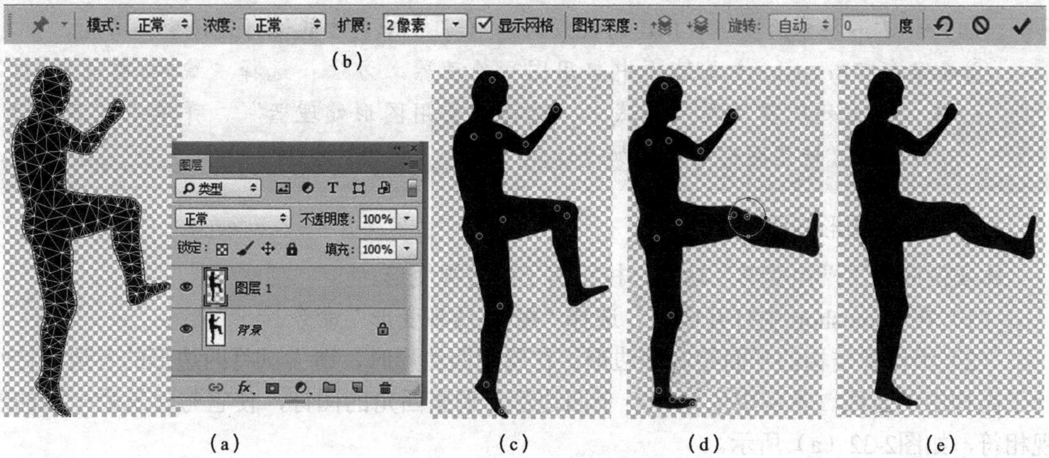

图2-31 图像操控变形

① 模式：有3种模式，分别为“刚性”“正常”和“扭曲”。如果选择“刚性”，变形效果精确，但是缺少柔和的过渡；如果选择“正常”，变形效果准确，过渡柔和；如果选择“扭曲”，则可以在变形的同时创建透视效果。

② 浓度：确定网格点的间距，包含了3个选项，分别为“较少点”“正常”和“较多点”。较多的网格点可以提高精度，但需要较多的处理时间；较少的网格点则反之。

③ 扩展：扩展或收缩网格的外边缘。像素值较大时，变形网格的范围会向外扩张，且变形之后，图像的边缘会更加平滑；反之，像素值较小时，则图像的边缘变化效果会很生硬。

④ 显示网格：取消勾选后，只显示调整图钉，变换图像显示的更清晰，如图2-31（c）所示。

（4）在图像窗口中，单击以向要变换的区域和要固定的区域添加图钉，主要在人物的关节处添加图钉，如图2-31（c）所示。

（5）拖动图钉就可以变形图像，图2-31（d）所示的人物脚的部分，就是通过移动图钉进行了变形。在变形过程中，如果要删除某个图钉，按住Alt键，将光标直接放在该图钉上，当鼠标形状变化成剪刀✂时，单击就可以删除该图钉。如果要移去所有图钉，单击选项栏上的按钮。

（6）在变形过程中，要围绕图钉旋转图像，按Alt键，将光标放置在图钉附近，但不要放在图钉上方。当出现圆圈时，拖动可以旋转图像，如图2-31（d）所示小腿的伸直，就是围绕膝盖部分的一个图钉旋转而变形的。当然，可以放开Alt键，拖动一下图钉，再旋转。

（7）变换完成后，按 Enter 键或者单击选项栏上的“提交操控”✔按钮。最后效果如图2-31（e）所示。

2. 透视变形

在照片的拍摄过程中，由于拍摄角度的不同和拍摄镜头的原因，拍摄的景物与周围环境的远近相对比例变化，引起照片中景物发生了弯曲和变形，即透视变形。

Photoshop CC 新增的透视变形功能，不但能做多个透视面的透视校正，还可以在一定程度上改变原来图像的透视构成。

提示

透视变形要满足以下条件。

①Photoshop 要求至少 512 MB 的视频内存（VRAM）才能运行透视变形功能。

②确保在 Photoshop 首选项中启用图形处理器。方法：选择“编辑/首选项/性能”，在“图形处理器设置”区域中，选择“使用图形处理器”，并单击“高级设置”，确保选中“使用图形处理器加速计算”选项。

实例2-5：图形的透视变形

本实例应用“操控变形”功能，校正房子的透视变形。

（1）在 Photoshop 中打开图像。选择“编辑\透视变形”命令。

（2）沿图像结构的平面绘制四边形。在绘制四边形时，请尝试将四边形的各边保持平行于结构中的直线。本例中先绘制一个四边形，调整四角的图钉，使它与建筑物一面的透视相符，如图2-32（a）所示。

（3）再绘制一个四边形，与建筑另一面相符，将两个四边形相靠，共同的边就会变蓝，相互吸引在一起，而构成一个四边形透视组。微调四边形透视组，使它范围扩大，覆盖住整个建筑，可稍大一点，如图2-32（b）所示。

（4）单击选项栏上的“变形”平面工具 变形 按钮，进入变形模式，调整图钉的位置，就可以将建筑的两个透视面做想要的变形。效果如图2-32（c）所示。

（5）在变形过程中，按住Shift键并单击可拉直四边形的单个边缘，并在后续透视操控中保持伸直。此图像最右侧和底端的选定边缘将以黄色突出显示，效果如图2-32（c）所示。如果不希望保留其伸直，可再次按住Shift键并单击该边缘。

（6）在变形模式下，可以单击“自动拉直接近垂直的线段”Ⅲ按钮，或“自动拉直接近水平的线段”☰按钮，或“自动拉直水平和垂直”#按钮，实现自动调整透视。图2-32（d）效果是在图2-32（b）的基础上，单击“自动拉直接近水平的线段”☰按钮，实现自动拉平。

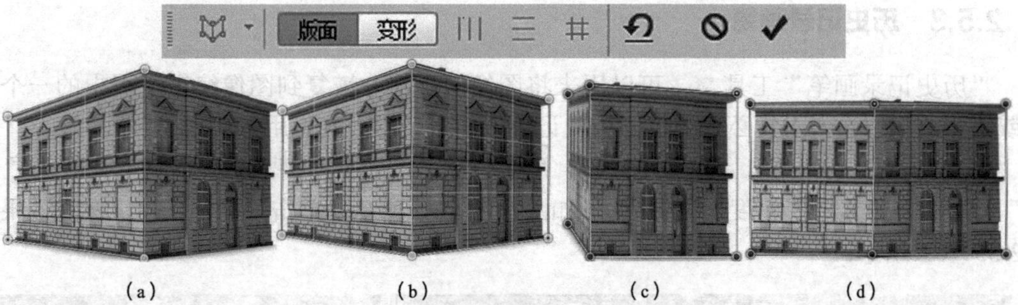

图2-32　透视变形

2.5 还原与重做

在图像编辑的过程中，如果操作失误或者对操作后的效果不满意，只要没有保存并关闭图像，都可以利用还原与重做来恢复图像。

2.5.1　基本操作

选择“编辑\还原”命令，或者按Ctrl+Z组合键，可以撤销当前的操作，还原到上一次的所做的操作。

执行“还原”命令后，“编辑”菜单中的“还原×××”命令，就变成了“重做×××”命令，如图2-33所示。执行“重做×××”命令，就可以重做已还原的操作。

除了利用“还原”和“重做”操作外，还可以选择“编辑\前进一步”命令或按Shift+Ctrl+Z组合键，逐步重做已还原的操作。选择“编辑\后退一步”命令或按Ctrl+Alt+Z组合键，则可以逐步撤销以前的操作。

如果选择“文件\恢复”命令，可以将文件恢复到上次存储时的状态。

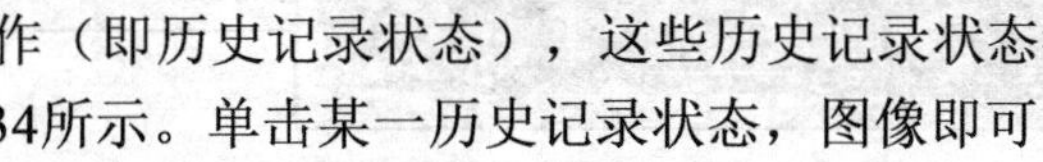

图2-33　“还原”与“重做”命令

2.5.2　“历史记录”面板

“历史记录”面板主要是用于还原和重做的操作。在“历史记录”面板中，记录着对图像处理的每一步的操作（即历史记录状态），这些历史记录状态都按操作的先后顺序，从上至下排列，如图2-34所示。单击某一历史记录状态，图像即可以恢复到这一历史状态的外观，然后可以从这一历史状态开始工作。

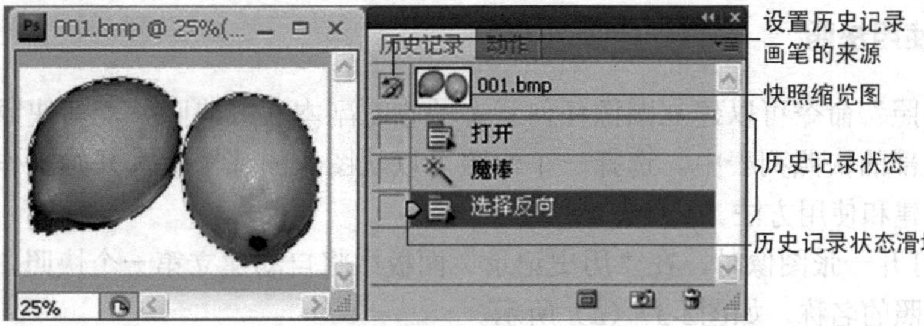

图2-34　“历史记录”面板

2.5.3 历史记录画笔

“历史记录画笔”工具，可以用来将图像的一部分恢复到图像编辑过程中的一个状态或快照的状态。该工具必须配合“历史记录”面板使用，其使用方法如下。

（1）打开一张图片，如图2-35（a）所示。执行“滤镜\模糊\动感模糊”命令，“距离”设置为15像素，“角度”设置为0，如图2-35（b）所示。单击“确定”后，图像效果如图2-35（c）所示。

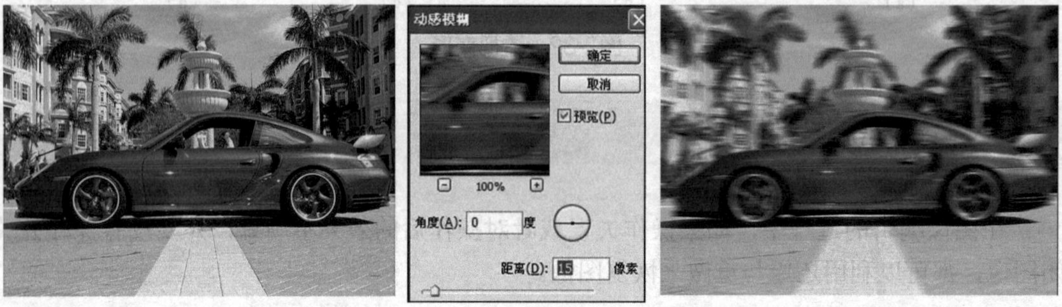

（a）原稿　　（b）动感模糊对话框　　（c）效果图

图2-35　动感模糊的效果

（2）打开历史记录的面板，在此面板的快照或者某条历史记录状态左侧的方格中单击，此方格中显示设置历史记录画笔源的图标，该图标所在位置的图像状态即为历史记录画笔的源图像，如图2-36所示。

（3）在工具箱中选择“历史记录画笔”工具，并在其工具栏中设置画笔的大小、不透明度、颜色混合模式和流量等，如图2-36所示。

（4）移动鼠标至图像窗口，按住鼠标左键并在汽车上来回拖动，此时图像将恢复至历史记录画笔源中所显示的画面，效果如图2-36所示。

图2-36　用历史记录画笔恢复图像

2.5.4 使用快照

利用“快照”命令可以建立图像任何状态的临时副本（或快照），新快照将添加到历史记录面板顶部的快照列表中。选择一个快照可以从图像的那个版本开始工作。下面介绍一下快照的创建和使用方法。

（1）当打开一张图像时，在“历史记录”面板中将自动建立第一个快照，并以当前文件名来指定快照的名称，如图2-37（a）所示。

（2）选择“滤镜\纹理\马赛克拼贴”命令，单击“确定”按钮后，再单击“历史记录”面板底部的“创建新快照”按钮。在“历史记录”面板顶部就多了一个命名为“快照1”的快照内容，如图2-37（b）所示。

（3）此时，若要恢复到某一个快照，在“历史记录”面板中单击快照名称就可以将图像恢复到快照的画面。

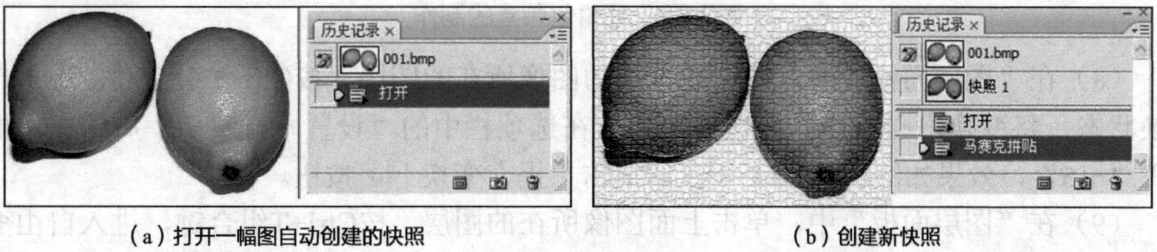

（a）打开一幅图自动创建的快照　　（b）创建新快照

图2-37　创建快照

2.6 综合实例：牙膏包装盒的制作

本实例主要应用图层、选区及选区运算和图像的变换操作。制作方法如下。

（1）选“文件/新建”命令，或按Ctrl+N组合键，将打开新建对话框。在“名称”文本框中输入“牙膏包装盒”，“宽度”设置为25cm，“高度”设置为20cm，“分辨率”设置为72ppi，“颜色模式”设置为RGB颜色，“背色”设置为蓝色（R:186，G:218，B:240），单击“确定”按钮。

提示

单击右侧的色块，可以设置背景色的颜色。

（2）选取“窗口/图层”命令，打开图层面板，单击“图层面板”底部“创建新图层”按钮，创建一个新的图层，如图2-38（a）所示。

（3）将前景色设置为白色，单击工具箱中的“矩形选框工具”，在画布上单击并拖动，绘制一矩形选区，按Ctrl+Delete组合键，填充前景色，并保持选区，效果如图2-38（b）所示。

（4）从工具箱中选择“椭圆选框工具”，并单击选项栏上的“与选区交”选项，绘制一个椭圆，在放开鼠标前，按Space键，可以移动椭圆选区，调整其与矩形选区相交的位置与形状，合适后放开鼠标左键，选区效果如图2-38（c）所示。

（5）将前景色设置为深蓝色（R:113，G:161，B:210），按Ctrl+Delete组合键，填充前景色，效果如图2-38（d）所示。按Ctrl+D组合键取消选择。

（6）将前景色设置为白色，从工具箱中选择“横排文字工具”，输入“洁白牙膏”，在选栏中设置合适的字体与大小。将文字的颜色改为黑色，再输入“洁白牙齿，清新口腔”，并设置合适的字体与大小，效果如图2-38（e）所示。

（7）在“图层面板”中，单击背景层的“眼睛”，关掉背景层。选取“图层\合并可见图层”命令，合并除背景图层外的其他图层。然后再将合并后的图层拖到“图层面板”底端的“创建新图层”图标上，复制两个图层，并调整位置。然后再单击打开背景层的“眼睛”，效果如图2-38（f）所示。

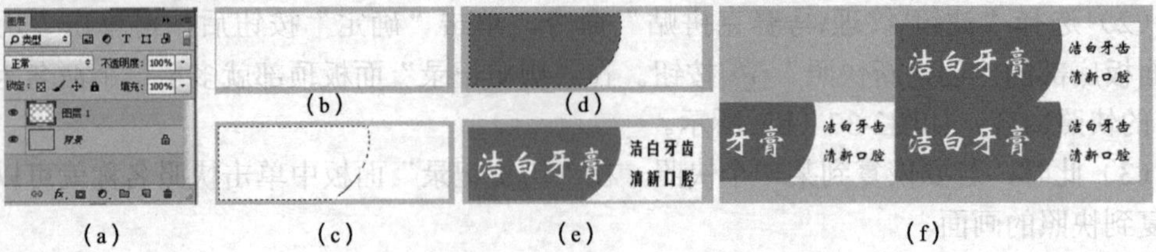

图2-38　牙膏包装盒的制作

（8）在“图层面板”中，单击右下角的图像所在的图层，按Ctrl+T组合键，进入自由变换状态，将变换中心⌖移到图像右下角，在选项栏中的“设置垂直斜切”后的文本框中输入“-15”，效果如图2-39（a）所示，单击“提交变换”✔按钮。

（9）在“图层面板”中，单击上面图像所在的图层，按Ctrl+T组合键，进入自由变换状态，将变换中心⌖移到图像右下角，在选项栏中的“旋转”后的文本框中输入“-15”。拖左边的控制把柄，使它与下面图像一样长。然后按住Ctrl键，分别拖动上边缘角上的两个控制点，扭曲图像，效果如图2-39（b）所示，单击“提交变换”✔按钮。

（10）选择移动工具，移动左侧图像至合适位置，按Ctrl+T组合键进入自由变换状态，将变换中心⌖移到图像右下角，拖动左边控制点，将其缩小到合适大小。再按住Ctrl键，分别拖动左边缘角上的两个控制点，扭曲图像，效果如图2-39（c）所示，单击“提交变换”✔按钮。

（11）在图层面板中，分别选中上面和左侧的图像所在的图层，选取“图像\调整\色相/饱和度”命令，在对话框中，拖动“明度”条上的滑块，适当增加明度，效果如图2-39（d）所示。

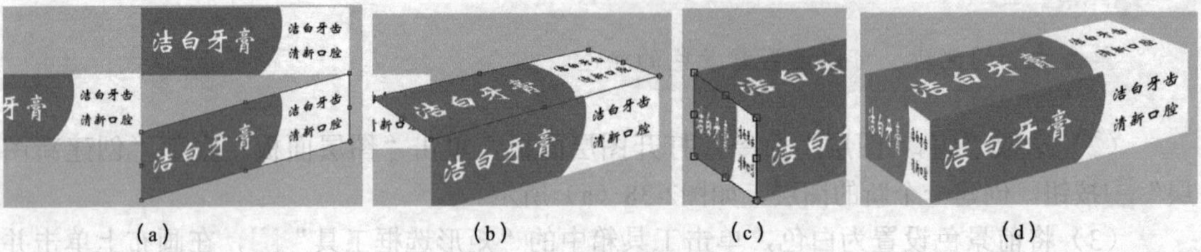

图2-39　牙膏包装盒的效果

习题

一、选择题

本章部分图片

1. 按（　　）键可以转换屏幕的显示模式。

（A）Q　　（B）F　　（C）P　　（D）Y

2. 使用（　　）可以对图像进行放大或缩小操作。

（A）工具箱中的放缩工具　　（B）导航器

（C）执行“视图\放大或缩小”命令　　（D）在状态栏中输入显示的比例

3. 对于颜色取样器工具，下列正确的描述是（　　）。

（A）在图像上最多可放置四个颜色取样点

（B）颜色取样器可以读取单个像素的值

（C）颜色取样点在信息调板上显示的颜色模式和图像当前的颜色模式可以不一致

（D）颜色取样点可用移动工具对其进行位置的改变

4. 如果一个100像素×100像素的图像被放大到200像素×200像素，文件大小会（　　）。

（A）大约是原大小的两倍　　（B）大约是原大小的三倍

（C）大约是原大小的四倍　　（D）文件大小不变

5. 图像分辨率的单位是（　　）。

（A）dpi　　（B）ppi　　（C）lpi　　（D）pixel

6. 下列（　　）可以修改Photoshop插值运算的方式。

（A）在"常规"对话框中进行修改

（B）在"图像大小"对话框中进行修改

（C）在"画布大小"对话框中进行修改

（D）在"运算"对话框中进行修改

7. 下面（　　）具有还原操作的作用。

（A）恢复　（B）还原\重做　（C）向前一步骤\向后一步骤　（D）清除

8. "图像大小"对话框中有两个重要选项："约束比例"和"重定图像像素"，下列（　　）是正确的。

（A）当选择"约束比例"时，图像高度和宽度比例是被锁定的，但可修改分辨率的大小

（B）当选择"约束比例"时，图像高度和宽度比例被锁定，这样可保证图像不会变形

（C）当取消"重定图像像素"，图像总的像素数量被锁定

（D）当选择"重定图像像素"选项时，"约束比例"也一定处于选中状态

二、简答题

1. 当图像分辨率不变时，调整图像的尺寸，图像的像素数目是否变化？若变化，如何变化？当图像的像素数目不变时，调整图像的尺寸，图像的分辨率如何变化？

2. Photoshop可以对哪些对象进行变换？"图像\图像旋转"命令与"编辑\变换"命令都可以对图像进行旋转和翻转功能，它们有什么区别？

3. 要将一个图像恢复到最近保存的图像状态，可以有哪些方法？

三、操作题

1. 打开一张人物照，将图像的宽设置为358像素，高设置为440像素，大小为不超过25KB的文件，并保存在D：\1\下。

2. 利用变换命令制作图2-40所示的图形。

3. 利用变换命令制作图2-41所示的图形。

图2-40　操作题第2题示例

图2-41　操作题第3题示例

第3章　选区的建立与编辑

学习要点：

- ◆掌握选框工具、套索工具、魔棒工具和快速选择工具的使用方法及适合选择对象
- ◆掌握利用色彩范围建立选区的方法
- ◆了解各种选取方法的优劣及绘制选区的准确性
- ◆掌握边缘调整优化选区的方法
- ◆掌握选区的编辑方法及选区的存储与载入的方法

在使用Photoshop处理图像时，往往需要对图像的局部区域进行编辑，而其他部分不被改动，或者将一幅图像的某一部分选取出来与另外的背景进行合成。这就要求必须精确地选取出这些区域范围，选取范围的优劣、准确与否，都会直接影响图像合成的质量。因此，快速、精确制作出选取范围，才能提高工作效率、制作出高质量的平面设计作品。

Photoshop中图像选择方法有多种，可以使用工具箱中的选择工具，也可以使用菜单命令，还可以通过通道、蒙版、路径来制作选取范围。本章先讲解利用选择工具和菜单命令制作和编辑选取范围，在随后的章节再介绍通道、蒙版、路径制作选取范围的方法。

3.1 选框工具

选框工具是建立规则形状选区的方法，Photoshop提供了四种形状的选框工具，分别是矩形选框工具、椭圆选框工具、单行和单列选框工具。默认状态下，显示的是矩形选框工具，需要选择其他选框工具时，可以通过右键单击工具箱上的工具选择所需的选取工具。

3.1.1 矩形和椭圆选框工具的使用

“矩形选框工具”[]和“椭圆选框工具”○分别可以建立矩形和椭圆形选区，操作方法如下。

① 在工具箱中选中矩形选框工具[]或椭圆选框工具○。

② 在图像上单击并拖动，就可以绘制出矩形或椭圆形选区，如图3-1所示。

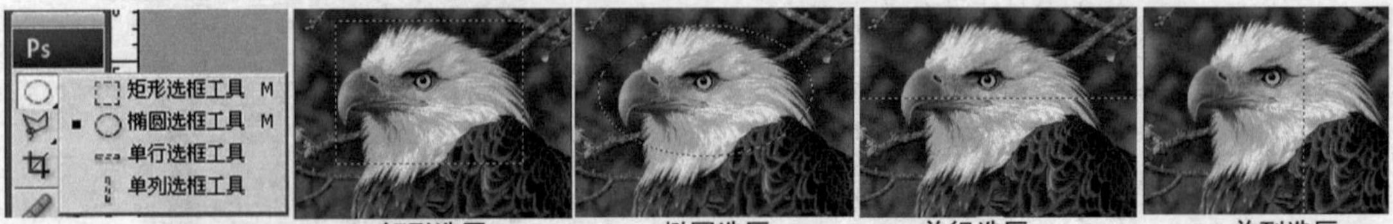

矩形选区　椭圆选区　单行选区　单列选区

图3-1　不同选框工具选区范围

提示

① 按住Shift键后，再单击并拖动，就可以绘制出正方形或圆形选区。

② 按住Alt键后，再单击并拖动，就可以绘制出以单击点为中心的矩形或椭圆形选区。

③ 按住Shift+Alt组合键，再单击并拖动，就可以绘制出以单击点为中心的正方形或圆形选区。

3.1.2　单行和单列选框工具的使用

“单行选框工具”和“单列选框工具”用于选取1个像素宽的行或列，其操作方法如下。在工具箱中选中“单行选框工具”或“单列选框工具”后，在图像上单击，即可选中单击处的单行或单列像素，如图3-1所示。

3.1.3　选框工具的选项栏

选择一个选框工具后，在菜单的下方弹出相应工具的选项栏，如图3-2所示。在选取范围之前，先设定“选区选项”，根据需要设定“消除锯齿”和“羽化”选区边缘等选项。

图3-2　选框工具选项栏

1. 选区选项

选框工具有以下4种选区选项。

（1）新选区：这是一种默认状态，用于建立一个新选区，同时会取消原有选区。

（2）添加到选区：按此按钮，或者在绘制新选区时，按住Shift键，可以把新绘制的选区添加到原有的选区中去。

（3）从选区减去：按此按钮，或在绘制新选区时，按住Alt键，可以从原选区中减去新绘制的选区，剩余部分形成一个新选区。若原选区与新选区没有交叉，则原选区不变。

（4）与选区交叉：按此按钮，或者在绘制新选区时，按住Shift+Alt组合键，新绘制的选区与原有选区相交叉的部分形成一个新选区。若原选区与新绘制的选区没有交叉，则会取消所有的选区范围。图3-3所示是4种选区选项建立的选区。

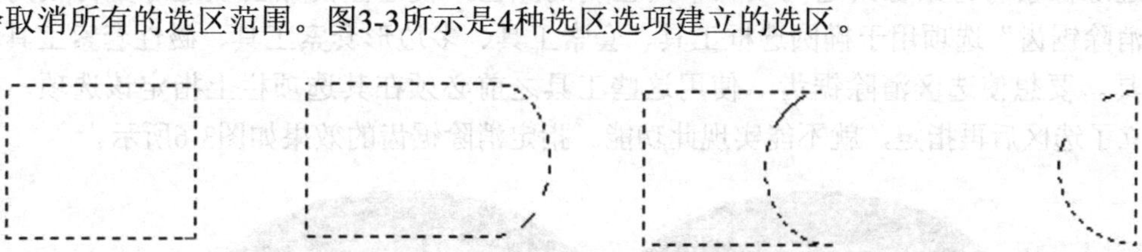

新选区　圆形选区添加到矩形选区　从矩形选区减去中圆形选区　矩形选区与圆形选区交叉

图3-3　4种选区选项建立的选区

实例3-1：选取西瓜

（1）打开图3-4（a）所示的图片，选择“椭圆选框工具”，并在选项栏中选中“新选区”按钮，在图片上建立一个椭圆选区，如图3-4（b）所示。

（2）选择“选择/变换选区”命令，在选区范围四周会出现把柄，按住Ctrl键拖动把柄调节选区大小，至椭圆选区与西瓜下边缘完全吻合，单击回车键，就形成图3-4（c）所示的选区。

（3）选择“矩形选框工具”，并在选项栏中选中“从选区减去”按钮，拖出一个包含上半个椭圆的矩形选区，最后形成图3-4（d）所示的选区。

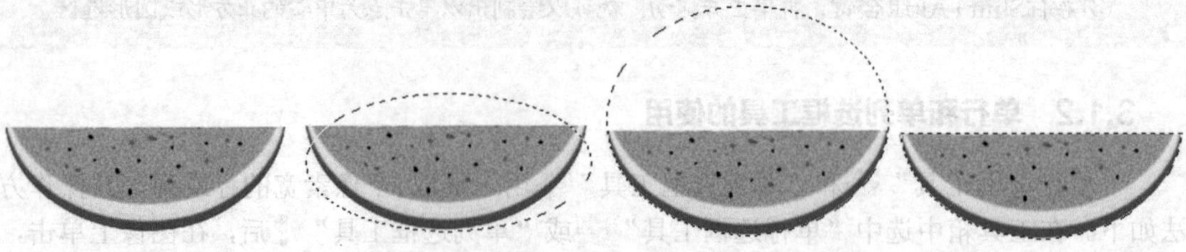

图3-4 利用选框工具选择西瓜

2. 羽化

在选取范围之前，在选项栏的“羽化”文本框中输入数值，建立选区的边缘部分会产生晕开的柔和效果，其羽化的取值范围在0～250像素之间。若选区已建立好，可以选择“选择/修改/羽化”命令，在打开的对话框中设置合适的羽化值，也可以为建立好的选区设置柔和边缘效果。图3-5所示为不同羽化半径的选区效果。

图3-5 不同羽化半径的羽化效果

3. 消除锯齿

在边缘像素与背景像素之间填入中间色调的颜色，使选区的锯齿状边缘变得较为平滑。“消除锯齿”选项用于椭圆选框工具、套索工具、多边形套索工具、磁性套索工具和魔棒工具。要想使选区消除锯齿，使用这些工具之前必须在其选项栏上指定该选项，否则，建立了选区后再指定，就不能实现此功能。指定消除锯齿的效果如图3-6所示。

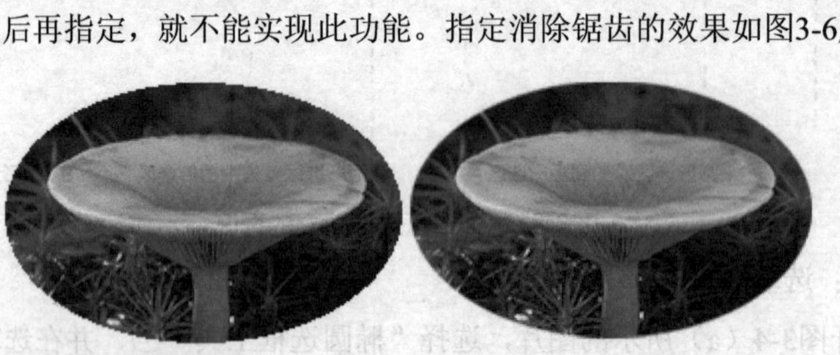

图3-6 消除锯齿的效果图

4. 样式

在工具选项栏中的样式下拉列表框中，可以设定三种选取方式，如图3-7所示。

（1）正常：为默认方式，可以建立任意大小和形状的椭圆形和矩形选区。

（2）固定长宽比：选中，在文本框中输入高和宽的比例，建立宽和高成比例的选区。

（3）固定大小：选中，在文本框中输入高和宽数据，单击建立一个固定大小的选区。

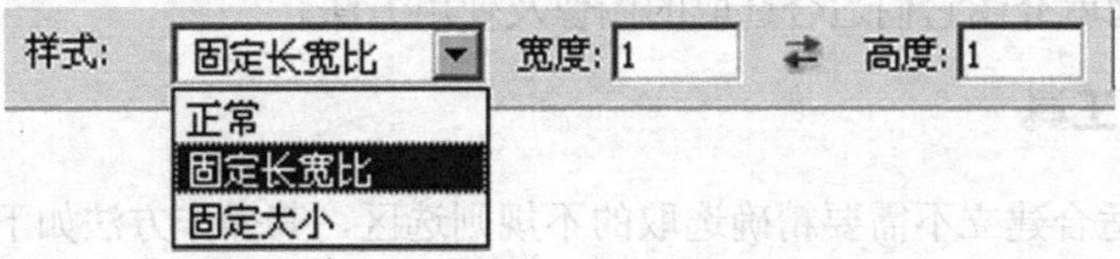

图3-7　样式下拉列表框图

实例3-2：绘制禁烟标志

本实例综合应用矩形选框工具、椭圆选框工具和选区的运算，绘制禁烟标志。

（1）新建一个宽为500像素、高为400像素、分辨率为72ppi、背景色为白色的文件。

（2）选择“视图\标尺”命令，并分别从上和从左拖出一条参考线，交于文件中央。

（3）在工具箱中，选择矩形选框工具，将鼠标的“+”光标与参考线交叉处对齐，按住鼠标左键后，再按住Alt键，然后拖动鼠标，绘制一个以单击处为中心的大小合适的矩形选区。

（4）在工具箱中，选择单列选框工具。并在选项栏上单击“从选区减去”按钮，在矩形选区的右侧单击两次，效果如图3-8（a）所示。然后将前景色设置为黑色，按Alt+Backspace组合键，即可以用前景色填充，效果如图3-88（b）所示。按Ctrl+D组合键取消选区。

（5）选择椭圆选框工具。将鼠标的“+”光标与参考交叉处对齐，按住鼠标左键，再按住Shift+Alt组合键，拖动鼠标，绘制一个大小合适的正圆。

（6）然后在选项栏上单击“从选区减去”按钮，同样的方法再绘制一个比刚才小一点正圆，这样便可以得到一个图3-8（c）所示圆环选区。

（7）选择矩形选框工具，并在选项栏上单击“添加到选区”按钮，以参考线交叉处为中心，绘制一个矩形选区（选区宽度稍大于小圆直径，高度与圆环选区的宽相差不多即可），得到一个图3-8（d）所示的选区。

（8）执行“选择\变换选区”命令，在选项栏的“设置旋转”输入框中输入45，并按Enter键或者在选项栏上单击“提交变换”按钮。然后将前景色设置为红色，按Alt+Backspace组合键，即可以用前景色填充，效果如图3-8（e）所示。

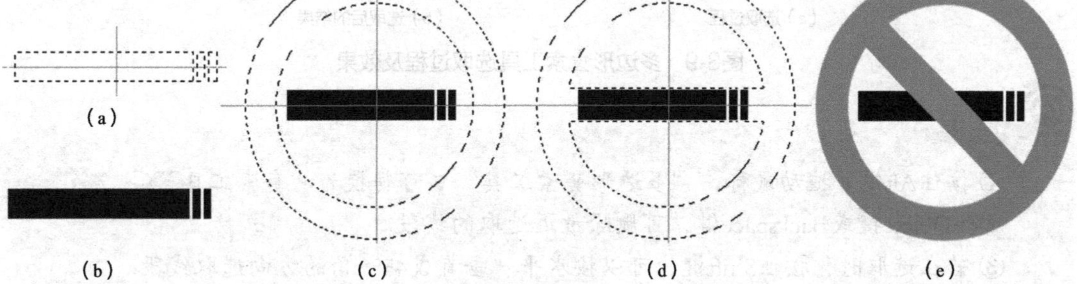

图3-8　禁烟标志

3.2 套索工具

套索工具也是一种常用的选择工具，其中包含“套索工具”、“多边形套索工具”和“磁性套索工具”，它们主要用于选取一些不规则形状选区。但它们又有各自的适用情况，下面就介绍它们适合选取的图像及使用方法。

3.2.1 套索工具

套索工具适合建立不需要精确选取的不规则选区，其操作方法如下。

在工具箱中选中套索工具，将鼠标移到图像上单击并拖动鼠标左键，随着光标的移动，可以形成任意形状的区域，放开鼠标后，会自动形成闭合选区。

提示

按住Alt键，套索工具可以转换为多边形套索工具。

3.2.2 多边形套索工具

“多边形套索工具”适合选取边缘为直线边、折角比较明显的不规则形状的多边形图像。如多边形、书籍和盒子等，操作方法如下。

（1）选中“多边形套索工具”，将鼠标移到图像上单击，确定起点。

（2）沿着图像的边缘不断移动鼠标并单击，当回到开始点时，光标右下出现一个小圆圈，单击就完成选取操作。若没回到起点，双击会自动连接起点和终点，如图3-9所示。

（a）选取过程　　（b）选取后的结果

图3-9　多边形套索工具选取过程及效果

提示

① 按住Alt键并拖动鼠标，“多边形套索工具”可转换为“套索工具”。

②按Delete键或Backspace键，可删除最近选取的线段。

③ 若在选取时，按住Shift键，可以按水平、垂直或45° 角的方向选取线段。

3.2.3　磁性套索工具

1．使用磁性套索工具创建选区

图3-10　使用磁性套索工具选取

"磁性套索工具"是根据选取边缘在指定宽度内的不同像素值的反差来选取的。它适合选取图像颜色与背景颜色对比强烈，且轮廓比较清晰的不规则区域，操作方法如下。

（1）选中"磁性套索工具"，将鼠标移到图像上单击，以确定开始点。

（2）沿着图像的边缘移动鼠标，当回到开始点时，光标右下会出现一个小圆圈，单击就完成选取操作，如图3-10所示。

提示

①在选择过程中，按住Alt键并单击，磁性套索工具转换为多边形套索工具。

②按Delete键，可删除最近选取的线段。

2．磁性套索工具选项栏

磁性套索工具选项栏如图3-11所示，其中选区选项按钮、羽化和消除锯齿选项都与选框工具相同，下面介绍其他选项。

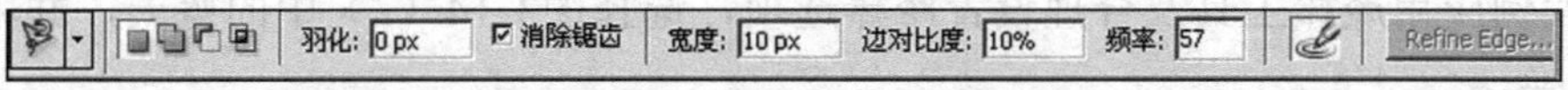

图3-11　磁性套索工具选项栏

（1）宽度：指定检测边缘宽度，取值范围在1～256像素之间，其值越小，检测越精确。

（2）频率：用于设置生成的控制点的数量，其取值范围在1～100之间，取值越大，生成控制点的数量越多，选区的边界也越精确，但频率过高，建立的选区将不够光滑。

（3）边对比度：用于设置"磁性套索工具"对图像边缘反差的灵敏度，其取值范围在1%～100%之间。若选取的图像边缘与背景颜色反差大，可以设置较大的对比度，否则，若图像边缘与背景颜色反差小，其对比度值应设置小一些。

（4）钢笔压力：设置绘图板的钢笔压力。该选项只有安装了绘图板及其驱动程序才有效。

3.3　魔棒及快速选择工具

3.3.1　魔棒工具

"魔棒工具"用于选择颜色相同或相近的区域，而不必跟踪其轮廓。

操作方法：在图像上单击一下，与单击处颜色相同或相近的区域都被选中。单击的位置不同，选区的范围也不一样，如图3-12所示。

图3-12　使用魔棒工具选取

魔棒工具选项栏上的容差决定“魔棒工具”选择的色彩范围，其选项栏如图3-13所示。

图3-13　魔棒工具选项栏

容差：用于设置选择像素颜色差异程度，它决定选区范围的大小。取值范围在0～255之间，设置的数值越大，选择的像素的颜色差异越大，选择范围也就越大。

连续：选中此项，只选择与单击处相邻区域中的颜色相同或相近的像素。取消此项，可选择整个图像上与单击处颜色相同或相近的像素，但这些像素的位置不一定相邻。

对所有图层取样：选中此选项，将可以选择所有图层中相同或相近的颜色区域。若不选此选项，则只能选择当前层中相同或相近的颜色区域。

实例3-3：更换图像的蓝天背景

本实例应用魔棒工具及合理设置魔棒选项，选择图3-14（a）中的蓝天，并用图3-14（b）替换。

（1）打开图3-14（a）所示的图像，单击工具箱中魔棒工具，在魔棒工具选项栏上，设置“容差”为42，并取消“连续”选项，然后在图片上蓝天区域单击。图像上与单击颜色在容差范围内的相近颜色都被选中。

（2）若图像上还有蓝天部分没被选中，在魔棒工具选项栏上，单击“添加到选区”按钮，并选中“连续”选项，在图像蓝天没被选中的区域单击，与单击相连的区域就加到以前的选区中。也可以按住Shift键，单击图像上没被选中的蓝天区域。

（3）若在图像上多选了不需要的区域，单击“从选区减去”按钮，或按住Alt键，单击这些区域，就可以从选区中减去。最后的选取效果如图3-14（c）所示。

（4）再打开图3-14（b）所示的原稿，利用矩形选框工具选中整个图像，然后选择“编辑\拷贝”命令或按Ctrl+C组合键，将图像复制到剪贴板。

（5）将当前文件转换成图3-14（c）所示的图，然后选择“编辑\贴入”命令，调整贴入图像的大小和位置，最终效果如图3-14（d）所示。

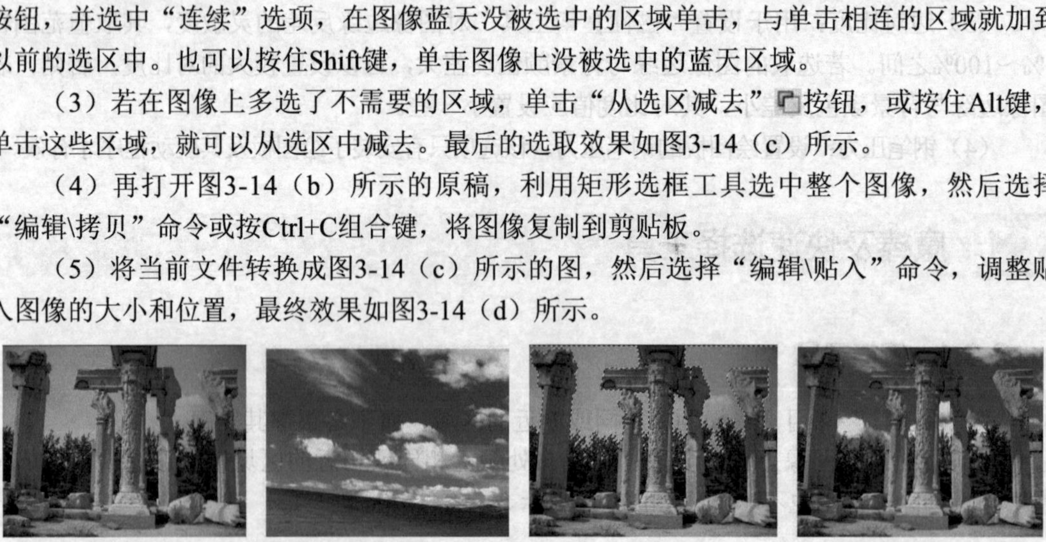

（a）原稿1　（b）原稿2　（c）选区　（d）效果

图3-14　使用魔棒工具建立选区

3.3.2　快速选择工具

快速选择工具是利用可调整的圆形画笔笔尖，快速“绘制”选区。拖动时，选区会向外扩展并自动查找和跟随图像中定义的边缘。快速选择工具的选项栏如图3-15所示。

图3-15　快速选择工具的选项栏

1. 快速选择工具的选区选项

新选区：用于建立一个新选区。创建选区后，此项自动转换为“添加到选区”。

添加到选区：按此按钮，可以把新绘制的选区添加到原有的选区中去。

从选区减去：按此按钮，可以从原选区中减去新绘制的选区。

2. 画笔

单击快速选择工具选项栏上“画笔”右侧的黑三角，会打开画笔设置面板，移动“直径”滑块，可以更改快速选择工具的画笔笔尖大小。

在建立选区时，按右方括号键可增大快速选择工具画笔笔尖的大小，按左方括号键可减小快速选择工具画笔笔尖的大小。

3. 自动增强

选中此选项，能减少选区边界的粗糙度和块效应，使图像选区平滑。“自动增强”自动将选区向图像边缘进一步流动并应用一些边缘调整。也可以通过在“调整边缘”对话框中使用“平滑”“对比度”和“半径”选项，手动应用这些边缘调整。

快速选择工具选择图像的方法如下。

① 打开图3-15所示的图像，并在工具箱中选择“快速选择工具”。

② 在快速选择工具的选项栏中选择“新选区”，并设置大小合适的画笔笔尖。

③ 在要选择的图像部分中绘画，选区将随着绘画而增大，如图3-16所示。

图3-16　利用快速选择工具选取图像

④ 若在图像上多选了不需要的区域，单击快速选择工具选项栏上的“从选区中减”按钮，并在这些区域进行绘画，就能从选区中减去。

提示

在选择过程中，按住Alt键，可以在“添加到选区”与“从选区中减”两种选区选项之间进行转换。

3.4 使用“色彩范围”建立选区

“色彩范围”命令同魔棒工具一样，也是根据颜色建立选区的一种方法，但是它又比魔棒工具更灵活，它可以对现有选区或整个图像内按指定的颜色或选择色彩范围来建立新的选区。打开一个图像文件，然后选取“选择\色彩范围”命令，就可以打开图3-17所示的“色彩范围”对话框。

（1）选择：在此下拉列表中，可选择一种选取颜色范围的方式，如图3-17所示。

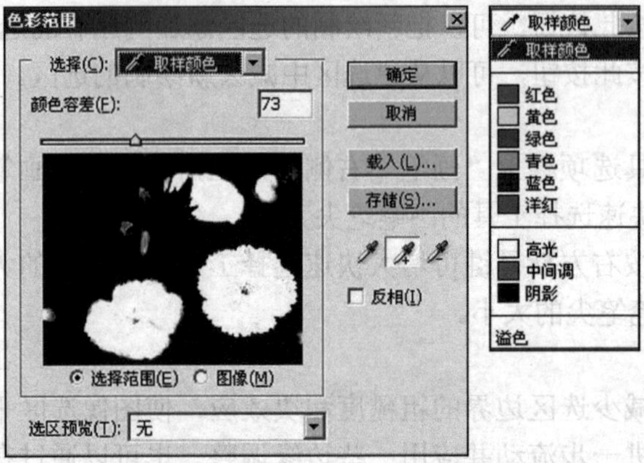

图3-17 “色彩范围”对话框

① 取样颜色：选中此项，可以用吸管工具在图像上吸取颜色，同时可以调节颜色容差滑块，颜色容差越大，所包含的近似颜色越多，选取的范围越大。

② 选择红色、黄色、绿色、青色、蓝色和洋红选项时，可以选择图像中以上特定颜色。

③ 选择高光、中间调和阴影选项时，可选取图像中不同阶调范围的区域。

④ 选择“溢色”选项时，用于选择图像中溢出的颜色区域，“溢色”选项仅适用于RGB和Lab图像。溢色是无法使用印刷色打印的RGB或Lab颜色。

（2）选择“范围\图像”：此选项用于设置在预览窗口中显示的内容，若选择“选择范围”选项，在预览窗口中显示黑白图像，白色区域是选定的像素，黑色区域是未选定的像素，而灰色区域是部分选定的像素。若选择“图像”选项，在预览窗口中显示整个图像。

（3）选区预览：此选项用于设置选择范围在图像窗口中的显示方式。

① 无：不在图像窗口中显示选区，原图不变。

② 灰度：在图像窗口以灰度表示选择区域，白色表示选区，黑色表示非选区。

③ 黑色杂边：在图像窗口以黑色显示未选中的区域，以便查看图像在暗背景下的效果。

④ 白色杂边：在图像窗口以白色显示未选中的区域，以便查看图像在亮背景下的效果。

⑤ 快速蒙版：在图像窗口以默认的蒙版颜色显示未被选中的区域。

（4）吸管工具：对话框中的三个吸管，用于增加或减小选择的颜色范围。用于制作新选择区域；用于增加选择的颜色范围；用于减小选择的颜色范围。

（5）反相：选中此复选框，可以使选择范围与非选择范围互换。

实例3-4：制作美发广告

选择图像时，有时候仅用一个选择工具不能将图像完美选择出来，需要应用多个选择工具联合使用，才能完成任务，本实例就是综合应用多个选择工具选出所需的图像，制作出美发广告。

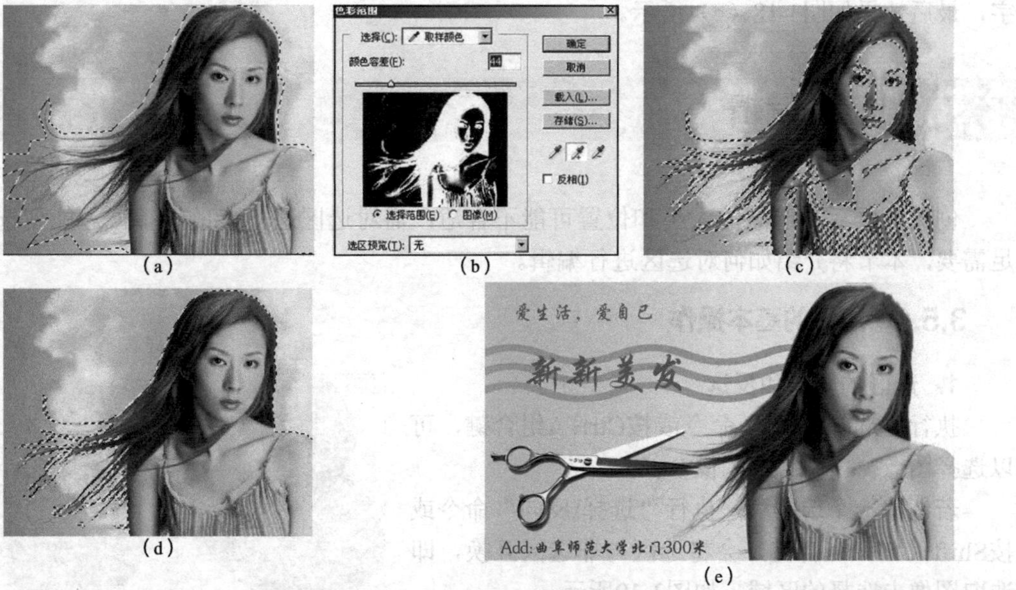

图3-18 使用色彩范围选择图像

（1）打开一张图片，并用多边形套索工具大概勾出人物的轮廓，如图3-18（a）所示。

（2）选取“选择\色彩范围”命令，在打开的“色彩范围”对话框中，设置合适的颜色容差后，用吸管工具在人头发处单击取样，然后再用增加取样颜色或用减少取样颜色，直至头发能被较好的选出，如图3-18（b）所示，按“确定”，得到图3-18（c）所示的选区。

（3）选择“多边形套索工具”，并在选项栏中选择“添加到选区”，然后绘制一个选区，将人脸和身体部分选区包含在内，最后形成图3-18（d）所示的选区。

提示

建好选区后，也可以单击选项栏上的边缘调整命令，进一步调整选区，操作方法参见5.3.3节。

（4）新建一个宽25cm、高15cm、分辨率为72ppi的文件。将前景色设置为浅灰色（K:25%），背景色为白色，利用渐变工具拖动一个从左到右的线性渐变。然后将选择好的人物复制到此文件中，效果如图3-18（e）所示。

（5）在工具箱中，选“自定义形状工具”，单击选项栏中的“形状”后的黑三角，在打开的“下拉面板”中，选择“波浪”。若不存在，单击“下拉面板”右侧的按钮，在弹出的下拉菜单中，选择“自然”，单击“追加”按钮，就可以找到要选的形状。将前景色设置为蓝色（C:63，K:21），拖动鼠标左键，绘制波浪，效果如图3-18（e）所示。

（6）打开“剪刀”图片，选择魔棒工具，选项栏上去掉“连续”前面的钩，单击背景，然后按Shift+Ctrl+I组合键，选区反向，再选快速选择工具，并在选项栏中，单击“添加到选区”按钮，将没选中的“剪刀”部分加入选区。然后将“剪刀”复制到新文件中。调整合适大小和位置，效果如图3-18（e）所示。

（7）选择文字工具，并在选项栏中设置合适的字体、大小和颜色，输入所需要的文字，最后效果如图3-18（e）所示。

3.5 选区的编辑

创建选区后，选区的大小和位置可能不合适，需对选区进一步的编辑，才能使选区满足需要，本节将介绍如何对选区进行编辑。

3.5.1 选区的基本操作

1. 选区的全选和反选

执行“选择\全选”命令或按Ctrl+A组合键，可以选择图像窗口中整幅图像。

若创建一个选区后，执行“选择\反向”命令或按Shift+Ctrl+I组合键，会将选区与非选区互换，即选取图像未选择的区域，如图3-19所示。

（a）选区全选效果　（b）选区反向效果

图3-19 选区反向效果

2. 取消选择和重新选择

执行“选择\取消选择”命令或按Ctrl+D组合键，可以取消已创建的选区。使用矩形选框工具、椭圆选框工具或套索工具创建选区后，再在图像上单击也可以取消选区。

执行“选择\重新选择”命令或按Shift+Ctrl+D组合键，可重新选择最近一次创建的选区。

3. 移动选区

利用选择工具创建选区后，将鼠标指针放到选区内，待光标变为▶⬚时，单击并拖动鼠标左键，可以移动选区。若想精确移动选区，可以按键盘上的上、下、左、右4个方向键，每按一次方向键，可以移动1个像素点的距离。

提示

如果使用移动工具▶✥移动选区，则会将选区中的图像随选区一块移动，效果如图3-20（a）所示；若按住Alt键，再使用移动工具▶✥移动选区，则会将选区中的图像复制一份再进行移动，效果如图3-20（b）所示。

（a）　（b）

图3-20 使用移动工具移动选区

4. 拷贝、剪切和粘贴选区中的图像

在图像内或图像间复制选区中的图像，除使用移动工具拖动外，还可以使用“拷贝”“剪切”和“粘贴”命令实现。

（1）拷贝：在图像中绘制好选区后，选择“编辑\拷贝”命令或按Ctrl+C组合键，可以将选区中的图像复制到剪贴板中，用户可以多次粘贴使用，但原图像中的内容不变。

（2）合并拷贝：若要复制的内容在多层图像中，选择“编辑\合并拷贝”命令或按

Shift+Ctrl+C组合键，可将选区内所有可见图层均复制到剪贴板中，原图像中的内容不变。

（3）剪切：在图像中绘制好选区后，选择“编辑\剪切”命令或按Ctrl+X组合键，可以将选区中的图像从原图像剪掉，并复制到剪贴板中。

（4）粘贴：在执行完拷贝或剪切命令后，执行“编辑\粘贴”命令或按Ctrl+V组合键，可以将剪贴板中的图像内容粘贴到原图像或其他的新图像中。

（5）贴入：若想将剪贴板中的图像内容粘贴到已建立好的选区中，可以执行“编辑\贴入”命令或按Shift+Ctrl+V组合键。复制、剪切、粘贴和贴入效果如图3-21所示。

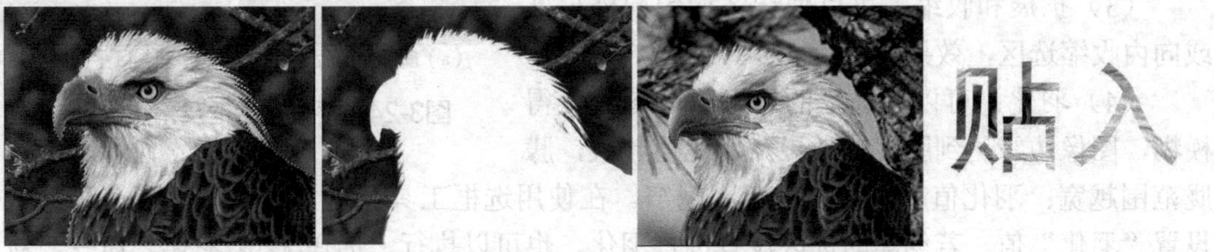

（a）复制后原图效果　（b）剪贴后原图效果　（c）粘贴到另一幅图像中　（d）贴入选区中效果

图3-21　复制、剪贴、粘贴和贴入效果

提示

选择“拷贝”或“剪切”选区内的图像时，一定要注意要复制的内容是否在当前作用图层上。若选择内容是透明的，没有图像内容，执行“拷贝”或“剪切”命令后，会打开图3-22所示的提示框。

图3-22　拷贝无内容时的提示

3.5.2　编辑选区

1. 修改选区

除了在建立选区时，通过选项栏上的选区选项实现选区的增减外，还可以使用“选择”菜单中的命令增加或减少现有选区。

选取“选择\修改”命令，可以对选区进行“边界、平滑、扩展、收缩、羽化”操作。

（1）边界：可以将现有选区扩展成一定宽度像素的区域，形成边界选区。效果如图3-23所示。

（a）原选区　（b）边界后的选区

图3-23　边界对话框及边界选区效果

（2）平滑：使用魔棒工具对颜色范围建立选区时，会产生零星的选区，使用平滑命令，可以很方便地去除这些零星选区，使选区变得平滑完整，如图3-24所示效果。另外，使用平滑，可以得到圆角选区（如圆角矩形）。“平滑半径”用来设置选区的平滑范围，此值越大，平滑的范围越大，其取值范围为1~100像素之间。

（3）扩展和收缩：可以使选区均匀向外扩展或向内收缩选区，效果如图3-25所示。

（4）羽化：可以使选区的边缘部分图像变得模糊，图像边缘达到朦胧的效果。羽化值越大，朦胧范围越宽；羽化值越小，朦胧范围越窄。在使用选框工具和套索工具时，可在选项栏中设置“羽化”值。若创建的选区没有进行羽化，也可以执行“选择/修改/羽化”命令，对当前选区进行羽化操作。

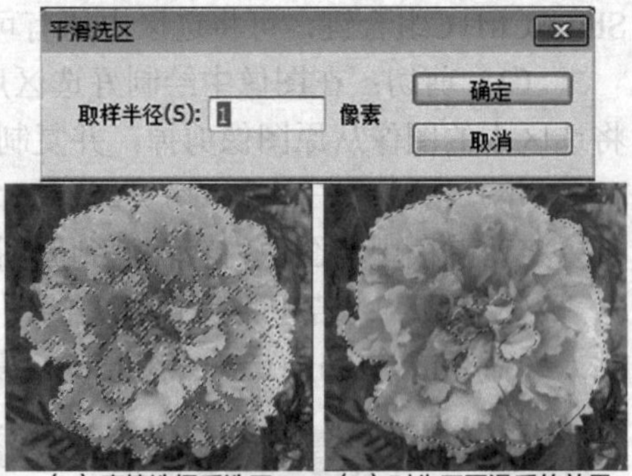

（a）魔棒选择后选区　（b）对先区平滑后的效果

图3-24　平滑对话框及平滑选区效果

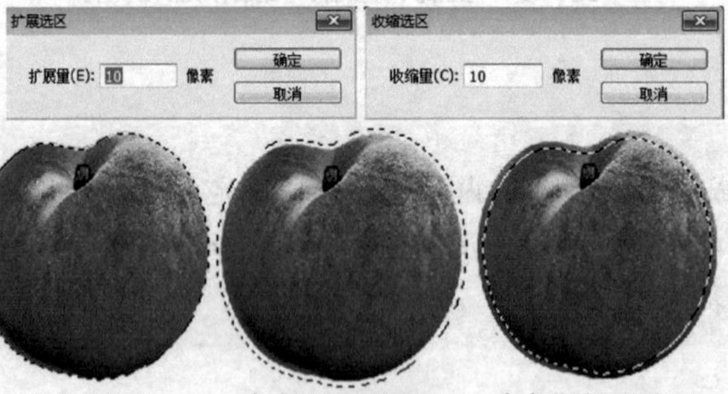

（a）原选区　（b）扩展后的选区　（c）收缩后的选区

图3-25　扩展和收缩选区对话框及效果

2. 扩大选区和选取相似

“选择/扩大选区”和“选择/选取相似”命令，都可以扩展选区以包含具有相似颜色的区域（相似颜色的范围由魔棒中的容差决定）。但“选择/扩大选区”命令，只扩展与选区相邻像素；“选择/选取相似”命令可以包含整个图像中位于容差范围内的像素，而不只是相邻的像素。扩大选区与选取相似效果如图3-26所示。

（a）原选区　（b）扩大选区效果　（c）选取相似效果

图3-26　扩大选区与选取相似效果对比

3. 变换选区

Photoshop中的变换命令，可以对选区或者选区内的图像进行放缩、旋转、斜切、扭曲和变形。除此之外，也可以对整个图层、多个图层或图层蒙版应用变换以及向路径、矢量形状、矢量蒙版、选区边界或Alpha通道应用变换。

如果要对选区进行变换，应先建立一个选区，然后执行“选择\变换选区”命令。如果选择“编辑\变换”下拉菜单中的命令或者选择“编辑\自由变换”命令，不仅会使选区变换，而且选区中的图像也会发生变化，对比效果如图3-27所示。

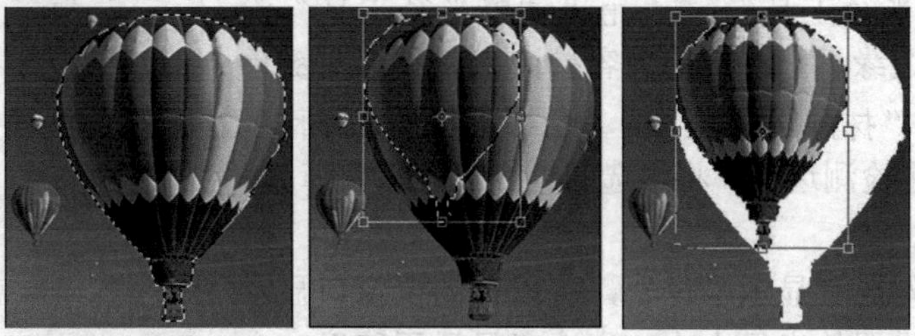

（a）原选区　　（b）选择/变换选区　　（c）编辑/自由变换

图3-27　变换选区和自由变换效果对比

实例3-5：校正歪斜钟表

本实例是“变换选区”和“自由变换”的综合应用，目的是了解两者的区别和应用情况。

（1）打开一张钟表的图像，并用椭圆工具绘制一个椭圆选区，如图3-28（a）所示。

（2）选择“选择\变换选区”命令，在选区上出现变换框架，按住Ctrl键调节变换框架上的把柄，使选区与钟表吻合，如图3-28（b）所示。

（3）按Ctrl+C组合键复制选区中的图像，按Ctrl+V组合键将选区中的图像复制到新图层中，并选中背景层，按Ctrl+A组合键全选后，按Delete键删除背景，效果如图3-28（c）所示。

（4）选中图层1，执行“编辑\自由变换”命令或按Ctrl+T组合键，对钟表进行变换，使其变为正圆的钟表，如图3-28（d）所示。

提示

此实例也可以先通过“透视变形”命令，将平面校正，再进行选择。

（a）　　（b）　　（c）　　（d）

图3-28　选区及图像的变换操作

3.5.3　调整边缘

使用Photoshop的选择工具选取图像时，由于无法建立完全准确的选区，选择的图像的边缘会残留背景中的杂色（我们常统一称为白边现象）。选择边缘复杂的毛发或半透明物体时，图像的选择效果更难达到满意的效果。这些问题利用“调整边缘”功能就能很好解决。

利用其他选择工具绘制好选区，单击选项栏上的边缘调整工具，即可打开图3-29所示的“边缘调整”对话框。

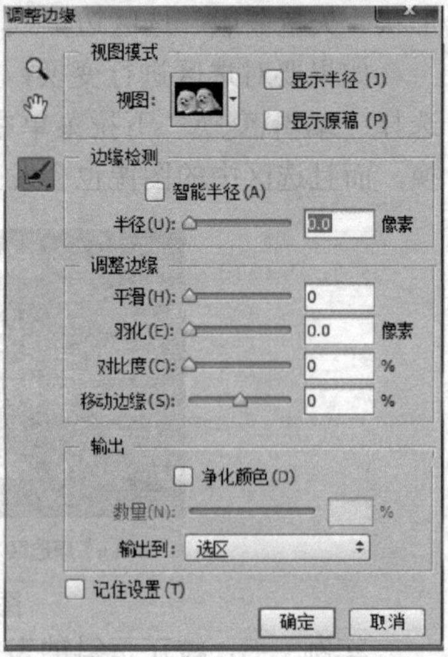

图3-29　调整边缘对话框

1. 左部的3个图标

缩放工具：用它可以把打开的图像放大或者缩小。

抓手工具：用它移动放大的图像，以便于观察图像。

调整半径工具与抹除调整工具：鼠标右键单击工具组，选择“调整半径工具”，用“调整半径工具”涂抹，可扩大检测边缘，把漏选的内容拾回来。鼠标右键单击工具组，选择“抹除调整工具”，用“抹除调整工具”涂抹，可缩小检测边缘，将多选的内容“删除”掉。

2. 视图模式

显示半径：勾选“显示半径”，可以在图像窗口显示“边缘检测”中设置的半径大小。勾选“显示原稿”，会显示出全部图像。

单击视图右面小方框内的“小三角形”按钮，可以在7种模式下观察选区内图像的情形。7种视图模式含义大致如下。

① 闪烁虚线：用蚂蚁线显示选区。

② 叠加：用快速蒙版方式显示选区。

③ 黑底或白底：背景用黑色或白显示，这两种模式便于观察到我们抠取的图像放在暗背景中或亮背景中，边缘是否融合正常，图3-30（b）为原选区在黑图模式下的显示效果。

④ 黑白：主体显示为白色，背景显示为黑色，即用蒙版显示，利用它可以查看选区边缘。

⑤ 背景图层：背景显示为透明，即背景用灰白方格显示。

⑥ 显示图层：保持主体选区建立以前的当前图层的原貌。

3. 边缘检测

半径：用于设置检测的宽度。在半径范围内判断哪些像素属于主体，哪些像素属于背景。与主体色彩相似的像素保留，不相似的删除。图3-30（c）是半径为15像素，并勾选“显示半径”的效果。

勾选“智能半径”选项时，检测边缘会自动按实际像素分析其宽度，可以帮助我们对检测边缘进行有效的调整。

提示

勾选“智能半径”，拖动“半径”滑块，可以扩大或减小检测边缘的范围，但选区范围往外和往内扩大或者缩小了一部分。在实际应用中，单靠软件自动分析出的检测边缘往往不能完全满足我们的要求，我们需要手动进行调整。用“调整半径工具”或者“抹除调整工具”涂抹，将我们创建的选区，该扩大的地方扩大，该缩小的地方缩小。

4. 调整边缘

平滑：去除不规则选区，使选区变得更加平滑自然。取值0～100，对于精细抠图，一般取值2～3，不宜过大。图3-30（d）平滑半径为10像素效果，狗毛发有点模糊，对比度不够。

羽化：羽化选项可以将选区边缘进行模糊处理，取值0～250像素，对于精细抠图，一般取值不要超过1 。

对比度：与羽化的功能相反。会使柔化的边缘变得清晰易辨，去除边界模糊的不自然感。取值0%~100%。图3-30（e）是半径为10像素，对比度为10%的效果。

移动边缘：移动边缘选项可以将选区扩大或者缩小。当边缘出现多余的“色边”时，减小边缘可以消除原背景造成的色边，这是去除边缘杂色的好方法。

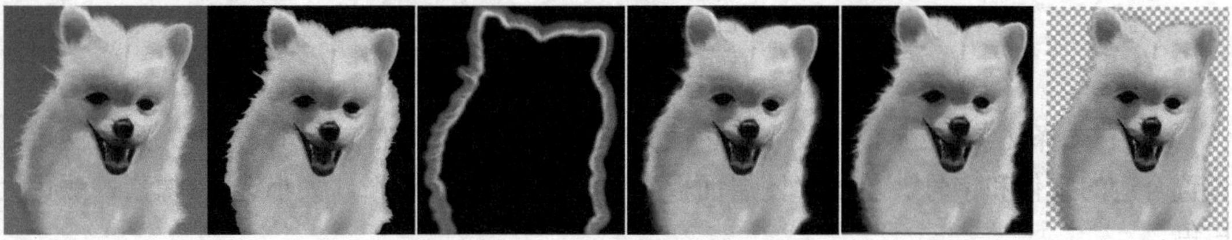

（a） （b） （c） （d） （e） （f）

图3-30 边缘调整图像效果

5. 输出

净化颜色：它的作用可将边缘半透明颜色去除。勾选“净化颜色”，拖动“数量”一栏的滑块观察其效果，选择合适的数值。“净化颜色”也是去除边缘杂色的好方法。

输出到：“输出到”一栏有几个选项。如果想对抠出的图像进行修改，最好选择“新建带有图层蒙版的图层”。如果选择“新建文档”或者“新建带有图层蒙版的文档”选项，将会在新窗口中创建文档。图3-30（f）为输出蒙版模式，临时将非选区图像隐藏。

实例3-6：婚纱摄影广告

本婚纱广告实例应用边缘调整，调整图像的选择效果，使婚纱达到半透明效果。

（1）打开婚纱图片，选择魔棒工具，并取消选项栏上“连续”，单击背景，将没有选中的部分，按住Shift键，添加到选区，然后按Shift+Ctrl+I组合键反向，效果如图3-31（a）所示。

（2）单击选项栏上的“边缘调整”，进入选区的边缘调整状态，原选区在黑底模式下的效果如图3-31（b）所示，婚纱不透明，人物头发边缘带有背景颜色，选区不能满足需要。

（3）视图换为“叠加”模式，勾选“显示半径”，并将半径调为2个像素。选择“调整半径工具”，在婚纱透明部分和头发的边缘部分涂抹，将它们加入检测半径中，效果如图3-31（c）所示。在半径范围内判断哪些像素属于主体（婚纱），哪些像素属于背景（白色）。与主体色彩相似的像素保留，不相似的删除。

（4）视图换为“背景图层”模式，不勾选“显示半径”。调整“移动边缘”，查看婚纱的半透明部分，效果如图3-31（d）所示。在“输出”中选择“新图层”，单击“确定”按钮。

（5）打开一张背景图，并将选择好的婚纱图层复制到此文件中，按Ctrl+T组合键调整婚纱图像的大小和位置，如图3-31（e）所示。

（6）将前景色改为黄色（R:255，G:245，B:10），选择T工具，输入“时尚婚纱摄影”，设置合适的字体和字号。单击“图层面板”fx按钮，在下拉菜单中选择“描边”，在打开的对话框中设置，“大小”为“5像素”、“位置”为“外部”、颜色为品红色（R:230，G:48，B131）。然后设置投影，角度为131，距离为13像素，大小为9像素，效果如图3-31（e）所示。

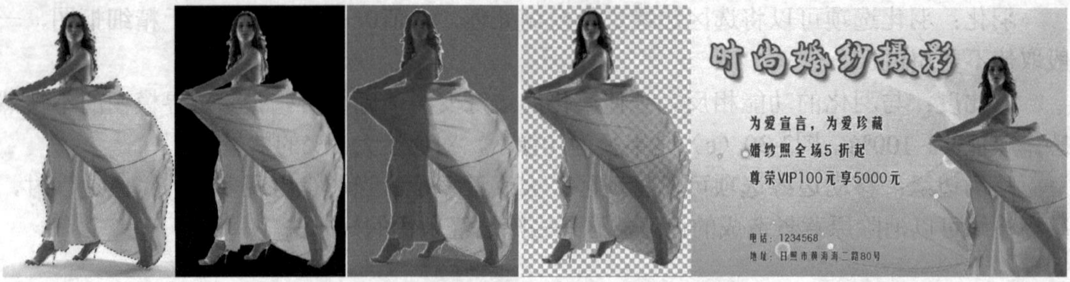

（a）　（b）　（c）　（d）　（e）

图3-31　婚纱广告

（7）选择文字T工具，将文字颜色改为深绿色（R:3，G83，B14），输入剩余文字，设置合适的字体和字号。单击“图层面板”fx，选择“描边”，大小选择1像素，颜色为白色。

3.6 选区的存储和载入

1. 选区的存储

创建好的选区，可以使用“存储选区”命令将选区存储在Alpha通道中，以备重复使用。执行“选择/存储选区”命令，就会打开“存储选区”对话框，如图3-32（a）所示，设置好选项后，单击“确定”按钮选区就被存储在通道中，如图3-32（b）所示。

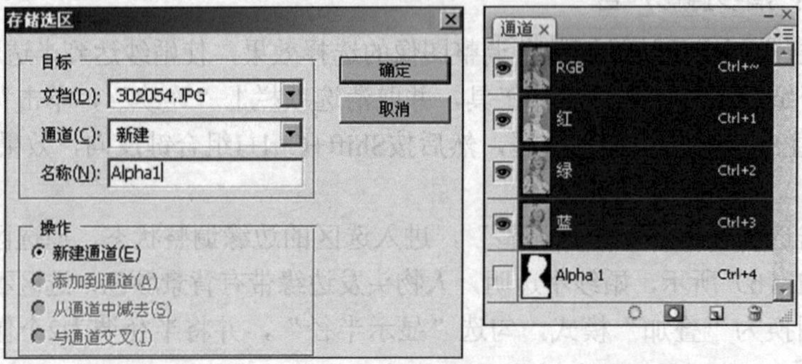

（a）　（b）

图3-32　“存储选区”对话框和“通道”面板

在“存储选区”对话中，各选项的意义如下。

（1）文档：用于设置保存选区的文件位置，默认为当前图像文件。也可以存储到当前打开的具有相同分辨率和尺寸的其他图像文件或者新建的文件中。

（2）通道：用于设置保存选区一个目的通道。默认情况下，选区存储在新通道中，也可将选区存储在所选图像的现有通道中，也可存储到包含图层的图像的图层蒙版上。

（3）名称：用于设置新通道的名称。

（4）操作：用于设置保存的选区与原有选区之间的关系。“新建通道”可将选区存储在新通道中；“添加到通道”可将选区添加到目标通道中；“从通道中减去”可以从目标通道中的选区中减去现有选区；“与通道交叉”可将目标通道中的选区与现有选区的交叉区域存储在目标通道中。

2. 选区的载入

存储选区后，可以执行“选择\载入选区”命令，会打开图3-33所示的“载入选区”对话框，设置完各选项后，单击“确定”按钮，即可以将选区载入图像。“载入选区”对话框中各选项的意义如下。

（1）文档：用于选择包含载入选区的目标图像。

（2）通道：用于选择载入哪个通道中的选区。

（3）反相：选中此复选框，可将选区范围反选。

（4）操作：如果当前图像文件中创建了选区，它用于设置载入的选区与当前文件原有选区的关系。选择“新选区”，可以将载入的选区代替图像原有选区；“添加到选区”可以将载入的选区添加到图像原有的选区中；“从选区中减去”可以从图像原有选区中减去载入选区；“与选区交叉”可以将图像原有选区与载入选区交叉区域作为一个选区。

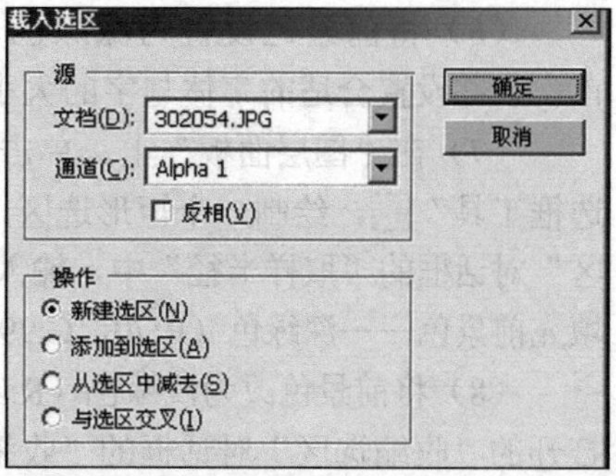

图3-33 载入选区

提示

若在载入选区前，图像上没有选区，则只能选“新选区”。

3.7 综合实例：水果广告

本实例主要应用各种选择工具选取图像、对选取范围进行编辑修改、填充以及对选择的图像进行变换。使用文字工具、字符面板添加广告语。

（1）按Ctrl+N组合键打开新建对话框，“名称”输入“水果广告”，“宽度”设置为18cm，“高度”设为28cm，“分辨率”设置为72ppi，“颜色模式”为RGB颜色，“背景内容”为白色，单击“确定”按钮。

（2）将前景色设置为浅绿色（R:202，G:228），背景色设置白色。在工具箱中选择渐变工具，在渐变选项栏上，单击“渐变色条”按钮，设置“前景色到背景色”的渐变，再单击“径向渐变”按钮。按住鼠标左键拖动，为背景填充一个渐变。效果如图3-34（a）所示。

（3）打开西瓜图片，利用快速选择工具，选择图像背景，按Shift+Ctrl+I组合键反向，点击选项栏上的“边缘调整”，分别在“白底”和“黑底”模式下查看图像选择情况，若图像边缘锯齿明显，可以设置“平滑”为1～2像素，若图像边缘带有背景色，可以设置合适的半径，并配合“边缘移动”，去掉图像的边缘的背景色，然后再输出到“选区”确定即可。

（4）按Ctrl+C组合键复制图像。单击“水果广告”文件，按Ctrl+V组合键粘贴图像。按Ctrl+T组合键进入图像变换状态，拖动定界框的把柄，缩小图像；将鼠标移到定界框之外，鼠标指针变为形状时，拖动鼠标，旋转图像到合适位置，效果如图3-34（b）所示。

（5）与选择西瓜相似，选取合适的选择工具，选择其他水果图像，调整其边缘，复制到“水果广告”文件中，调整其大小和位置，效果如图3-34（c）所示。

（6）将前景色设置为深绿色（R:70，G:99，B37），选择文字工具输入“新鲜上市”，并设置合适的字体与字的大小，效果如图3-34（d）所示。

（7）在“图层面板”上，单击“创建新图层” 按钮，建立一个新图层。选择“矩形选框工具” ，绘制一个矩形选区，然后选取“选择\修改\平滑”命令，在打开的“平滑选区”对话框的“取样半径”中，输入“10像素”，可得到圆角矩形选区。按Alt+Delete组合键填充前景色——深绿色（R:70，G:99，B:37），保持选择状态，效果如图3-34（e）所示。

（8）将前景色改为浅绿色（R:204，G:228，B:137）。选取“选择\修改\收缩”命令，在打开的“收缩选区”对话框的“收缩量”中，输入“10像素”。然后再“选择\修改\羽化”命令，在打开的“羽化选区”对话框的“羽化半径”中，输入“10像素”。按Alt+Delete组合键填充前景色——浅绿色（R:204，G:228，B:137），效果如图3-34（f）所示。

（9）复制刚才制作的图层2份，并利用移动工具 ，移动到合适位置。将前景色改成白色，分别输入“新鲜水果”“品质保证”“周末促销”等文字，设置合适字体、大小和位置，效果如图3-34（g）所示。

（10）将文字颜色改为深绿色（R:70，G:99，B:37），输入“满100送30”，设置合适字体、大小和位置，并将100和30的颜色改为红色（R:220，G:20，B:28），最后效果如图3-34（h）所示。

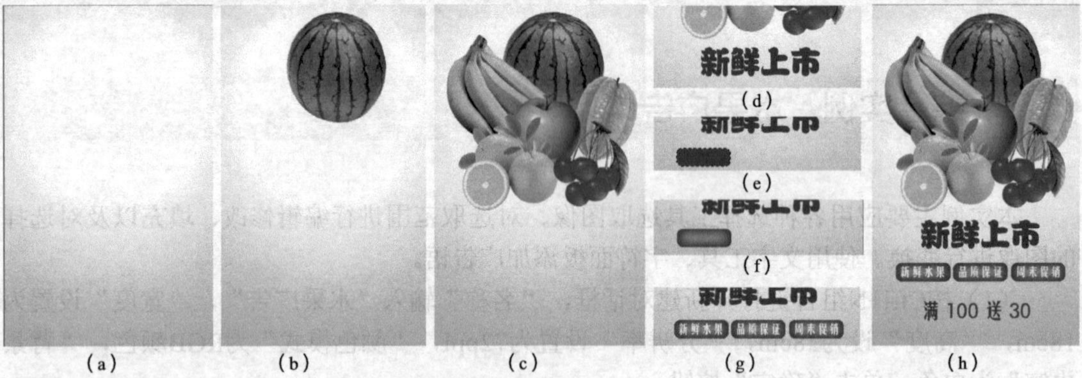

图3-34　水果广告

习题

本章部分图片

一、选择题

1. 使用魔术棒工具对图像进行选择，图3-35显示了选区的增加过程，在这一过程中，应使用（　　）按钮辅助选择。

（A）A　　（B）B

（C）C　　（D）D

图3-35　增加选区

2. 除了魔棒工具之外，（ ）还依赖“容差”设定。

（A）选择\选取相似　（B）选择\扩大选取

（C）选择\修改\扩边　（D）快速选择工具

3. 使用矩形选框工具，要绘制一个正方形选区，应按住（ ）再进行绘制。

（A）Shift　（B）Ctrl

（C）Alt　（D）Shift+Ctrl

4. 下面关于快速选择工具描述正确的是（ ）。

（A）拖动快速选择工具时，选区会向外扩展并自动查找和跟随图像中定义的边缘

（B）单击“调整边缘”进一步调整选区边界

（C）仅能对当前选定图层创建一个选区

（D）按住Alt键，可以在添加选区模式和减去选区模式之间进行切换

5. 下面关于多边形套索工具的描述正确的是（ ）。

（A）多边形套索工具属于绘图工具

（B）可以形成直线型的多边形选择区域

（C）多边形套索工具在选区绘制过程中，按住Ctrl键单击鼠标左键，可以闭合选区

（D）按住鼠标左键进行拖拉，就可以形成选择区域

6. 执行“选择\色彩范围”命令，要增加选区，在打开的色彩范围对话框中，应调整（ ）参数。

（A）羽化值　（B）对比度

（C）容差值　（D）反相

7. 如图3-36所示，在没有羽化的选区1基础上，添加羽化值为6的选区2，生成选区3，将选区“3”填充颜色后，结果应该是图3-36中的（ ）。

（A）A　（B）B

（C）C　（D）D

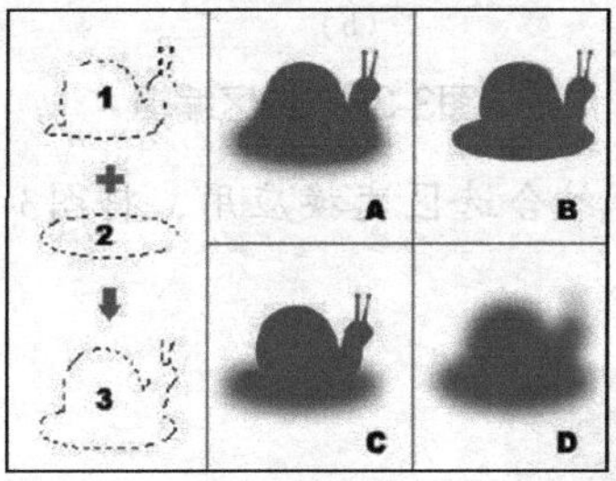

图3-36 羽化

8. 在使用自由变换（Ctrl+T）命令时，如果要使图像有透视效果，如图3-37所示，应（ ），再用鼠标拖动把柄。

（A）使用工具栏中的透视选项

（B）按Ctrl键

（C）按Ctrl+Shift组合键

（D）按Ctrl+Shift+Alt组合键

图3-37 透视效果

二、问答题

1. 选取范围的作用和目的是什么？
2. 快速选择工具的选取原理是什么？魔棒工具的选取原理是什么？
3. “选择\变换选区”命令与“编辑\自由变换”命令有什么区别？

三、操作题

1. 将图3-38（a）所示的图片的门打开，并将图3-38（b）所示的图片放到门后，效果如图3-38（c）所示。

（a）（b）（c）

图3-38 选区编辑

2. 利用合适的选择工具，结合选区变换应用，将图3-39（a）所示的图像选择出来，并拼成图3-39（b）所示的形状。

（a）（b）

图3-39 选区选择与变换

第4章　通道

学习要点：

- ◆了解通道的类型及各类通道的作用
- ◆掌握通道的基本操作
- ◆掌握通道在选择、选区编辑、彩色校正及图像合成方面的应用

4.1　通道的基本功能

在Photoshop中，通道是存储不同类型信息的灰度图像。通道主要有三个方面的作用：一是保存图像颜色的数据，二是保存选区，三是保存用于专色油墨印刷的附加印版。

4.1.1　通道的类型

通道根据其存储信息的类型不同，可以分为三类：颜色通道、Alpha 通道和专色通道。

1．颜色通道

颜色通道用于保存图像的颜色信息。

对于RGB模式的图像，它的每一个像素的颜色数据是由红（R）、绿（G）、蓝（B）这三个通道来记录的，而这三个色彩通道组合定义后合成了一个RGB主通道，如图4-1（a）所示。因此改变R、G、B各通道之一的颜色数据，都会马上反映到RGB主通道中。

对于CMYK模式的图像，每一个像素颜色数据则由青色（C）、洋红（M）、黄色（Y）、黑色（K）四个通道来记录，由它们再组合成一个CMYK的主通道，如图4-1（b）所示。这四个通道在输出时可进行分色输出，分别输出成为青色、品红色、黄色和黑色四张印版，在印刷时，通过这四张印版叠印，即可印刷出色彩缤纷的彩色图像。

（a）　　　　（b）

图4-1　RGB模式图像与CMYK模式图像的通道面板对比

而每一个通道中的黑白灰又表示图像中有无这种颜色，以及有这种颜色量的多少。对于RGB模式的图像，通道中白色，说明有这种色光；黑色表示没有这种色光；灰色表示有部分这种色光，灰色深表示有少量这种颜色，灰度浅表示有大量这种颜色。而对于CMYK图像，则恰恰相反。通道中白色表示无这种油墨；黑色表示有这种油墨；灰色表示有部分

这种油墨，灰色深表示有大量油墨，灰度浅表示有少量这种油墨。

2. Alpha 通道

Alpha 通道用于创建、存放和编辑选区，Alpha 通道就是可见的选区，对Alpha 通道的编辑就是对选区的编辑。当选区被保存后，在“通道面板”中就会新增一个被命名为Alpha 1的通道。因此利用Alpha 通道可以处理、隔离和保护图像的特定部分。

在Alpha通道中，若“彩色指示”选择“被蒙区域”，白色代表选择的区域，黑色代表未选择的区域，灰色代表带有羽化的选择区域。在Alpha通道上可以应用各种绘图工具、编辑工具和滤镜对选区作进一步的编辑和调整，从而创建更为复杂和精确的选区。

3. 专色通道

专色通道用来保存专色信息。专色是指一种预先混合好的特定彩色油墨，用于代替或补充印刷中的CMYK油墨，如明亮的橙色、绿色、荧光色、金属金银色等。它不是靠CMYK四色叠印出来的，每种专色在付印时要求专用的印版。即包含专色通道的图像输出时，其中的专色通道会被输出成一张单独的胶片。

4.1.2 “通道”面板

选择“窗口\通道”命令，会打开图4-2所示的“通道面板”。单击面板右上角的“通道面板菜单”按钮，可以打开通道面板菜单，这个菜单包含了对通道的所有操作。

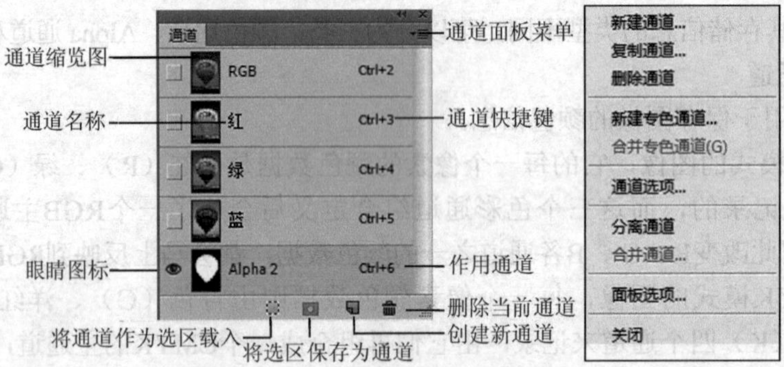

图4-2 通道面板与通道面板菜单

1. 显示与隐藏通道

在“通道”面板上单击“眼睛图标”，即可以显示或隐藏当前通道。由于RGB复合通道与各原色通道的特殊关系，若显示RGB复合通道，所有的默认颜色通道都同时显示；若隐藏某一颜色通道，则RGB复合通道自动隐藏。

提示

默认状态下，各个通道以灰度显示。若要是用原色显示通道，选择“编辑\首选项\界面”命令，选择“用原色显示通道”，单击“确定”按钮。

2. 选择和编辑通道

要选择一个通道，单击通道名称，该通道以蓝颜色显示，也称为作用通道。按住 Shift 键单击可选择（或取消选择）多个通道。

要编辑某个通道，先选择该通道，然后使用绘画或编辑工具在图像中绘画。一次只能在一个通道上绘画。用白色绘画可以按 100% 的强度添加选中通道的颜色。用灰色值绘画可以按较低的强度添加通道的颜色。用黑色绘画可完全删除通道的颜色。

4.2 通道的基本操作

4.2.1 新建通道

方法一：选择“窗口\通道”命令，在打开的通道面板的下方，单击创建新通道按钮，即可建立一个新的通道，然后再利用画笔等绘图工具或滤镜命令将新建的通道编辑成所需要的通道即可。

方法二：如果对通道的名称、蒙版颜色等有要求，则单击“通道”面板上左上角的面板菜单按钮，在弹出的菜单中选择“新建通道”命令，将打开图4-3所示对话框。

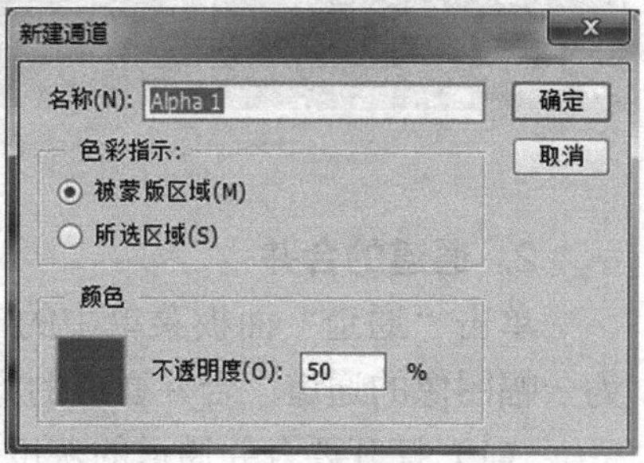

图4-3 “新建通道”对话框

① 名称：可设置新通道的名称，若不输入，系统默认按Alpha1、Alpha2等顺序命令。

② 色彩指示：若选择“被蒙版区域”，新建通道中有颜色的区域代表被遮盖的范围，而没有颜色的区域为选取范围。若选择“所选区域”，新建通道中没有颜色的区域代表被遮盖的范围，而有颜色的区域为选取范围。

③ 颜色：用于设置蒙版的颜色，双击色块，可在打开的“拾色器”对话框中，重新设置蒙版的颜色。蒙版的颜色的设定只是用来让用户辨认蒙版上选取范围和非选取范围之间的区别的，对图像色彩没有任何影响。“不透明度”用于设置蒙版颜色的透明度。为便于透过蒙版观察图像，不透明度的百分比不要设置太高。

4.2.2 复制和删除通道

1. 复制通道

方法一：在“通道”面板上选中要复制的通道，将其拖至“创建新通道”按钮上，即可快速复制该通道。

方法二：在“通道”面板上选中要复制的通道，然后单击“通道”面板菜单中的“复制通道”命令，在弹出的对话框中设置通道的名称和目标文档。

2. 删除通道

在“通道”面板上选中要删除的通道，将其拖至“删除当前通道”按钮上，即可直接删除它。另外，也可以通过通道面板菜单中的“删除通道”命令删除选中的通道。

4.2.3 通道的分离合并

1. 通道的分离

单击“通道”面板菜单中的“分离通道”命令，可将一幅图像的各个通道分离为单独图像。该命令只能分离只含有背景层的图像，若图像含有图层，应先合并图层再执行该命令。

执行此命令后，原文件被关闭，单个通道以单独的灰度图像窗口显示在屏幕上。新窗口中的标题栏显示原文件名以及通道，如图4-4所示，可以分别存储和编辑为新图像。

图4-4　通道分离

2. 通道的合并

单击“通道”面板菜单中的“合并通道”命令，分离的通道经过编辑和修改后，合并为一幅图像的通道，合并通道的方法如下。

（1）打开要合并通道的灰度图像，并使其中一个图像成为现用图像。

（2）单击“通道”面板菜单中的“合并通道”命令，将打开图4-5（a）所示的“合并通道”对话框。从“模式”下拉框中，选取要创建的颜色模式，在“通道”文本框中，就会显示适合该模式的通道数量。如果打开的灰度图像的数量与选中模式不兼容，则将自动选中多通道模式。这将创建一个具有两个或多个通道的多通道图像。

（3）设置完成后，单击“确定”按钮，又打开图4-5（b）所示的“合并RGB通道”对话框，可以分别为红、绿、蓝三原色通道选定各自的源文件。选定的三原色文件的不同，会直接影响到合并后的图像效果。最后单击“确定”按钮即可。

（a）　（b）

图4-5　通道合并对话框

4.3 通道的应用

Photoshop中通道的应用非常广泛，如选区制作、选区的编辑、图像颜色的校正和图像合成方面。下面结合实例讲解通道的应用。

4.3.1 通道在抠图方面的应用

1. 利用Alpha通道抠图

可以创建一个新的Alpha通道或者将Photoshop现有选区存储为Alpha通道，然后使用绘画工具、编辑工具和滤镜对该Alpha通道进行编辑，得到需要的选区。

实例4-1：利用Alpha通道抠图

本实例让读者掌握Alpha通道就是选区，对Alpha通道的编辑就是对选区的编辑以及利用“画笔工具”编辑Alpha通道，抠出图4-6（a）中的人物，复制到天安门图像中。

（1）打开一张图4-6（a）所示的一张图片。单击“通道”面板上的“创建新通道”按钮，建立一个Alpha通道，如图4-6（b）所示。

（2）选中Alpha通道，将前景色改为白色。选中画笔工具，在人物上进行涂抹。在涂抹过程中，涂抹图像边缘时，为保证选区精确，按“[”适当减小画笔直径；涂抹图像内部时，为增加涂抹速度，按“]”可以增加画笔直径。若涂抹超出人物边缘，可以将前景色换为黑色，将多涂抹的地方再涂抹回去，涂抹后的最后效果如图4-6（c）所示。

（3）单击“通道”面板上的“将通道作为选区载入”按钮，将Alpha 1通道载入，图像上出现蚂蚁线的选区，如图4-6（d）所示。

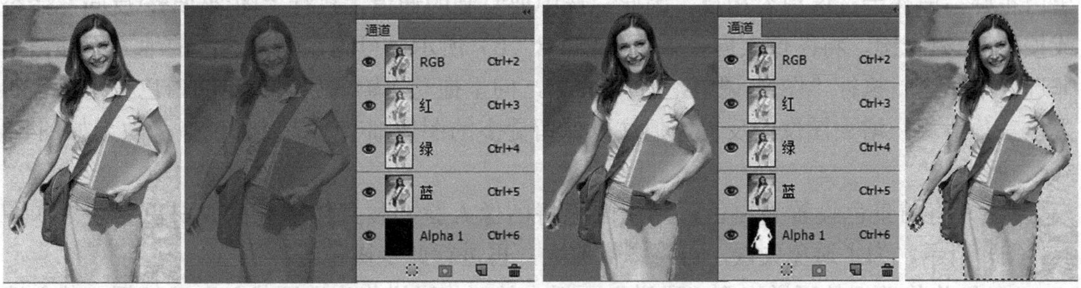

（a）　（b）　（c）　（d）

图4-6　利用Alpha抠图

（4）单击复合通道，按Ctrl+C组合键，复制人物图像。打开“天安门”图像，按Ctrl+V组合键，将人物复制到此图像中，按Ctrl+T组合键调整其大小和位置。效果如图4-7所示。

图4-7　合成效果图

2. 基于某一颜色通道信息抠图

对于轮廓很复杂的图像（如人的头发、动物毛发和树枝树叶等），利用常规的选择工具或方法，无法实现抠图，或者抠图效果达不到要求。对于这种图像，利用某一颜色通道有时就可以轻而易举地完成抠图。方法是：查看图像的分色通道，看哪一个通道的对比度大，将此通道复制一份，然后再对复制的通道利用色阶或其他手段进行编辑。此通道就是存放选区的Alpha 通道，将它载入，即可以转化选区。下面以具体实例说明其抠图方法。

实例4-2：基于某一颜色通道信息抠图

本实例基于图4-8（a）的绿色通道抠图，并用色阶和画笔编辑Alpha通道，得到选区。

（1）打开图4-8（a）所示的图片，并在通道面板中分别查看它的红、绿、蓝颜色通道。找到人物头发与背景反差最大的那个通道（本图绿色通道反差最大），并将其拖到“通道”中的“创建新通道”按钮上，进行复制。

提示

若所有的通道要选择的主题与背景的反差都达不到要求，可以选择“图像\计算”命令，选择两个通道，利用“正片叠加”的模式，生成一个新的通道。

（2）在通道中，白色是选区，黑色是非选区，灰色部分是半透明选区。而复制的通道黑白正好与要作为选区内容相反。因此，选中要复制的通道，执行“图像\调整\反向”命令或按Ctrl+I组合键，将图像反向，效果如图4-8（b）所示。可见，作为选区的地方不够白，非选区不够黑。执行“图像\调整\色阶”命令，向里拖动“输入色阶”下的白色三角滑块和黑色三角滑块，增大图像的反差，但注意保留更多的图像细节（头发部位），效果如图4-8（c）所示。

（3）将前景色设置为白色，利用画笔将图像人脸部和身体部分涂成白色，效果如图4-8（d）所示。为了避免失误，可将图像放大，再进行此步操作。

（4）将修改好的通道拖到“通道”面板上的“将通道作为选区载入”按钮，载入选区。单击“通道”面板上RGB复合通道左侧的小方格，显示整个图像信息。如图4-8（e）所示。然后按Ctrl+C组合键和Ctrl+V组合键将图像复制到新图层上。

（5）为了查看选择的图像效果，单击“图层”面板下端的“创建新图层”按钮，新建一个图层，并将新建的图层放在背景与复制图层之间，为其填充白色。效果如图4-8（f）所示。

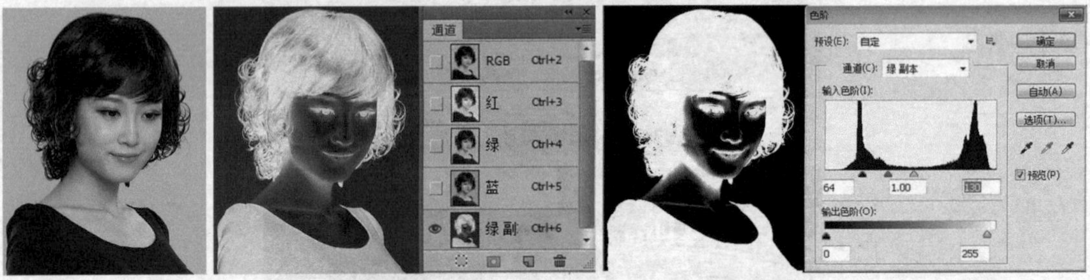

（a）原稿　（b）复制绿通道及反相　（c）调节复制通道的对比度

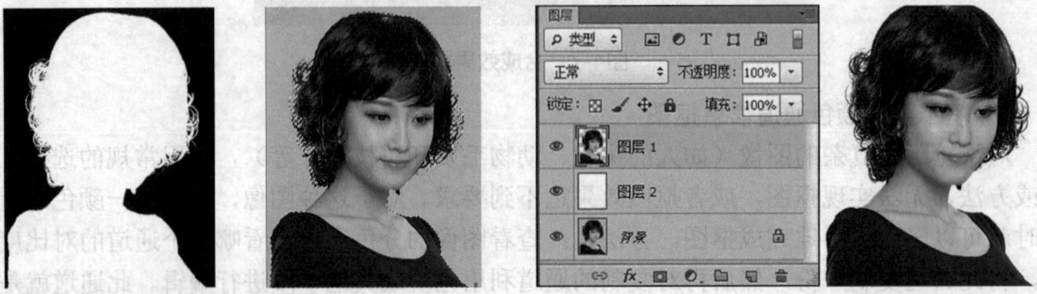

（d）画笔编辑后的通道　（e）载入选区回到复合通道　（f）最后效果

图4-8　利用某一颜色通道抠图

在抠取人物纤细的发丝时，有时要抠取的发丝与背景的反差不够大，直接利用某一通道信息制作选区，不能得到理想的选区。再则利用“色阶”使选区更白、非选区更黑的过程，纤细的发丝会出现断丝、不连续的情况。针对这种情况，可采用实例4-3的方法解决。

实例4-3：利用计算与加深工具抠图

本实例通过计算和通道混合得到Alpha，并用颜色加深和画笔编辑，得到完美选区。

（1）打开图4-9（a）所示的图像，并在通道面板中分别查看它的红、绿、蓝颜色通道。找到人物头发与背景反差最大的那个通道（本图蓝色通道反差最大）。

（2）选取“图像\计算”命令，打开图4-9（b）所示的“计算”对话框，在“源1”和“源2”的通道中分别选择“蓝色”，“混合”选择“正片叠底”，“结果”选“新建通道”。单击“确定”按钮在通道面板上会生成一个新的Alpha通道，如图4-9（c）所示。

（3）在通道面板中，选中新生成的Alpha通道，选取“图像\调整\反向”命令或按Ctrl+I组合键，将图像反向。但非选区部分不够黑，效果如图4-9（d）所示。

（4）在“工具箱中”选择“颜色加深”，在选项栏中设置“范围”为“阴影”，“曝光度”为设置为50%，单击Alpha通道非选区的黑色部分（但不要点击有发丝部分），使Alpha通道非选区部分变得更黑。然后“曝光度”设置为10%～15%。再单击有发丝的非选区部分，使背景更黑。但使非选区变黑时，不能使发丝细节严重受损。然后将前景色改为白色，选取画笔工具，将人物脸部和身体涂抹成白色，效果如图4-9（e）所示。

（5）单击“通道”面板上的“将通道作为选区载入”按钮，载入选区。

（6）在图层面板中将背景图层拖到“创建新图层”，复制一个新图层。再单击图层面板上的“添加图层蒙版”图标。

（7）为了查看选择的图像效果，单击“图层”面板下端的“创建新图层”按钮，新建一个图层，并将新建的图层放在背景与复制图层之间，为其填充红色（R:210，G:55，B:55）。图像效果如图4-9（f）所示。由于发丝的颜色是灰色，选出的发丝不好看。

（8）在工具箱中，选取滴管工具，吸取头发颜色，将前景色设置为头发颜色。然后在图层面板上，单击复制图层的缩略图，如图4-9（g）所示，用画笔工具涂抹灰色的发丝部分（不能涂抹非发灰的头发），最终效果如图4-9（h）所示。

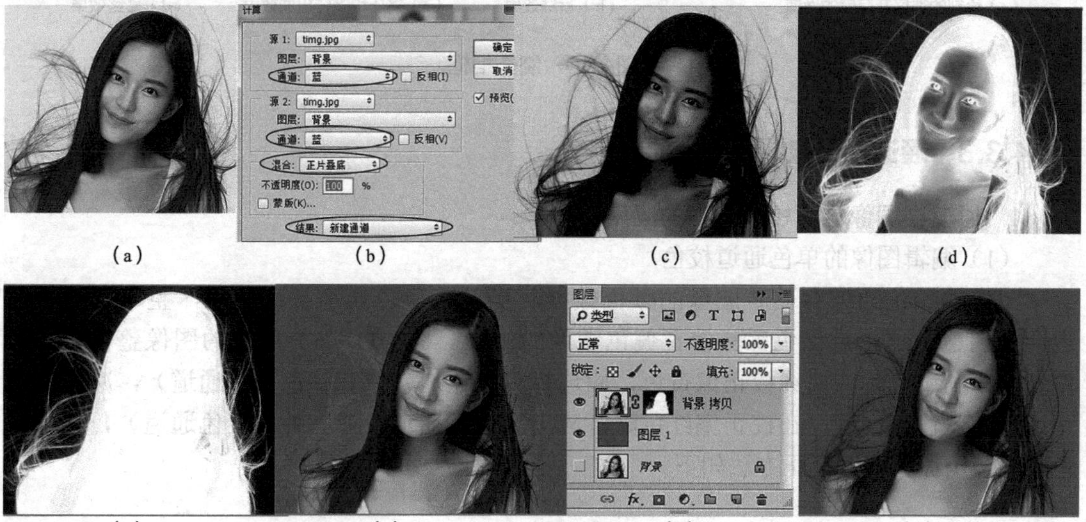

（a）（b）（c）（d）

（e）（f）（g）（h）

图4-9 计算与颜色加深工具抠图

4.3.2 通道在选区编辑方面的应用

为了制作特殊的选区，我们常需要先将选择工具制作的选区存在通道中，然后再对Alpha通道执行一些滤镜命令，得到需要的选区。下面以照片相框制作为例进行演示。

实例4–4：照片相框制作

本实例绘制矩形选区存入Alpha通道，通过滤镜编辑Alpha通道，得到需要的选区。

（1）打开一张图片。用矩形工具在图片上绘制一个矩形选区（无羽化），然后单击“通道”面板上的“将选区存储为通道”按钮，如图4-10（a）所示。

（2）按Ctrl+D组合键取消选区，在“通道”面板上选择Alpha 1，执行“滤镜\画笔描边\喷溅”命令，设置合适参数，效果如图4-10（b）所示。

（3）再执行“滤镜\扭曲\挤压”命令，“数量”设置为“90”；最后执行“滤镜\扭曲\旋转扭曲”命令，“角度”设置为“280”，最后效果如图4-10（c）所示。

（4）将Alpha 1 拖到“通道”面板上的“将通道作为选区载入”按钮，载入选区。单击“通道”面板上RGB复合通道左侧的小方格，显示整个图像信息。

（5）打开“图层”面板，双击背景图层，将背景图层转化为普通图层。执行“选择\反向”命令后，按Delete键，删除选区中的图像，然后按Ctrl+D组合键取消选区。

（6）在“图层”面板下端单击“创建新图层”按钮，建立新的图层，并将新图层拖到最底层。在工具箱上选择渐变工具，并在其选项栏上选择一合适的渐变，在新建的图层从左上角拖到右下角，为新图层填充一个渐变，最后效果如图4-10所示。

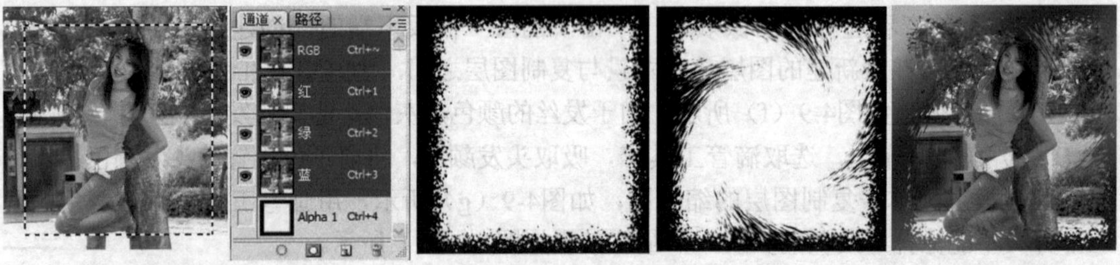

（a）绘制的选区及存储的通道　（b）喷溅效果　（c）挤压和旋转扭曲效果　（d）最终效果

图4-10　制作相框

4.3.3 通道在图像处理方面的应用

1. 通道在图像色彩校正方面的应用

（1）编辑图像的单色通道校色

图像的颜色通道存储着图像的颜色数据，当某一颜色通道被改变后，整个图像的颜色即被调整，这也是调色工具校正偏色图像的原理。图4-11（a）所示的图像整体偏黄、偏红。在利用色阶或曲线校正偏黄色，应选择黄色通道（或其补色蓝色通道），减少黄色（或增加蓝色）同理，在校正偏红色时，应选择青色通道（或其补色红色通道），增加青色（或减少红色）。校正方法如下。

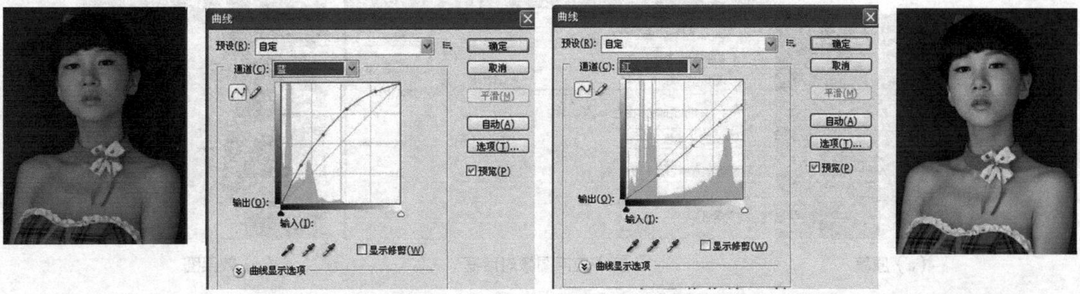

(a) 原稿　　(b) 蓝色通道曲线调整　　(c) 红色通道曲线调整　　(d) 效果图

图4-11 调整单色通道校色

① 打开图4-11（a）所示的一张图片。从“图像\调整\曲线”命令，在打开的对话框中，单击“通道”右侧的三角按钮，从下拉菜单中选择“蓝”通道，然后在下面的曲线框，用鼠标向上拖动曲线，增加蓝色，如图4-11（b）所示。

② 调整完蓝色通道后，再单击“通道”右侧的三角按钮，从下拉菜单中选择“红”通道，然后在下面的曲线框，用鼠标向下拖动曲线，降低红色，如图4-11（c）所示。

③ 设置完以上两步，单击“确定”按钮，调整后的图像效果如图4-11（d）所示。

（2）利用“应用图像”进行校色

“应用图像”命令可以将一个图像的图层和通道（源）与现用图像（目标）的图层和通道混合，从而达到校正偏色图像或实现图像合成的效果。在进行通道计算时，首先需要在“应用图像”对话框中的“源”选项组中设定源文件和相对应的图层、通道，然后再在“混合”选项组中设定通道合成的模式、不透明度等。下面以实例来说明“应用图像”在校色方面的应用。

实例4-5：图像校色应用

本实例应用“应用图像”将图4-12（a）的绿色通道与背景图层滤色混合，校正图像偏色。并调用Alpha作为蒙版，使混合效果只影响图像肤色，而不影响金黄色头发。

（1）打开图4-12（a）所示的图片，原稿有点偏黄、偏暗。

（2）选择“图像\应用图像”命令，打开“应用图像”对话框，在“源”选项组的“通道”中选择“绿”色通道（若在混合中想利用通道内容的负片，可以选择“反相”选项）；在“混合”选项组中选择滤色，如图4-12（b）所示。也就是使源图像的绿色通道，与目标图像进行滤色混合（此例中源图像与目标图像为一个图）。效果如图4-12（c）所示，图像黄色被校正，同时图像也被提亮。

（3）若只想使人的肤色与绿色通道进行滤色混合，而人的头发和背景不进行混合。可以先在图像的通道面板中，建一个Alpha通道。再选中Alpha通道，利用画笔将人肤色部分涂抹成白色，将背景色和人头发部分涂抹成黑色，如图4-12（d）所示。

（4）在打开的“应用图像”对话框中，选择“蒙版”选项，并从下面通道中选择“Alpha1”通道，如图4-12（e）所示，最后单击“确定”按钮，效果如图4-12（f）所示。

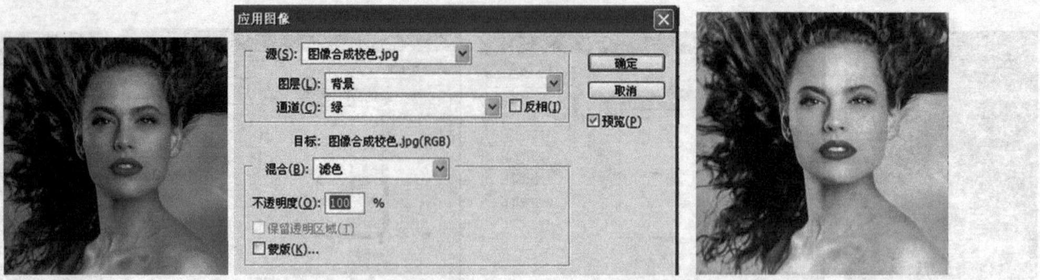

（a）原稿　（b）应用图像对话框　（c）效果图

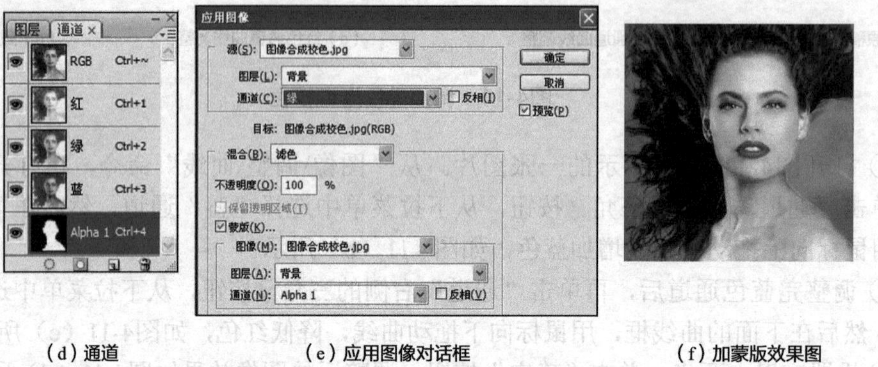

（d）通道　（e）应用图像对话框　（f）加蒙版效果图

图4-12　“应用图像”校色

2. 利用“应用图像”合成图像

“应用图像”除图像与自身的图层和通道混合外，还可以在两个或多个图像之间进行混合，合成图像。但这些图像的尺寸与分辨率都必须相同。下面以实例来说明“应用图像”在图像合成方面的应用。

实例4-6：利用“应用图像”合成图像

本实例将图4-13（a）两幅同高同宽的图像进行叠加混合，合成一幅梦幻图像。

（1）打开图4-13（a）所示的两张图片。

（2）执行“图像\图像大小”命令，设置图像的高度、宽度和分辨率的值为556像素、470像素和72ppi，如图4-13（b）所示。

（3）单击“应用图像1”文件（人物照片），执行“图像\应用图像”命令，打开“应用图像”对话框。在此对话框的“源”中，选择“应用图像2”文件（云照片），“混合”模式选择“叠加”，如图4-13（c）所示。

（4）单击“确定”按钮，即可得到合成后图像，效果如图4-13（d）所示。

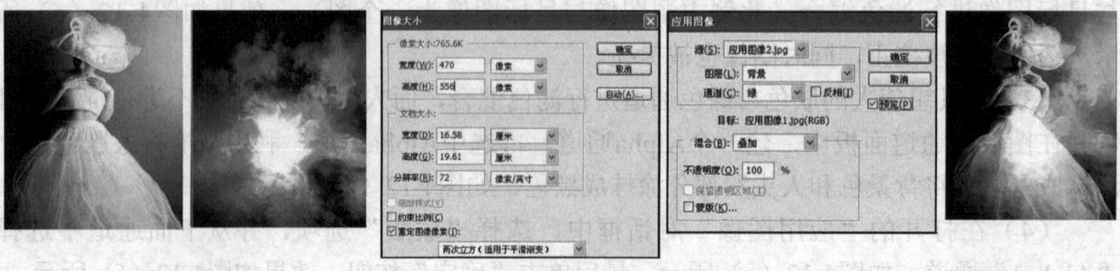

（a）原稿　（b）图像大小　（c）应用图像面板　（d）效果图

图4-13　应用图像合成图像

提示

利用“应用图像”合成图像，其效果与后面章节讲的两个图层的混合效果一样。

3. 利用“计算”命令制作特殊图像效果

“图像\计算”命令可以将同一图像或不同图像中的两个独立的通道进行合成，并将合成后的结果创建一个新的通道。利用这种方法可以创造特殊的选取范围。若对多个图像的通道进行计算时，这些图像的尺寸与分辨率都必须相同。下面以“计算”命令制作图像特殊颜色效果为例，介绍“计算”的应用方法。

实例4-7：特殊图像效果制作

本实例通过改变颜色通道信息，来制作图4-14（c）所示的图像效果。

（1）打开图4-14（a）所示图片。执行“图像\计算”命令，在打开对话框的“源1”组的“通道”中，选择“绿”；在“源2”组的“通道”中，选择“蓝”；在“混合”模式中选择“变暗”，如图4-14（b）所示。单击“确定”按钮后，会将“源1”和“源2”中的两个通道混合后结果放在一个新通道中。

（2）在“通道”面板中，选中新生成的Alpha1通道，按Ctrl+A组合键，选取Alpha1通道信息，然后再按Ctrl+C组合键，复制Alpha1通道信息。

（3）再选中“绿”通道，按Ctrl+V组合键，将Alpha1通道信息粘贴到“绿”通道中。

（4）将前景色设置为“黑色”，在通道面板中，选中“蓝”通道，按Alt+Delete组合键，为“蓝”通道填充黑色，单击复合通道，最终效果如图4-14（c）所示。

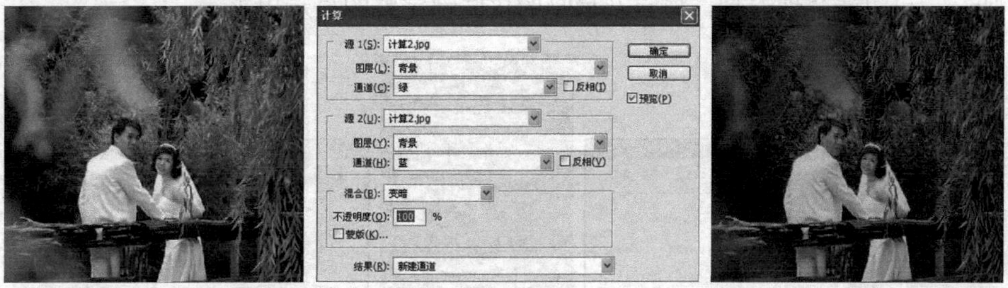

（a）原稿　（b）计算对话框　（c）效果图

图4-14 “计算”应用

4.4 综合实例：人物照片的美化处理

本实例应用通道创建选区，滤镜编辑选区，曲线调节选区中的图像，达到美化人物肤色的效果。

（1）打开素材图片，如图4-15（a）所示，发现人物脸部左边部分偏暗，需要修复一下。将绿色通道拖到“将通道作为选区载入”图标上，按Shift+Ctrl+I组合键，反向，如图4-15（b）所示。

（2）在“图层面板”底部，单击“创建新的填充图层或调节图层”图标，在打开的菜单中选“曲线”命令，图层面板上建立曲线的调整图层，如图4-15（c）所示。单击其缩略图，可以打开曲线的“属性”面板，将曲线稍向上拖，将图像调亮一点，如图4-15

（d）所示。在图层面板中，单击曲线的蒙版缩略图，将前景色设置为黑色，用画笔（软画笔）将右侧脸部及头发部分擦出来，效果如图4-15（e）所示。按Ctrl+E组合键，合并图层。

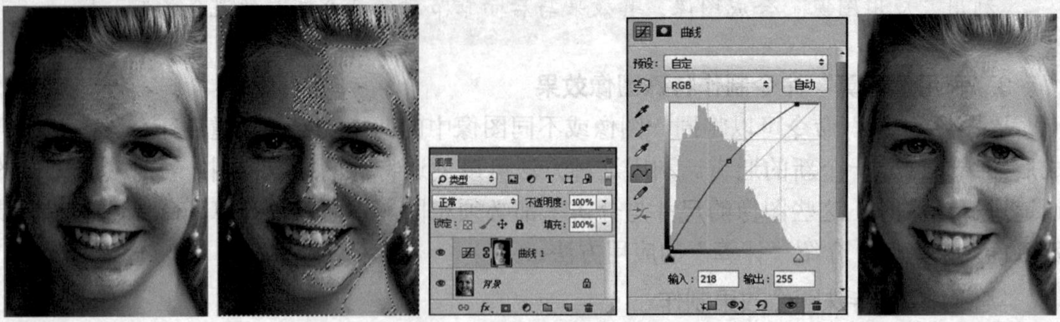

(a) (b) (c) (d) (e)

图4-15 曲线调整人物肤色

（3）在通道面板中，查看各通道信息，找出雀斑与周围皮肤反差最大的通道，复制它。

（4）选中“蓝拷贝通道”，执行“滤镜\其他\高反差保留”命令，半径参数设置10像素，图像效果如图4-16（a）所示。然后执行“图像\应用图像”命令，如图4-16（b）所示，“通道”选择“蓝拷贝”，“混合”选择“叠加”，单击“确定”按钮。然后以同样的参数设置，再执行一次“图像\应用图像”命令，图像效果如图4-16（c）所示，斑点与肤色对比被加强。

（5）保持“蓝拷贝通道”选中，执行“图像\应用图像”命令，如图4-16（d）所示，“通道”选择“蓝拷贝”，“混合”选择“线性减淡”，不透明度改为65%。效果如图4-16（e）所示，可以清楚地看到，斑点及稍暗的皮肤都完整的显示出来。

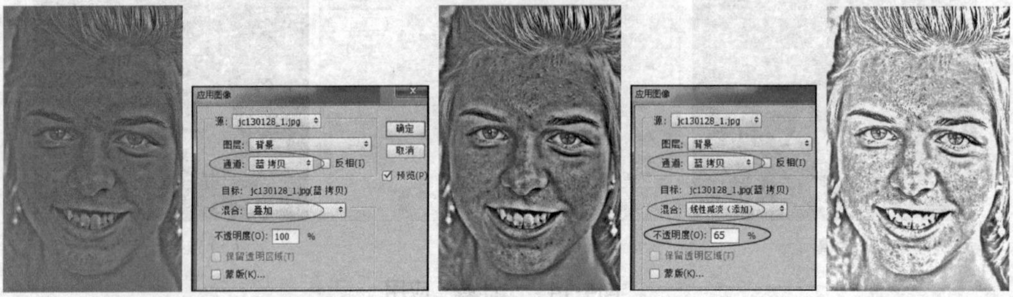

(a) (b) (c) (d) (e)

图4-16 制作和编辑斑点选区

（6）按Ctrl+I组合键反相，将前景色设置为黑色，利用画笔把五官及脸部以外的部分涂黑，效果如图4-17（a）所示，白色为斑点部分的选区。

（7）按Ctrl键点击缩略图载入“蓝拷贝通道”选区，然后单击复合的RGB通道，效果如图4-17（b）所示。单击“图层面板”底部的◐.图标，在弹出的菜单中选取“曲线”，创建曲线调整图层，将曲线稍微向上拉动，如图4-17（c）所示，调整的幅度不宜过大，大的斑点没有消失不要紧，调整后的图像效果如图4-17（d）所示。

（8）按Shift+Ctrl+Alt+E组合键，盖印图层，形成一个新图层。执行“滤镜\模糊\高斯模糊”命令，数值为4，图像效果如图4-17（e）所示。

（9）选中盖印得到的新图层，把图层不透明度改为50%，单击“图层面板”底部的◘

图标，添加图层蒙版。将前景色改为黑色，利用画笔把五官及脸部以外的部分擦出来，效果如图4-17（f）所示。这一步把斑点适当柔化处理，最后的图像效果如图4-17（g）所示。

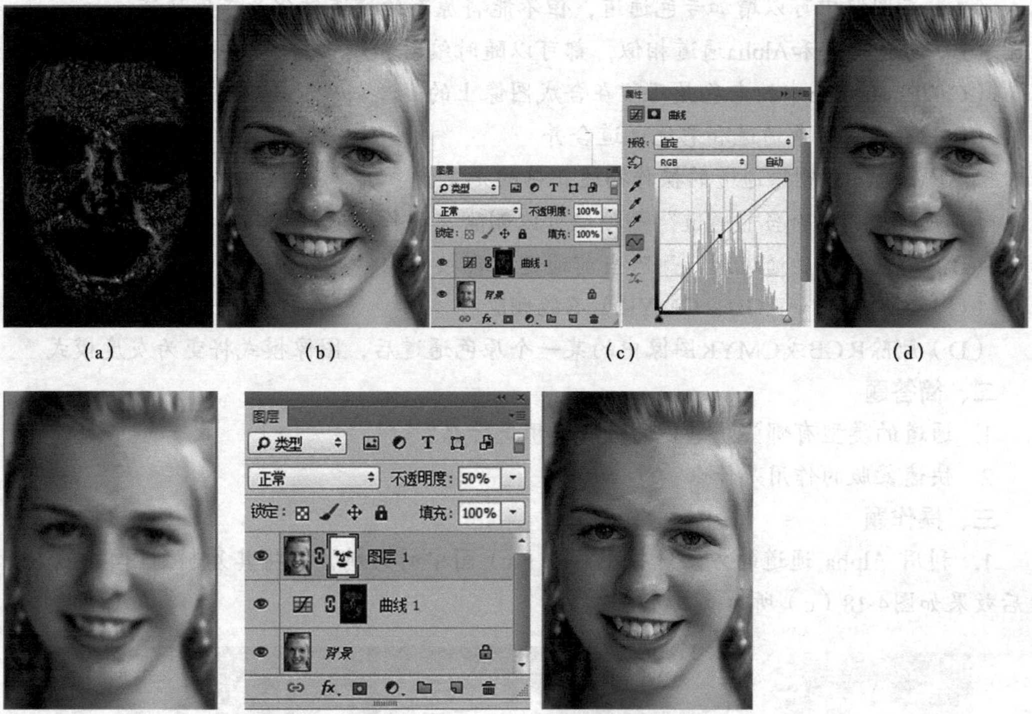

（a）　（b）　（c）　（d）

（e）　（f）　（g）

图4-17　美化人物面部皮肤

习题

本章部分图片

一、选择题

1. 在通道面板上可以（　　）。

（A）删除包含各颜色信息的通道

（B）复制Alpha通道

（C）改变各颜色信息的色阶

（D）创建新的Alpha通道

2. 关于Alpha通道的功能描述正确的是（　　）。

（A）保存图像色彩信息

（B）保存图像未修改前的状态

（C）用来存储和建立选择范围

（D）要将选区永久地保存在“通道”面板中，可以使用快速蒙版功能

（E）通道中白色部分表示被选择的区域，黑色部分表示未被选择的区域，无法倒转

3. 如果在图像中有Alpha通道，并需要将其保留下来，应将其存储为（　　）格式。

（A）PSD（Photoshop格式）　　　　（B）JPEG

（C）DCS 1.0　　　　　　　　　　（D）TIFF

4. 下面对专色通道的描述（　）是正确的。

（A）在图像中可以增加专色通道，但不能将原有的通道转化为专色通道

（B）专色通道和Alpha通道相似，都可以随时编辑和删除

（C）Photoshop中的专色是压印在合成图像上的

（D）不能将专色通道和彩色通道合并

5. 下面是有关删除通道的操作描述正确的是（　　）。

（A）单击“删除当前通道”按钮可以删除当前作用通道

（B）用鼠标拖动通道到“删除当前通道”按钮上，也可以删除通道

（C）主通道（如RGB、CMYK）不能删除

（D）删除RGB或CMYK图像中的某一个原色通道后，图像模式将变为灰度模式

二、简答题

1. 通道的类型有哪些？每种通道的作用是什么？

2. 快速蒙版的作用是什么？

三、操作题

1. 利用 Alpha 通道的方法选择图4-18（a）图中的天鹅，并将其复制到图4-18（b），最后效果如图4-18（c）所示。

（a）　（b）　（c）

图4-18 合成图像

2. 基于图像的某一颜色通道信息，抠取图4-19（a）中的人物和婚纱，并将其复制到图4-19（b）所示的原稿中，制作图4-19（c）所示的时尚婚纱摄影广告。

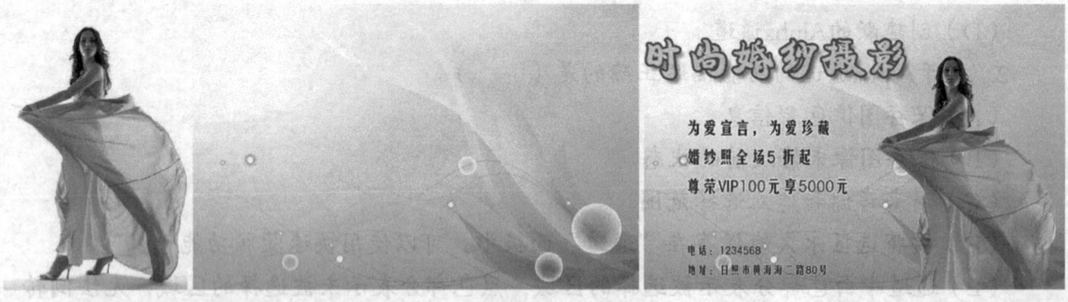

（a）　（b）　（c）

图4-19 时尚婚纱摄影广告

第5章 绘画与图像修饰

学习要点：

◆了解画笔设置，并理解画笔设置选项含义及其作用

◆掌握画笔、铅笔、橡皮擦、背景橡皮擦和魔术橡皮擦等绘画工具的用法

◆掌握颜色替换、修复画笔、污点修复画笔、修补工具、红眼工具、图章、模糊和锐化、加深和减淡、海绵等工具的原理、适用范围和用法

◆了解填充和描边命令的应用，并掌握油漆桶和渐变工具的用法及渐变颜色的设置

Photoshop有许多绘画与图像修饰工具，包括画笔、铅笔、橡皮擦、背景橡皮擦、魔术橡皮擦、颜色替换、污点修复画笔、修复画笔、修补、红眼、仿制图章、图案图章、模糊、锐化、涂抹、加深、减淡和海绵工具等。这些工具都有各自的选项设置，但也有共同特点，如这些工具在使用时，需要选择或自定义合适的画笔。

5.1 绘画

5.1.1 画笔面板

1. 画笔的功能

在工具箱中选择“画笔工具”时，在工具属性栏上会出现画笔工具的参数设置。单击“画笔预设选择器”右侧的三角按钮，就可以打开一个下拉面板，如图5-1所示。

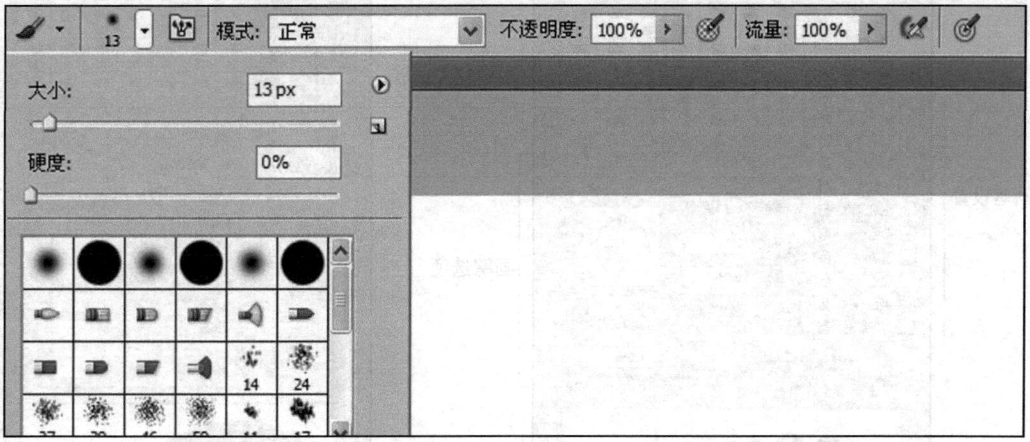

图5-1 “画笔工具”属性栏和下拉面板

在这里有三种类型的画笔可以供选择，并可以通过移动“大小”滑块或者直接在文本框内输入数值来设置画笔大小，通过移动“硬度”滑块定义画笔边界的柔和程度。

第一类画笔称为硬边画笔，这类画笔绘制的线条没有柔和的边缘。

第二类画笔称为不规则形状画笔，可以绘制出各种不规则的形状。

第三类画笔称为软边画笔，这类画笔绘制的线条会产生柔和的边缘，画笔的硬度越小，边缘越柔和。各类画笔如图5-2所示。

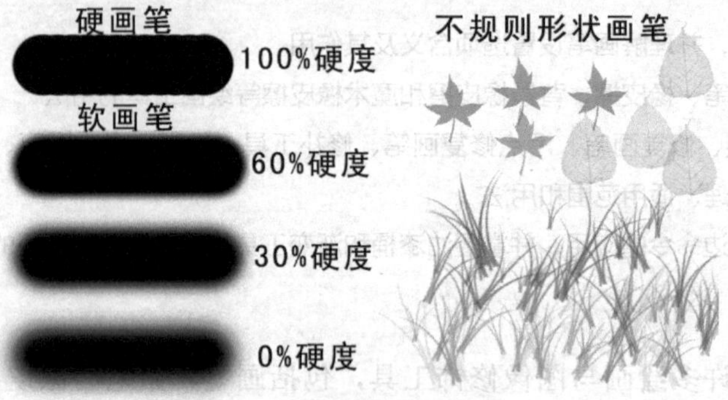

图5-2　三类画笔效果示意图

2. “画笔”面板

除了可以设置画笔的直径和硬度外，还可以利用“画笔”面板，设置画笔的间距、散布等其他属性，使画笔满足绘画的要求。调用画笔面板的方法如下。

（1）选择“窗口\画笔”。或者选择绘画工具、橡皮擦工具、色调工具和聚焦工具，并单击选项栏左侧的“切换画笔面板”按钮。

（2）在“画笔”面板的左侧选择一个选项组，该组的可用选项会出现在面板的右侧。单击左侧的“画笔笔尖形状”选项组，在“画笔”面板的右侧就会出现“画笔笔尖形状”的选项内容。如图5-3所示。

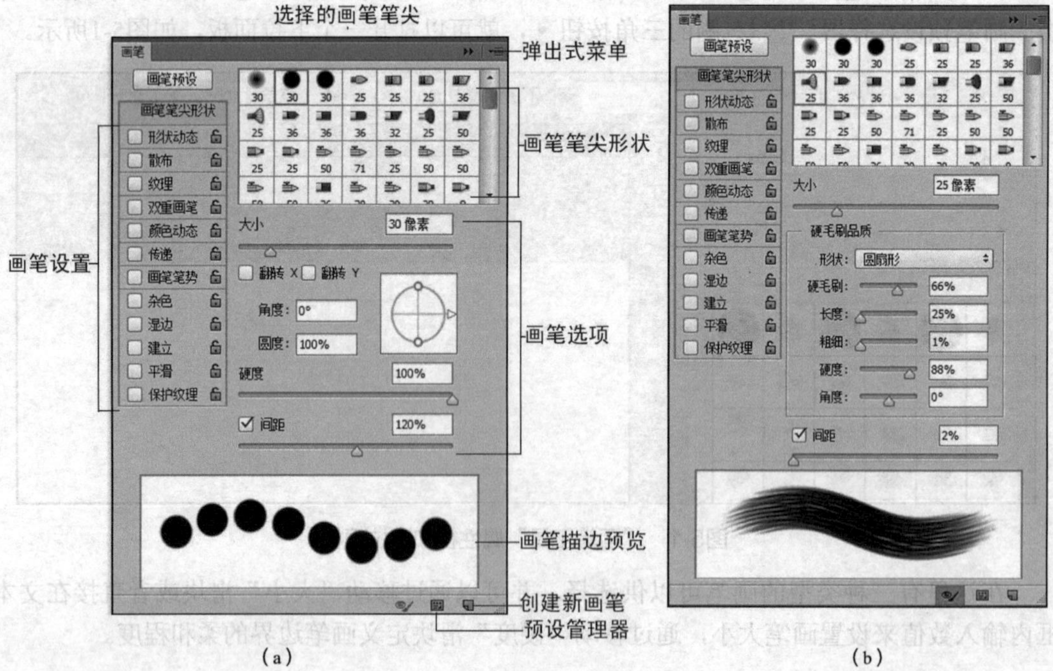

图5-3　“画笔”面板

3. 画笔笔尖形状

在“画笔”面板左侧单击“画笔笔尖形状”选项，在“画笔”面板的右侧就会出现其选项内容，图5-3（a）所示为标准画笔笔尖形状选项，图5-3（b）所示为硬毛刷笔尖形状选项。

（1）标准画笔笔尖形状选项

大小：定义画笔大小。设置时可以在文本框内输入像素的数值，也可以拖动滑块。

翻转X\翻转Y：翻转X用于改变画笔笔尖在X轴上的方向；翻转Y用于改变画笔笔尖在Y轴上的方向。选择它们画笔笔尖效果如图5-4所示。

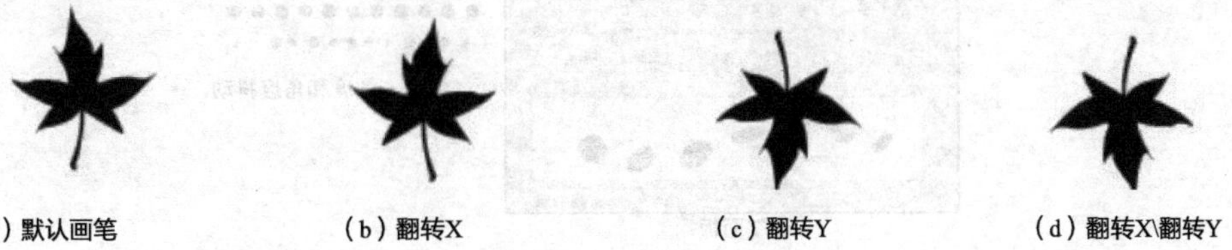

图5-4 画笔笔尖翻转效果

角度：用于指定椭圆画笔或样本画笔的长轴从水平方向旋转的角度。设置时可在文本框内输入度数，也可在预览框中拖动水平轴。不同角度的椭圆画笔效果如图5-5所示。

圆度：用于指定画笔短轴和长轴之间的比例。设置时可以输入百分比值，或在预览框中拖动圆点。100% 表示圆形画笔，0% 表示线性画笔，介于两者之间的值表示椭圆画笔。

间距：用于设置描边中两个画笔笔迹之间的距离。不同间距的效果如图5-6所示。

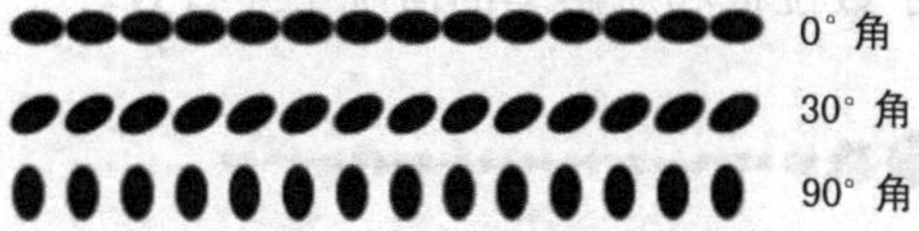

图5-5 画笔笔尖的角度效果

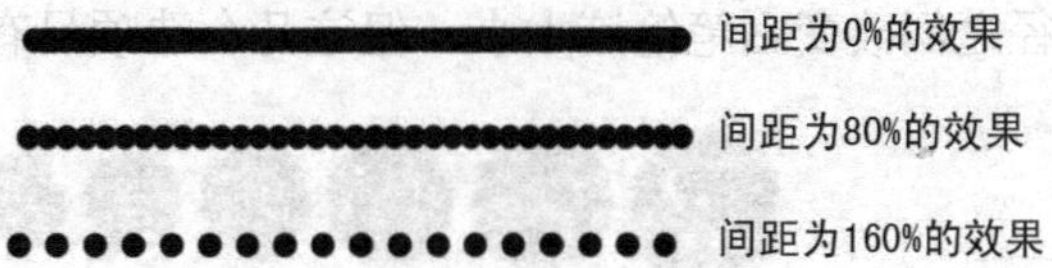

图5-6 不同间距画笔笔迹效果

（2）硬毛刷笔尖形状选项

可以通过硬毛刷笔尖指定精确的毛刷特性，从而创建十分逼真、自然的描边。在“画笔”面板中可以设置以下画笔笔尖形状选项。

形状：确定硬毛刷的整体排列。

硬毛刷：控制整体的毛刷浓度。

长度：更改毛刷长度。

粗细：控制各个硬毛刷的宽度。

硬度：控制毛刷灵活度。在较低的设置中，画笔的形状容易变形。

角度：确定使用鼠标绘画时的画笔笔尖角度。

4. 形状动态

在“画笔”面板左侧单击“形状动态”选项，在“画笔”面板的右侧就会出现其选项内容，可以设置画笔笔尖的大小抖动、角度抖动和圆度抖动，如图5-7所示。这些形状动态决定描边中画笔笔迹的变化。

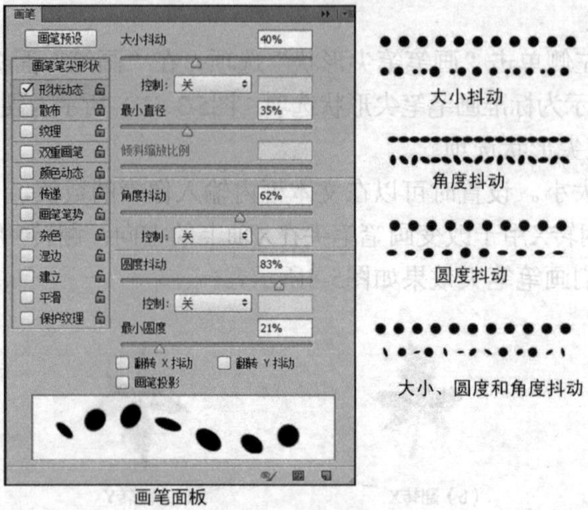

图5-7 形状动态

大小抖动：用于设置描边中画笔笔迹大小的改变方式。

控制：设置如何控制画笔笔迹的大小变化时，要从“控制”下拉菜单中选取一个选项。“关”表示不控制画笔笔迹的大小变化；“渐隐”表示按指定数量的步长在初始直径和最小直径之间渐隐画笔笔迹的大小。每个步长等于画笔笔尖的一个笔迹。值的范围为1～9999。例如，输入步长数10会产生10个增量的渐隐，如图5-8所示。“钢笔压力、钢笔斜度或光笔轮”表示可依据钢笔压力、钢笔斜度或钢笔拇指轮位置以在初始直径和最小直径之间改变画笔笔迹大小。但这几个选项只有安装了数位板和压感笔的情况下才有效。

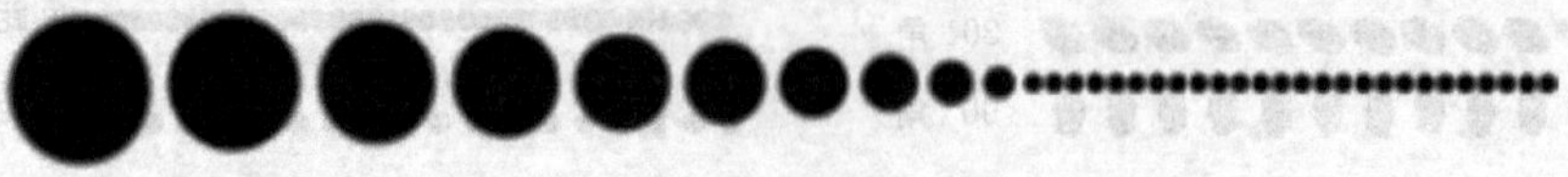

图5-8 渐隐效果

最小直径：用于设置当启用“大小抖动”或“大小控制”时，画笔笔迹可以缩放的最小百分比。可以在文本框中输入数字或拖动滑块来输入画笔笔尖直径的百分比值。

角度抖动：用于设置描边中画笔笔迹角度的改变方式。

控制：要设置如何控制画笔笔迹的角度变化，可以从“控制”下拉菜单中选取一个选项。“初始方向”使画笔笔迹的角度基于画笔初始方向，在绘制过程中笔尖方向不变。“方向”使画笔笔迹的角度基于画笔描边的方向，在绘制过程中笔尖方向会自动适应画笔走向。其他选项类似于大小抖动中的选项，不再介绍。

圆度抖动：指定画笔笔迹的圆度在描边中的改变方式。

最小圆度：用于控制圆度抖动的范围。

5. 散布

“散布”确定描边中笔迹的数目和位置。在“画笔”面板左侧单击“散布”选项，在“画笔”面板的右侧就会出现“散布”的选项内容，如图5-9（a）所示。

散布：用于设置画笔笔迹在描边中的分布方式。当选择“两轴”时，画笔笔迹按径向分布。当取消选择“两轴”时，画笔笔迹垂直于描边路径分布。输入百分比或拖动滑块，可以指定散布的最大百分比。

控制：要设置如何控制画笔笔迹的散布变化，可以从“控制”弹出式菜单中选取一个选项。“关”指定不控制画笔笔迹的散布变化。“渐隐”按指定数量的步长将画笔笔迹的散布从最大散布渐隐到无散布。

数量：用于设置在每个间距间隔应用的画笔笔迹数量。

数量抖动：用于设置画笔笔迹的数量如何针对各种间距间隔而变化。有散布的画笔描边和无散布的画笔描边效果如图5-9（b）所示。

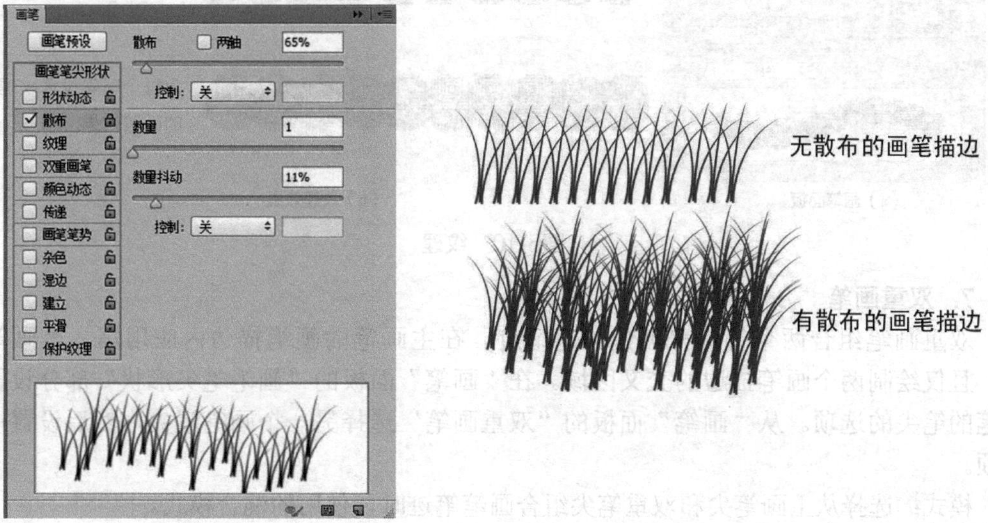

（a）　　　　　　　　　　　　　　（b）

图5-9　散布

6. 纹理

纹理使画笔利用图案，使描边看起来像是在带纹理的画布上绘制。在“画笔”面板左侧单击“纹理”选项，在面板的右侧就会出现其选项内容，如图5-10（a）所示。

图案样本：单击图案样本，可以从弹出式面板中选择图案。

反相：选择此项，可以反转图案中纹理的亮点和暗点。

缩放：用来设置图案的缩放比例，缩放百分比小，纹理小，反之纹理大。

亮度：设置画笔笔迹的亮度，数值大，画笔笔迹亮，数值小，画笔笔迹暗。

对比度：设置画笔纹理的明暗对比，数值越大，纹理的明暗对比越大，反之越小。

每个笔尖设置纹理：可以将选定的纹理单独应用于画笔描边中的每个画笔笔迹，而不是作为整体应用于画笔描边（画笔描边由拖动画笔时连续应用的许多画笔笔迹构成）。必须选择此选项，才能使用“深度抖动”选项。

模式：单击右侧的三角，在下拉菜单中，设置画笔和图案的混合模式。

深度：指定油墨渗入纹理中的深度。如果是100%，则纹理中的亮点不接收任何油墨。如果是0%，则纹理中的所有点都接收相同数量的油彩，从而隐藏图案。

最小深度：指定将“控制”设置为“渐隐”“钢笔压力”“钢笔斜度”或“光笔轮”，并且选中“为每个笔尖设置纹理”时，油墨可渗入的最小深度。

深度抖动和控制：用于设置当选中“为每个笔尖设置纹理”时深度的改变方式。添加纹理的画笔效果如图5-10（b）所示。

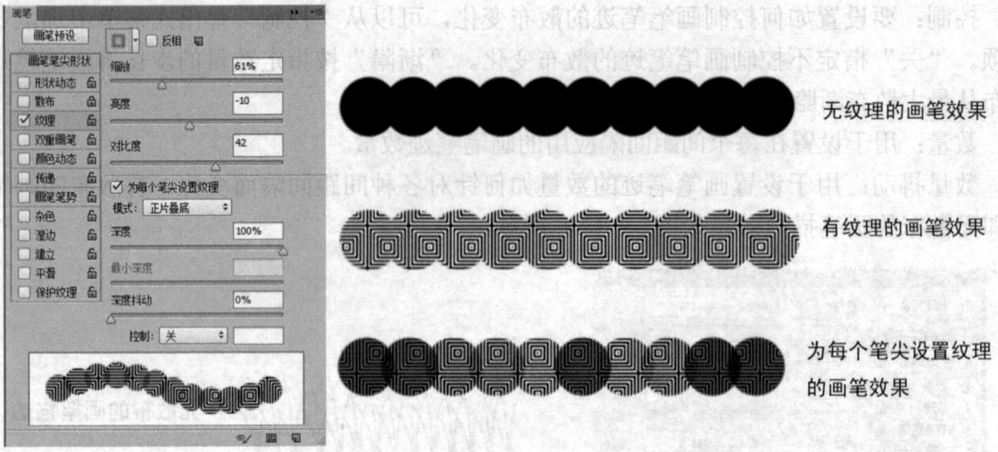

（a）画笔面板　　　　（b）纹理效果

图5-10　纹理

7. 双重画笔

双重画笔组合两个笔尖来创建画笔笔迹。在主画笔的画笔描边内应用第二个画笔纹理，且仅绘制两个画笔描边的交叉区域。在“画笔”面板的“画笔笔尖形状”部分设置主画笔的笔尖的选项。从“画笔”面板的“双重画笔”选择另一个画笔笔尖，然后设置以下选项。

模式：选择从主画笔尖和双重笔尖组合画笔笔迹时要使用的混合模式。

大小：控制双重画笔的笔尖大小。

间距：控制描边中双笔尖画笔笔迹之间的距离。

散布：指定描边中双笔尖画笔笔迹的分布方式。

数量：指定在每个间距间隔应用的双笔尖画笔笔迹的数量。

实例5-1：绘制虚线圆

本实例利用双重画笔及双重画笔混合模式制作虚线效果。

（1）在工具箱中，选择画笔工具，然后在画笔的选项栏中单击“切换画笔面板”按钮，在“画笔”面板左侧单击“画笔笔尖形状”选项，并从右侧预设画笔中选择一个直径为9像素的画笔，如图5-11（a）所示。

（2）在“画笔”面板左侧单击“双重画笔”选项。“模式”设置为“正片叠加”。从右侧预设画笔中选择硬画笔，将其大小设置为19像素，并拖动“间距”上的滑块，增加“间距”百分比，直到下面预览图中为需要的虚线为止，如图5-11（b）所示。

（3）在工具箱中，选择“椭圆选框工具”。按住Shift键，拖动鼠标，绘制一个正圆选区。然后选择“窗口\路径”命令，在打开的“路径”面板的下端，单击“从选区生成工作路径”按钮，并选择此路径，如图5-11（c）所示。

（4）选择画笔工具，并将前景色改为需要的颜色。单击“路径”面板的下端“用画笔描边路径”按钮，效果如图5-11（d）所示。在“路径”面板空白处单击，取消对路径的选择。

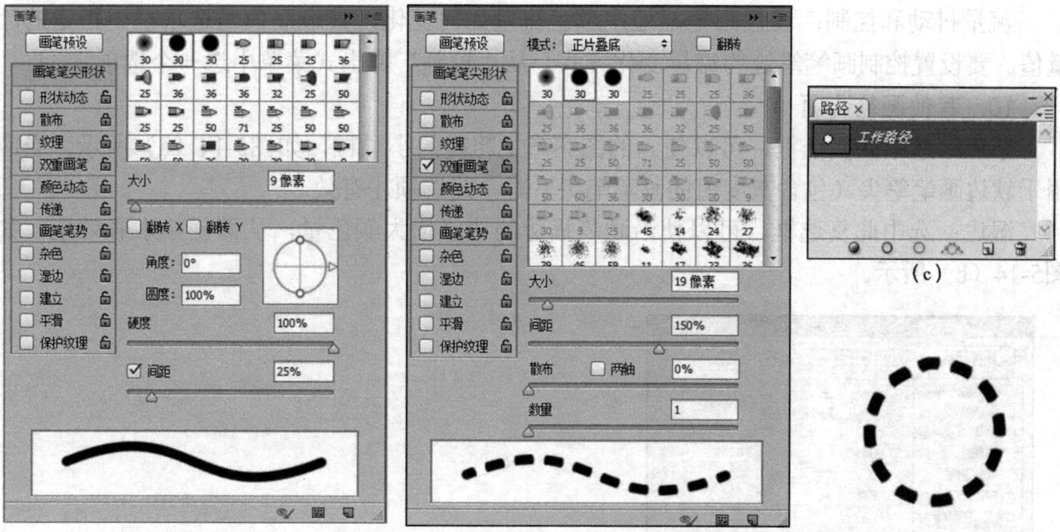

(a) (b) (c) (d)

图5-11 “双重画笔”绘制虚线圆

8. 颜色动态

颜色动态决定描边颜色变化方式，在“画笔”面板左侧单击“颜色动态”选项，在“画笔”面板的右侧就会出现“颜色动态”的选项内容，如图5-12所示。

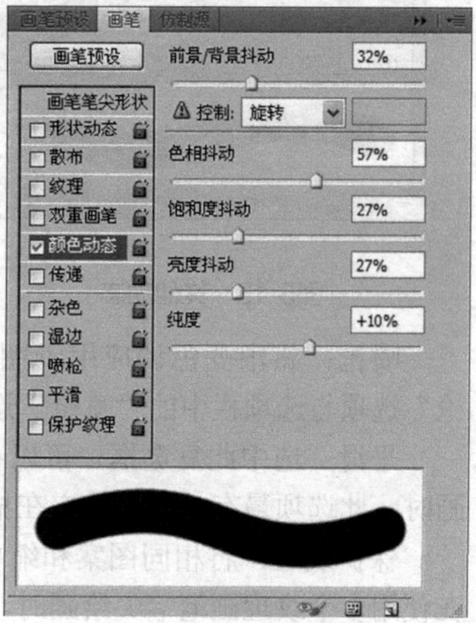

图5-12 颜色动态

颜色态度前景/背景抖动和控制：用于设置前景色和背景色之间的颜色变化方式。该值越小，变化的颜色越接近前景色；该值越大，变化的颜色越接近背景色。

色相抖动：用于设置描边中颜色色相改变的百分比。该值较低时，在改变色相的同时，保持接近前景色的色相；该值较高时，色相间的差异越大，颜色越丰富。

饱和度抖动：用于设置描边中颜色饱和度改变的百分比。该值较低时，在改变饱和度的同时保持接近前景色的饱和度；该值较高时，颜色饱和度的差别越大。

亮度抖动：用于设置描边中颜色亮度改变的百分比。该值较低时，在改变亮度的同时保持接近前景色的亮度；该值较高时，颜色的亮度差别越大。

纯度：用于设置描边中颜色的纯度。输入数字，或拖动滑块输入一个-100～100的百分比。如果该值为-100，则颜色将完全去色；如果该值为100，则颜色将完全饱和。

9. 传递

传递选项用于设置颜色在描边路线中的改变方式。在“画笔”面板左侧单击“传递”选项，在“画笔”面板的右侧就会出现“传递”的选项内容，如图5-13所示。

不透明度抖动和控制：用于设置画笔描边中颜色不透明度如何变化，其最高值是选项栏中指定的不透明度值。要设置控制画笔笔迹的不透明度变化方式，从“控制”弹出式菜单中选取一个选项。

流量抖动和控制：设置画笔描边中颜色流量如何变化，其最高值是选项栏中指定的流量值。要设置控制画笔笔迹的流量变化方式，从“控制”弹出式菜单中选一个选项。

10. 其他画笔选项

杂色：选中此复选框，可以使画的图案产生粗糙的小颗粒，如图5-14（a）所示。当应用于软边画笔笔尖（包含灰度值的画笔笔尖）时，此选项才有效。

湿边：选中此复选框，可以使沿画笔描边的边缘增大颜色量，从而创建水彩效果，如图5-14（b）所示。

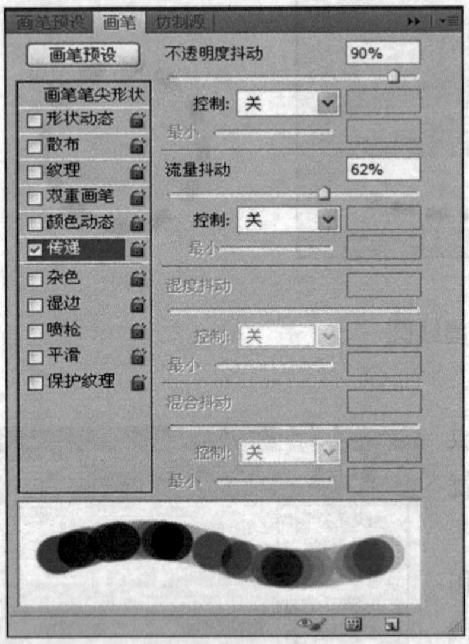

图5-13 其他动态

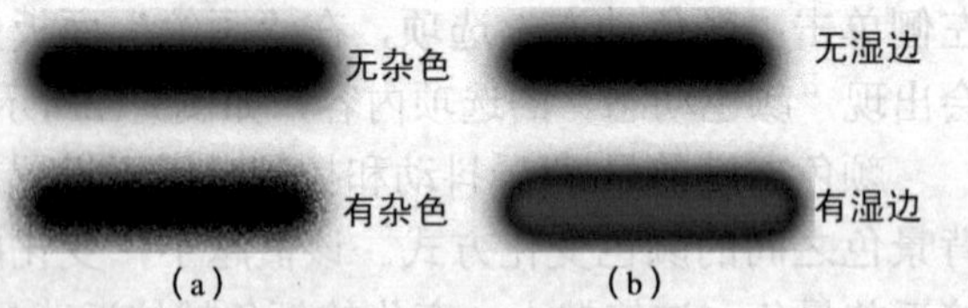

图5-14 杂色与湿边效果

喷枪：将渐变色调应用于图像，同时模拟传统的喷枪技术。“画笔”面板中的“喷枪”选项与选项栏中的“喷枪”选项相对应。

平滑：选中此复选框，可以在画笔描边中生成更平滑的曲线。当使用光笔进行快速绘画时，此选项最有效。但是它在描边渲染中可能会导致轻微的滞后。

保护纹理：将相同图案和缩放比例应用于具有纹理的所有画笔预设。选择此选项后，在使用多个纹理画笔笔尖绘画时，可以模拟出一致的画布纹理。

11. 自定义画笔

在Photoshop中，用户除了利用预设画笔外，还可以自定义画笔，其操作方法如下。

（1）使用任意的选择工具，选择要用作自定画笔的图形或图像区域。打开一张图5-15（a）所示的图片，用魔棒工具选择图片的背景，按Shift+Ctrl+I组合键反选。

提示

绘画时，无法调整样本画笔的硬度。要创建具有锐利边缘的画笔，需将“羽化”设置为零像素。要创建具有柔化边缘的画笔，需增大“羽化”设置。

（2）选取“编辑\定义画笔预设”，给画笔命名并单击“确定”按钮。

（3）在“画笔”面板中，单击“画笔预设”选项，在右侧的画笔列表中，可以找到自定义的画笔，如图5-15（c）所示。

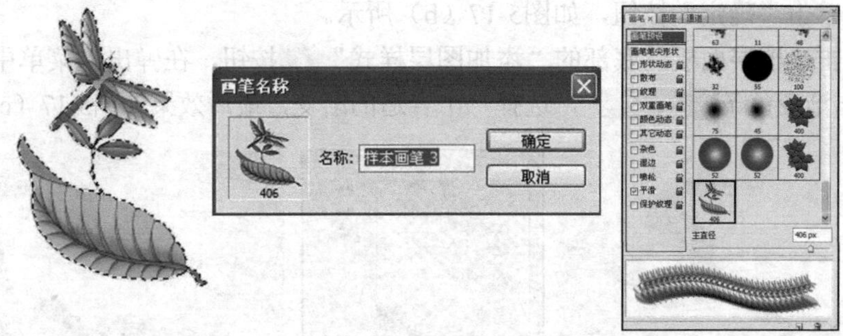

（a）　　　　　　（b）　　　　　　（c）

图5-15　自定义画笔

实例5-2：制作飘逸丝带

本实例是画笔的综合应用。首先用画笔描边路径，将得到的形状自定义为画笔，通过画笔选项，调整自定义画笔形态。再用自定义的画笔绘制一条丝的形状，为其添加渐变颜色。

（1）新建一个400像素×400像素、分辨率为72ppi、背景内容为透明的文件。

（2）选择“钢笔工具”，画出一条波浪线，如图5-16（a）所示。

（3）选择“画笔工具”，在选项栏中单击“画笔预设选择器”按钮，选择一个预设的硬画笔，设置“大小”为1像素。在“路径面板”中，单击面板下端的“用画笔描边路径”按钮。在“路径面板”空白处单击，取消路径的选择。

（4）选择“编辑\定义画笔预设”命令，在“画笔名称”对话框的“名称”中输入“丝带”，如图5-16（b）所示，然后单击“确定”按钮，即将绘制路径的描边定义为画笔。

（5）选择“画笔工具”，单击选项栏中的“切换画笔面板”按钮，设置新画笔的属性。单击左侧“画笔笔尖形状”，设置“大小”为100像素，“间距”为1%，如图5-16（c）所示。

（6）选择“形状动态”，在“角度”下面的“控制”中选“渐隐”，并设置渐隐的步数1400。如图5-16（d）所示。再单击“动态颜色”在“色相抖动”设置为40%；“饱和度抖动”设置为17%，“亮度抖动”设置为50%，如图5-16（e）所示。

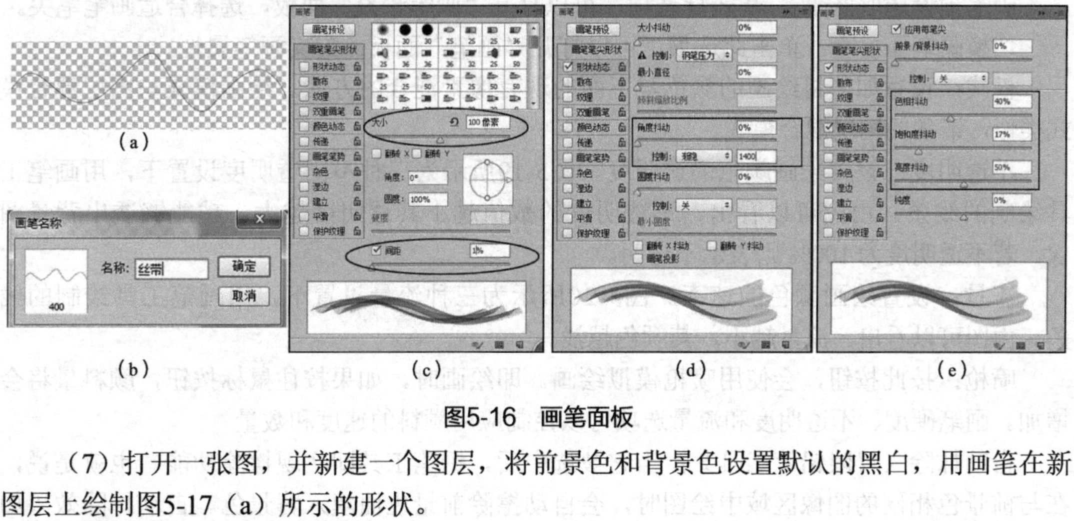

（a）　（b）　（c）　（d）　（e）

图5-16　画笔面板

（7）打开一张图，并新建一个图层，将前景色和背景色设置默认的黑白，用画笔在新图层上绘制图5-17（a）所示的形状。

（8）选择“滤镜\杂色\蒙尘与划痕”命令，其中“半径”设置为100像素，“阈值”设置为0，然后单击“确定”按钮，如图5-17（b）所示。

（9）单击“图层面板”底部的“添加图层样式” 按钮，在弹出的菜单中选择“渐变叠加”，单击渐变色条 ，选择一个合适的渐变，最后效果如图5-17（c）所示。

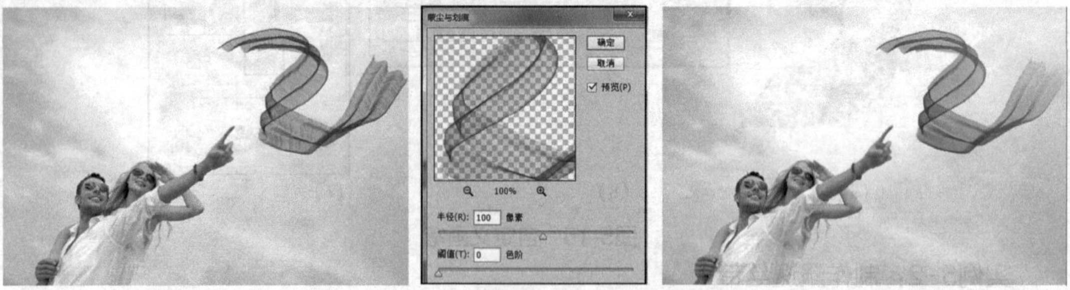

（a）（b）（c）

图5-17 丝带效果图

5.1.2 画笔工具和铅笔工具

“画笔工具” 和“铅笔工具” 都是利用前景色绘制线条，不同的是：画笔工具创建的是柔和的描边，而铅笔工具创建的是硬边直线。它们的使用方法如下。

（1）选取一种前景色，从工具箱中选择“画笔工具” 或“铅笔工具” ，然后再从“画笔预设”面板中选取画笔。

（2）在选项栏中设置模式、不透明度等工具选项。最后在图像中单击并拖动鼠标进行绘画即可。“画笔工具” 和“铅笔工具” 的选项栏如图5-18所示。

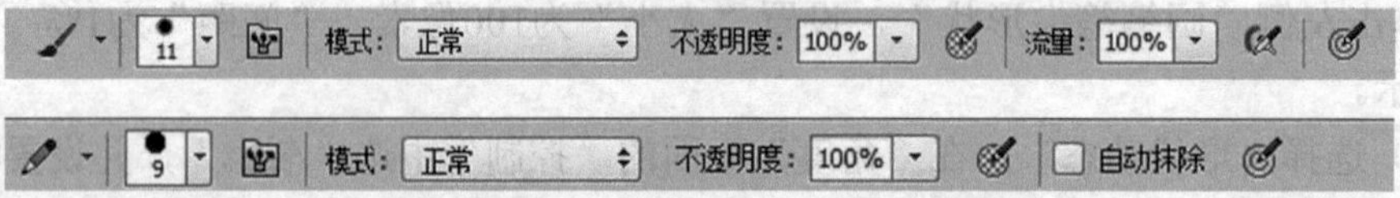

图5-18 画笔和铅笔工具的选项栏

画笔预设选取器 ：单击此选项，可以打开“画笔预设”面板，选择合适画笔笔尖。

切换画笔面板 ：单击此选项，可以打开“画笔”面板，定义画笔属性。

模式：设置如何将绘画的颜色与下面的现有像素混合的方法。绘画模式与图层混合模式类似，请参阅图层混合模式。

不透明度：设置绘画颜色的透明度。图5-19所示为三种不同透明度设置下，用画笔工具绘制的线条。由图可以看出，不透明度的数值越小其透明度越大，越能够透出背景图像，若不透明度为100%则表示不透明。

流量：设置绘画颜色的速率。图5-20所示为三种流量设置下，用画笔工具绘制的线条。由图可以看出，流量越小，其颜色越浅。

喷枪：按此按钮，会使用喷枪模拟绘画。即绘画时，如果按住鼠标按钮，颜料量将会增加。画笔硬度、不透明度和流量选项可以控制应用颜料的速度和数量。

自动抹除（仅限铅笔工具）：当它被选中后，铅笔工具即实现擦除功能。也就是说，在与前景色相同的图像区域中绘图时，会自动擦除前景色而填入背景色。自动抹除效果如

图5-21所示，操作方法：在工具箱中选中吸管工具，在图像背景色上单击，即将图像背景的颜色设置为前景色。然后在工具箱中，选中铅笔工具，设置好笔刷大小，并在选项栏中选中“自动抹除”，最后在图像背景上涂抹即可，自动抹除效果如图5-21所示。

图5-19 三种不透明度效果

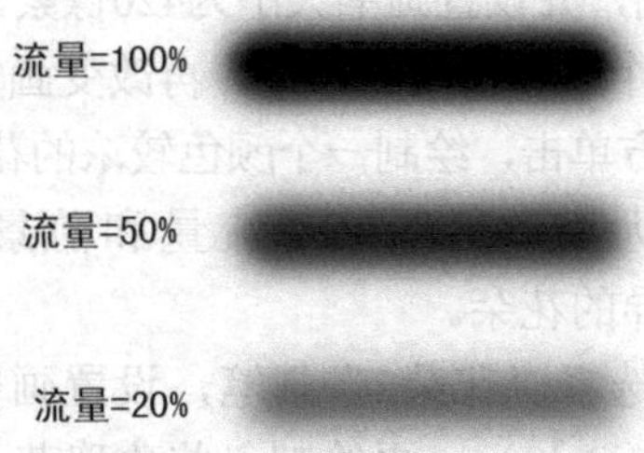

图5-20 三种流量效果

图5-21 自动涂抹效果

提示

当开始拖动时，如果光标的中心在前景色上，则该区域将抹成背景色。如果在开始拖动时光标的中心在不包含前景色的区域上，则该区域将被绘制成前景色。

始终对“不透明度”使用“压力”：按此按钮，可覆盖“画笔”面板中的不透明度设置。画笔笔迹的不透明度由光笔压力控制。压力小，不透明度低；压力大，不透明度高。关闭此按钮，由“画笔预设”控制压力。

始终对“大小”使用压力：按此按钮，可覆盖“画笔”面板中的画笔大小设置，画笔笔尖的大小由光笔压力控制。压力小，画笔笔尖小，笔迹细；反之，画笔笔尖大，笔画粗。关闭此按钮，由“画笔预设”控制压力。

实例5-3：利用画笔制作唯美花朵背景

本实例将多个花朵分别定义为画笔。利用这些画笔绘画时，改变画笔大小、流量、不透明度和前景色，就可以绘制图5-22（c）所示的浓淡各异的花朵，作为人物图像的背景。

（1）打开一幅花朵图片，利用“快速选择工具”选择花朵，如图5-22（a）所示，然后执行“编辑\定义画笔预设”，将画笔名称命名为“花朵1”。利用同样的方法，再将另一张玫瑰花定义为名称为“花朵2”的画笔。

（a） （b） （c）

图5-22 唯美花朵背景

（2）打开“画笔应用”图片，并在“图层面板”底部单击“创建新图层”按钮，新建一个图层。然后将前景色改为粉红色（R:243，G:110，B:225）。

（3）选择“画笔工具”，在选项栏中单击“画笔预设选取器”按钮，从“画笔预设”面板中选择“花朵1”画笔，并设置画笔大小为420像素，不透明度为50%，流量为60%，在图像的左下角单击，绘制一个颜色较淡的花朵。再改变画笔的大小为200像素，不透明度为80%，流量为100%，在人物上方单击，绘制一个颜色较浓的花朵，效果如图5-22（b）所示。

（4）通过改变画笔的大小、透明度、流量和前景色的颜色（R:243，G:198，B:159），再绘制一些浓淡各异的花朵。

（5）从“画笔预设”中选择“花朵2”画笔，设置画笔大小、角度、透明度、流量和前景色的颜色（R:232，G:47，B:48），再绘制一些玫瑰花，最后效果如图5-22（c）所示。

5.1.3 橡皮擦工具

橡皮擦工具可将图像像素更改为背景色或透明。如果擦除的是背景图层，擦除的位置上填入背景色；如果擦除内容是透明的图层，那么擦除后会变为透明，如图5-23（a）所示。使用方法是将鼠标移动到要擦除的位置，按住鼠标左键来回拖动即可。橡皮擦工具选项栏如图5-23（b）所示。

（a）橡皮擦的擦除效果

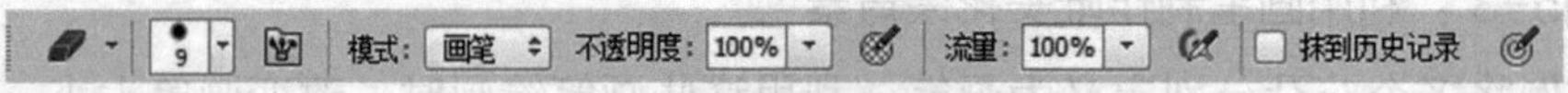

（b）橡皮擦工具选项栏

图5-23 橡皮擦工具擦除图像效果及其选项栏

模式：有“画笔”“铅笔”和“块”三种选项，“画笔”和“铅笔”模式可将橡皮擦设置为像画笔和铅笔工具一样工作，不同的是橡皮擦工具的颜色来源是背景色。“块”是指具有硬边缘和固定大小的方形，并且不能更改不透明度或流量的选项。

抹到历史记录：选中此选项，橡皮擦工具有了类似历史记录画笔的功能，能够将图像选择性地恢复到快照或某一历史记录。方法是在“历史记录”面板中单击某一历史记录状态或快照的左列。然后选择橡皮擦工具，并在选项栏中选择“抹到历史记录”。最后，利用橡皮擦工具在需要恢复的图像区域涂抹即可。

5.1.4 背景橡皮擦工具

背景橡皮擦工具与橡皮擦工具一样，用来擦除图像中的颜色。不同的是，背景橡皮擦工具在擦除图像中的颜色后，会将擦除内容变成透明。如果所擦除的图层是背景层，还会将背景层变为“图层0”，如图5-24（b）所示。背景橡皮擦工具的选项栏如图5-24（c）所示。

取样：用于设置清除颜色的方式。单击“连续”按钮，表示随着鼠标的拖移，会在图像中连续地采取色样，并根据色样进行擦除。单击“一次”按钮，则只擦除包含第一次单击的颜色且在“容差”范围内的区域。单击“背景色板”按钮，则擦除与当前背景色在容差范围之内的颜色区域。

限制：在此下拉框中，可以选择擦除的操作范围。“不连续”可以擦除出现在画笔下面任何位置的样本颜色；“邻近”可以擦除包含样本颜色并且相互连接的区域；“查找边缘”可以擦除包含样本颜色的连接区域，同时更好地保留形状边缘的锐化程度。

容差：用于控制擦除颜色的区域。低容差仅限于抹除与样本颜色非常相似的区域。高容差抹除范围更广的颜色。

保护前景色：选中此复选框，可防止抹除与工具箱中的前景色匹配的区域。

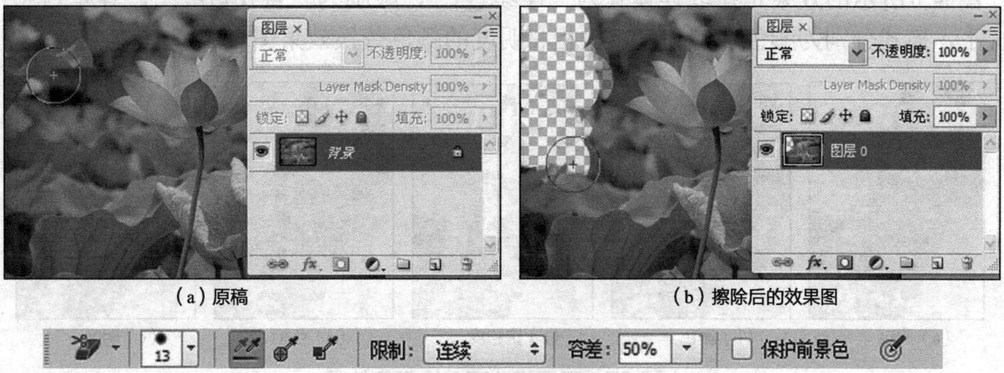

（a）原稿　　（b）擦除后的效果图

（c）背景橡皮擦的选项栏

图5-24　背景橡皮擦工具擦除图像效果及选项栏

5.1.5　魔术橡皮擦工具

使用魔术橡皮擦工具在图层中单击时，会将所有相似的像素更改为透明。如果在已锁定透明度的图层中单击时，这些像素将更改为背景色。如果在背景中单击，则将背景转换为图层并将所有相似的像素更改为透明。魔术橡皮擦工具的选项栏如图5-25所示。

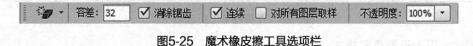

图5-25　魔术橡皮擦工具选项栏

消除锯齿：可使擦除区域的边缘平滑。

连续：只擦除与单击像素连续的像素，取消选择则擦除图像中的所有相似像素。

对所有图层取样：可以利用所有可见图层中的组合数据来采集抹除色样。

5.2　Photoshop图像修饰

5.2.1　颜色替换工具

颜色替换工具使用前景色替换图像中指定的像素。颜色替换工具不适用于“位图”“索引”或“多通道”颜色模式的图像。颜色替换工具的选项栏如图5-26所示。

图5-26　颜色替换工具

模式：用于设置颜色替换的内容。选择“颜色”选项，表示利用前景色的颜色（包含色相、饱和度和明度）替换图像中指定的颜色。选择“色相”选项，表示利用前景色的色相替换图像中指定的颜色的色相，但是颜色的饱和度和明度不变。选择“饱和度”选项，表示利用前景色的饱和度替换图像中指定的颜色的饱和度，但色相和明度不变。选择“明度”选项，表示利用前景色的明度替换图像中指定的颜色的明度。

其他选项的含义与背景橡皮擦工具中的选项相同，在此不再陈述。

图5-27所示的效果是在取样模式为“连续”，限制为“查找边缘”，容差为30%的情况下，模式分别为颜色、饱和度、色相和明度的颜色替换效果图。

（a）原稿　（b）颜色　（c）饱和度　（d）色相　（e）明度

图5-27　不同模式下替换颜色效果

5.2.2　修复画笔工具

修复画笔工具可用于校正图像中的瑕疵，可以利用图像或图案中的样本像素来绘画，并将样本像素的纹理、光照、透明度和阴影与所修复的像素进行匹配，从而使修复后的像素不留痕迹地融入图像的其余部分。修复画笔的选项栏如图5-28所示。

图5-28　修复画笔工具选项栏

模式：用于设置色彩模式。

源：用于设置修复画笔工具修复图像的来源。“取样”可使用当前图像的像素，而“图案”可使用某个图案的像素。如果选择了“图案”，从“图案”弹出面板中选择一个图案。

对齐：选中此复选框，在复制图像时，即使释放鼠标按钮，也不会丢失当前取样点，即保持了复制图像的连续性。如果取消选择“对齐”，则会在每次停止并重新开始绘制时使用初始取样点中的样本像素。

样本：用于设置从哪些图层中进行数据取样。选择“当前和下方图层”表示要从现用图层及其下方的可见图层中取样。选择“当前图层”表示要仅从现用图层中取样。选择“所有图层”表示要从所有可见图层中取样。选择“所有图层”，并单击“样本”按钮弹出菜单右侧的“忽略调整图层”图标，表示要从调整图层以外的所有可见图层中取样。

实例5-4：修复画笔修图

本实例应用修复画笔修去图5-59（a）上的杆，学会用修复画笔修图的方法和技巧。

（1）从工具箱中选择修复画笔工具，并从图5-28所示的选项栏中，设置合适的选项。本例中“模式”选择“正常”，“源”选择了“取样”，并选择了“对齐”复选框。

（2）将鼠标移至图像窗口。按住Alt键，在图像中单击指定取样点，如图5-29（a）所示，单击草地位置即为取样点。

（3）将鼠标移动到图像中的标杆的底端，并按住鼠标来回拖动即可以完成。每次释放鼠标按钮时，取样的像素都会与现有像素混合，最后效果如图5-29（b）所示。

（a）取样　（b）最终效果

图5-29　修复画笔工具修图

5.2.3　污点修复画笔工具

污点修复画笔工具可以快速移去照片中的污点和不理想部分。污点修复画笔的工作方式与修复画笔类似。它使用图像或图案中的样本像素进行绘画，并将样本像素的纹理、光照、透明度和阴影与所修复的像素相匹配。与修复画笔不同，污点修复画笔不要求指定样本点。污点修复画笔将自动从所修饰区域的周围取样。污点修复画笔工具的选项栏如图5-30所示。

图5-30　污点修复画笔工具选项栏

类型：可以选择一种修复方法。

“内容识别”选项，使用附近的相似图像内容不留痕迹地修复污点区域。

“创建纹理”选项，使用选区中的所有像素创建一个用于修复该区域的纹理。

“近似匹配”选项，如果没有为污点建立选区，则样本自动采用污点外部四周的像；如果选中污点，则样本采用选区外围的像素。

对所有图层取样：选中此选项，可从所有可见图层中对数据进行取样。如果取消此选项，则只从当前图层中取样。

实例5-5：修复老照片

本实例应用污点修复画笔工具修复老照片上的破损点，学会用它修图的方法和技巧。

（1）打开图5-31（a）所示的图片，然后选择工具箱中的污点修复画笔工具。

（2）在选项栏中选取一种画笔大小。比要修复的区域稍大一点的画笔最为适合，这样，只需单击一次即可覆盖整个区域。

（3）从选项栏的“模式”菜单中选取“正常”，再从“类型”中选“创建纹理”选项。

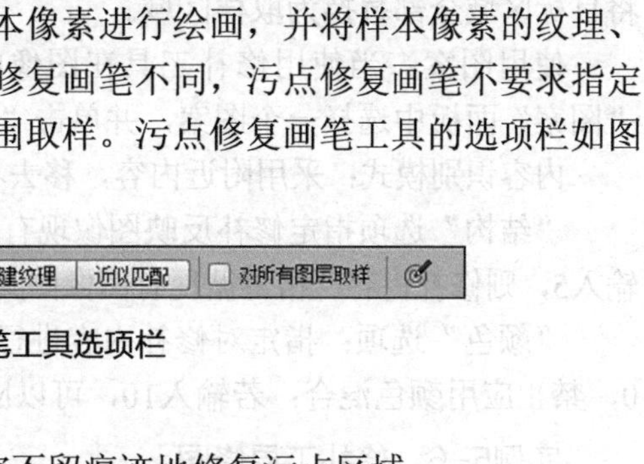

（a）原稿　（b）修复后效果

图5-31　污点修复画笔工具修图

（4）单击要修复的区域，或单击并拖动修复较大区域中的不理想部分，如图5-31（b）所示。

5.2.4 修补工具

修补工具可以用其他区域或图案中的像素来修复选中的区域。像修复画笔工具一样，修补工具会将样本像素的纹理、光照和阴影与源像素进行匹配。修补工具选项栏如图5-32所示。

图5-32 修补工具选项栏

选区按钮：选“新选区”按钮，拖动修补工具鼠标可建一个新选区。选“添加到选区”按钮，可将新绘制的选区添加到现有选区中。选“从选区减去”按钮，可从现有选区中减去新绘制的选区。单击“与选区交叉”按钮，只保留新绘制的选区与现有选区相交叉的部分。

修补：有两种模式可供选择，一是正常模式，另一种是内容识别模式。

正常模式下：选择“源”选项，拉取污点选区到完好区域实现修补。选择“目标”选项，选取足够盖住污点区域的选区拖动到污点区域，盖住污点实现修补。

透明：选择此选项，可以从取样区域中抽出具有透明背景的纹理。取消此选项，可以将目标区域全部替换为取样区域。

使用图案：当使用修补工具在图像中建立选区后，可以激活“使用图案”选项。从“图案”面板中选择一个图案，并单击“使用图案”按钮。

内容识别模式：采用附近内容，移去不要的图像元素，实现与周围内容无缝混合。

“结构”选项指定修补反映图像现有图案应达到的近似程度，可输入1～5之间的值。若输入5，则修补内容严格遵循现有图像图案，若输入1，修补内容大致遵循现有图像的图案。

“颜色”选项：指定对修补内容进行颜色混合的程度，可输入0～10之间的值。若输入0，禁止应用颜色混合；若输入10，可以应用最大的颜色混合。

实例5-6：修补工具修图

本实例应用修补工具修图5-33（a）上的网址，通过此实例学习修补工具修图的方法。

（1）打开图5-33（a）所示的图片，要修去图片左下角的网址。

（2）利用放缩工具将图像放大，并利用抓手工具将有网址的区域显示在视图中。

（3）从工具箱中选择修补工具，按住鼠标左键拖放，绘制出图5-33（b）所示的选区。也可以在选择修补工具之前，利用选择工具建立选区。

（4）从工具选项栏中选择“源”选项，将鼠标移至选区内，按住鼠标左键并向上拖动。此时，可以利用上面选区的图像替换原选区中的图像，图5-33（c）所示。

（5）按Ctrl+D组合键取消选择，修补后的最后效果如图5-33（d）所示。

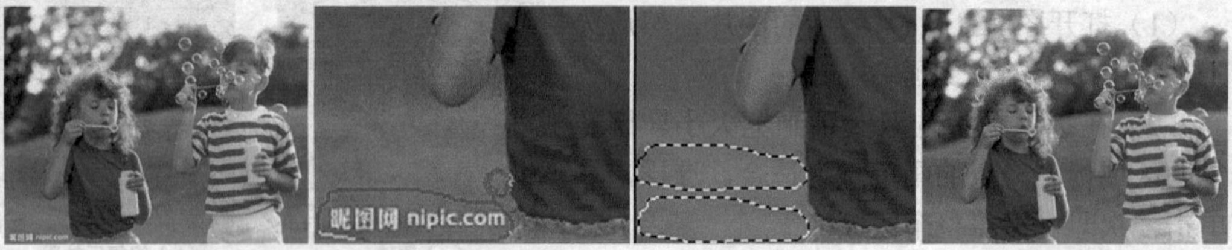

（a）原稿 （b）修补工具绘制选区 （c）修补图像 （d）最后效果

图5-33 修补工具修图

5.2.5 红眼工具

红眼工具可移去用闪光灯拍摄的人像或动物照片中的红眼，也可以移去用闪光灯拍摄的动物照片中的白色或绿色反光，其选项栏如图5-34所示。

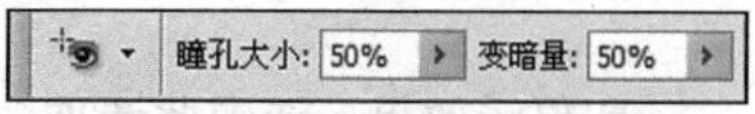

图5-34 红眼工具选项栏

瞳孔大小：用于设置瞳孔的大小，即去掉红眼后，眼睛黑色部分的中心。

变暗量：用于设置去掉红眼后，图像的变暗量。

红眼工具使用方法：在工具箱中选取红眼工具，在工具选项栏中设置合适参数，在图像中红眼部位单击即可，去掉红眼前与后的效果对比如图5-35所示。

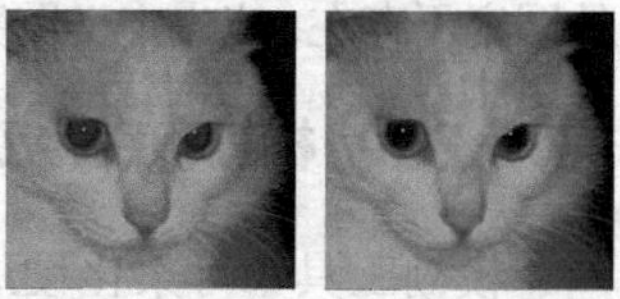

图5-35 去红眼前后效果对比

5.2.6 仿制图章工具

仿制图章工具将图像的一部分绘制到同一图像的另一部分或绘制到具有相同颜色模式的任何打开的文档的另一部分，也可以将一个图层的一部分绘制到另一个图层。仿制图章工具对于复制对象或移去图像中的缺陷很有用。仿制图章工具的选项栏如图5-36所示，其一些选项的含义与修复画笔工具相似，在此不再重述。

图5-36 仿制图章工具选项栏

下面操作是仿制图章工具复制图像的方法。

（1）打开图5-37（a）所示的图片。

（2）在工具箱中选取仿制图章工具。在选项栏中，选择合适的画笔笔尖，并将“混合模式”设置为“正常”，“不透明度”和“流量”设置为100%，选中“对齐”选项。

（3）将鼠标指针移至打开的图像中，然后按住Alt键，并在图像中单击来设置取样点。

（4）取样后，按住鼠标左键在图像其他部分涂抹，即可以复制取样图像，如图5-37（b）所示，复制的最终效果如图5-37（c）所示。

（a）原稿　（b）复制过程　（c）最后效果

图5-37 仿制图章工具复制图像

5.2.7 图案图章工具

图案图章工具可以利用从图案库中选择图案或者自己创建图案进行绘画。图案图章工具选项栏如图5-38所示，其中多数选项都与修复画笔相同。

图5-38　图案图章工具选项栏

印象派效果：选中此选项，图案具有印象派效果。

图案图章工具的使用方法：在工具箱中选取此工具，然后在选项栏中选择一个图案（若需要的图案不存在，应先定义图案），最后按住鼠标左键在图像中拖动，即可复制出图案。

5.2.8　模糊和锐化工具

模糊工具可柔化硬边缘或减少图像中的细节。使用此工具在某个区域上方涂抹的次数越多，该区域就越模糊。锐化工具用于增加边缘的对比度以增强外观上的锐化程度。用此工具在某个区域上方涂抹的次数越多，增强的锐化效果就越明显。模糊工具和锐化工具的选项栏相似，如图5-39所示。

图5-39　锐化工具选项栏

强度：用于设置涂抹的强度，此值越大，涂抹的强度越大，涂抹的效果越明显。

保护细节：选择此项，可以增强细节并使因像素化而产生的不自然感最小化。如果要产生更夸张的锐化效果，请取消选择此选项。

模糊和锐化工具的使用方法：在工具箱中选择模糊或锐化工具后，在图像上单击并拖动鼠标涂抹即可，模糊和锐化的效果如图5-40所示。

（a）原稿　（b）模糊工具处理后效果　（c）锐化工具处理后效果

图5-40　模糊和锐化图像效果对比

5.2.9　涂抹工具

涂抹工具模拟将手指拖过湿油漆时所看到的效果。该工具可拾取描边开始位置的颜色，并沿拖动的方向展开这种颜色。图5-41所示为涂抹工具选项栏。在选项栏中选择“手指绘画”可使用每个描边起点处的前景色进行涂抹。取消该选项，涂抹工具会使用每个描边的起点处指针所指的颜色进行涂抹。其他选项和使用方法与模糊和锐化工具相同。

图5-41　涂抹工具选项栏

5.2.10　减淡和加深工具

减淡工具和加深工具基于用于调节照片特定区域的曝光度的传统摄影技术，用于使图像区域变亮或变暗。选择工具后在图像上拖动鼠标涂抹，即进行减淡和加深处理，在某个区域上方涂抹的次数越多，该区域就会变得越亮或越暗。减淡、加深工具的效果如图5-42所示。

（a）原稿　（b）减淡工具效果　（c）加深工具效果

图5-42　减淡和加深工具的效果

减淡工具和加深工具的选项栏是相同，如图5-43所示。

图5-43　减淡工具选项栏

范围：在此下拉列表设置要修改的色调范围。选择“中间调”更改图像的中间调区域的像素。选择“高光”更改图像中亮部区域的图像。选择“阴影”更改图像中暗部区域的图像。

曝光度：用于为工具指定曝光度，此值越高，工具的作用效果越明显。

保护色调：对图像阴影和高光部分进行最小化的修剪，以防止颜色发生色相偏移。

5.2.11　海绵工具

海绵工具可精确地更改区域的色彩饱和度。当图像处于灰度模式时，该工具通过使灰阶远离或靠近中间灰色来增加或降低对比度。海绵工具的选项栏如图5-44所示。

图5-44　海绵工具选项栏

模式：在此下拉列表中可以设置修改颜色的方式，选择“饱和”可以增加图像颜色的饱和度。选择“降低饱和度”可以减弱图像颜色的饱和度。

自然饱和度：选择此项，可以对完全饱和的颜色或不饱和的颜色进行最小化修剪。

选择海绵工具，在选项栏中设置合适参数，在要修改的图像部分拖动，增加和降低饱和度效果如图5-45所示。

（a）原稿　（b）降低饱和度　（c）增加饱和度

图5-45　海绵工具的效果

5.3 描边与填充

5.3.1 描边

使用“描边”命令可以在选区或图层周围绘制彩色边框。

实例5-7：制作“描边”文字

本实例利用文字蒙版工具绘制文字选区，利用“描边”命令描边文字选区。

（1）建立一个新图像，背景色为白色。

（2）在工具箱中选择“横排文字蒙版工具”，在图像上单击，并输入“描边”两个字。再在工具箱中单击其他工具，图像上即可建立一个文字选区，如图5-46（a）所示。

（3）选择“编辑\描边”命令，将会打开图5-46（b）所示的描边对话框。

（4）在“描边”对话框中，指定描边的宽度。单击“颜色”色块，设置描边的颜色。从“位置”指定是在选区或图层边界的内部、外部还是中心放置边框。还可以设置描边的不透明度和混合模式。

（5）若在图层操作，而且选择“保留透明区域”选项，则只会对包含像素的区域进行描边。以上设置完成后，单击“确定”按钮，效果如图5-46（c）所示。

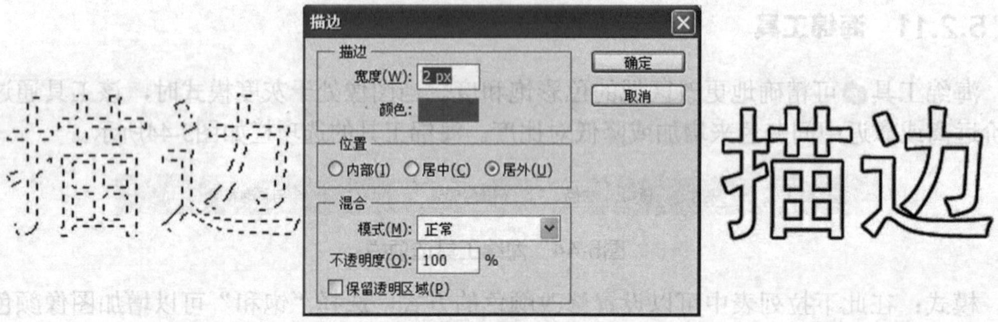

（a）文字选区　（b）描边对话框　（c）描边后的效果

图5-46　描边对话框及效果

5.3.2 填充命令

使用“填充”命令，可以对当前图层或创建的选区填充颜色、图案和图像内容。在填充时还可以设置填充内容的不透明度和混合模式。

选择“编辑\填充”命令，打开图5-47所示的填充对话框。

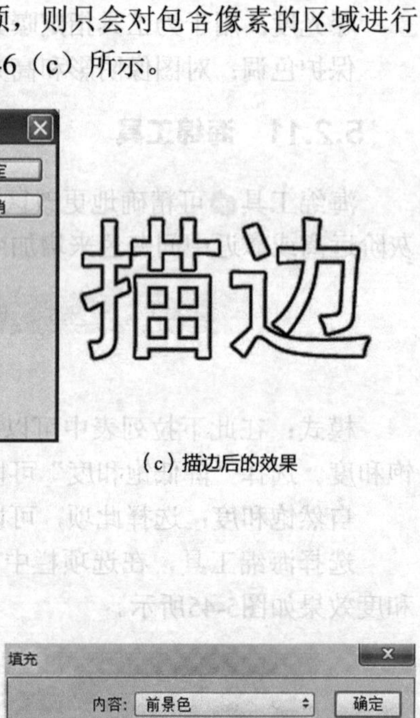

图5-47　“填充”对话框

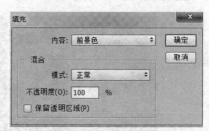

内容：选择填充的内容。选择“前景色”或“背景色”，可以利用前景色或背景色来填充；选择“颜色”可以打开“拾色器”设置填充的颜色；选择“内容识别”，可以使用附近的相似图像内容不留痕迹地填充选区；选择“图案”，则可以在下面的“自定义图案”的下拉面板中选择一种图案填充；选择“历史记录”，可以将所选区域恢复为源状态或“历史记录”面板中设置的快照。其他还可以利用“黑色”“50%灰色”和

“白色”进行填充。

模式：用于设置填充内容与其下面图像的混合模式。

不透明度：用于设置填充内容的不透明度。

保留透明区域：选择此项，只填充包含像素的区域，透明区域不进行填充。

提示

在图像中填充前景色，可以按Alt+Delete组合键；在图像中填充背景色，可以按Ctrl+Delete组合键。

实例5-8：修饰润色风景图

本实例应用“内容识别”填充，修去图5-58（a）上的发电风车。

（1）打开图5-48（a）所示的图像，并利用选择工具选取要填充的图像部分。

（2）从菜单中选择“编辑\填充”命令，在打开的图5-47所示的填充对话框中，单击“内容”右侧的三角，选择“内容识别”选项。

（3）然后按“确定”按钮，填充效果如图5-48（b）所示。

（a）原稿　　（b）填充效果

图5-48　修饰润色风景图

5.3.3　油漆桶工具

油漆桶工具是一种填充工具，它填充的范围是图像中颜色值与单击处像素颜色值在容差范围内的像素，填充的内容为前景色或图案。油漆桶工具的选项栏如图5-49所示。

图5-49　油漆桶选项栏

设置填充区域的源：单击选项栏上 前景 按钮，在下拉列表中可以选择填充内容，包括“前景”和“图案”。如果选择“图案”，可在右侧的图案下拉面板中选择一种图案。

模式：用于设置填充内容与下面图像的混合模式。

不透明度：用于设置填充内容的不透明度。

容差：用于定义一个颜色相似度（相对于所单击的像素），一个像素必须达到此颜色相似度才会被填充。容差越低填充的范围越小，容差越高填充的范围越大。

消除锯齿：选择此项，可以使填充选区的边缘更加平滑。

连续：选择此项，仅填充与所单击像素邻近像素；取消此项，填充图像中所有相似像素。

所有图层：选择此项，要基于所有可见图层中的合并颜色数据填充像素，取消此项，仅填充当前图层。

实例5-9：利用油漆桶工具给图像换背景

（1）打开一张图5-50（a）所示的图片。

（2）在工具箱中选油漆桶工具，并单击工具箱中前景色，将前景色设置“蓝色”。

（3）油漆桶的选项栏设置如图5-49所示。

（4）利用油漆桶工具，在图像需要换背景的区域单击，最后效果如图5-50（b）所示。

（a）原稿　（b）效果

图5-50　油漆桶工具填充效果

5.3.4　渐变工具

1．渐变工具选项栏

渐变工具可以创建多种颜色间的逐渐混合的渐变效果。在工具箱中选中渐变工具，在选项栏中就会显示该工具的选项，如图5-51所示。设置好渐变颜色和选项后，在图像上单击，并向其他方向拖动鼠标，放开鼠标后，即可以利用渐变填充图像或选区。

图5-51　渐变工具选项栏

渐变色条：单击渐变色条右侧的按钮，可以打开图5-52（a）所示的下拉面板，在此可以选择系统预设的渐变。单击渐变色条，可以打开图5-52（b）所示的“渐变编辑器”对话框，在此对话框中，可以编辑渐变颜色。

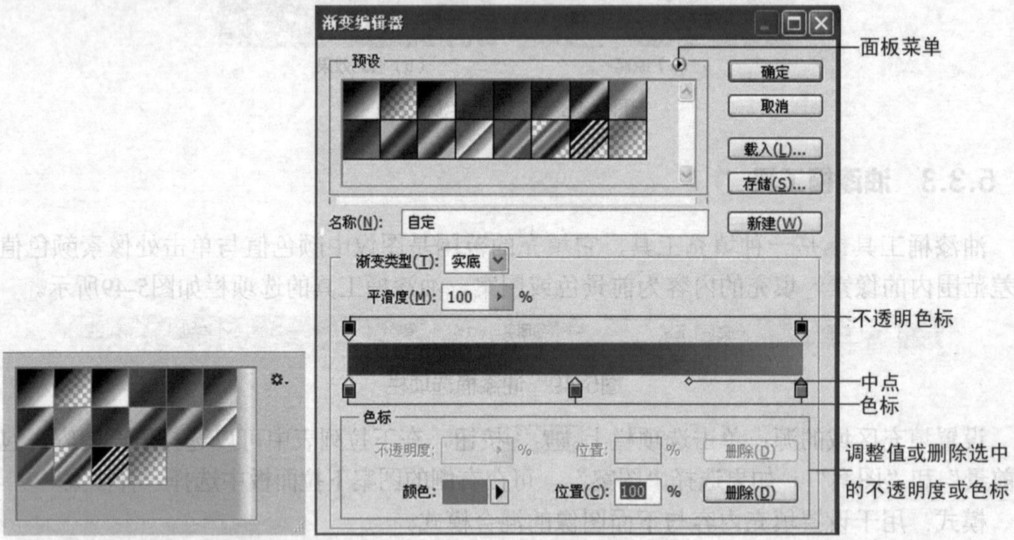

（a）系统预设的渐变　（b）渐变编辑器对话框

图5-52　渐变工具

渐变类型：在渐变选项栏中有5种渐变类型选项。单击“线性渐变”按钮，可以创建以直线从起点渐变到终点渐变。单击“径向渐变”按钮，可以创建以圆形图案从起点渐变到终点。单击“角度渐变”按钮，可以创建围绕起点以逆时针扫描方式渐变。单击“对称渐变”按钮，可以创建以起点为对称中心的线性渐变。单击“菱形渐变”按钮，可以创建以菱形方式从起点向外渐变，终点定义菱形的一个角。各种渐变类型如图5-53所示。

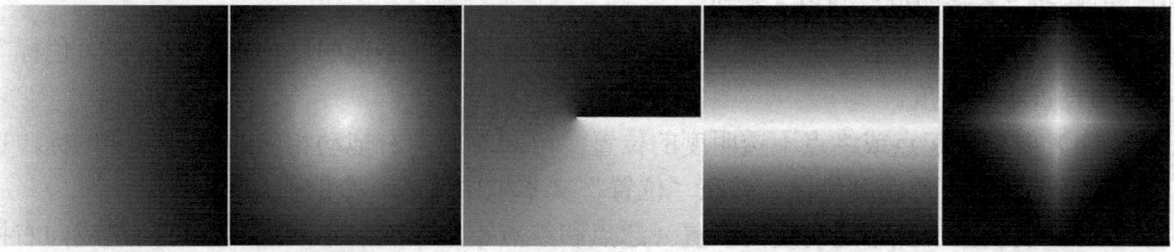

（a）线性渐变　（b）径向渐变　（c）角度渐变　（d）对称渐变　（e）菱性渐变

图5-53 渐变类型

反向：选择此项，可以反转渐变填充中的颜色顺序。

仿色：选择此项，可以创建更加平滑的颜色渐变效果。

透明区域：选择此项，可以对渐变应用透明蒙版。

2. 创建实地渐变

（1）选择渐变工具。

（2）在选项栏中单击渐变色条，显示“渐变编辑器”对话框，如图5-52（b）所示。若要使新建立的渐变基于现有渐变，在对话框的“预设”部分选择一种渐变。

（3）从“渐变类型”弹出式菜单中选取“实底”。

（4）定义渐变的起始颜色，单击渐变条下方左侧的色标，选中色标。然后再双击色标，或者单击下面“颜色”编辑框，从打开的对话框中选取一种颜色后，按“确定”按钮。

（5）定义终点颜色，双击渐变条下方右侧的色标。然后选取一种颜色。

（6）若要调整起点或终点的位置，可以将相应的色标拖动到所需位置的左侧或右侧。或者单击相应的色标，并在对话框“色标”部分的“位置”中输入值。如果值是 0%，色标会在渐变条的最左端；如果值是 100%，色标会在渐变条的最右端。

（7）若要将中间色添加到渐变，在渐变条下方单击，可以添加另一个色标。像对待起点或终点那样，为中间点指定颜色并调整位置和中点。

（8）要删除正在编辑的色标，单击“删除”，或向下拖动此色标直到它消失。

（9）要控制渐变中的两个色带之间逐渐转换的方式，在“平滑度”文本框中输入一个数值，或拖动“平滑度”弹出式滑块。

（10）设置完成后，输入新渐变的名称。若要将渐变存储为预设，单击“新建”按钮，然后再单击“确定”按钮即可。

3. 指定渐变透明度

每个渐变填充都包含控制渐变上不同位置的填充不透明度的设置，设置方法如下。

（1）创建一个渐变。

（2）要调整起点不透明度，在图5-54所示的“渐变编辑器”对话框中，单击渐变条上方左侧的不透明度色标。色标下方的三角形变

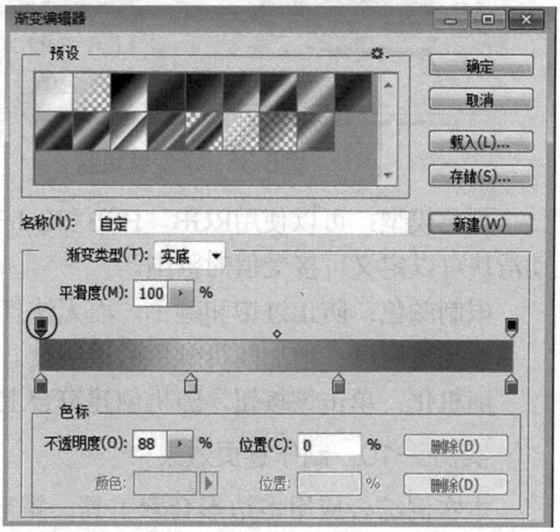

图5-54 渐变编辑器设置

成黑色，表示正在编辑起点透明度。在对话框中“色标”部分的“不透明度”文本框中输入值，或拖动“不透明度”弹出式滑块。

（3）要调整终点的不透明度，单击渐变条上方右侧的不透明度色标。然后在“色标”部分中设置不透明度。

（4）要调整起点或终点不透明度的位置，可向左或向右拖动相应的不透明度色标，也可以选择相应的不透明度色标，并在“位置”文本框中输入一个的值。

（5）要调整中点不透明度的位置（起点和终点不透明度的中间点），可向左或向右拖动渐变条上方的菱形；也可以选择菱形，并在“位置”文本框中输入一个值。

（6）要删除正在编辑的不透明度色标，可单击渐变编辑器对话框中“删除”按钮。

（7）要向渐变添加中间不透明度色标，可在渐变条的上方单击并设置不透明度色标。

（8）要创建预设渐变，在“名称”文本框中输入名称，然后单击“新建”按钮，最后按“确定”按钮，将用指定的透明度设置创建新的渐变预设。

4. 创建杂色渐变

杂色渐变包含了在用户所指定的颜色范围内随机分布的颜色，其设置方法如下。

在“渐变编辑器”对话框中，从“渐变类型”弹出式菜单中选取“杂色”，如图5-55所示，然后设置以下选项。

粗糙度：控制渐变中的两个色带之间逐渐过渡的方式。此值越小，渐变中颜色的过渡越平滑。反之，颜色的过渡越不平滑。不同粗糙度的渐变如图5-56所示。

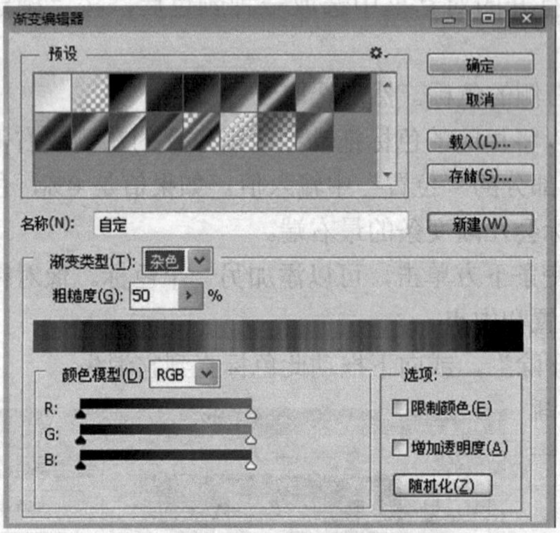

图5-55 渐变编辑器

图5-56 不同平滑度杂色渐变

颜色模型：可以使用RGB、HSB和Lab三种颜色模式定义杂色渐变。对于每个分量，拖动滑块可以定义可接受值的范围。

限制颜色：防止过饱和颜色，而无法打印输出。

增加透明度：增加随机颜色的透明度。

随机化：单击该按钮，随机创建符合上述设置的渐变，直至找到所需的设置为止。

实例5-10：制作卷页效果

本实例综合应用多边形套索工具、矩形选框工具、渐变工具及变换选区命令，制作图5-57（f）所示的卷页效果。

（1）打开两张风景图片，并将“风景1”复制到“风景2”中。

（2）利用“多边形套索工具”，绘制一个三角形选区，如图5-57（a）所示，按Delete键，删除选区中的内容，显示出下层图像。

（3）新建一个图层，绘制一个矩形选区。将前景色设置白色，背景色设置为黑色。选择“渐变工具”，渐变预设中选择“前景色到背景色”的渐变，“渐变类型”设置为“对称渐变”，从矩形选区的中间水平拉出渐变，效果如图5-57（b）所示。

（4）按Ctrl+D组合键取消选区。再按Ctrl+T组合键进入自由变换状态，按住Shift+Ctrl+Alt组合键，并拖动右下角的控制点，将其变为一个三角锥，如图5-57（c）所示。

（5）移动三角锥，使其锥尖与图像右下角对齐，单击选项栏上的“参考点位置”的右下角，变中心点移到右下角。将鼠标放到变换边框外，拖动使其旋转合适的角度。然后再放在变换边框上，向上拖动，使其与图像的高度相符。如图5-57（d）所示。按回车键，完成变换。

（6）利用“椭圆选框工具”，绘制一个椭圆选区。选择“编辑\变换选区”命令，调整椭圆选区的形状和位置，按回车键，完成变换，如图5-57（e）所示。

（7）按Delete键，删除选区中的图像，最后效果如图5-57（f）所示。

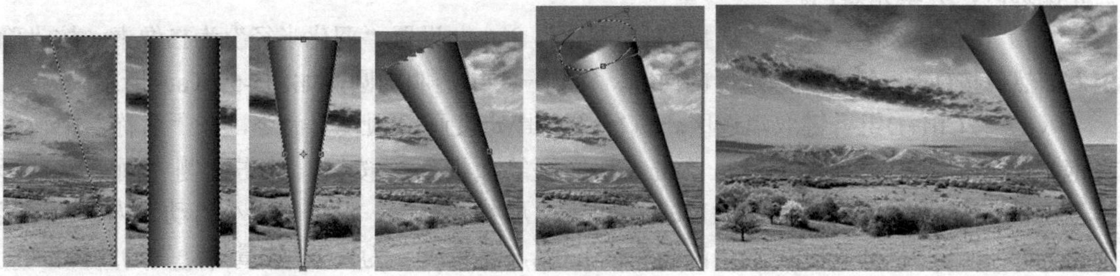

(a) (b) (c) (d) (e) (f)

图5-57 卷页效果

5.4 综合实例：照片背景处理

本实例综合应用椭圆选框工具、钢笔工具、渐变工具和画笔工具制作照片背景。

（1）打开“画笔应用”图像，创建一新图层。将前景色设置为浅绿色（R:70，G:214，B:252），背景色设置为白色，从选项栏中选择“前景色到背景色的渐变”，渐变模式选“对称渐变”，从图像的中央向上拖移渐变，效果如图5-58（a）所示。

（2）再创建一个新图层，选择“椭圆选框工具”，按住Shift键，绘制一个正圆。将前景色设置为白色，从选项栏中选择“前景色到透明的渐变”，渐变模式选“线型渐变”，“不透明度”设置为50%，从正圆选区的右下向左上拖动，填充渐变，效果如图5-58（b）所示。按Ctrl+D组合键取消选区。同样的方法，再绘制正圆，填充渐变。

（3）选择“钢笔工具”，在选项栏中选择“路径”，在图像的左下角绘制一个直角三角路径，钢笔工具放在斜边上，变为“添加锚点工具”，在斜边上单击添加上锚点。按住Ctrl键，鼠标变为“直接选取工具”，单击锚点并拖动，调整路径形状如图5-58（c）所示。

（4）单击“路径面板”底部的“将路径作为选区载入”按钮，再创建一新图层，选择“渐变工具”，按步骤2中的设置，按住Shift键，从右上向左下方向，稍微拖动一下，填充渐变，效果如图5-58（d）所示。

（5）执行“选择\变换选区”命令，单击选项栏上的中下角，将“变换中心”置入右下角，将鼠标放在控制框外，拖动鼠标，旋转选区；放在控制把柄上，缩放选区，效果如图5-58（e）所示，按回车键。再用渐变工具填充白色到透明的渐变，效果如图5-58（f）所示。

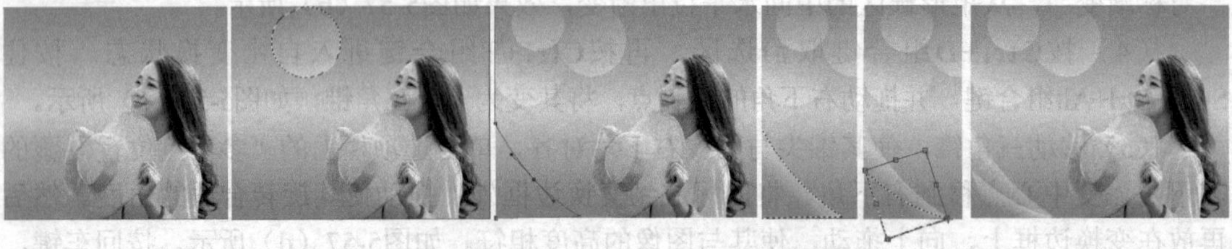
(a) (b) (c) (d) (e) (f)

图5-58 照片背景处理

（6）新建100像素×100像素、分辨率为72ppi、透明背景的文件。选择“椭圆选框工具”，将鼠标置于文件中央，按住鼠标左键，再按住Shift+Ctrl组合键，拖动鼠标，绘制一正圆选区，并填充黑色。

（7）保持原选区，执行“选择\修改\羽化”命令，设置“羽化半径”为15像素，按“确定”。然后按Delelte键，删除选区的内容，得到一个半透明的圆，如图5-59（a）所示。

（8）按Ctrl+D组合键取消选区。执行“编辑\定义画笔预设”命令，在“名称”中输入“泡泡画笔”。选择画笔工具，单击“切换画笔面板”按钮，单击左侧“画笔笔尖形状”，设置大小为100px，间距为150%；单击“形状动态”，设置“大小抖动”为60%，其他全为0；单击“散布”，设置“散布”为320%，“数量”为1，“数量抖动”为20%。

（9）将前景色设置为白色，再创建一个新图层，利用设置好的画笔，绘制一些泡泡，效果如图5-59（b）所示。

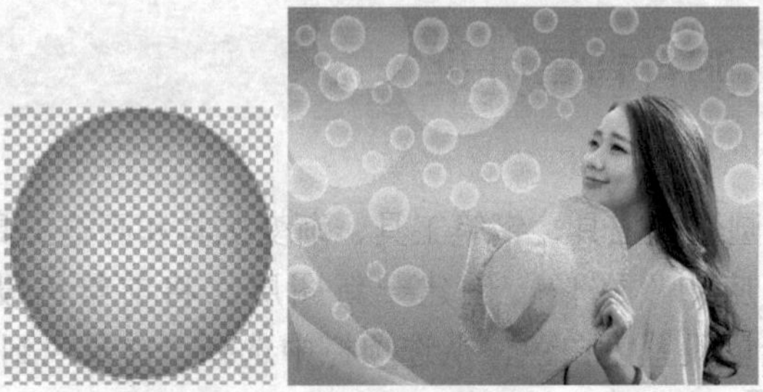
(a) (b)

图5-59 照片背景处理效果

本章部分图片

习题

一、选择题

1. 使用背景橡皮擦工具擦除图像后，其背景色将变为（ ）。

（A）透明色 （B）白色 （C）与当前背影色相同 （D）以上都不对

2. 除魔棒工具有容差参数外，下面（ ）也有此选项。

（A）画笔工具 （B）橡皮擦工具 （C）仿制图案工具 （D）油漆桶工具

3. 下列（　　）的选项调板中有“湿边”选项。

（A）画笔工具　（B）铅笔工具　（C）仿制图章工具　（D）橡皮工具

4. 关于仿制图章和修复画笔下面叙述正确的是（　　）。

（A）二者没有区别，都可以将图像的一部分复制到其他地方

（B）修复画笔工具可以将复制的像素融入背景图像中，而仿制图章工具不能

（C）仿制图章工具可以将复制的像素融入背景图像中，而修复画笔工具不能

（D）对图像取样，都需要按住Alt键

5. 使用减淡工具编辑图像的时候，为了（　　）。

（A）使图像中某些区域变暗　（B）降低图像某些区域的饱和度

（C）使图像中某些区域变亮　（D）增加图像中某些区域的饱和度

6. 图5-60所示的原稿图像，使用海绵工具后，将变为（　　）图像。

原稿　（A）　（B）　（C）　（D）

图5-60　海绵工具应用

7. 下面关于修补工具描述正确的是（　　）。

（A）修补工具和修复画笔工具在修补图像的同时都可以与所修复的像素融合

（B）修补工具和修复画笔工具在使用时都要先按住Alt键来确定取样点

（C）在使用修补工具操作之前所绘制的选区不能有羽化值

（D）只能在同一张图像上使用修补工具

8. Photoshop中在使用渐变工具创建渐变效果时，选择“仿色”选项的原因是（　　）。

（A）模仿某种颜色　（B）使渐变具有条状质感

（C）使渐变效果更平滑　（D）使文件更小

9. 下列（　　）是“填充”命令可以填充的。

（A）前景色　（B）图案

（C）历史记录　（D）使用附近的相似图像内容填充

10. 下面关于污点修复工具描述正确的是（　　）。

（A）污点修复也可以将样本像素的纹理、光照和透明度等与所修复的像素相匹配

（B）选择“近似匹配”选项，使用选区边缘周围的像素来修补选定的图像区域

（C）选择“创建纹理”选项，使用选区中的所有像素修复该图像区域

（D）“近似匹配”是用近似的颜色填充，而“创建纹理”是用近似的纹理填充

二、简答题

1. 背景橡皮擦的作用是什么？魔术橡皮擦的作用是什么？两者区别是什么？

2. 修复画笔和仿制图章工具的复制图像的异同点是什么？

3. 修补工具和污点修复画笔工具的工作原理分别是什么？

4. 海绵工具的工作原理是什么？

5. 渐变工具有几种渐变类型？分别是什么？

三、操作题

1. 利用图像修饰工具将图5-61（a）所示图像中的电线和扫把修去，修补后的图像效果如图5-61（b）所示。若不能很好完成以上任务，可以利用“滤镜\消失点”命令修图。

提示

选建透视平面，然后再用仿制图章进行修复。

（a）原稿　　（b）效果图

图5-61　消失点修图

2. 利用画笔工具绘制图5-62所示的小熊。
3. 利用渐变工具绘制图5-63所示的球体。

图5-62　小熊

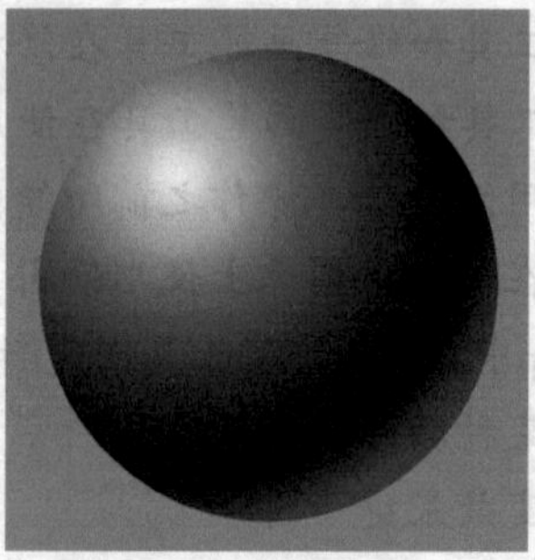

图5-63　立体球

4. 利用修补工具将图5-64（a）所示的小鸭的右眼移到左眼上，盖住左眼。并利用颜色替换工具将黄色小鸭改为绿色小鸭，最后效果如图5-64（b）所示。

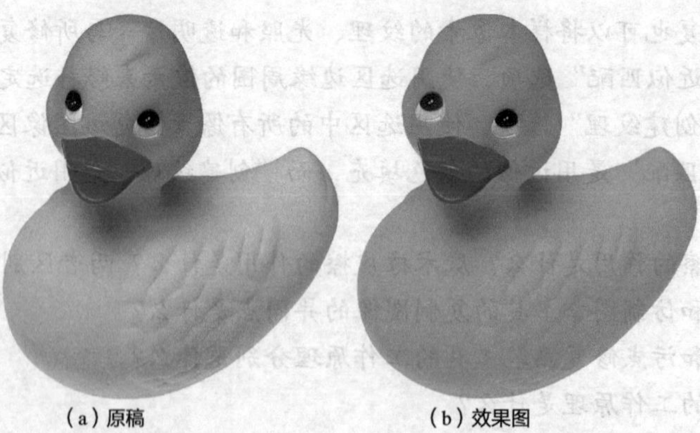

（a）原稿　　（b）效果图

图5-64　小鸭

第6章　图层

学习要点：

◆了解图层的概念和图层面板的基本使用方法

◆掌握图层的基本操作（创建新图层、复制和调整图层顺序、显示与隐藏图层、锁定图层、链接图层、对齐和分布图层、自动对齐图层、自动混合图层以及图层合并等）

◆了解图层的混合模式及其应用

◆掌握图层的样式设置方法及应用

◆掌握图层蒙版设置方法及应用

◆了解填充图层及其应用

◆掌握调节图层在色彩调整方面的应用

图层是Photoshop的核心功能，使用图层可以很方便地修改图像，简化图像的编辑操作，并且可以创建各种图层效果。因此掌握有关的图层操作方法有着非常重要的意义。

6.1 Photoshop图层简介

本节介绍图层的概念、图层的分类和图层面板的功能。

6.1.1　图层的概念

Photoshop图层就如同叠在一起的一张张透明的纸。用户可以将图像的各部分绘制在不同的图层上，透过图层的透明区域看到下面的图层。而且各个图层之间都可以独立操作编辑，互不干扰，如图6-1所示。

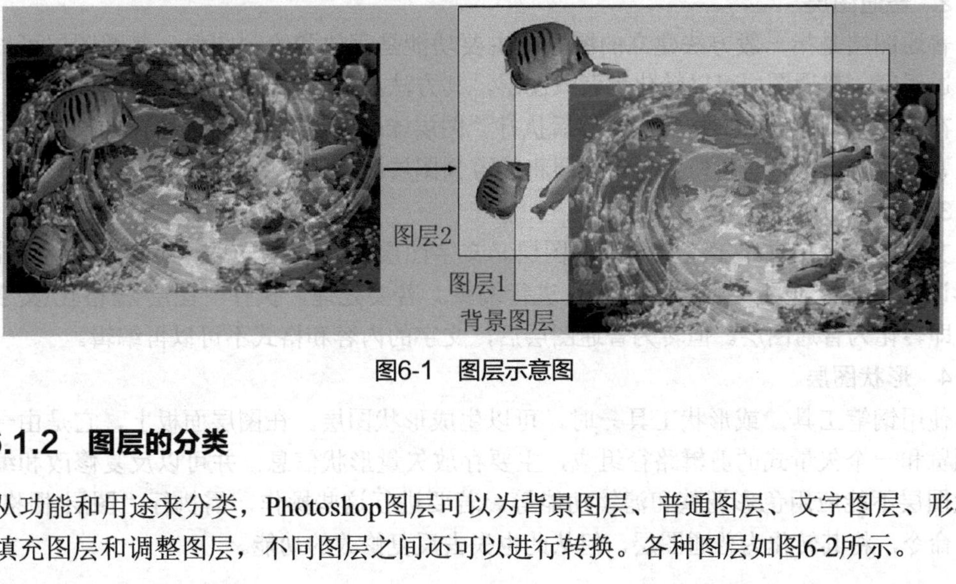

图6-1　图层示意图

6.1.2　图层的分类

从功能和用途来分类，Photoshop图层可以为背景图层、普通图层、文字图层、形状图层、填充图层和调整图层，不同图层之间还可以进行转换。各种图层如图6-2所示。

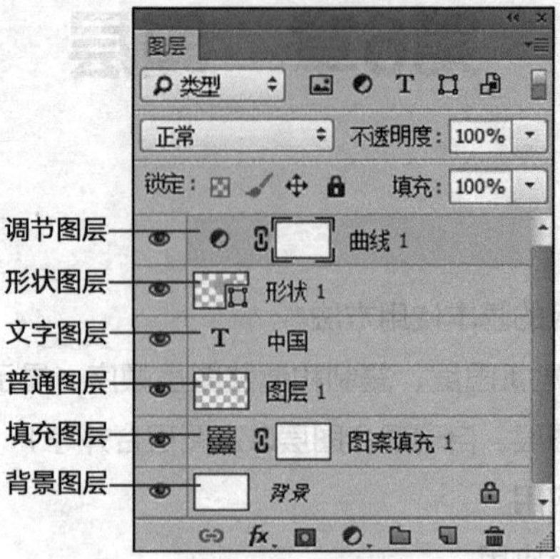

图6-2　各种图层

1. 背景图层

背景图层是一种不透明的图层，位于图像的最底层，始终以“背景”命名。不可以改变背景层的顺序、不透明度和混合模式。

要改变背景图层的顺序、不透明度等，可将背景图层转化为普通图层，其方法如下。

在图层面板上双击背景图层，会打开图6-3（a）所示的“新建图层”对话框，在对话框中设置好图层名称（默认为图层0）、不透明度和图层混合模式后，单击“确定”按钮，背景图层即转化为普通图层，如图6-3（b）所示。

（a）新建图层　　（b）转化为普通图层

图6-3　背景图层转化为普通图层

2. 普通图层

普通图层是指一般方法建立的图层，主要功能是存放和绘制图像，普通图层可以有不同的透明度。普通图层可以转化为背景图层，其方法如下。

在“图层”面板中选择图层，然后执行“图层\新建\图层背景”命令，图层中的任何透明像素都被转换为背景色，并且该图层将放置到图层面板的最底部。

3. 文字图层

文字图层是由文字工具 T 建立的图层。文字图层只能输入与编辑文字内容，不能应用色彩调整和滤镜,也不能使用绘画工具进行编辑。若要处理，执行“图层\栅格化\文字”命令，即转化为普通图层。但转为普通图层后，文字的内容和格式不可以再编辑。

4. 形状图层

使用钢笔工具或形状工具时，可以生成形状图层。在图层面板上，它是由一个图层预览和一个矢量式的剪辑路径组成，主要存放矢量形状信息，并可以反复修改和编辑。形状图层不能应用色彩调整和滤镜功能等。若要进行这些操作，需执行“图层\栅格化\形状”命令，将其转化为普通图层，但从此也失去反复修改的功能。

5. **填充图层**

填充图层可以在当前图层中填入一种颜色（纯色或渐变）或者图案，并结合图层蒙版功能，产生一种遮盖效果，如图6-4所示。

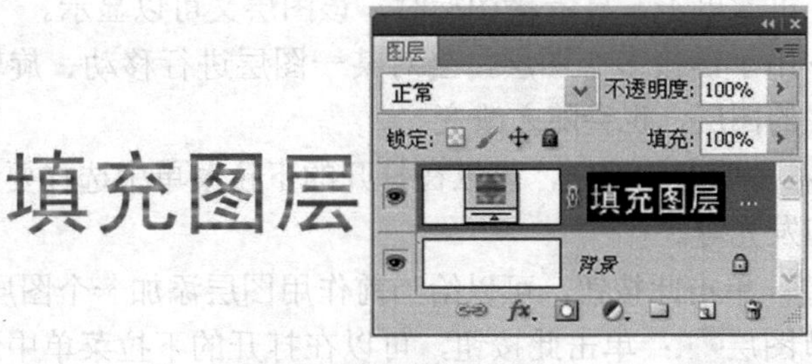

图6-4 填充图层效果

6. **调整图层**

调整图层主要用于存放图像的色彩调整信息，它会对其下的所有图层起作用，而不破坏原始图像信息，并可以对调整效果反复修改和编辑。若要使它仅对下面一个图层起作用，需要将它一下面的图层建立剪贴蒙版，参见6.5节。

6.1.3 图层面板

“图层”面板如图6-5所示，它是图层操作不可少的工具，主要用于显示当前图像的图层信息，列出所有图层、图层组和图层效果。利用它可以方便地显示和隐藏图层、创建新图层以及处理图层组。也可以在“图层”面板菜单中访问其他命令和选项。

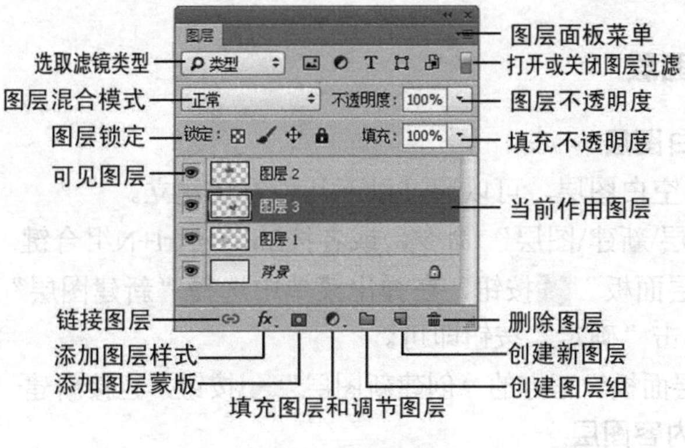

图6-5 图层面板

选取滤镜类型：使用过滤选项可以在复杂文档中快速找到关键层。可以基于名称、种类、效果、模式、属性或颜色标签显示图层的子集。

打开或关闭图层过滤：用来关闭或打开选取滤镜类型。

图层混合模式：用于设置当前图层与下面图层的混合模式，创建图像混合效果。

图层锁定：按锁定透明像素按钮时，被锁定图层中的透明区域不可编辑；按锁定图像像素按钮时，被锁定图层中的像素不可编辑；按锁定位置按钮时，被锁定的图层不能移动；按锁定全部按钮时，被锁定的图层既不能移动也不能编辑。

图层面板菜单：单击向下的小三角，可以打开面板菜单，选择需要的图层命令。

图层不透明度：用于改变整个图层的不透明度。

填充不透明度：用于改变图层填充不透明度，而不影响图层样式效果的不透明度。

当前作用图层：指当前被选中，并进行操作的图层，在图层面板中以蓝色标示。

眼睛图标：用于显示与隐藏图层。单击图标，不显示图标时，图层被隐藏，此时图层不能被操作；再次单击，显示图标时，该图层又可以显示。

链接图层：用于链接多个图层，当对某一图层进行移动、旋转和变换操作时，与该图层具有链接属性的图层，也会随之改变。

添加图层样式：单击此按钮，可以在打开的下拉菜单中选择要给图层添加的图层效果，如阴影、浮雕和发光等。

添加图层蒙版：单击此按钮，可以给当前作用图层添加一个图层蒙版。

创建填充或调节图层：单击此按钮，可以在打开的下拉菜单中选择一个填充图层或者调节图层的命令，来创建填充图层或调节图层。

创建图层组：单击此按钮，可以创建一个新的图层组。

创建新图层：单击此按钮，可以创建一个新的图层。

删除图层：单击此按钮，可以删除当前选中的图层或图层组。

6.2 图层的基本操作

图层的基本操作包括新建图层，移动、复制和删除图层，调整图层顺序，显示与隐藏图层，锁定图层，链接图层，对齐和分布图层，自动对齐图层，自动混合图层以及图层合并等内容。

6.2.1 创建新图层

1. 创建一个空白图层

要创建一个新的空白图层，可以通过以下几种方法建立。

（1）执行“图层\新建\图层”命令，或者按Shift+Ctrl+N组合键。

（2）单击“图层面板”按钮，在弹出菜单中选择“新建图层”命令，打开“新建图层”属性对话框，单击“确定”按钮即可。

（3）单击“图层面板”下方的“创建新图层”按钮，直接新建一个空白的普通图层。

2. 创建一个有内容图层

要创建一个有内容的图层，可以通过以下几种方法建立。

（1）选取需要的图像内容，先执行“编辑\拷贝”命令，然后执行“编辑\粘贴”命令，会在“图层面板”中自动建立一个新图层。

（2）选取需要的图像，如图6-6（a）所示，执行“图层\新建\通过拷贝的图层”命令，或者按Ctrl+J组合键，会将选区内容复制到一个新图层中，如图6-6（b）所示。

提示

没有选区，按Ctrl+J组合键则选中的图层复制到一个新图层中。

（3）选取需要的图像内容，然后执行“图层\新建\通过剪切的图层”命令，或者按Shift+Ctrl+J组合键，会将选区内容剪切并粘贴到一个新图层中，如图6-6（c）所示。

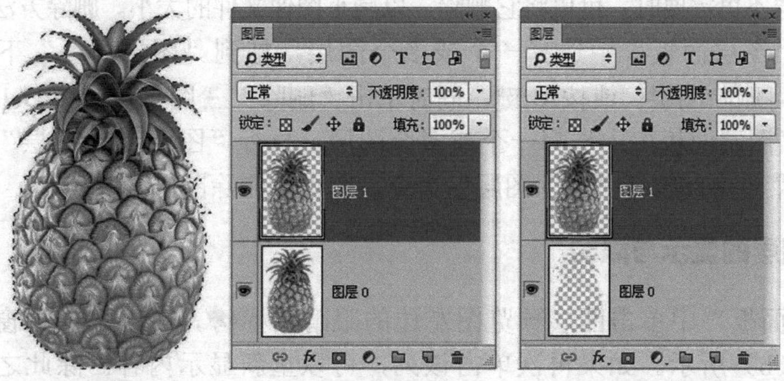

（a）选取的图像 （b）通过拷贝的图层 （c）通过剪切的图层

图6-6 通过拷贝或剪切创建新图层

6.2.2 移动、复制和删除图层

1. 移动图层

要移动图层，可以在“图层面板”中选择要移动的图层，然后选择移动工具在图像窗口单击并移动鼠标即可。如果按键盘上的四个方向箭头键可将对象微移1个像素；按住Shift键，再按键盘上的四个方向箭头键可将对象微移10个像素。

2. 复制图层

复制图层是较为常用的操作，可将某一图层复制到同一图像中，或者复制到其他图像或新建的图像文件中，复制图层的方法有以下几种。

（1）在同一幅图像中复制图层内容。

方法一：在“图层面板”中，单击所需复制的图层，拖动该图层到“图层面板”下方的“创建新图层”按钮即可。

方法二：在图像窗口中选中“移动”工具，按Alt键，当鼠标变成双箭头时，就可以拖动图层，即可以复制。

方法三：在“图层面板”中，单击所需复制的图层，执行“图层\复制图层”命令，或者在“图层面板”菜单中选择“复制图层”命令，在“复制图层”对话框中的“目标”下的“文档”下拉列表框中选择当前文件，如图6-7所示，然后按确定即可。

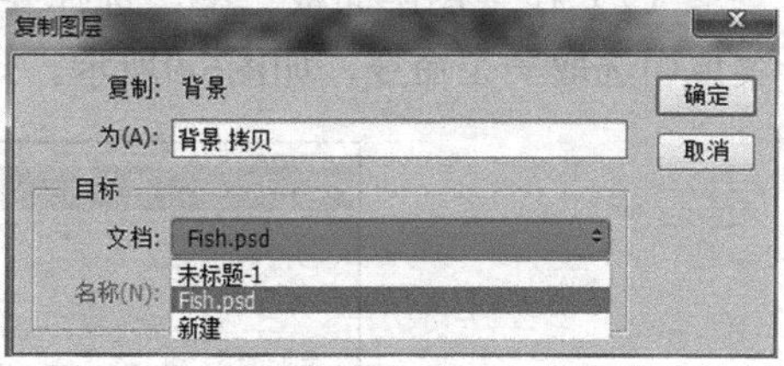

图6-7 复制图层

（2）在不同文件之间复制图层。

方法一：打开两个图像，在“图层面板”中单击所需复制的图层，执行“图层\复制图层”命令，在复制图层对话框中的“目标”下的“文档”下拉列表框中选择目的文件。

方法二：打开两个图像，选中所需复制图层,使用“移动”工具单击并拖动图层，直接拖动图层到目的图像文件中。

方法三：打开两个图像，在“图层面板”中单击所需复制的图层，执行“选择\全选”命令或按Ctrl+A组合键，选取图层中的所有内容，然后执行“编辑\拷贝”命令或按Ctrl+C

组合键。再在目标图像中选取“编辑\粘贴”命令或按Ctrl+V组合键即可。

3. 删除图层

当某一图层不再需要时，可以将它删除，以减小图像文件的大小。删除方法有以下几种。

（1）在“图层面板”中选择一个或多个图层，拖到“图层面板”下方的“删除图层”图标，可删除图层。或按Alt键，同时单击“删除”图标，或按 Delete 键。

（2）在“图层面板”中选择一个或多个图层，执行“图层\删除图层”命令，或者在“图层面板”菜单中，执行“删除图层”命令，即可以删除图层。

6.2.3 图层的显示与隐藏

在“图层面板”中单击图层预览图左边的眼睛图标，可以在文档窗口中隐藏其内容，如图6-8（b）所示。如果再次单击该列，可以重新显示内容。除此之外，也可以在“图层面板”中选择要隐藏或显示的图层，执行“图层\隐藏图层或显示图层”命令。

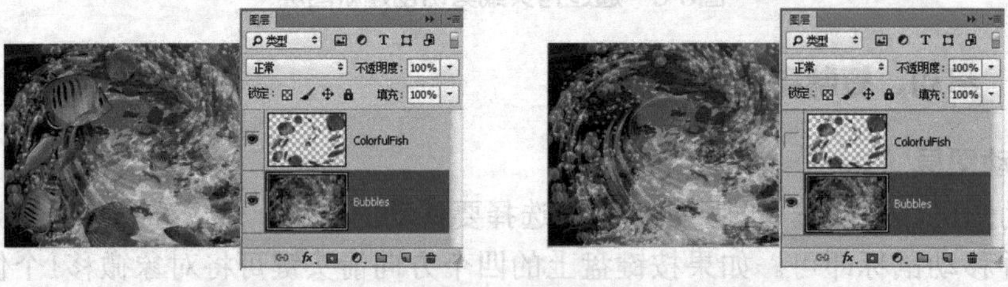

（a）显示图层　　（b）隐藏图层

图6-8　显示与隐藏图层效果对比

6.2.4 调整图层顺序

Photoshop图像一般由多个图层组成，并按建立的顺序叠放在一起（先建立的图层在下面，后建立的图层在上面），而图层的叠放次序直接影响图像显示效果。在图像编辑时，可以调整图层的叠放次序，来改变图像的最终显示效果。其调整方法有以下几种。

（1）在“图层面板”中，将鼠标移动到要调整次序的图层上，单击并拖动鼠标左键，将图层向上或向下拖动。当突出显示的线条出现在要放置图层的位置时，松开鼠标按钮。

（2）在“图层面板”中，选择要调整次序的图层，并选取“图层\排列”，然后从子菜单中选取一个命令，如图6-9所示。

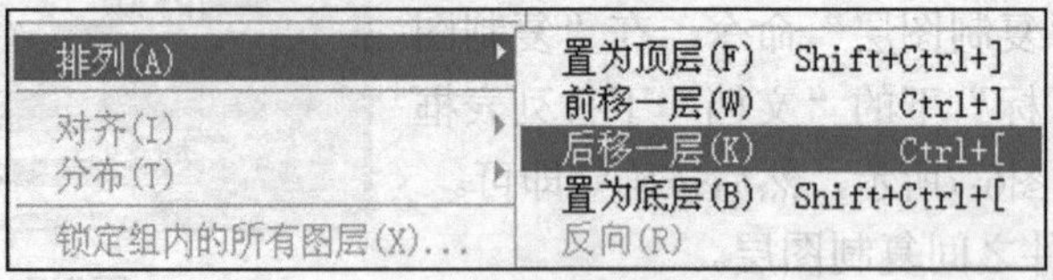

图6-9　“排列”子菜单

（3）要反转选定图层的顺序，选取“图层\排列\反向”命令。如果未选择至少两个图层，则这些选项会变暗显示。

实例6-1：马路汽车合成

本实例通过调整图层的顺序，合成图像。

（1）打开图6-10所示的两张图片。

（2）单击图6-10（b）所示的图像标签，选择“图层\复制图层”命令，在“复制图层”对话框中的“目标”下的“文档”下拉列表框中选择图6-10（a）文件，如图6-11所示。

（a）　　（b）

图6-10　原稿

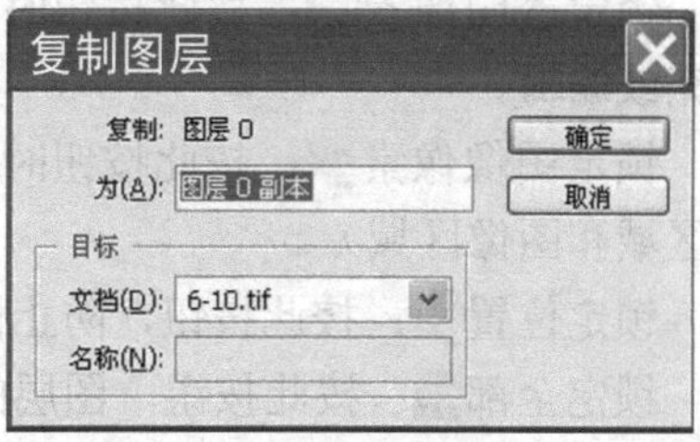

图6-11　复制图层

（3）单击图6-10（a）的图像标签，在“图层面板”中选择汽车所在的“图层1”，执行“编辑\变换\缩放”命令或按Ctrl+T组合键，将汽车缩小至大小合适，并用移动工具将图像移至合适位置，如图6-12所示。

（4）隐藏汽车图层1，利用多边形套索工具选中树干，如图6-13所示。

图6-12　对汽车进行缩小

图6-13　选择树干

（5）选中背景图层，执行“图层\新建\通过拷贝的图层”命令，或按Ctrl+J组合键，将树干复制到新图层中，如图6-14（a）所示。选择新建的图层2，将其拖到图层1的上方，最后就产生了汽车在马路上跑的效果，如图6-14（b）所示。

（a）　　（b）

图6-14　复制图层并调整图层顺序

6.2.5　锁定图层

Photoshop 提供了锁定图层的功能，可以锁定某一图层或图层组，使被锁定的图层或图层组在编辑时不受影响，从而给图像编辑带来方便。锁定图像的方法如下。

在“图层面板”上，按“锁定”按钮，就可以部分或全部锁定图层。当图层部分锁定时，图层的右边会出现一个空心锁的图标；当图层全部锁定时，图层的右边会出现一个实心锁的图标，如图6-15所示。

锁定透明像素：按此按钮时，锁定图层中的透明部分，保护图层中的透明部分不被填充或编辑。

锁定图像像素：按此按钮时，可以防止使用绘画工具编辑修改图层的像素（包括透明区域和图像区域）。

锁定位置：按此按钮，防止图层被移动或变形。

锁定全部：按此按钮，图层的所有编辑修改都被禁止，不允许进行任何操作。

6.2.6 链接图层

图层链接可以在图像编辑的过程中将几个图层一起移动或变形。图层链接的方法如下。

在“图层面板”中选择需要链接的两个或多个图层，然后单击“图层面板”下端的链接图层按钮，即可以将图层进行链接，如图6-16所示。

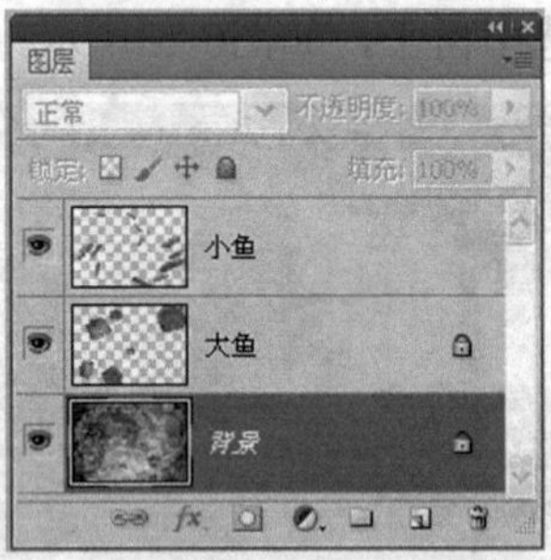

图6-15 锁定图层

图6-16 链接图层

如果要取消链接图层，可以在“图层面板”中，选择一个链接的图层，然后单击链接按钮，即可以删除此图层与其他图层的链接。

6.2.7 对齐和分布图层

1. 对齐图层

在“图层面板”中选择两个或多个需要对齐的图层，然后执行“图层\对齐”下拉菜单中的命令，即可以对齐图层，如图6-17所示。如果当前使用的是移动工具，也可以使用工具选项栏中的“对齐”按钮进行对齐，如图6-18所示。

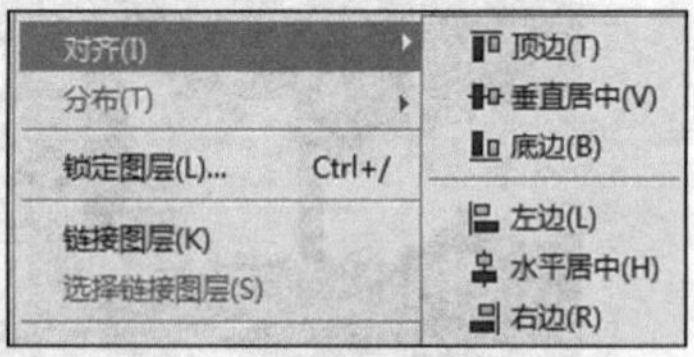

图6-17 “对齐”下拉菜单

顶边：将选定图层上的顶端像素与所有选定图层上最顶端的像素对齐，或与选区边框的顶边对齐。

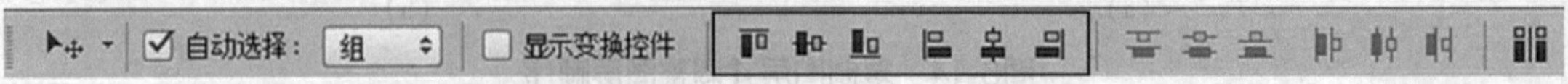

图6-18 移动选项栏上的对齐按钮

垂直居中：将每个选定图层上的垂直中心像素与所有选定图层的垂直中心像素对齐。

底边：将选定图层上的底端像素与选定图层上最底端的像素对齐。

左边：将选定图层上左端像素与最左端图层的左端像素对齐。

水平居中：将选定图层上的水平中心像素与所有选定图层的水平中心像素对齐。

右边![]: 将选定图层上的右端像素与所有选定图层上的最右端像素对齐。

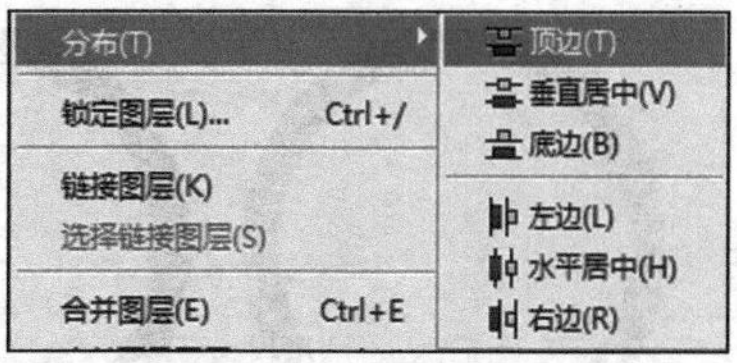

图6-19 分布子菜单

2. 分布图层

选取“图层\分布”子菜单下的一个命令，如图6-19所示。或者选择移动工具，并单击选项栏中的分布按钮，如图6-20所示，可以对选取的图层进行分布。要执行这些命令，需要选取三个或三个以上的图层。

顶边：从每个图层的顶端像素开始，间隔均匀地分布图层。

图6-20 移动工具选项栏上的分布按钮

垂直居中：从每个图层的垂直中心像素开始，间隔均匀地分布图层。
底边：从每个图层的底端像素开始，间隔均匀地分布图层。
左边：从每个图层的左端像素开始，间隔均匀地分布图层。
水平居中：从每个图层的水平中心开始，间隔均匀地分布图层。
右边：从每个图层的右端像素开始，间隔均匀地分布图层。

实例6−2：制作奥运五环

本实例应用椭圆选框和魔棒工具、描边和填充命令、图层对齐和分布制作奥运五环。

（1）新建一个800像素×400像素、分辨率为72ppi GRB模式的图像文件，然后单击“图层面板”下端的“创建新图层”按钮。

（2）选取“椭圆选框”工具，按住Shift键绘制一个大小合适的正圆选区。然后选择“编辑\描边”命令，对选区进行描边，描边颜色为蓝色、宽度为15像素，效果如图6-21所示。

（3）按Ctrl+D组合键取消选择，将“图层1”拖到“图层面板”下端的“创建新图层”按钮，复制绘制好的圆环，并移到新位置。然后，将前景色设置为黑色，执行“编辑\填充”命令，在填充对话框中的“内容”选项选择“前景色”，并选择“保留透明区域”选项，最后单击“确定”按钮，如图6-22所示。

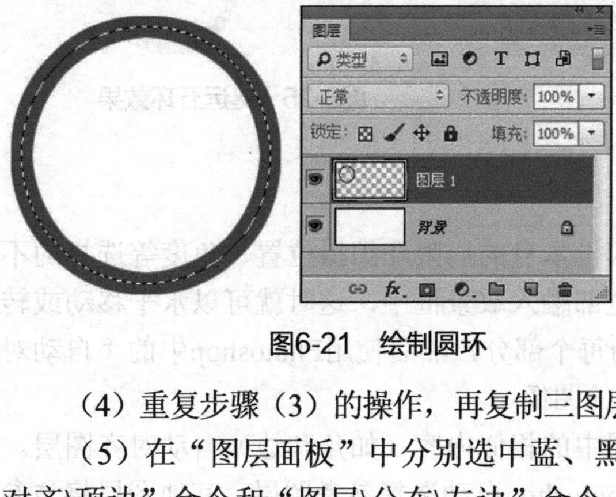

图6-21 绘制圆环

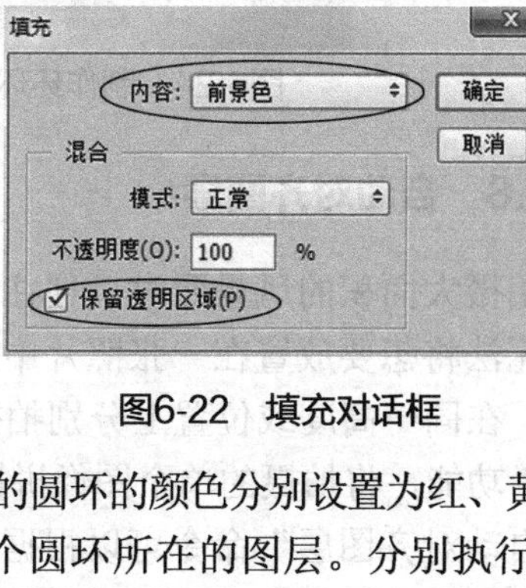

图6-22 填充对话框

（4）重复步骤（3）的操作，再复制三图层，复制的圆环的颜色分别设置为红、黄和绿。

（5）在“图层面板”中分别选中蓝、黑和红三个圆环所在的图层。分别执行“图层\对齐\顶边”命令和“图层\分布\左边”命令，使蓝、黑和红三个圆环按顶边对齐，并按左边等间距均匀分布。对齐和分布后的效果如图6-23所示。

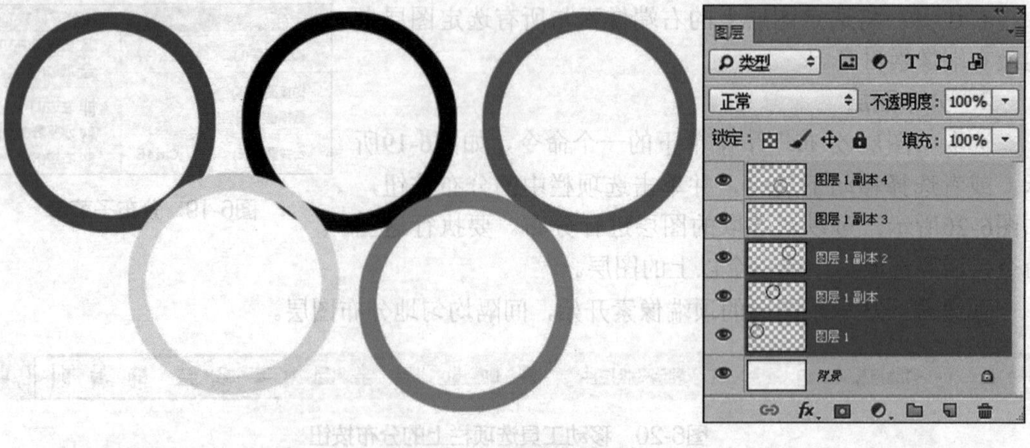

图6-23　对齐和分布图层

（6）利用移动工具拖动黄色圆环，将其放置在合适位置。按住Shift键，同时选中黄色和绿色圆环所在的图层，执行“图层\对齐\顶边”命令。

（7）在“图层面板”选择蓝色圆环所在的图层，利用魔棒工具选取蓝色圆环。再选择多边形套索工具，并在工具选项栏上按“从选区中减去”按钮，减去与黄色圆环下部相交的区域，减去后的效果如图6-24所示。然后，在“图层面板”选择黄色圆环所在的图层，按Delete键，删去黄色圆环与选区相交的部分，删除后的效果如图6-24所示。

（8）重复步骤（7）的操作，利用下面的图层制作选区，删除上面图层的像素，奥运五环的最终效果如图6-25所示。

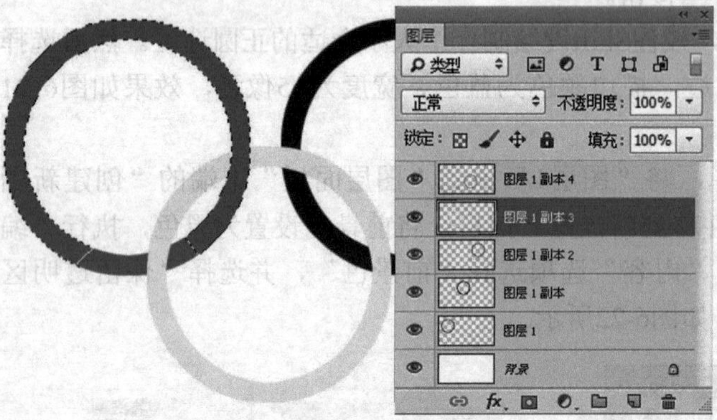

图6-24　制作环环相套效果

图6-25　奥运五环效果

6.2.8　自动对齐图层

在拍摄大面积的风景照时，往往会由于相机本身的局限和拍摄位置、角度等选择的不恰当而无法将想要放置在一张照片中的画面全部融入取景框中，这时就可以水平移动或转动相机，在同一高度或位置上分别拍摄画面的每个部分，然后使用Photoshop中的“自动对齐图层”功能，将拍摄的单个图像拼接为整幅的图像。

“自动对齐图层”命令可以根据不同图层中的相似内容（如角和边）自动对齐图层。可以指定一个图层作为参考图层，也可以让Photoshop自动选择参考图层。其他图层将与参考图层对齐，以便匹配的内容能够自行叠加，下面通过实例介绍其用法。

实例6-3：拼全景图

本实例应用自动对齐图层将图6-26所示的三张图片拼为全景图。

（1）打开要拼全景图的图像。新建一个图像文件，图像的高度与原稿尺寸相同，宽度为原稿尺寸的三倍。然后将图6-26（a）、图6-26（b）和图6-26（c）复制到此文件中，并将这三张图按从左向右的位置摆好，即将图片相同内容重叠，如图6-26（d）所示。

（a）　（b）　（c）　（d）

图6-26　原稿

（2）在“图层面板”中，通过锁定某个图层来创建参考图层。如果未设置参考图层，Photoshop将分析所有图层并选择位于最终合成图像的中心的图层作为参考图层。

（3）按住Shift键，在“图层面板”中，分别单击这三个图层。然后执行“编辑\自动对齐图层”命令，会打开图6-27所示的对话框。

自动：Photoshop 将分析源图像并应用“透视”或“圆柱”功能（取决于哪一种功能能够生成更好的复合图像）。

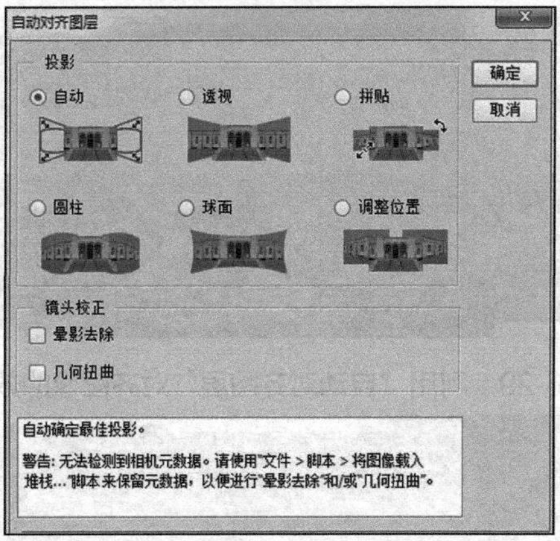

图6-27　“自动对齐图层”对话框

透视：通过将源图像中的一个图像（默认为中间的图像）指定为参考图像来创建一致的复合图像。然后将变换其他图像，以便匹配图层的重叠内容。

圆柱：通过在展开的圆柱上显示各个图像。图层的重叠内容仍匹配。将参考图像居中放置，最适合于创建宽全景图。

球面：将图像与宽视角对齐（垂直和水平）。指定某个源图像（默认情况下是中间图像）作为参考图像，并对其他图像执行球面变换，以便匹配重叠的内容。

场景拼贴：对齐图层并匹配重叠内容，不更改图像中对象的形状。

仅调整位置：对齐图层并匹配重叠内容，但不会变换（伸展或斜切）任何源图层。

镜头校正：自动校正以下镜头缺陷，“晕影去除”对导致图像边缘（尤其是角落）比图像中心暗的镜头缺陷进行补偿。“几何扭曲”补偿桶形、枕形或鱼眼失真。

（4）选择合适的对齐选项，单击“确定”按钮，Photoshop会自动对齐图，效果如图6-28所示，最后再对图像进行裁切等整修操作。

图6-28　自动对齐图层效果

6.2.9　自动混合图层

“自动对齐图层”拼合图像时，由于源图像的曝光差异，可能在组合图像时出现接缝或不一致，如图6-29所示。

采用“自动混合图层”命令，就能很好解决这一个问题。它能够使在同一场景中具有不同照明条件的多幅图像，合成的图像产生比较平滑地过渡，如图6-30所示。

图6-29　利用“自动对齐图层”对齐图像的效果

图6-30　自动混合图层的效果

另外，它也可以使同一场景中具有不同焦点区域的多幅图像，以获取具有扩展景深。以下的实例6-4就应用这一功能，将两幅不同焦点的图像合成一幅高清图像。

实例6-4：堆叠图像

（1）打开“堆叠图像1”和“堆叠图像2”，如图6-31（a）和图6-31（b）所示。图6-31（a）人物清晰而背景模糊，图6-31（b）背景清晰而人物模糊，将图6-31（a）复制到图6-31（b）的文件中。

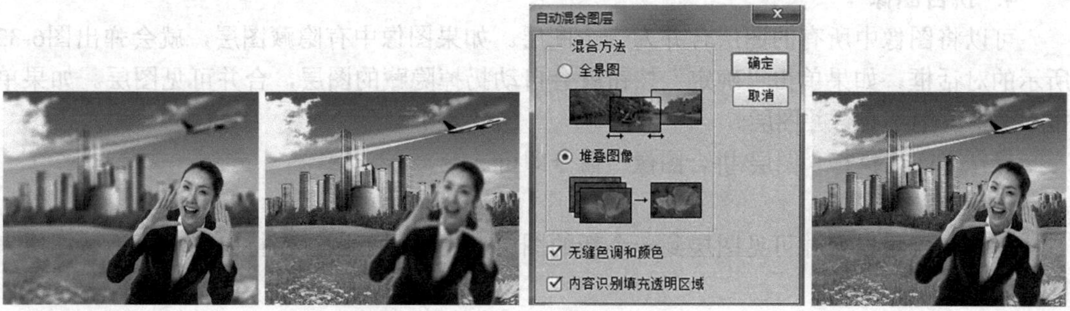

（a）　（b）　（c）　（d）

图6-31　堆叠图像

（2）在“图层面板”中，同时选中这两张图像所在的图层，执行“编辑\自动对齐图层”命令，在打开的图6-27所示的对话框中，选择“调整位置”选项，然后单击“确定”按钮，对齐要混合的图像。

提示

此步骤也可以手动对齐图像重叠部分。

（3）执行“编辑\自动混合图层”命令，将会打开图6-31（c）所示的对话框。

全景图：将重叠的图层混合成全景图。

堆叠图像：混合每个相应区域中的最佳细节。该选项最适合已对齐的图层。

无缝色调和颜色：选中此项，可以调整图像的颜色和色调以便进行混合。

内容识别填充透明区：使用附近的相似图像内容无缝填充透明区域。

（4）在“自动混合图层”对话框中，选择“堆叠图像”“无缝色调和颜色”和“内容识别填充透明区”选项后，单击“确定”按钮，混合后的图像效果如图6-31（d）所示。

6.2.10　图层合并与盖印图层

在一幅图像中，建立的图层越多，则该图像文件占用的磁盘空间就越大，因此图像的内容最终确定后，可以合并图层以缩小图像文件的大小。在合并图层时，顶部图层上的数据替换它所覆盖的底部图层上的任何数据。图层合并有以下几种方法。

1. 向下合并

它可以将当前作用图层与其下面的一个图层合并在一起，其他图层不变。

操作方法：在“图层面板”上选一个图层，执行“图层\向下合并”命令，或按Ctrl+E组合键，即可将当前图层与下一图层进行合并，合并后图层使用下面图层的名称。

2. 合并图层

在“图层面板”中，同时选择多个图层时，执行“图层\合并图层”命令或者按Ctrl+E组合键，可以将选择的图层合并，其他图层不变。

3. 合并可见图层

它可以将图像中所有显示的图层合并，而隐藏的图层则保持不变。

操作方法：在“图层面板”上将不需要合并的图层进行隐藏，执行“图层\合并可见图层”命令或者按Shift+Ctrl+E组合键，即可将显示出来的图层合并为一个图层。

4. 拼合图像

可以将图像中所有的图层合并为一个图层。如果图像中有隐藏图层，就会弹出图6-32所示的对话框，如果单击“确定”按钮就会自动扔掉隐藏的图层，合并可见图层。如果单击“取消”则不会合并图层。

操作方法：执行“图层\拼合图像”命令即可。

5. 盖印图层

盖印图层可以合并可见图层到一个新的图层，同时原有图层保持完好，而不破坏原来图层的信息。

操作方法：选中要盖印的图层或链接的图层，按Ctrl+Alt+E组合键，即可以完成。若不选择需要盖印的图层，按Shift+Ctrl+Alt+E组合键，则对所有可见图层进行盖印。

6.2.11 图层组

当图像文件的图层较多时，对图层的管理和编辑就比较困难了。而Photoshop的图层组就像Windows的文件夹，利用它对图层进行编组，就大大方便了图层的管理和编辑。比如使用图层组可以将多个图层作为一组一起移动，比图层链接更方便、快捷。对图层组里的所有图层一起应用图层样式、图层混合模式、图层透明度等操作等。

1. 新建图层组

要创建一个图层组，有以下几种方法。

（1）单击“图层”面板中的“创建新组”按钮，就可以在当前图层的上方添加一个图层组，如图6-33所示。若按住Ctrl键单击此按钮，在当前图层下方添加一个图层组。

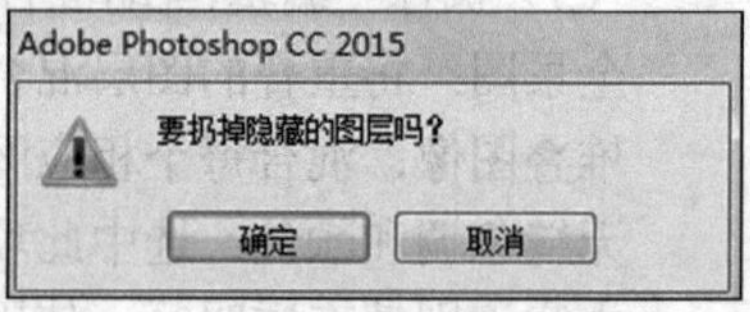

图6-32 提示是否扔掉隐藏图层

（2）选择“图层\新建\组”命令，或者选择“图层面板”菜单下的“新建组”命令，或者按住Alt键并单击“图层”面板中的“创建新组”按钮，会打开图6-34所示的对话框，设置好参数，单击“确定”按钮即可。

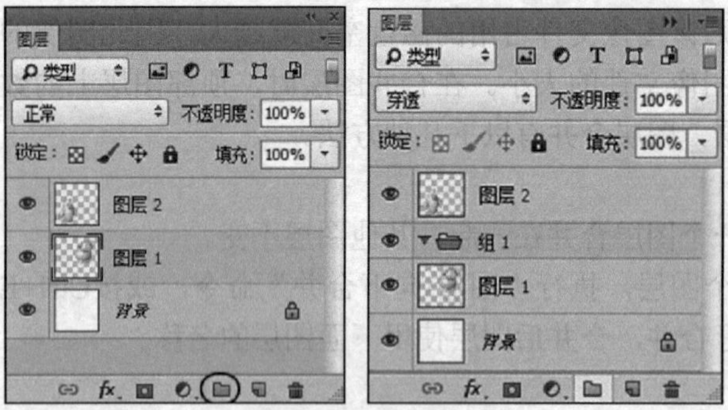

图6-33 创建图层组

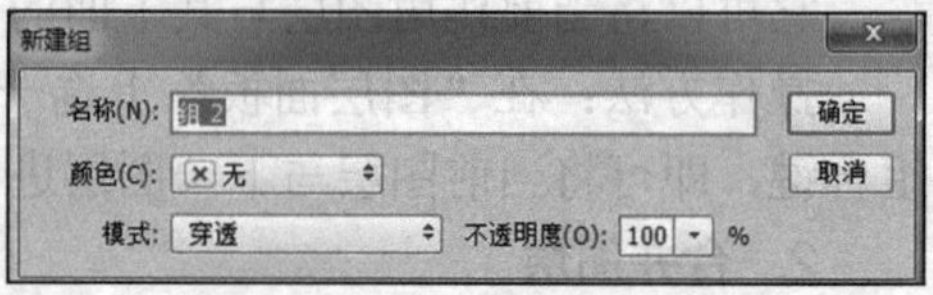

图6-34 “新建组”对话框

2. 将图层移入或移出图层组

创建图层组后，可以将已有的图层移到图层组中，也可以在当前图层组中创建新图层。在“图层面板”选择要移入的图层，并按鼠标左键，将图层拖动到图层组的图标上放开即可。若要移出图层组中的图层，选择要移出的图层，直接将其从图层组中拖出即可。单击图层组前的按钮，可以折叠、展开图层组。

3. 删除图层组

图层组被删除时有两种结果：一种是将图层及其组中的内容一块删除，另一种是只删除图层组，而组中的图层可以保留。删除图层组有以下两种方法。

（1）用鼠标将要删除的图层组拖到“图层面板”底部的“删除图层”按钮，即可将图层组和其中的图层全部删除。

（2）在“图层面板”上选择要删除的图层组，执行“图层\删除\组”命令，或者“图层面板”菜单中的“删除组”命令，将打开图6-35所示的对话框。

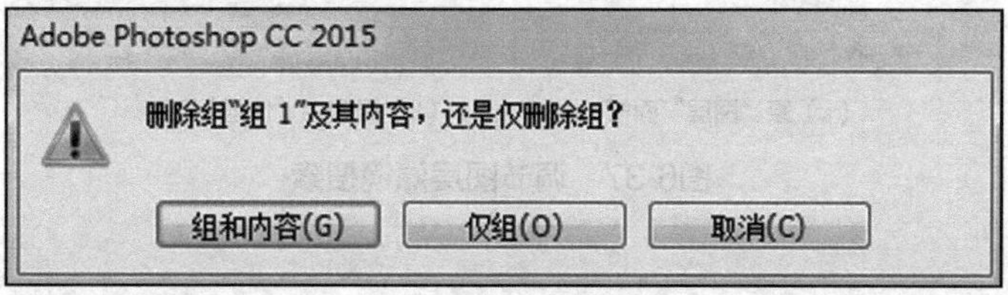

图6-35 删除图层组

如果单击“组和内容”按钮，即可将图层组及其中的图层全部删除。

如果单击“仅组”按钮，即可仅将图层组删除，而图层组中的图层内容被保留。

6.2.12 图层的搜索功能

图层搜索功能适用于图层多的大型设计文档，能快速查找到所需要的图层。单击“图层”面板顶部按钮，可以打开图6-36所示的下拉菜单，列出多种图层搜索的选项，从中选择一种选项，即可以快速锁定用户所需要的图层。

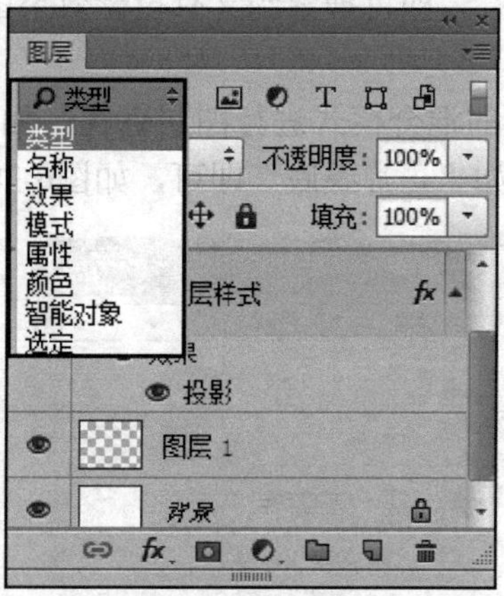

图6-36 图层搜索下拉选项

1. “类型”搜索

“类型”搜索中包括像素图层过滤器、调节图层过滤器、文字图层过滤器、形状图层过滤器和智能对象过滤器功能。单击对应的图层过滤器，图层面板就只显示相应的图层。例如，选择“类型”选项，然后在右侧单击“调整图层过滤器”，“图层”面板上只显示调整图层，其他图层被隐藏，如图6-37（b）所示。再次单击“调整图层过滤器”，可以退出图层搜索，回到原“图层”面板，如图6-37（a）所示。

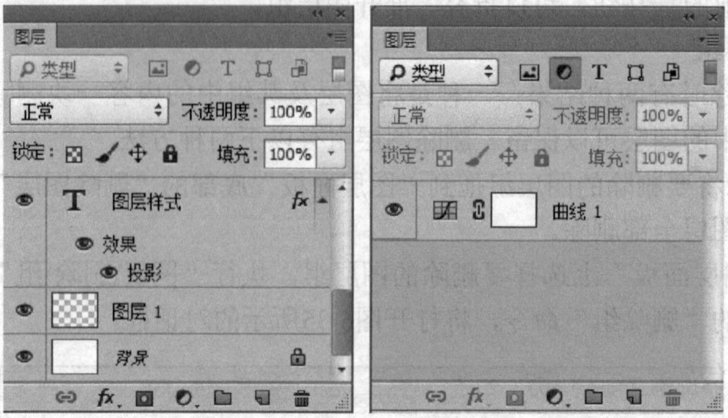

（a）原“图层”面板　（b）搜索后“图层”面板

图6-37　调节图层滤镜搜索

提示

单击最右侧的“打开和关闭图层过滤”下部，关闭图层搜索栏，搜索栏成灰色，不选择单击上部，打开图层搜索栏。

2. “名称”搜索

“名称”搜索功能很简单，选择“名称”选项，从右侧的搜索框中输入要搜索图层的名称，即可搜索到含有此名称的图层，如图6-38（a）所示。

3. “效果”搜索

“名称”搜索功能主要搜索添加图层样式的图层。如选择“效果”选项，从右侧选择一种图层样式效果，如“投影”，即可搜索到含有投影效果图层，如图6-38（b）所示。

4. “模式”搜索

“模式”搜索就是按图层的混合模式进行图层查找。如选择“模式”，从右侧下拉菜单中选择一种图层混合模式，如“正片叠底”即可，如图6-38（c）所示。

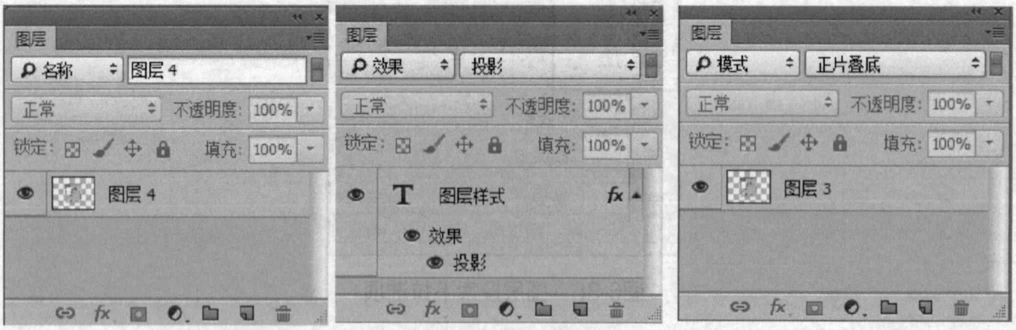

（a）　（b）　（c）

图6-38　各类搜索结果

5. **其他搜索**

除了以上的搜索选项外，还可能以按“属性”搜索功能、“颜色”搜索、“智能对象”搜索和“选定”，搜索的方法与上面类似，在此不再详细讲解。

6.3 图层蒙版

图层蒙版相当于一个8位灰阶的Alpha通道，控制图层或图层组中的不同区域如何隐藏和显示。黑色区域表示图层中的图像被蒙住；白色区域表示图像中被显示的部分；蒙版灰色部分表示图像的半透明部分。

通过编辑蒙版，可以对图层应用各种特殊效果，而不会实际影响该图层上的像素。

6.3.1 建立图层蒙版

在添加图层蒙版时，需要确定是添加显示蒙版（显示当前图层图像），还是添加隐藏当前图层的蒙版。另外，也可以使添加的蒙版基于选区或透明区域。

1. 添加“显示或隐藏整个图层”的蒙版

在“图层面板”中，选择要添加图层蒙版的图层或图层组，执行下列操作之一。

（1）在“蒙版面板”中单击“像素蒙版”按钮，或在“图层面板”底部单击“添加图层蒙版”按钮，或执行“图层\图层蒙版\显示全部”命令，可以创建显示整个图层的蒙版，效果如图6-39（a）所示。

（2）按住Alt键并单击“蒙版面板”中的“像素蒙版”按钮，或按住Alt键单击“图层面板”底部的“添加图层蒙版”按钮，或选取“图层\图层蒙版 \隐藏全部”命令，可以创建隐藏整个图层的蒙版，显示下面图层内容，效果如图6-39（b）所示。

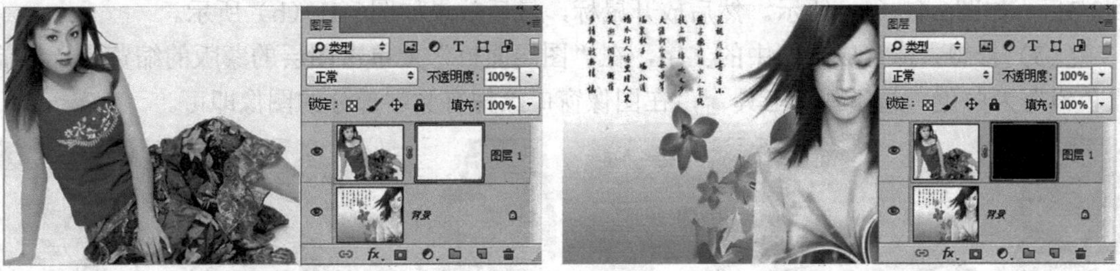

（a）显示整个图层的蒙版　　（b）隐藏整个图层的蒙版

图6-39 添加图层蒙版

2. 添加“显示或隐藏选区”的蒙版

在“图层”面板中，选择图层。在图像中绘制需要的选区，执行下列操作之一。

（1）单击“蒙版面板”中“像素蒙版”按钮，或单击“图层面板”底部的“添加图层蒙版”按钮，或执行“图层\图层蒙版\显示选区”命令，来创建显示选区的蒙版。

（2）按住Alt键单击“蒙版面板”中的“像素蒙版”按钮，或单击“图层”面板中的“添加图层蒙版”按钮，或执行“图层\图层蒙版\隐藏选区”命令，创建隐藏选区的蒙版。

3. 应用另一图层的图层蒙版

若要应用另一个图层的图层蒙版，执行下列操作之一即可。

（1）要将蒙版移到另一个图层，可以在“图层”面板中将该蒙版拖动到其他图层。

（2）要复制蒙版，按住Alt键后，在“图层”面板中将并将蒙版拖动到另一个图层。

6.3.2 编辑图层蒙版

图层蒙版创建后，可能并不能满足要求，还需要对其进行编辑与修改，对图层蒙版进行修改的方法比较多，比如选区工具、绘画工具和滤镜命令等，都可以编辑蒙版。

实例6-5：渐变工具编辑图层蒙版合成图像

（1）打开图6-40所示的两张图片，并将（b）图复制到（a）图中，如图6-40所示。

（a）　　　　（b）

图6-40 原稿

（2）在“图层面板”上选择图层1，并单击面板下端的“添加图层蒙版”按钮，为图层添加一个显示整个图层的蒙版，效果如图6-39（a）所示。

（3）在工具箱中选择渐变工具，选项栏中单击渐变色条，显示“渐变编辑器”对话框，在此对话框中定义一个从白到黑的线性渐变。

（4）在“图层”面板上单击图层的蒙版的缩览图，在图像窗口从图像左边1/3处，拖到2/3后，如图6-41（a）所示。然后放开鼠标，最后效果如图6-41（b）所示。

（5）若想去掉合成画面中的文字，在“图层面板”上单击图层的蒙版的缩览图，将前景色设置为白色，选择画笔工具，在图像窗口涂抹有文字部分的图像即可。

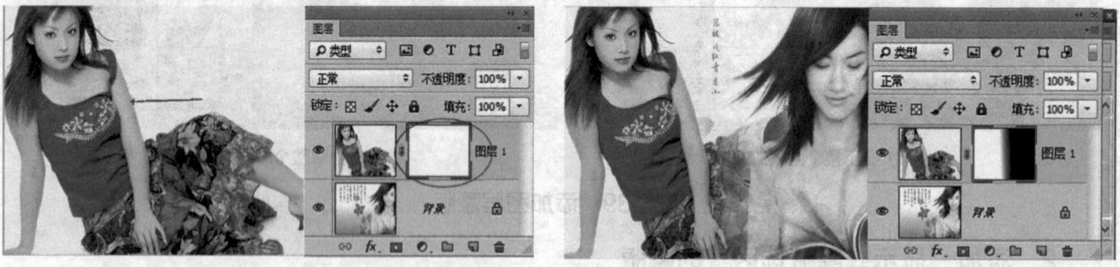

（a）　　　　（b）

图6-41 编辑图层蒙版

实例6-6：滤镜和画笔编辑图层蒙版合成图像

（1）新建一个图像文件，并为图像填充黄色。打开一张风景图，并将此图复制到新文件中，最后利用矩形选框工具绘制一个选区，如图6-42（a）所示。

（2）执行“图层\图层蒙版\显示选区”命令，效果如图6-42（b）所示。

（3）在“图层面板”中，选择图层蒙版，执行“滤镜\画笔描边\喷溅”命令，其中“喷色半径”为20，“平滑度”为4，然后单击“确定”按钮。

（a）原稿　　　　　　　　　　　　　　　　（b）添加图层蒙版

图6-42　原稿及添加蒙版后的图层面板

（4）再执行“滤镜\扭曲\挤压”命令和“滤镜\扭曲\旋转扭曲”命令，参数都设置到最大值，最后效果如图6-43所示。

图6-43　利用滤镜编辑图层蒙版

（5）再打开一幅人物图像，将此图像复制到上面新建的图像文件中，并按Ctrl+T组合键调整图像的大小和位置。在“图层面板”底部单击“添加图层蒙版”按钮，为此图层加一个全部显示蒙版，效果如图6-44（a）所示。

（6）选中此图层蒙版，在工具箱中将前景色改为黑色，并选择画笔工具，设置合适的画笔笔触大小，在人物图层背景处涂抹，若图像被涂抹多了，可以将前景色改为白色，再将多涂的图像补回来，最后效果如图6-44（b）所示。

（a）为人物图层添加图层蒙版　　　　　　　　（b）编辑图层蒙版及最终效果

图6-44　利用画笔编辑图层蒙版及最终效果图

6.3.3　停用、重启、应用和删除图层蒙版

1. 停用图层蒙版

在图像操作中，如果想临时关闭图层蒙版，查看图像效果。在“图层面板”上选择包含要停用图层蒙版的图层，然后执行下列操作之一即可。

（1）在“蒙版面板”底部，单击“停用\启用蒙版”按钮。

（2）按住Shift键并单击“图层面板”中的图层蒙版缩览图。

（3）执行“图层\图层蒙版\停用”命令。

当蒙版处于停用状态时，“图层”面板中的蒙版缩览图上会出现一个红色的×，并且会显示出不带蒙版效果的图层内容，如图6-45所示。

图6-45 停用图层蒙版

2. 启用图层蒙版

图层蒙版停用后，在“图层面板”上选中该图层，执行下列操作之一即可。

（1）在“蒙版面板”底部，再单击“停用\启用蒙版”按钮。

（2）按住Shift键并单击“图层面板”中带红色×的图层蒙版缩览图。

（3）执行“图层\图层蒙版\启用”命令。

3. 应用和删除图层蒙版

应用图层蒙版可以永久删除图层的隐藏部分，并且删除存在Alpha通道中的蒙版，以缩小文件大小。也可以不应用图层蒙版，而直接删除图层蒙版，此时图层无任何修改。在“图层面板”上选中要应用或删除图层蒙版的图层，执行下列操作之一即可。

（1）“蒙版面板”，单击“像素蒙版”按钮，再单击底部的“应用蒙版”按钮，可以将图层蒙版永久应用于图层，然后移去此图层蒙版。若在“蒙版面板”底部，单击“删除”按钮，可以移去图层蒙版，但不将其应用于图层。

（2）执行“图层\图层蒙版\应用”或“图层\图层蒙版\删除”命令。

6.4 图层矢量蒙版

矢量蒙版类似于图层蒙版，也是用来控制图层的显示与隐藏，并且与图层蒙版一样，在“图层”调板中显示为图层缩览图右边的附加蒙版的缩览图。两者不同之处在于：图层蒙版使用的是像素化的图像来控制图像的显示与隐藏，而矢量蒙版则是由钢笔或形状工具创建的矢量图形来控制图像的显示和隐藏。由于矢量蒙版具有的矢量特性，因此在输出时，矢量蒙版的光滑程度与分辨率无关。

6.4.1 添加、编辑图层矢量蒙版

在添加矢量蒙版时，可以选绘制好路径，由现有的路径添加矢量蒙版。还可以在先添加一个显示全部或隐藏全部的矢量蒙版，然后再利用钢笔或形状工具编辑此蒙版，达到需

要的效果。下面以一具体的实例，讲解矢量蒙版的添加与编辑。

实例6-7：制作女孩相册

本实例应用自定义形状工具绘制路径，然后以当前路径建立矢量蒙版，制作相册内页。

（1）打开一张花的图片作为背景，再打开一张小女孩的图片，并将小女孩的图片复制到花的图片文件中。

（2）选择“自定义形状”工具。然后在选项栏中单击“形状”后的按钮，将会弹出图6-46（a）所示的“自动定义形状”拾色器，在其中选择需要的形状。若没有需要的形状，单击拾色器右侧的按钮，在弹出菜单中选择“形状”命令，单击“追加”按钮即可。

（3）在选项栏中选择 路径 ，再在图像窗口绘制三条路径，如图6-46（b）所示。

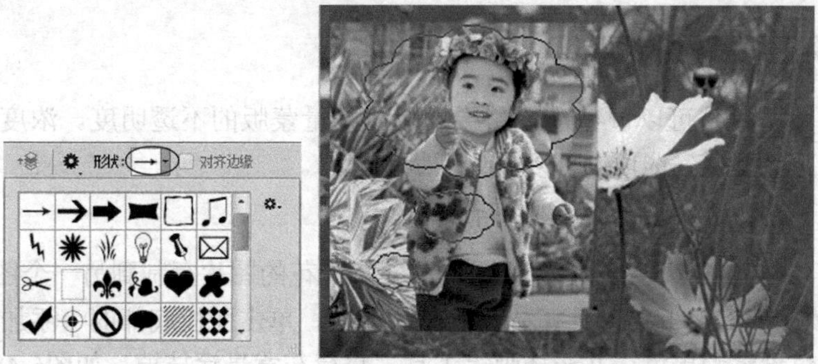

（a） （b）

图6-46 形状拾色器及绘制的三条路径

（4）选择箭头工具，按住Shift键，分别单击三条路径，同时选中三条路径，执行“图层\矢量蒙版\当前路径”命令，效果如图6-47（a）所示。

（5）单击“图层面板”底部的“创建新图层”按钮，创建一新图层。按住Ctrl键，单击“图层面板”中的图层蒙版的缩览图，将蒙版转化为选区，执行“编辑\描边”命令，选“居内”描3个像素的白边。再执行此命令，选“居外”描3个像素的绿边，如图6-47（b）所示。

（6）选择“T”工具，输入“花花宝贝”，调整文字的字体和大小，然后执行“编辑\变换\变形”命令，并单击选项栏中“变形”左边下拉模框的三角，选择“花冠” 变形: 花冠 ，再单击选项栏中的“执行”按钮，最后效果如图6-47（b）所示。

（a）添加矢量蒙版效果 （b）添加描边及文字效果

图6-47 添加矢量蒙版

6.4.2 图层矢量蒙版转化为图层蒙版

图层矢量蒙版只能利用钢笔或形状工具来编辑，如果此蒙版需要利用绘画工具或滤镜来编辑，就必须将矢量蒙版转化为图层蒙版，才能进行编辑，其操作方法如下。

在“图层面板”中选择包含要转换的矢量蒙版的图层，并选取“图层\栅格化\矢量蒙版”命令即可。

提示

将矢量蒙版栅格化后，无法再将其更改回矢量对象。

6.4.3 调整蒙版的不透明度和边缘

使用“蒙版面板”可以调整选定图层蒙版或矢量蒙版的不透明度。浓度滑块控制蒙版不透明度。使用“羽化”选项，可以柔化蒙版的边缘。

实例6-8：柔化蒙版的边缘美化合成效果

（1）打开图6-48（a）所示的两张图片，并将荷花的图片复制到另一个图片中。

（2）在“图层”面板中，选择荷花所在的图层，单击面板底部的“添加图层蒙版”按钮。将前景色设置为黑色，并选择画笔工具，将荷花背景涂抹掉，如图6-48（b）所示。

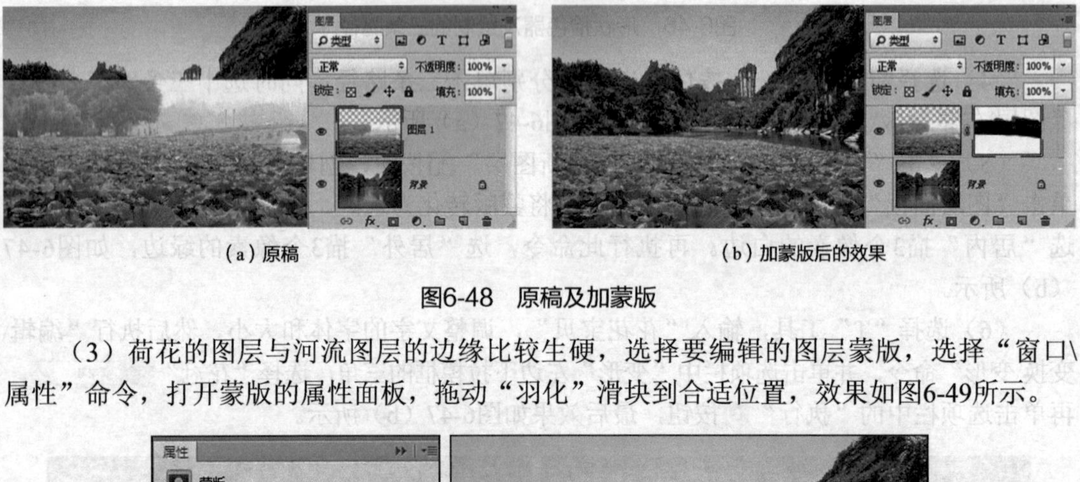

（a）原稿　（b）加蒙版后的效果

图6-48 原稿及加蒙版

（3）荷花的图层与河流图层的边缘比较生硬，选择要编辑的图层蒙版，选择“窗口\属性”命令，打开蒙版的属性面板，拖动“羽化”滑块到合适位置，效果如图6-49所示。

图6-49 蒙版“羽化”后的效果

提示

在“蒙版面板”上还有一些其他选项，这些选项特定于图层蒙版。使用“反相”选项，可以使蒙版区域和未蒙版区域相互调换。“蒙版边缘”选项提供了多种修改蒙版边缘的控件，如平滑和收缩/扩展。关于“颜色范围”选项的信息，用于限制调整图层和填充图层应用于特定区域。

6.5 剪切蒙版

剪切蒙版是一种应用在连续图层之间的特殊效果，是以下面图层的形状作为蒙版，来遮盖它上面的图层内容，即只能看到蒙版形状内的上层图像内容。剪切蒙版图层和被蒙版的图层一起被称为剪切组合，并在“图层面板”下面作为蒙版的图层名称带下划线，上面图层的缩览图是缩进的，并带有一个向下的箭头，如图6-50（b）所示。

1．创建剪切蒙版

（1）新建一个图6-50（a）所示的三层的图像文件。

（2）选择小女孩所在的图层2，执行“图层\创建剪切蒙版”命令或者按Alt+Ctrl+G组合键。这时，图层2和图层1之间就建立了剪切图层组的关系，图层1为剪切蒙版，在图层1形状内的图层2上图像可以显示，其他部分被遮盖住，如图6-50（b）所示。

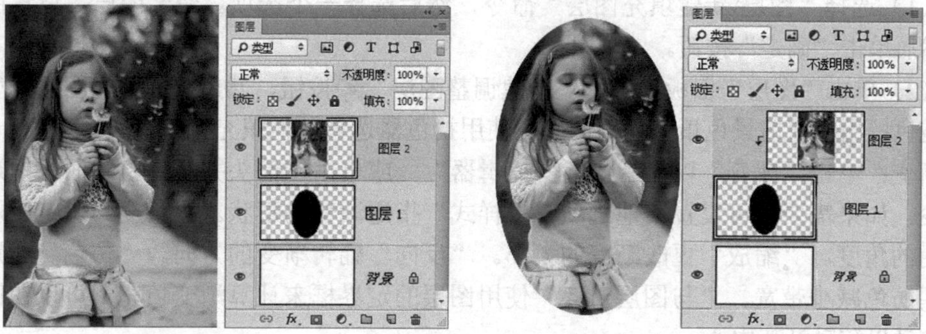

（a）原稿及其图层面板　　（b）最后效果及其图层面板

图6-50　剪切蒙版

提示

如果要对多个相邻的图层建立剪切蒙版，可以在“图层”面板选择两个或两个以上的图层（不要作为剪切蒙版的图层）再执行“图层\创建剪切蒙版”命令即可。

2．释放剪切蒙版

若要释放剪切蒙版，在“图层”面板选择要释放剪蒙版的上一层（即览图缩进去的图层），执行“图层\释放剪切蒙版”命令，或按Alt+Ctrl+G组合键，即可释放剪切蒙版。

提示

在创建剪切图层时，在“图层”面板上选择图层后，按住Alt键，将鼠标放在两个图之间，鼠标光标变为时，单击鼠标左键即可建立剪切图层。

若要释放剪切图层，按住Alt键，将鼠标放在两个图之间，鼠标光标变为时，单击鼠标左键即可释放剪切图层。

6.6 使用填充图层和调整图层

使用填充图层和调整图层，可以对图像进行非破坏性编辑，使创作工作更加灵活机动。填充图层可向图像快速添加颜色、图案和渐变；而调整图层可用于调整下层图像颜色和色调，但并不实际改变下层图层的像素。如果对图像效果不满意，还可将它们再次编辑或删除，而不会影响到原始图像信息。默认情况下，调整图层和填充图层带有图层蒙版，通过重新编辑图层蒙版，还可以控制填充或调整图像的某部分。

6.6.1 填充图层

填充图层可以使用纯色、渐变或图案填充图层。与调整图层不同，填充图层不影响它们下面的图层。给图像添加填充图层，可以执行下列操作之一。

（1）选择“图层\新建填充图层”命令，然后选择一个选项。命名图层，设置图层选项，然后单击“确定”按钮。

（2）单击“图层”面板底部的“新建调整图层”按钮，然后选择填充图层类型。

纯色：用当前前景色填充调整图层。使用拾色器选择其他填充颜色。

渐变：单击“渐变”以显示“渐变编辑器”，或单击倒箭头并从弹出式面板中选取一种渐变。如果需要，可设置其他选项。“样式”指定渐变的形状。“角度”指定应用渐变时使用的角度。“缩放”更改渐变的大小。“反向”翻转渐变的方向。“仿色”通过对渐变应用仿色减少带宽。“与图层对齐”使用图层的定界框来计算渐变填充。可以在图像窗口中拖动以移动渐变中心。

图案：单击图案，并从弹出式面板中选取一种图案。“放缩”设置图案的缩放比例。可在编辑框中输入值或拖动滑块。单击“贴紧原点”以使图案的原点与文档的原点相同。如果希望图案在图层移动时随图层一起移动，选择“与图层链接”。选中“与图层链接”后，当“图案填充”对话框打开时可以在图像中拖移以定位图案。

下面使用填充图层给图6-51（a）所示的图像更换背景。

①打开图6-51（a）所示的图像。

②单击“图层”面板底部的“新建调整图层”按钮，选择“渐变”。在弹出的“渐变编辑器”面板上，选择一种合适的渐变，然后按确定。

③在“图层”面板上，设置图层的混合模式为“滤色”。选中图层蒙版，将前景色设置为黑色，在猫的眼睛部位涂抹，最后效果如图6-51（b）所示。

（a）原稿　　（b）最后效果

图6-51　填充图层

6.6.2　调整图层

调整图层是Photoshop中的一种比较特殊的图层，它主要用来控制色调和色彩的调整。也就是说，Photoshop会将阶调和色彩的设置，如色阶和曲线调整等应用功能变成一个调整图层单独存放在文件中，使得其设置可以修改，但不会永久性地改变原始图像，从而保留了图像修改的弹性。给图像添加调整图层，可以执行下列操作之一。

（1）选择“窗口\调整”命令，打开图6-52所示的“调整”面板，单击相应的调整图标，即可以添加调节图层。

（2）单击“图层”面板底部的“新建调整图层”按钮，然后选择调整图层类型。

（3）选择“图层\新建调整图层”命令，然后选择一个调整命令，单击“确定”。

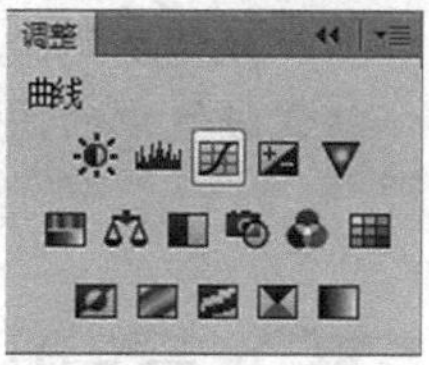

图6-52　“调整”面板

实例6-9：调整逆光照片

本实例应用“调整图层”调整图像的阶调分布，提高逆光照片的亮度。并编辑调节图层的蒙版，使调整图层效果有选择地作用部分图像。

（1）打开图6-53（a）所示的图片，由于这张照片是逆光拍摄，小女孩的肤色、衣服和船的颜色都比较暗，需要将图像提亮。

（2）单击“调整”面板中的曲线按钮，在“调整”面板上显示曲线调整对话框，将曲线的暗调向上拖动，如图6-53（b）所示。同时，在“图层”面板中即添加了调整图层，调整后的效果如图6-53（d）所示。

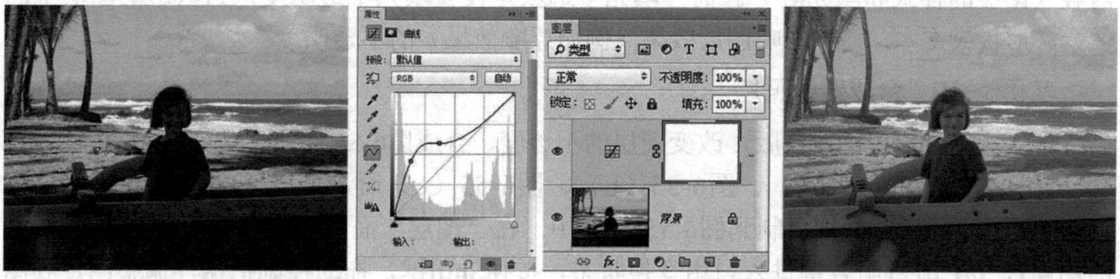

（a）　（b）　（c）　（d）

图6-53　调整图层及效果

（3）添加调整图层后，人物和船被提亮的同时，后面的背景和头发也被提亮。若不需要提亮背景，可以在“图层”面板上，选择调整图层的蒙版，将前景色设置为黑色，利用画笔工具在图像窗口人物的背景和头发处进行涂抹，效果如图6-54所示。

图6-54　调整图层添加蒙版

提示

调整图层的特点是对在其上方的图层不起作用，而对其下方的所有图层都起作用。如果不想让调整图层对下方的所有图层都起作用，则可以将调整图层与其下方的图层设置为剪贴蒙版。这样调整图层就只对剪贴蒙版组中的图层起作用，而不影响其他不在剪贴蒙版组中的图层了，剪贴蒙版的设置方法参见6.5节。

6.7 图层的不透明度和图层混合

图层的不透明度和混合模式都是关于当前图层与下面图层上的像素显示的问题。图层的不透明度确定当前图层遮蔽或显示其下方图层的程度。不透明度为1%的图层看起来几乎是透明的，而不透明度为100%的图层则显得完全不透明。而图层的混合模式确定当前图层如何与下面的可见图层进行混合。

6.7.1 图层不透明度

图层的不透明度分为两类：一是整体不透明度，二是填充不透明度。都是在“图层”面板上进行设置，其中“不透明度”选项是设置图层的整体不透明度，影响图层上的所有内容（图层的样式和填充等）。而“填充”选项是设置填充不透明度，它只影响图层中的像素、形状或文本，而不影响图层效果（例如浮雕效果）的不透明度。

实例6-10：合成婚纱照片

本实例综合应用图层蒙版，改变图层的不透度，合成图6-56（b）所示的婚纱图。

（1）打开图6-55（a）、图6-55（b）、图6-55（c）所示的三张图片，并将图6-55（a）和图6-55（b）分别复制到图6-55（c）中。在“图层”面板中，单击图6-55（a）所在的图层1，按Ctrl+T组合键进入自由变换状态，按住Shift键，拖动控制把柄，调整图片到图6-55（d）所示的合适大小，按Enter键。

（2）单击图6-55（b）所在的图层2，执行“编辑\变换\水平翻转”，效果如图6-55（d）所示。

（a）　（b）　（c）　（d）

图6-55　合成婚纱照片

（3）将前景色和背景色改为默认的黑、白色。选中图层1，单击“图层”面板底端的“添加图层蒙版”按钮，利用画笔将不需要的涂抹掉，并将图层不透明度改为38%。

（4）选中图层2，单击“添加图层蒙版”按钮，利用画笔将不需要的涂抹掉，并将图层不透明度改为53%，如图6-56（a）所示。

（5）设置前景色（R:160，G:129，B:106），选择“直排文字工具”，输入“咱们结婚吧”，并设置合适的字体和大小，最后效果如图6-56（b）所示。

（a）　（b）

图6-56　婚纱合成效果

6.7.2　图层的混合模式

图层模式和绘图工具的绘图模式作用相同，主要用于决定其像素如何与图像中的下层像素进行混合。Photoshop提供了27种混合模式，图层默认的模式是正常模式，在“图层”面板的上方可以改变图层混合模式。

提示

“基色”是指图像中原稿的颜色，也就是要用混合模式选项时两个图层中的下面一个图层。“混合色”是通过绘画和编辑工具应用的颜色，也就是要用混合模式选项，是两个图层中的上面一个图层。“结果色”也就是混合的最后效果的颜色。

正常模式：当前图层的像素会覆盖下面图层的像素，与下面图层混合时，仅根据透明度的不同而不同。

溶解模式：根据图像不透明度，结果色由基色或混合色的像素随机替换。当图层完全不透明时，看不到效果。

变暗模式：查看每个通道的颜色信息，选择基色和混合色较暗的颜色作为结果色。图像中比混色亮的像素被混色代替，而比混合色暗的保留不变，仍为基色。

正片叠底模式：查看每个通道的颜色信息，各通道进行运算，结果是较暗的颜色。任何颜色与黑色正片叠加都是黑色，任何颜色与白色正片叠加都保持原色。它与色料的减色法原理相同。

颜色加深：查看每个通道中的颜色信息，并通过增加二者之间的对比度使基色变暗以反映出混合色。与白色混合后不产生变化。

线性颜色加深模式：查看每个通道中的颜色信息，并通过减小亮度使基色变暗以反映混合色。与白色混合后不产生变化。

变亮：查看每个通道中的颜色信息，并选择基色或混合色中较亮的颜色作为结果色。比混合色暗的像素被替换，比混合色亮的像素保持不变。

滤色：查看每个通道的颜色信息，并将混合色的互补色与基色进行正片叠底。结果色总是较亮的颜色。用黑色过滤时颜色保持不变。用白色过滤将产生白色。此效果类似于多个摄影幻灯片在彼此之上投影。

颜色减淡：查看每个通道中的颜色信息，并通过减小二者之间的对比度使基色变亮以反映出混合色。与黑色混合则不发生变化。

线性减淡：查看每个通道中的颜色信息，并通过增加亮度使基色变亮以反映混合色。与黑色混合则不发生变化。

叠加：对颜色进行正片叠底或过滤，具体取决于基色。图案或颜色在现有像素上叠加，同时保留基色的明暗对比。不替换基色，但基色与混合色相混以反映原色的亮度或暗度。

柔光：使颜色变暗或变亮，具体取决于混合色。此效果与发散的聚光灯照在图像上相似。如果混合色（光源）比50%灰色亮，则图像变亮，就像被减淡了一样。如果混合色（光源）比50%灰色暗，则图像变暗，就像被加深了一样。使用纯黑色或纯白色上色，可以产生明显变暗或变亮的区域，但不能生成纯黑色或纯白色。

强光：对颜色进行正片叠底或过滤，具体取决于混合色。此效果与耀眼的聚光灯照在图像上相似。如果混合色（光源）比50%灰色亮，则图像变亮，就像过滤后的效果。这对于向图像添加高光非常有用。如果混合色（光源）比50%灰色暗，则图像变暗，就像正片叠底后的效果。这对于向图像添加阴影非常有用。用纯黑色或纯白色上色会产生纯黑色或纯白色。

亮光：通过增加或减小对比度来加深或减淡颜色，具体取决于混合色。如果混合色（光源）比50%灰色亮，则通过减小对比度使图像变亮。如果混合色比50%灰色暗，则通过增加对比度使图像变暗。

线性光：通过减小或增加亮度来加深或减淡颜色，具体取决于混合色。如果混合色（光源）比50%灰色亮，则通过增加亮度使图像变亮。如果混合色比50%灰色暗，则通过减小亮度使图像变暗。

点光：根据混合色替换颜色。如果混合色（光源）比50%灰色亮，则替换比混合色暗的像素，而不改变比混合色亮的像素。如果混合色比50%灰色暗，则替换比混合色亮的像素，而比混合色暗的像素保持不变。这对于向图像添加特殊效果非常有用。

实色混合：将混合颜色的红色、绿色和蓝色通道值添加到基色的RGB值。如果通道的结果总和大于或等于255，则值为255；如果小于255，则值为0。因此，所有混合像素的红色、绿色和蓝色通道值要么是0，要么是255。此模式会将所有像素更改为主要的加色（红色、绿色或蓝色）、白色或黑色。

差值：查看每个通道中的颜色信息，并从基色中减去混合色，或从混合色中减去基色，具体取决于哪一个颜色的亮度值更大。与白色混合将反转基色值；与黑色混合则不变化。

排除：创建一种与“差值”模式相似但对比度更低的效果。与白色混合将反转基色值。与黑色混合则不发生变化。

减去：查看每个通道中的颜色信息，并从基色中减去混合色。在8位和16位图像中，任何生成的负片值都会剪切为0。

分割：查看每个通道中的颜色信息，并从基色中分割混合色。

色相：用基色的明亮度和饱和度以及混合色的色相创建结果色。

饱和度：用基色的明亮度和色相以及混合色的饱和度创建结果色。在无饱和度（灰度）区域上用此模式绘画不会产生任何变化。

颜色：用基色的明亮度以及混合色的色相和饱和度创建结果色。这样可以保留图像中的灰阶，并且对于给单色图像上色或给彩色图像着色都会非常有用。

明度：用基色的色相和饱和度以及混合色的明亮度创建结果色。此模式创建与“颜色”模式相反的效果。

浅色：比较混合色和基色的所有通道值的总和并显示值较大的颜色。“浅色”不会生成第三种颜色（可以通过“变亮”混合获得），因为它将从基色和混合色中选取最大的通道值来创建结果色。

深色：比较混合色和基色的所有通道值的总和并显示值较小的颜色。“深色”不会生成第三种颜色，因为它将从基色和混合色中选取最小的通道值来创建结果色。

实例6-11：给黑白照片上色

本实例应用图层混合模式，使上层涂抹的颜色与下层图像柔光混合，为黑白图片上色。

（1）打开图6-57（a）所示的图像（颜色模式为RGB）。

（2）新建一个图层，将前景色设置为所需要的颜色，利用画笔工具在新图层上进行涂抹，若涂多了，可以用橡皮工具将涂多的颜色擦去。最后效果如图6-57（b）所示。

（3）从图层面板中，将图层1的混合模式设置为“柔光”，效果如图6-57（c）所示。

（a）原稿　（b）正常模式下效果　（c）柔光模式下效果

图6-57　更改图层混合给黑白图像上色

实例6-12：合成图像

本实例应用滤色去掉婚纱的黑色背景，使婚纱成为半透明。再用图层蒙版抠出人物，合成图像。

（1）打开图6-58所示的两张图片，将婚纱图片复制到另一张图片中，并按Ctrl+T组合键，对图像的大小进行调整。

图6-58 原稿

（2）在“图层”面板上，选择婚纱图层，并将图层混合模式调整为“滤色”。然后，单击图层面板底部的“添加图层蒙版”按钮，添加图层蒙版。将前景色设置为黑色，利用画笔工具，将婚纱外的图像背景涂抹掉，如图6-59（a）所示。

（3）将婚纱所在的图层复制一份，并将此图层的模式更改为正常。单击图层蒙版，再用画笔将图像中婚纱涂抹掉，露出下一层的透明婚纱，最后效果如图6-59（b）所示。

（a）　　（b）

图6-59 利用图层模式合成图像

实例6-13：调整图像的清晰度和对比度

本实例应用正片叠加混合模式，增加图像反差，提高图像清晰度。

（1）打开图6-60（a）所示的图像，此图像反差小，清晰度不好，应加大图像反差。

（a）原稿　　（b）最后效果

图6-60 利用混合模式调整图像的清晰度和对比度

（2）将背景图层复制两份，并将复制的两个图层的混合模式更设置为“正片叠加”。

（3）如果觉得人的肤色太暗，可以给最上面的图层添加图层蒙版，将前景色改为黑色，用画笔在脸部肤色部位进行涂抹，最后效果如图6-60（b）所示。

6.7.3 图层的高级混合

除了可以使用图层混合模式和不透明度混合图层之外，Photoshop还提供了一种图层的高级混合方法，即使用“混合选项”功能进行图层混合，其操作方法如下。

在“图层面板”底部单击“添加图层样式”fx按钮，在打开的下拉菜单中，选择“混合选项”命令，将会打开图6-61所示的“图层样式”对话框。在对话框左侧选中“混合选项：默认”，可在其中设置混合的各项参数。

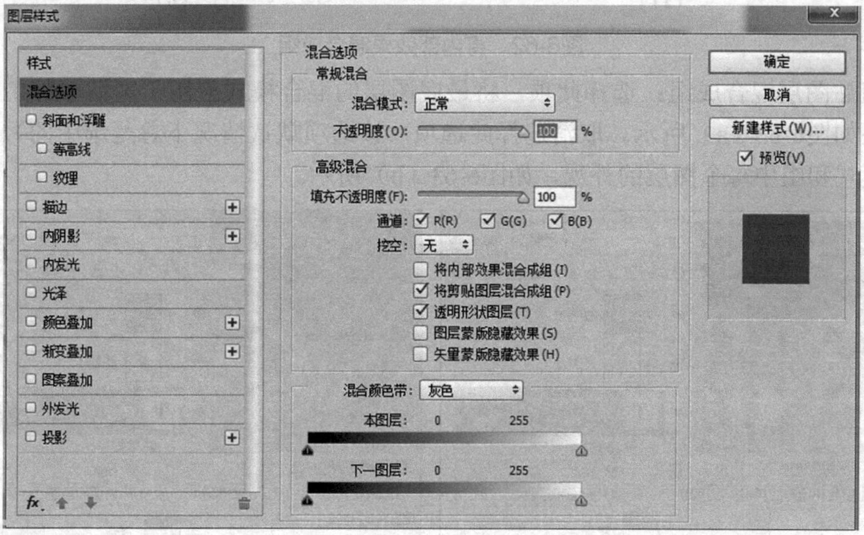

图6-61 混合选项

1. 常规混合

此选项组提供了一般图层混合的方式，可以设置混合模式和不透明度。这两项功能同“图层面板”中混合模式和不透明度调整功能相同。

2. 高级混合

此选项提供了图层高级混合选项，各项参数功能如下。

填充不透明度：用于设置填充不透明度，不影响图层效果。并且其填充内容由“通道”选项中的R、G、B复选框来控制。若取消G、B复选框，那么在图像中只显示红色通道的内容，而隐藏绿和蓝通道的内容。

挖空：挖空效果是指穿透某些图层，从而显示出下一层的内容。在挖空下拉列表中，有“无”“浅”和“深”三个选项。选择“无”选项，表示不挖空任何图层；若选择“浅”选项，则挖空到当前图层组最底层或剪贴图层组的最底层；若选择“深”选项，则挖空到背景图层，如果没有背景，选择“深”会挖空到透明，效果参见实例6-14。

将内部效果混合成组：不选此项，改变图层的混合模式、填充不透明度和挖空等，并不会影响图层内部效果的外观，而只影响图层内容。如图6-62（a）所示，对文字层设置了内发光和和挖空效果，结果是仍保留内发光效果，只对图层内容进行了挖空。选择此项，会使内部图层效果连同图层内容一起，被图层混合模式、填充不透明度和挖空等所影响。图6-62（b）所示的效果，内发光效果与图层内容成组被挖空，图层的内发光效果不再存在。

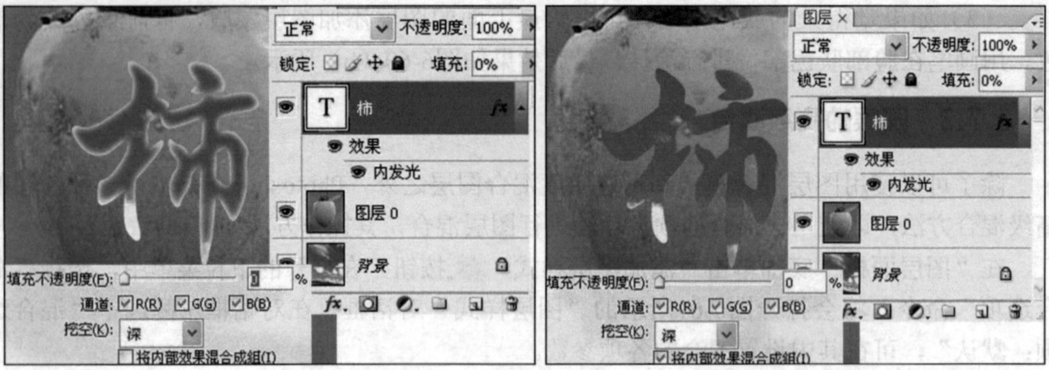

（a）（b）

图6-62　将内部效果混合成组

将剪贴图层混合成组：选择此项，将最底图层的混合模式应用于剪贴蒙版中的所有图层，效果如图6-63（a）所示。取消选择此选项（该选项默认情况下总是选中的）可保持原有混合模式和组中每个图层的外观，如图6-63（b）所示。

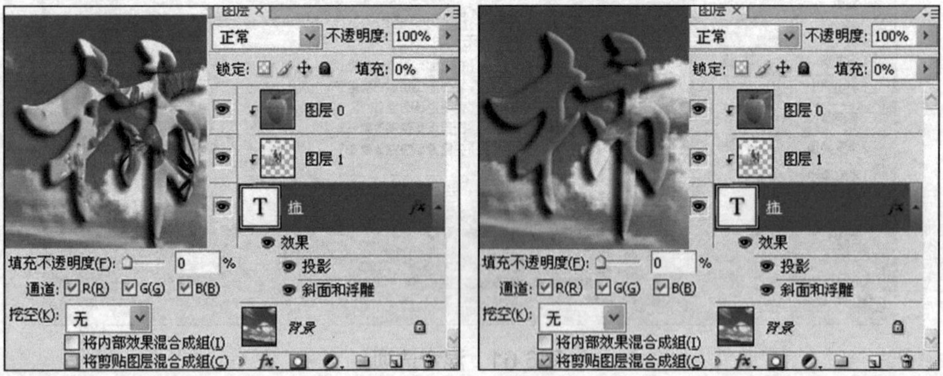

（a）（b）

图6-63　将剪贴图层混合成组

透明形状图层：选中此选项，图层效果或挖空被限制在图层的不透明区域中；不选此选项，图层效果或挖空将对整个图层起作用，而不仅作用于有像素的不透明度区域。

图层蒙版隐藏效果：选中此选项，在图层蒙版所定义的区域中，将禁用图层样式，如图6-64（a）所示。不选此选项，在图层蒙版所定义的区域中，也同样应用图层样式，如图6-64（b）所示。

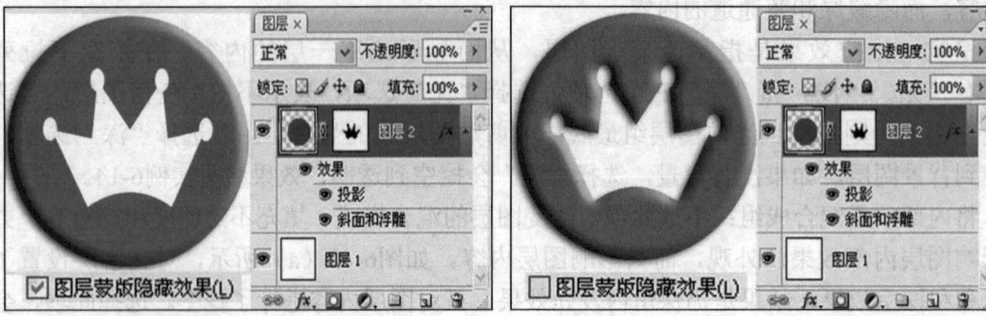

（a）（b）

图6-64　图层蒙版隐藏效果

矢量蒙版隐藏效果：矢量蒙版隐藏效果与图层蒙版隐藏效果一样，只不过选中此选项，将在形状图层中蒙版所定义的区域中，禁用图层样式。

3. 混合颜色带

在图像合成时，利用此功能，可以控制两层图像中哪些像素参与色彩混合，即两层中哪些像素出现在最终的图像中。在混合前需要指定一个混合的通道，若选择“灰色”，表示混合作用于所有通道；若选择“灰色”外的选项，表示作用于图像的某一原色通道。

混合图像时，拖动“本图层”上的小三角形滑标，可设置当前作用图层中的哪些像素在色彩混合时消失。向右拖动“本图层”黑色三角形滑标，当前图层图像暗调部分将逐渐消失；向左拖动“本图层”白色三角形滑标，当前图层图像亮调部分将逐渐消失。

拖动“下一图层”上的三角形滑标，可以设置当前作用图层下面的图层中的哪些像素在色彩混合时显示出来。向右拖动“下一图层”黑色三角形滑标，表示当前图层下面图层中图像暗调部分将逐渐显示出来；向左拖动“下一图层”白色三角形滑标，表示当前图层下面图层中图像亮调部分将逐渐显示出来，图像合成效果见实例6-15。

实例6-14：创建图像挖空效果

本实例应用图层高级混合选项中的“挖空”，来实现图像的合成。

（1）打开一张小女孩的图片，将小男孩和花的图片复制到小女孩图片中，并用自定义形状工具绘制一个形状图层，几种图像的层次关系如图6-65（a）所示。

（2）在“图层面板”中，选中“形状图层”和“图层0”。从“图层面板”菜单中选择“从图层新建组”命令，并设置组的模式为“穿透”，然后按“确定”建立图层组。

（3）单独选中“形状图层”，单击“图层面板”底部的“添加图层样式” *fx* 按钮，选择“混合选项”命令。在“混合选项”对话框中，从“挖空”选项中选择“浅”，并将“填充不透明度”设置为“0”，即可挖空图层组，显示出图层组下面图层的内容，效果如图6-65（a）所示。

（4）若选择“深”，无论建不建图层组，都可以挖空除背景层外的所有层，显示背景图层上的内容，如果没有背景层，那么挖空部分为透明区域，效果如图6-65（b）所示。

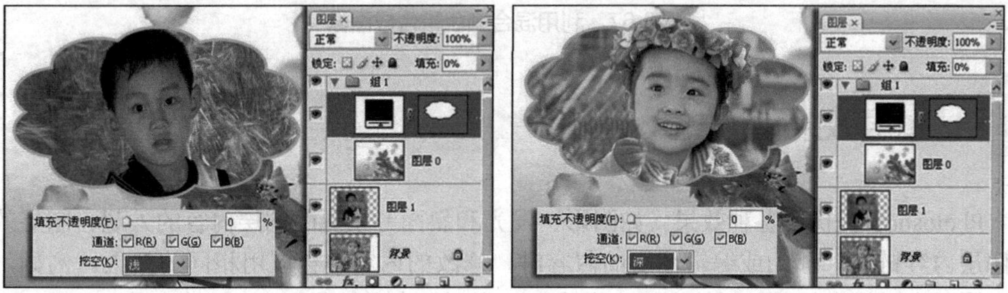

（a）　　　　　　　　　　　　（b）

图6-65 利用高级混合创建挖空效果

实例6-15：利用混合颜色带合成图像

本实例利用图层高级混合中的混合颜色带合成图像。

（1）打开图6-66所示的两张图片，将选好的蓝天图片复制到另一图片中，并调整好大小和位置。

图6-66 原稿

（2）在“图层面板”中，选中含有蓝天图片层，图6-67（a）中“层1”，单击“添加图层样式” fx 按钮，选择“混合选项”命令。在打开的“混合选项”面板中，将“下一图层” 上的黑三角形滑块向右拖动，这样背景层上暗调部分的像素将逐渐显示出来。如果按住Alt键拖动三角形块，可将它分为左右两半。此时，可制作出一种渐变的效果，可以避免混合的效果过于生硬，而形成不自然的效果。

（3）混合完后，有时并不能达到想要的效果，如图6-67（a）所示，瓦片和门柱等处底层的图片没有完全显示出来，上面有“图层1”上的像素。这时可以再给“图层1”加图层蒙版，将前景色设置为黑色，用画笔涂掉不需要的本层像素即可，合成效果如图6-67（b）所示。

（a） （b）

图6-67 利用混合颜色带合成图像

6.8 图层效果和样式

Photoshop 提供了各种效果（如阴影、发光和斜面）来更改图层内容的外观。图层效果与图层内容链接。移动或编辑图层的内容时，修改的内容中会应用相同的效果。例如，对文本图层应用投影并添加新的文本，则将自动为新文本添加阴影。

图层样式是应用于一个图层或图层组的一种或多种效果。可以应用Photoshop附带提供的某一种预设样式，或者使用“图层样式”对话框来创建自定样式。“添加图层样式”图标 fx 将出现在“图层”面板中的图层名称的右侧。可以在“图层”面板中展开样式，以便查看或编辑合成样式的效果。

6.8.1 添加图层样式

图层样式的添加非常简单，其操作方法如下。

（1）选择要添加图层样式的图层，执行“图层\图层样式”命令，或者单击“图层面板”底部的“添加图层样式” 按钮，将打开图6-68（a）所示的图层样式下拉菜单。

（2）在一下拉菜单中，选择一种图层样式，将会打开图层样式对话框，如图6-68（b）所示，在此对话框中设置好各项参数，单击“确定”按钮即可。

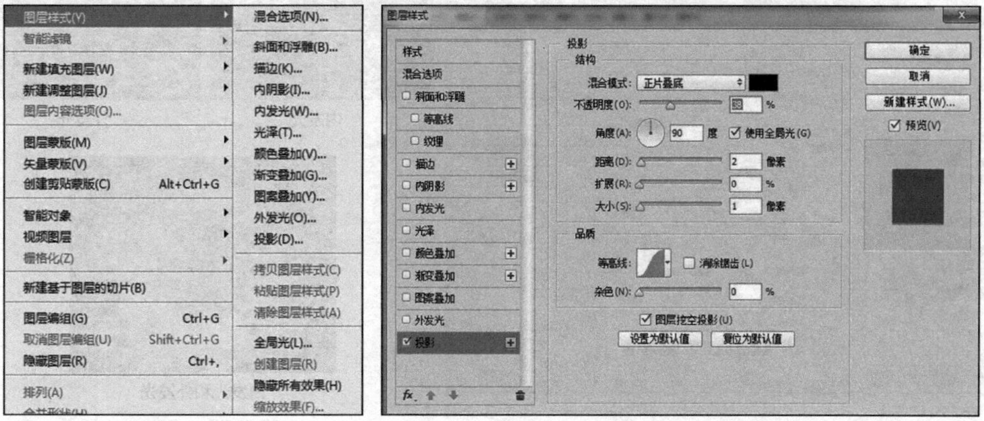

（a）图层样式子菜单　　（b）图层样式对话框

图6-68　图层样式子菜单及对话框

1. 投影和内阴影

“投影”效果可以在图层内容的后面添加阴影，使图像产生立体感。“内阴影”效果是紧靠在图层内容的边缘内添加阴影，使图层具有凹陷外观。这两种图层样式只是产生的图像效果不同，而其参数选项是一样的，如图6-68（b）所示，各项参数含义如下。

混合模式：用于设置投影和下面图层的混合模式，默认模式为“正片叠加”。

颜色框：单击“混合模式”右侧的颜色框，可以设置投影的颜色。

不透明度：用于设置阴影的不透明度，数值越大，阴影的颜色越深。

角度：用于设置光线照明角度，即阴影的方向会随着角度的变化而发生变化。

使用全局光：用于设置同一图像中的所有图层样式具有相同的光线照明角度。

距离：用于设置阴影的偏移距离，数值越大，距离越远。

扩展：用于设置阴影的扩展范围，数值越大，投影的效果越强烈。

大小：用于设置阴影的柔化效果，数值越大，柔化程度越大。

品质：可以通过设置“等高线”和“杂色”选项来改变阴影效果。在“等高线”选项中，单击“等高线”下拉列表框右侧的 三角按钮，打开图6-69（a）所示的下拉面板，可以选一个已有的等高线效果。也可以单击下拉列表框的图案，打开“等高线编辑器”，自己编辑一个等高线，如图6-69（b）所示。

杂色：用于设置阴影中添加杂色的数量。各种设置下阴影效果如图6-69（c）所示。

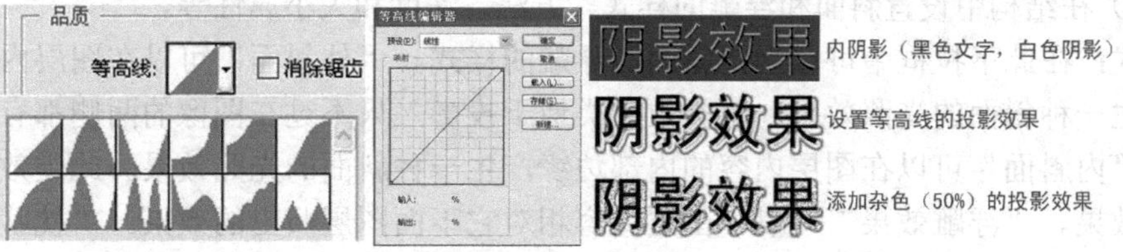

（a）等高线　　（b）等高线编辑器　　（c）各种设置下的阴影效果

图6-69　投影等高线及投影效果

2. 外发光和内发光

外发光效果是从图层内容的外边缘添加发光效果，而内发光效果则是从图层内容的内边缘发光的效果。发光效果的参数设置及各种发光效果如图6-70所示。

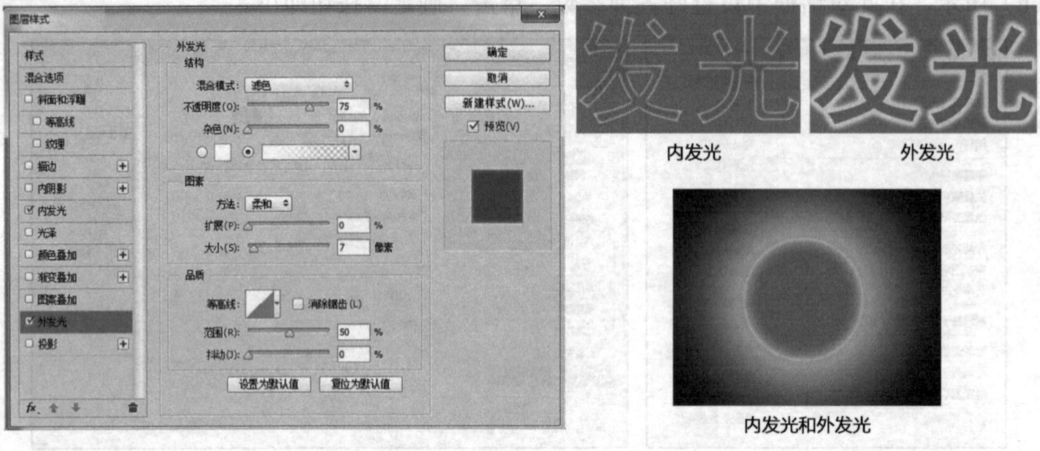

图6-70　外发光对话框及各种发光效果

3. 斜面和浮雕

斜面和浮雕对图层添加高光与阴影的各种组合，产生各种斜面和浮雕效果，使图层更具有立体感。设置“斜面与浮雕”的方法如下。

（1）在选择要添加图层样式的图层，单击“图层”面板底部的“添加图层样式” *fx* 按钮，选择“斜面浮雕”命令，将打开图6-71所示的样式对话框。

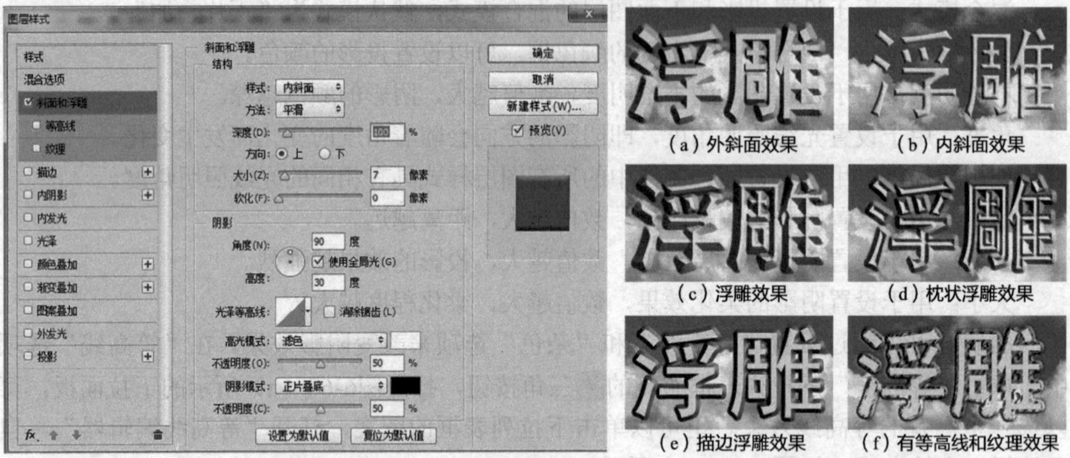

图6-71　斜面与浮雕对话框及各种效果

（2）在结构中设置斜面和浮雕的样式、方法、深度和大小属性等。

样式：在此下拉框中可以指定斜面和浮雕的样式。“外斜面”可以在图层内容的外部边缘产生一种斜面的光照效果。此类效果类似于投影，只不过在图像的两侧都有光线照明效果。“内斜面”可以在图层内容的内部边缘产生一种斜面的光照效果。此类效果类似于内投影效果。“浮雕效果”可以使图层内容相对它下面图层凸出的效果。“枕状浮雕”可以将图层内容的边缘陷入下层图层中的效果。“描边浮雕”可以将浮雕限于应用于图层的描边效果的边界。若未将任何描边应用于图层，则“描边浮雕”效果不可见。

方法：在此下拉框中可以指定斜面和浮雕的表现方式。“平滑”可以产生一个比较平滑的斜面。“雕刻清晰”可以产生一个比较生硬的平面效果，主要用于消除锯齿形状（如文字）的硬边杂边。它保留细节特征的能力优于“平滑”技术。“雕刻柔和”可以产生一个比较柔和的平面效果，它保留特征的能力优于“平滑”技术。

深度：用于设置生成的斜面和浮雕的深度。

方向：用于设置高光和阴影的位置。“上”高光位于上面，“下”高光位于下面。

大小：用于设置斜面和浮雕中阴影的大小。

软化：可以模糊阴影效果。

（3）在阴影选项组中设置阴影的角度、高度、光泽等高线，以及设置斜面阴影的亮部和暗部的不透明度和混合模式。

（4）在“图层样式”对话框的左侧，选择“等高线”和“纹理”复选框，可以给设置的斜面和浮雕效果添加底纹图案和轮廓，以便产生更多的效果变化。

（5）以上参数设置完成后，单击“确定”，各种斜面与浮雕效果如图6-71所示。

4. 其他图层样式

光泽：可以根据图层的形状，在图层的内部创建光滑光泽的内部阴影。在“光泽”的设置选项中与“阴影”的选项设置相同，请参照“阴影”的选项设置。

颜色叠加：可以在图层内容上填充一种纯色。它与使用“填充”命令功能相同，只不过“颜色叠加”样式比“填充”更方便，可以随时更改填充颜色。

渐变叠加：可以在图层内容上填充一种渐变颜色。此图层样式与在图层中填充渐变颜色的功能相同，与建立一个渐变的填充图层的功能类似。

图案叠加：可以在图层内容上填充一种图案。此图层样式与使用“填充”命令填充图案的功能相同，与建立一个图案填充图层的功能类似。

描边：可以在图层内容边缘创建一种描边效果。此图层样式与使用“描边”命令相同，只不过此图层样式比“描边”命令方便，可以随时更改描边的属性。

实例6-16：制作玉镯

本实例综合应用选择工具、滤镜和图层样式制作晶莹剔透的玉镯。

（1）新建一个500像素×500像素的白色背景文件，并新建一个图层。

（2）选中新建层，选择“椭圆选区”工具，按住Shift键绘制正圆选区，然后执行“编辑\描边”命令，给选区描40像素宽度的边。选择“魔棒”工具，单击描边的圆环，制作圆环的选区。按Shift+Ctrl+I组合键，将选区反向，再单击通道面板中的“将选区存储为通道”按钮，将选区存入通道中。取消选区，并删除此图层。

（3）再新建一个图层，设置前景色和背景色为默认的黑白色，再执行“滤镜\渲染\云彩”命令。若生成的云彩效果不满意，可以按Ctrl+F组合键，再次执行此命令。

（4）选择“选择\色彩范围”，在弹出的色彩范围对话框，用吸管单击图中的灰色（偏黑的灰色），并调整颜色容差到图像显示出足够多细节时，单击确定，如图6-72（a）所示。

（5）将前景色设置为较深的绿色，并按Alt+Delete组合键，以前景色填充选区。

（6）在通道面板中，将Alpha1通道拖到“将通道作为选区载入”按钮，载入选区，选中云彩所在的图层，按Delete键删除选区中的内容，最后效果如图6-72（b）所示。

（a）色彩范围　　（b）删除图层内容后的效果

图6-72　色彩范围

（7）单击“图层”面板底部的“添加图层样式”按钮fx，选择利用斜面和浮雕中的“内斜面”，参数设置如图6-73（a）所示（供参考），效果如图6-73（b）所示。

（8）单击左侧的“光泽”，光泽颜色设置为深绿色，“距离”和“大小”分别设置为88像素，如图6-73（c）所示。

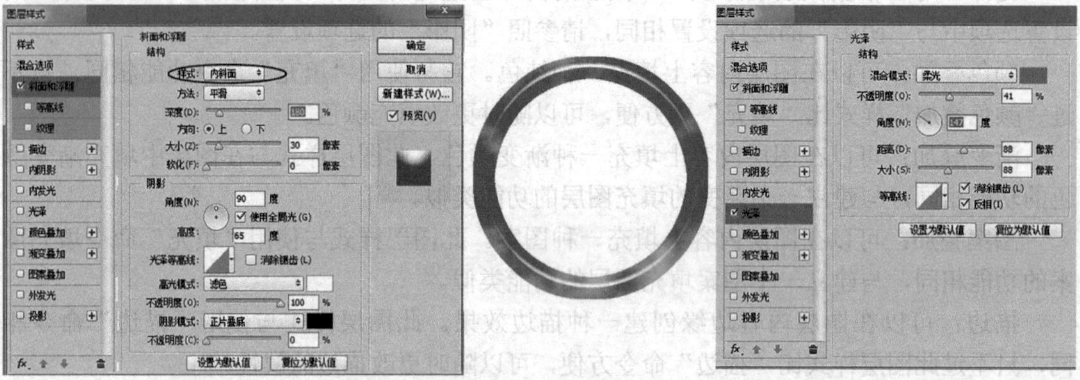

（a）　　（b）　　（c）

图6-73　图层样式

（9）选择左侧的“投影”，投影的颜色设置为黑色，不透明度为50%，“距离”为15像素，“大小”为50像素，如图6-74（a）所示；再单击“内阴影”不透明度为50%，“距离”为15像素，“大小”为50像素，如图6-74（b）所示。

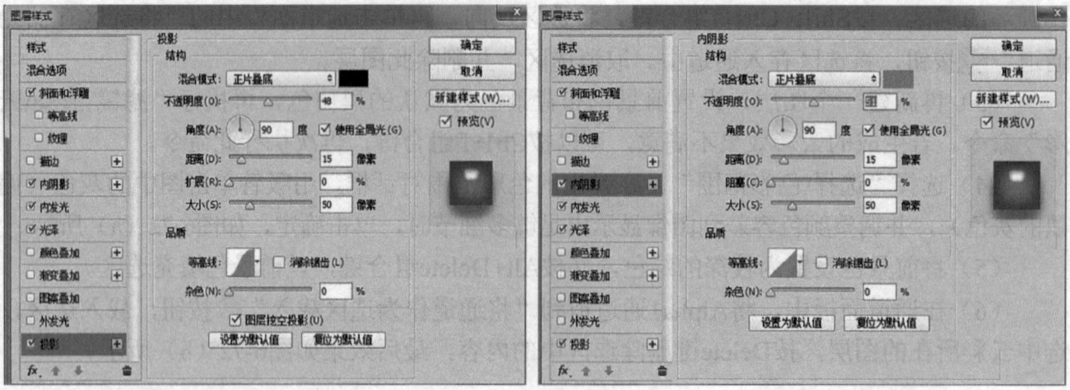

（a）　　（b）

图6-74　图层样式

（10）单击左侧的“内发光”，设置“不透明度”为53%，颜色为绿色，“源”中“居中”，“阻塞”为10像素，“大小”为50像素，如图6-75所示，设置完成单击“确定”按钮。

（11）将前景色设置为红色，单击“图层”面板中的背景图层，按Alt+Delete组合键，填充前景色，最后效果如图6-75所示。

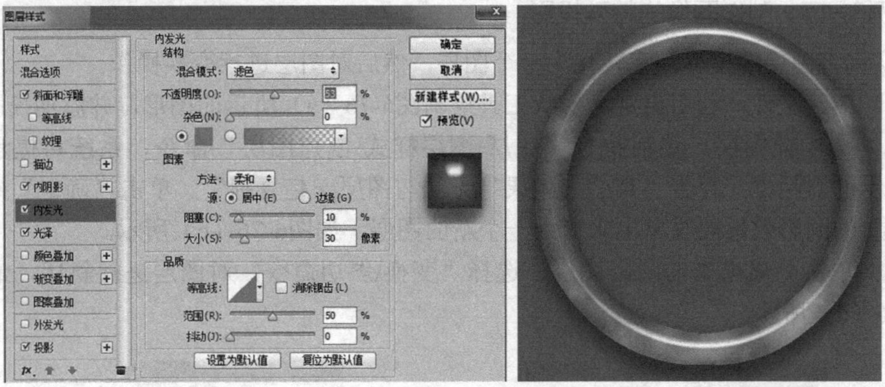

图6-75 玉镯效果图

6.8.2 编辑图层样式

为图层添加图层样式后，还可以根据需要对图层样式进行修改和编辑，以及隐藏、删除、复制、缩放图层样式。

1. 展开与折叠图层样式

图层添加图层样式后，在“图层面板”中，单击图层效果fx图标右侧的三角按钮，可以展开图层样式，再次单击此按钮，又可以将图层样式折叠。

2. 修改图层样式

在“图层面板”中，双击一个设置了图层样式的图层，即可打开“图层样式”对话框，在此可以修改样式的参数或都添加其他的样式。

3. 拷贝和粘贴图层样式

拷贝和粘贴样式是对多个图层应用相同效果的便捷方法，可以按照以下方法操作。

（1）从“图层”面板中，选择包含要拷贝的样式的图层。

（2）选取“图层\图层样式\拷贝图层样式”命令。

（3）从“图层”面板中选择目标图层，再选取“图层\图层样式\粘贴图层样式”命令。粘贴的图层样式将替换目标图层上的现有图层样式。

除此外，还可以通过拖动的方式，在图层之间拷贝图层样式。在“图层面板”中，按住Alt键，并将单个图层效果从一个图层拖动到另一个图层，或将图层效果fx图标从一个图层拖动到另一个图层，都可以复制图层样式。

4. 删除和隐藏图层样式

当图层样式不需要时，可以将它删除。在“图层面板”中，将其拖动到“删除”图标上。或者选取“图层\图层样式\清除图层样式”命令，都可以删除图层样式。

如果不想将图层样式删除，只想暂时关闭它，则可以在“图层面板”上，单击该图层样式左侧的眼睛图标，或单击“图层\图层样式\隐藏所有效果”命令，可以将图层样式隐藏。

5. 将图层样式转换为图像图层

要自定或调整图层样式的外观，可以将图层样式转换为常规图像图层。将图层样式转换为图像图层后，可以通过绘画或应用命令和滤镜来增强效果。但是，不能编辑原图层上的图层样式，并且在更改原图像图层时图层样式将不再更新。

实例6-17：制作图像的特殊投影

本实例将图层的投影样式转化为一个图层，然后对图层进行变换操作。

（1）新建文件，利用自定义形状工具绘制图6-76（a）所示的图形，并添加投影。

（2）选中此图层，然后执行“图层\图层样式\创建图层”命令，系统将提示图6-76（b）所示的对话框，警告“某些‘效果’无法与图层一起复制”，单击“确定”按钮。此时，图层1的阴影效果被脱离出来变为一个新的图层，如图6-76（c）所示。

（3）单击分离出来的阴影图层，选择“变换\斜切命令，对图层进行斜切，最后效果如图6-76（d）所示。

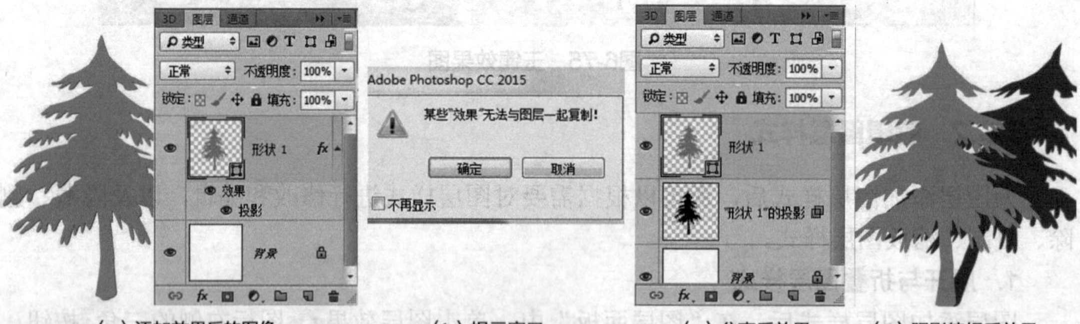

（a）添加效果后的图像　（b）提示窗口　（c）分离后效果　（d）阴影编辑后效果

图6-76　样式转化为图层

6.8.3 “样式”面板

“样式”面板可以保存和管理图层样式，还可以调用Photoshop预设的样式。

1. 应用预设样式

执行“窗口\样式”命令，打开图6-77（a）所示的样式面板。在“图层”面板中选择要添加样式的图层，在“样式面板”中单击要应用的样式缩览图，即可应用样式，如图6-77（b）所示。如果再次单击其他样式缩览图，则新的样式会代替当前的图层样式。

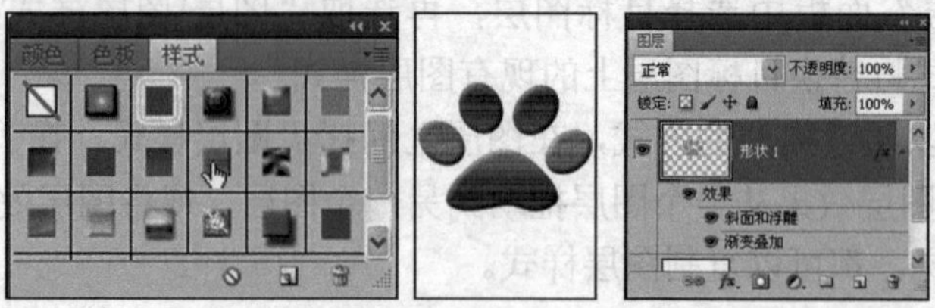

（a）样式面板　（b）应用样式

图6-77　样式应用

2. 新建图层样式

如果用户对Photoshop提供的预设样式不满意，可以自己定义的图层样式，并将定义的图层样式保存在“样式”面板中，方便以后的使用。其操作方法如下。

（1）先给图层设置图层样式，然后选中该图层。

（2）在“样式”面板上的空白处单击（光标会变成），或者单击“样式”面板底部的“新建样式”按钮，或者从“样式”面板菜单中选择“新建样式”命令，都会打开如图6-78所示对话框。在对话框中输入预设样式的名称，设置样式的选项，单击“确定”按钮。

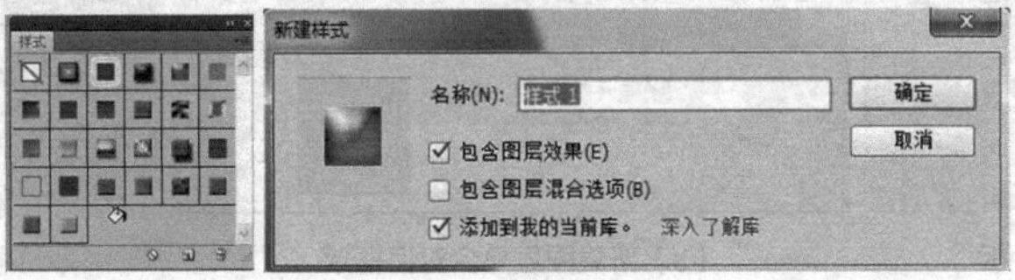

图6-78 提示窗口

3. 载入图层样式

除了“样式”面板中显示的样式外，Photoshop还提供了其他样式，这些样式按功能存放在样式库中。从“样式”面板菜单中，如图6-79（a）所示，选择一个样式库，会打开图6-79（b）所示的提示窗口。

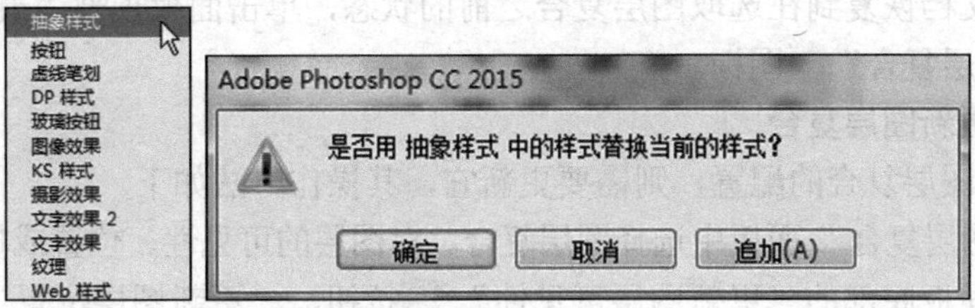

（a） （b）

图6-79 载入图层样式

在窗口中，单击“确定”按钮，载入的新样式将要替换原有的样式。单击“取消”按钮，取消操作。单击“追加”按钮，将在原有样式的基础上添加新的图层样式。

提示

若要恢复到默认的样式，可以选择“样式”面板菜单中的“复位样式”命令。

6.9 图层复合

为了向客户展示，设计师通常会创建页面版式的多个合成图稿。使用图层复合，可以在单个Photoshop文件中创建、管理和查看版面的多个版本。因为图层复合，可以记录图层的可视性、位置和外观。可视性指的是图层的显示与隐藏，位置指的是图层在图像中的位置，外观指的是图层的图层样式、不透明度及混合模式。

1. 创建图层复合

（1）选取“窗口\图层复合”命令，会打开图6-80（a）所示的“图层复合”面板。

（2）单击“图层复合”面板底部的“创建新的图层复合”按钮。会打开图6-80（b）所示的“新建图层复合”对话框，在该对话框中，命名该复合，添加说明性注释并选取要应用于图层的选项：“可见性”“位置”和“外观 ”。

（3）单击“确定”按钮，新建的复合图层记录了“图层面板”图层的当前状态如图6-80（c）所示。

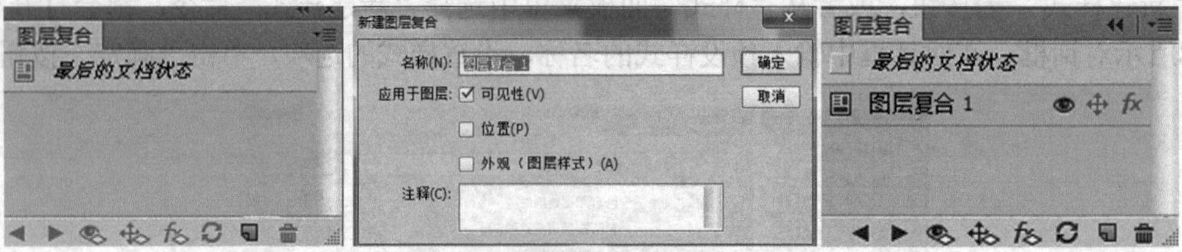

（a）图层复合面板　（b）新建图层复合对话框架　（c）图层复合面板

图6-80　新建复合图层

2. 应用并查看图层复合

在“图层复合”面板中，执行以下任意操作。

（1）要查看图层复合，单击选定复合旁边的“应用图层复合”图标 。

（2）要循环查看所有图层复合，使用面板底部“上一个” 和“下一个” 按钮。

（3）要将文档恢复到在选取图层复合之前的状态，单击面板顶部“最后的文档状态”旁边的“应用图层复合” 图标。

3. 更改和更新图层复合

如果更改了图层复合的配置，则需要更新它，其操作方法如下。

（1）在“图层复合 ”面板中选择图层复合。对图层的可见性、位置或样式进行更改。

（2）单击面板底部的“更新图层可见性” 按钮、“更新图层位置” 按钮、“更新图层外观” 按钮和“更新图层复合” 按钮，可将图层的更改记录在复合图层中。

4. 清除图层复合警告

某些操作会引发不再能够完全恢复图层复合的情况。如当删除图层、合并图层或将图层转换为背景时会发生这种情况。在这种情况下，图层复合名称旁边会显示一个警告 图标，执行下列操作。

（1）忽略警告，可能导致丢失一个或多个图层。其他已存储的参数可能会保留下来。

（2）更新复合 ，这将导致以前捕捉的参数丢失，但可使复合保持最新。

（3）单击警告 图标可以看到消息，该消息说明图层复合无法正常恢复。选取“清除”可移去警告图标，并使其余的图层保持不变。

（4）右键单击警告图标即可看到弹出式菜单，以便选取“清除图层复合警告”或“清除所有图层复合警告”命令。

实例6-18：创建多个设计方案

本实例应用图层复合，创建两个禁烟海报设计方案。

（1）新建一个400像素×400像素的文件，新建一个图层1，并为图层1填充浅绿色。

（2）打开烟灰缸图片，并将其复制到新建文件中，并删除烟灰缸的背景。

（3）打开办公室的图片，将其复制到新建文件中，并按Ctrl+T组合键调整图片的大小。然后选择椭圆选框 工具，并在选项栏中设置“羽化”值为5，绘制一个与烟灰缸大小差不多的选区，然后按Shift+Ctrl+I组合键将选区反转，再按Delete键，删除选区中图像。

（4）打开禁止吸烟的图片，并将其复制到新建文件中，按Ctrl+T组合键调整图片的大小，并调整图像的位置，最后效果如图6-81（a）所示。在这种状态下，单击“图层复合”

面板底部的“创建新的图层复合”按钮，创建一个图层复合1。

（5）隐藏禁止吸烟的图片所在的图层（即图层5），再利用T工具输入“请勿吸烟”，调整文字大小和字体，并利用图层样式给文字描一个白边。效果如图6-81（b）所示，并在此种状态下，再单击“图层复合”面板底部的“创建新的图层复合”按钮，创建图层复合2。单击“图层复合”面板底部的“上一个”和“下一个”按钮，可以查看这两个设计效果。

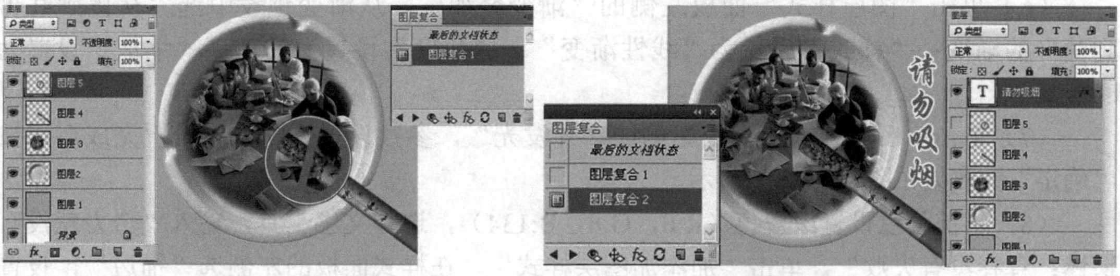

（a）图层复合1　　（b）图层复合2

图6-81　应用图层复合创建多个设计方案

6.10 综合实例：制作“青春”招贴

本实例综合应用图层蒙版、图层样式和图层的混合模式制作“青春”招贴画。

（1）打开“蓝天”图片和“人物”图片，并将“人物”图片全部复制到“蓝天”图片中。按Ctrl+T组合键进入自由变换状态，按Shift键，拖动控制把柄，缩小图层1（人物所在图层），使其宽度与文件同宽。然后设置图层1的混合模式为“正片叠底”，效果如图6-82（a）所示。

（2）打开“钟表”图片，并将“钟表”复制到“蓝天”图片中，并设置图层的混合模式为“正片叠底”。按Ctrl+T组合键进入自由变换状态，按Shift键，拖动控制把柄，缩小钟表；再按住Shift+Ctrl+Alt组合键，拖动右上角的控制把柄，对钟表进行透视变换；放开组合键，再向下拖动上边缘中间的控制把柄，将钟表压扁，效果如图6-82（b）所示，按回车键。

（3）单击“图层”面板底端的“添加图层蒙版”按钮，为钟表图层添加一个图层蒙版。将前景色和背景色设置为默认的黑白色。选择渐变工具，设置预设渐变为“前景色到背景色的渐变”，渐变模式为“线型渐变”。保持图层蒙版为选中状态，从钟表的上边缘到钟表图像中央，绘制一渐变，效果如图6-82（c）所示。

（a）　　（b）　　（c）

图6-82　“青春”招贴画制作过程

（4）打开“山脉”图片，并将山脉复制到“蓝天”图片中，按Ctrl+T组合键，进入自由变换，调整其到合适大小。并设置图层的混合模式为“线性加深”，不透明度为60%。为其添加图层蒙版，保持前景色为黑色，选择画笔工具，设置为软画笔，涂抹山脉上边缘和下边，使山脉与图像更好融合，效果如图6-83（a）所示。

（5）打开“文字”图片，并将文字复制到“蓝天”图片中，按Ctrl+T组合键，进入自由变换，调整其到合适大小。单击按钮，为图层添加图层样式。单击“图层样式”面板左侧的“斜面和浮雕”，从“样式”下拉框中选“外斜面”；从“方法”下拉框中选“雕刻清晰”；“深度”设置为286%；“方向”为“上”；“大小”为7像素；其他参数默认。

（6）单击“图层样式”面板左侧的“渐变叠加”，从渐变预设中选“从蓝到红再到黄”的渐变；“样式”设置为“线性渐变”；“角度”设置为90°；“缩放”设置为80%。

（7）单击“图层样式”面板左侧的“外发光”，参数设置为默认，设置完成后，按“确定”。效果如图6-83（b）所示。

（8）将前景色设置深蓝色（R:0，G:8，B:134），选择文字工具，输入“努力就没有遗憾；青春没有失败”，单击“加添加图层样式”，在样式面板的左侧选“描边”，设置描边的“颜色”为白色；“大小”为1像素；“位置”为“外部”，单击“确定”按钮，效果如图6-83（c）所示。

图6-83 “青春”招贴画效果

习题

一、选择题

1. 下面对图层面板中背景的描述正确的是（　　）。

（A）背景始终是在所有图层的最下面

（B）背景不可以转化为普通的图层

（C）可以将背景转化为普通的图层，但是名称不能改变

（D）背景转化为普通的图层后，可以执行图层所能执行的所有操作

本章部分图片

2. 下列可以产生新图层的是（　　）。

（A）双击图层面板的空白处，在弹出的对话框中设定新图层名称

（B）单击图层面板底部的新图层按钮

（C）使用文字工具在图像中添加文字

（D）使用鼠标将图像从当前窗口中拖动到另一个图像窗口中

3. 在有透明区域的图层上选中“保留透明区域”选项，再进行填充的结果是（　　）。

（A）只有有像素的部分被填充　（B）图层全部被填充

（C）图层没有任何变化　（D）图层变成完全透明

4. 在（　　）时可利用图层和图层之间的“编组”创建特殊效果。

（A）需要将多个图层同时进行移动或编辑　（B）需要移动链接的图层

（C）使一个图层成为另一个图层的蒙版　（D）需要隐藏某图层中的透明区域

5. 对于图层蒙版说法正确的是（　　）。

（A）用黑色的画笔在图层蒙版上涂抹，图层上的像素就会被遮住

（B）用白色的画笔在图层蒙版上涂抹，图层上的像素就会显示出来

（C）用灰色的画笔在图层蒙版上涂抹，图层上的像素就会被部分遮住

（D）图层蒙版一旦建立，就不能被修改

6. 下面对图层蒙版的显示、关闭和删除的描述正确的是（　　）。

（A）按住Shift键的同时单击图层面板中的蒙版缩略图就可关闭蒙版

（B）当在图层面板的蒙版缩略图上出现一个红色的×记号，表示将图像蒙版暂时关闭

（C）图层蒙版可以通过图层面板中的垃圾桶进行删除

（D）图层蒙版创建后就不能被删除

7. 下面对调节图层的描述正确的是（　　）。

（A）可在调节图层中进行所有色彩调节

（B）可将调节图层和普通图层之间进行编组

（C）调节图层的调节效果将对它下面的所有的图像层起作用

（D）调节图层对色彩的调整是对图像本身，存储后就不能再恢复到以前的色彩状态

8. 关于图层混合选项，以下不正确的说法是（　　）。

（A）图层的不透明度和填充的不透明度的区别是，填充的不通明度不影响已应用于图层的任何图层效果的不透明度，而图层透明度将影响整个图层的全部像素的透明度

（B）图层组的图层混合模式会多出“穿透”一项，不同其他的模式，“穿透”可以让混合的挖空效果穿透本组，露出下面的图层的内容，其他模式将不会影响“挖空”效果

（C）挖空效果的“深”和“浅”分别表示穿透本组和穿透到背景层

（D）选中“将内部效果混合成组”选项，内投影、内发光、渐变叠加等效果将不起作用

二、操作题

1. 图6-84（a）为两张原稿，请利用图层蒙版将两张原稿合成图6-80（b）所示的效果。

（a）原稿　（b）效果图

图6-84 图像合成效果

2. 图6-85（a）为原稿，图6-81（b）为利用图层样式和图层蒙版制作的水晶相框效果。

（a）原稿　　（b）效果图

图6-85　水晶相框效果

3. 图6-86（a）为原稿，图6-82（b）是利用填充图层填充图案和图层样式中的混合颜色带制作的百叶窗效果。

（a）原稿　　（b）效果图

图6-86　百叶窗效果

第7章　路径及矢量形状

学习要点：

◆了解路径的基本概念
◆了解路径面板的基本使用方法
◆掌握路径的建立及编辑方法
◆掌握路径的应用
◆掌握矢量形状的绘制

Photoshop是一个以编辑和处理位图图像为主的平面设计软件，但它也具有一定的矢量图形处理的功能。钢笔工具或形状工具画出来的矢量图形称为路径，它是由一系列点连接起来的线段或曲线。路径与分辨率无关，因此，它们在调整大小、打印到PostScript 打印机、存储为PDF文件或导入基于矢量的图形应用程序时，会保持清晰的边缘，所以路径是Photoshop矢量设计功能的体现。

7.1 路径的概念及路径面板

7.1.1 路径的基本概念

路径是由一系列点连接起来的线段或曲线，是矢量对象的轮廓。每条线段的端点称为锚点，每一个锚点还带有调整手柄，曲线的形状及前后线段的光滑度由这些手柄来调整，如图7-1所示。因此，通过编辑路径的锚点和手柄，可以很方便地改变路径的形状。

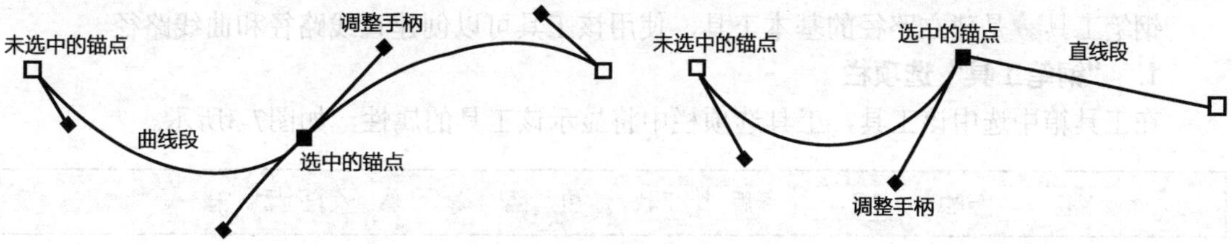

图7-1　路径组成

除可以沿着路径填充、描边以及路径运算来绘制一些图形外，还可以将不精确选区转换为路径，编辑后再转化为精确选区或者使用路径中的剪贴路径功能，为插入排版软件中的图像去除剪贴路径外的图像背景。也可以使用路径作为矢量蒙版来隐藏图层区域。

7.1.2 路径面板

执行“窗口\路径”命令，可以打开路径面板。当创建路径后，在“路径面板”中就会显示出新创建的路径，如图7-2所示。下面以图7-2为例介绍“路径面板”的组成。

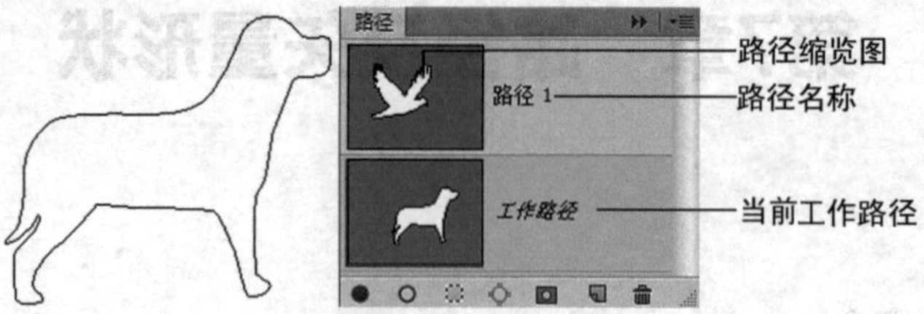

图7-2 路径面板

路径缩览图：用于显示当前路径的内容，通过它可以迅速地辨认路径的形状。

当前工作路径：以蓝色显示的路径为当前工作路径，在编辑路径时，只对当前工作路径起作用。在“路径面板”上单击其他路径，可以将它设置为当前工作路径。

用前景色填充路径：单击此按钮，可以利用前景色填充被路径包围的区域。

用画笔描边路径：单击此按钮，可以根据设置好的画笔，利用前景色沿着路径描边，描边的粗细由画笔大小决定。

将工作路径作为选区载入：单击此按钮，可以将当前工作路径转换为选区。

从选区生成工作路径：单击此按钮，可以将创建好的选区转换为工作路径。

添加图层蒙版：单击此按钮，可以将选中的路径转化为图层矢量蒙版。

创建新路径：单击此按钮，可以创建一条新路径。

删除当前路径：单击此按钮，可以删除选中的路径。

7.2 路径的创建

在Photoshop中，可以使用任何形状工具、钢笔工具或自由钢笔工具创建路径或形状，也可以通过将选区转换为路径的方式来实现。

7.2.1 用“钢笔工具”创建路径

钢笔工具是建立路径的基本工具，使用该工具可以创建直线路径和曲线路径。

1. “钢笔工具”选项栏

在工具箱中选中该工具，工具选项栏中将显示该工具的属性，如图7-3所示。

图7-3 钢笔工具选项栏

选择工具模式形状：使用形状或钢笔工具时，可以使用三种不同的模式进行绘制，它们分别是形状图层、路径和填充像素。单击形状按钮，在下拉菜单中选择“形状”，可以创建形状图层，它是由定义形状颜色的填充图层以及定义形状轮廓的路径组成。单击形状按钮，在下拉菜单中选择“路径”，可以在当前图层中绘制一个工作路径，可以使用它来创建选区、创建矢量蒙版，或者使用颜色填充和描边以创建栅格图形。除非存储工作路径，否则它是一个临时路径。单击形状按钮，在下拉菜单中选“像素”，可以直接在图层上绘制，并且创建的是栅格图像，而不是矢量图形，但只能使用形状工具绘制。

建立：单击选项栏上的 选区... 按钮，可以将路径转化为选区；单击 蒙版 按钮，可以将路径转化为矢量蒙版；单击 形状 按钮，可以将路径转化为形状图层。

路径操作：单击此按钮，可以在打开的下拉菜单中，设置路径的运算。分别为新建图层、合并形状、减去顶层形状、与形状区域相交和排除重叠形状。下面的“合并形状组件”，可以将多条路径按上面的运算合并路径。

路径对齐方式：单击此按钮，在打开的下拉菜单中，选择路径的对齐式。

路径排列方式：单击此按钮，在打开的下拉菜单中，选择路径排列方式，如将形状置为顶层、将形状前移一层、将形状后移一层和将形状置为底层。

选项：单击此按钮，选择“橡皮带”，绘制路径时，钢笔笔尖下带着一条曲线。

自动添加/删除：选中此项，“钢笔工具”就具有了智能增加和删除锚点的功能。将“钢笔工具”放在选取的路径上，鼠标指针就可以变为状，表示可以增加锚点；而将“钢笔工具”放在锚点上，鼠标指针就可以变为状，表示可以删除锚点。

2. 绘制直线路径

使用“钢笔工具”可以绘制的最简单路径是直线，其操作方法如下。

选择“钢笔工具”，在选项栏中单击“选择工具模式” 路径 按钮，选“路径”。在图像上单击鼠标左键，创建第一个锚点，然后将鼠标指针移到图像的另一个位置，再次单击，创建第二个锚点，在两个锚点之间就会自动连接上一条直线，继续单击可创建由锚点连接的直线段组成的路径，如图7-4（a）所示。

3. 绘制曲线路径

利用钢笔工具同样可以绘制出曲线路径，其绘制方法如下。

（1）选择“钢笔工具”，在选项栏中单击“选择工具模式” 路径 按钮，选“路径”。然后将鼠指针移动到曲线的起点，单击并拖动鼠标左键，制作出路径的起点。

（2）将鼠指针移动到所需的下一个锚点位置，单击并拖动鼠标左键绘制新的锚点。调整手柄的长度和方向，可以改变曲线的形状和平滑度。在绘制过程中，如果按住Alt键，可以将钢笔工具暂时更改为“转换点工具”，用于改变手柄的方向，如图7-4（b）所示。按住Ctrl键，可以将钢笔工具暂时更改为“直接选择工具”，如图7-4（c）所示，用于调整手柄方向和移动锚点的位置。

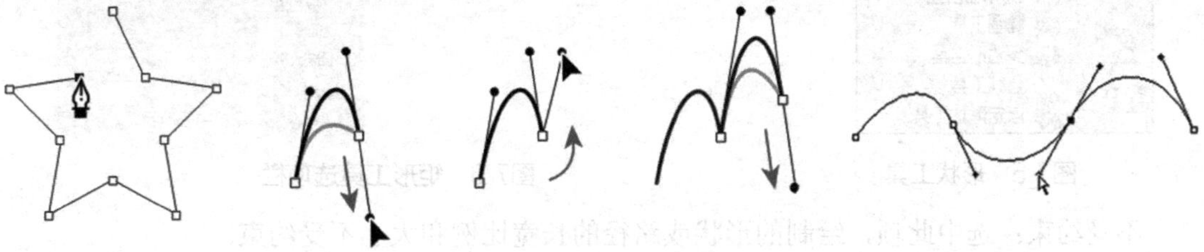

（a） （b） （c）

图7-4 钢笔工具绘制路径

（3）通过同样的操作绘制其他锚点。要闭合路径，将“钢笔”工具移至第一个锚点上。如果放置的位置正确，“钢笔工具”指针旁将出现一个小圆圈，单击可闭合路径。若要保持路径开放，按住Ctrl键，并在远离所有对象的任何位置单击即可。

7.2.2 用“自由钢笔工具”创建路径

自由钢笔工具可用于随意绘制路径。绘制时，将自动添加锚点，无需用户确定锚点的位置。要绘制更精确的图形，请使用钢笔工具。其绘制方法如下。

（1）在工具箱中选择“自由钢笔工具”。

（2）单击选项栏中的，在下拉为“曲线拟合”输入 0.5 ～10.0 像素。此值越高，创建的路径锚点越少，路径越简单。

（3）在图像窗口按住鼠标左键进行拖放，将鼠标指针拖放到合适位置时，放开鼠标左键即可绘制一条开放路径。要创建闭合路径，将直线拖动至路径的初始点，再放开鼠标。

提示

如果要将开放路径闭合，只需按住鼠标左键，用“自由钢笔工具”在起点与终点绘制一条路径，即可将两端连接起来。

（4）在工具选项栏中，如果选中“磁性的”复选框，“磁性钢笔工具”被激活。磁性钢笔工具的功能与磁性套索工具基本相同，也是根据选取边缘在指定宽度内的不同像素值的反差来确定路径，不同的是磁性钢笔工具生成的是路径，而不是选区。

7.2.3 使用形状工具创建路径

形状工具是一种很有用的路径工具，利用它可以轻松地绘制出各种常见的形状及其路径。鼠标右键单击工具箱中的按钮，就会弹出形状工具组中的形状工具，如图7-5所示。

1．矩形工具

使用“矩形工具”可以绘制出矩形、正方形的路径或形状，其操作方法如下。

（1）在工具箱中选择“矩形工具”。

（2）“矩形工具”的选项栏如图7-6所示，单击“选择工具模式” 路径 按钮，从下拉菜单中选择“路径”，再单击选项栏中，设置矩形选项。

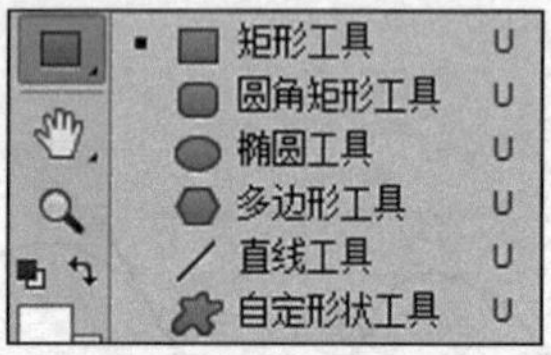

图7-5 形状工具

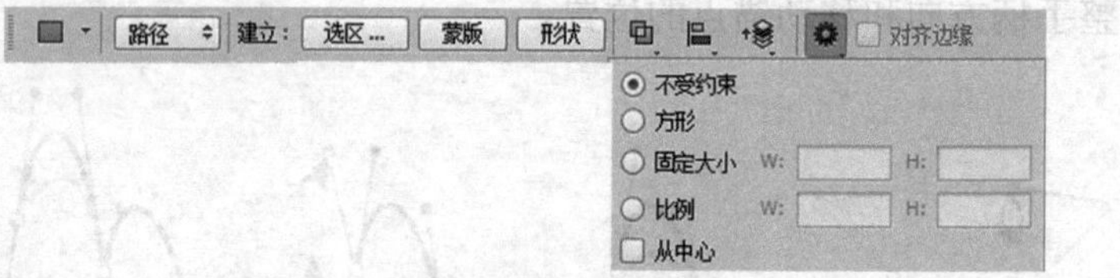

图7-6 矩形工具选项栏

不受约束：选中此项，绘制的形状或路径的长宽比例和大小不受约束。

方形：选中此项，绘制的形状或路径为正方形。

固定大小：选中此项，可以按设置长和宽绘制形状或路径。

比例：选中此项，可以按设置的长、宽的比例绘制形状或路径。

从中心：选中此项，可以依鼠标单击处为中心绘制形状或路径。

（3）将鼠标指针移到图像窗口，按鼠标左键拖动至大小合适时，放开鼠标左键，即可绘制好所需的形状或路径。

（4）单击选项栏上的 选区... 按钮，可以将路径转化为选区；单击 蒙版 按钮，可以将路径转化为矢量蒙版；单击 形状 按钮，可以将路径转化为形状图层。

（5）单击选项栏上的按钮，选择合适的路径操作（路径合并或交叉等运算）；单击按钮，可以对齐选择的多条路径；单击按钮，改形状的前后层次关系。

提示

若“选择工具模式”选择的是 形状 模式，其选项栏如图7-7所示。

单击“填充”右边的按钮，设置形状图层填充的内容，即填充纯色、渐变、图案还是不填充。

单击“描边”右边按钮，设置描边模式，即纯色、渐变、图案描边；单击 3点 右侧的，可以设置描边的粗细；单击可以设置描边的线型；W:和H:可以在其右侧文本框输入形状的宽和高，改变形状大小。其他选项与路径同，不再介绍。

图7-7　形状选项栏

2. 圆角矩形工具和椭圆工具

使用“圆角矩形工具”和“椭圆工具”可以绘制圆角矩形、圆形和椭圆形的形状和路径。它们的使用方法与矩形工具基本相同。只是选项略有不同，如图7-8（a）和图7-8（b）所示。“半径”文本框，用于控制圆角矩形4个角的圆滑程度，它的数值越大，所绘制圆角矩形4个角越圆滑，如图7-8（c）所示。

（a）圆角矩形工具选项栏

（b）椭圆工具选项栏

（c）

图7-8　圆角矩形工具和椭圆工具

实例7-1：绘制百事可乐标志

本实例应用椭圆、矩形工具绘制形状图层，并通过路径的运算绘制百事可乐标志。

（1）新建一个图像文件，在工具箱中选择“椭圆工具”，在工具选项栏中单击“选择工具模式” 形状 按钮，并在下拉菜单中选择形状。

（2）按住Shift键绘制一个大小合适的正圆，在选项栏中，单击“填充”右侧按钮，打开下拉框对话框，在其中单击“纯色”按钮，并在色板中单击“白色”按钮。然后再单击“设置形状描边类型”按钮，在下拉框中，单击“无颜色”按钮。此时“图层面板”中会添加一个形状图层。将此图形状图层复制两份，双击“图层面板”上的缩览图分别将填充颜色更改为红色和蓝色，如图7-9（a）所示。

（3）选择“矩形工具”，单击选项栏中按钮，选择 与形状区域相交 选项，画一个矩形，如图7-9（b）所示，两路径交叉区域的内容保留，其他的隐藏。

（4）在工具箱中选择“添加锚点工具”，在矩形的下边线上单击添加一个锚点，再用鼠标拖动一侧的调整手柄，将下边调整为图7-9（c）所示的形状。

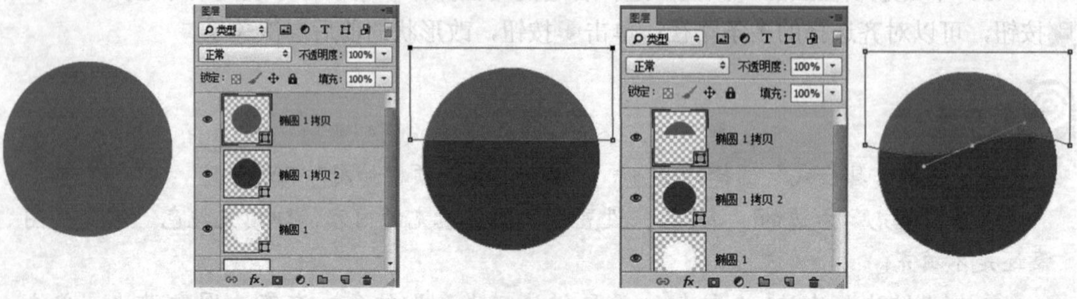

（a） （b） （c）

图7-9 初步绘制

（5）选择“路径选择工具”，单击变形后的矩形，按Ctrl+C组合键复制此路径。在“图层”面板中，单击蓝色形状图层，按Ctrl+V组合键将其复制到该层，如图7-10（a）所示。

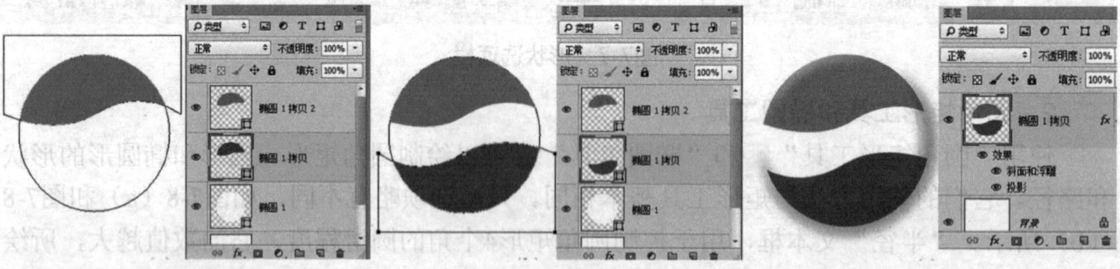

（a） （b） （c）

图7-10 百事可乐标志绘制

（6）用“路径选择工具”单击蓝色形状图层中的矩形，执行“编辑\变换路径\水平翻转”和“编辑\变换路径\垂直翻转”命令，将其向下拖到合适位置，如图7-10（b）所示。

（7）在“图层”面板中单击背景图层前的眼睛，隐藏背景图层，执行“图层\合并可见图层”命令，或按Shift+Ctrl+E组合键合并可见图层。再单击“图层”面板底部的“添加图层样式”按钮，为百事可乐标志添加浮雕和投影，结果如图7-10（c）所示。

3. 多边形工具

使用“多边形工具”可以绘制多边形、如三角形、五角星的形状或路径。绘制方法与矩形相同，不同的是工具选项栏，图7-11是多边形工具的选项栏。

边：此文本框决定绘制的形状或路径的边数，默认值为5，可输入数值3～100。

半径：用于指定多边形的半径。指定半径后，将绘制一个固定大小的多边形。

平滑拐角：选择此复选框，可以绘制出圆滑的拐角，如图7-11（a）所示。

星形：选中此复选框，可以绘制星形，并且下面两个选项可用。

缩进边依据：设置星形的形状和尖锐度，以百分比的方式设置内外半径的，设置大于50%，可以绘制更尖形状或路径；设置小于50%，则创建更圆的形状或路径，如图7-11（b）所示。

平滑缩进：当选中“星形”后，可以将缩进的角变为圆角，如图7-11（c）所示。

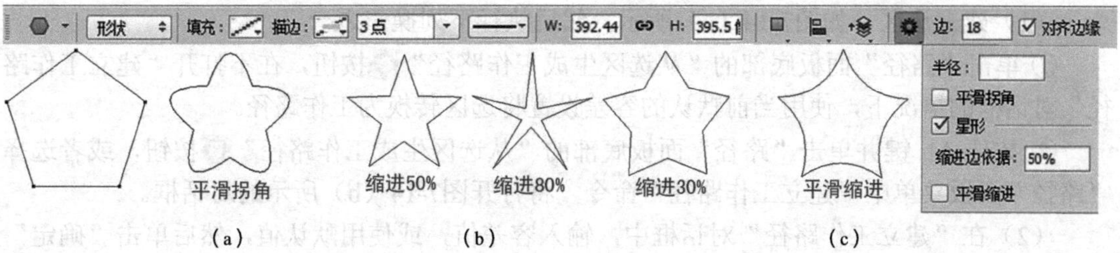

图7-11 多边形工具选项栏及各种多边形路径

4. 直线工具

使用“直线工具”可以绘制直线、带箭头直线的形状或路径。绘制方法与矩形相同，不同的是工具选项栏，图7-12是直线工具的选项栏。

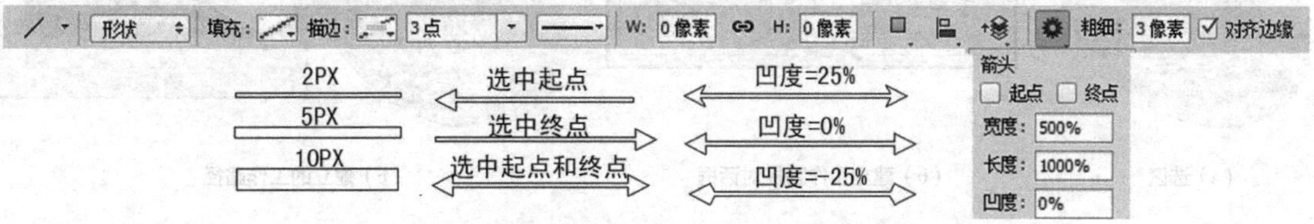

图7-12 直线工具选项栏及不同参数下的直线和箭头效果

粗细：此文本框，用于设置绘制直线的宽度。

起点：选中此项，可以在起点位置绘制出箭头。

终点：选中此项，可以在终点位置绘制出箭头。

宽度：用于设置箭头的宽度，取值范围在10%～1000%之间。

长度：用于设置箭头的长度，取值范围在10%～5000%之间。

凹度：用于设置箭头的凹度，取值范围在-50%～50%之间。

5. 自定义形状工具

使用“自定义形状工具”可以绘制各种预设的形状或路径，例如动物、箭头、符号和画框等。绘制方法与矩形相同，自定义形状的选项栏如图7-13所示，

形状：用于显示当前选中的自定义形状，单击“形状”右边的三角按钮，可以打开如图7-13所示的“形状面板”，其中显示许多预设的形状，单击其中一个即可选择。

图7-13 自定义形状工具选项栏

如果在“形状面板”中，没有找到需要的形状，可以单击“形状面板”右上角的按钮，在打开的下拉菜单中，选择需要的形状类型进行追加即可。

7.2.4 将选区转换为路径

除了使用路径工具和形状工具来绘制路径外，也可以将绘制好的选区转换为路径。在转换时，将消除选区上的所有羽化效果。其操作方法如下。

（1）建立选区，如图7-14（a）所示，然后执行下列操作之一。

① 单击“路径”面板底部的“从选区生成工作路径”按钮，在不打开“建立工作路径”对话框的情况下，使用当前默认的容差设置将选区转换为工作路径。

② 按住 Alt 键并单击“路径”面板底部的“从选区生成工作路径”按钮，或者选择“路径”面板菜单中“建立工作路径”命令，将打开图7-14（b）所示的对话框。

（2）在“建立工作路径”对话框中，输入容差值，或使用默认值，然后单击“确定”按钮。新建的工作路径就会显示在“路径面板”上，如图7-14（c）所示。

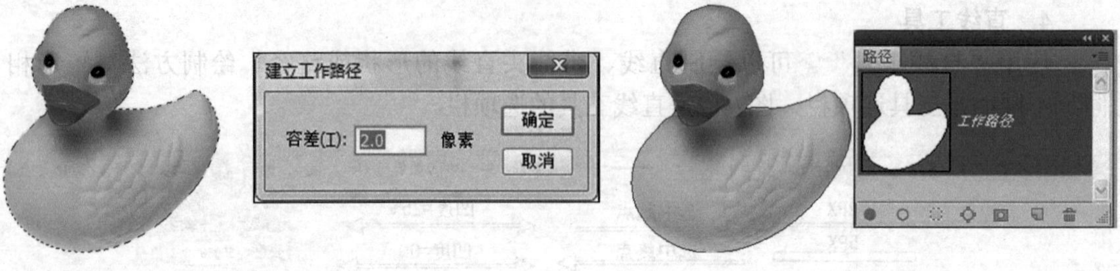

（a）选区　（b）建立工作路径对话框　（c）建立的工作路径

图7-14　将选区转换为路径

提示

容差值的范围为0.5～10像素，用于确定“建立工作路径”命令对选区形状微小变化的敏感程度。容差值越高，用于绘制路径的锚点越少，路径也越平滑。如果路径用作剪贴路径，并且在打印图像时遇到问题，则应使用较高的容差值。

7.3 路径的编辑

使用钢笔工具绘制的路径，往往不符合要求，需要进一步调整和编辑。路径的编辑包括两个方面：一方面是指通过路径编辑工具，如添加锚点工具、删除锚点工具、转点工具、直接选择工具和路径选择工具，调整路径的形状和位置；另一方面是指通过“路径面板”对路径复制、删除、显示、隐藏及存储等。

7.3.1 选择路径和锚点

在编辑路径之前需要选择路径和锚点，选择路径的常用工具是“路径选择工具”和“直接选择工具”。

“路径选择工具”选择的是整个路径，在路径的任何位置单击，即可以选中路径，并且选中的路径以实心点方式显示各个锚点，如图7-15（a）所示。

“直接选择工具”选择的是路径段或路径上的锚点，单击路径上的一个锚点，可以选中此锚点，选中的锚点以实心点方式显示，未选中的锚点以空心点方式显示，如图7-15（b）所示。如果要选择多个锚点，按住Shift键后，再单击其他锚点。

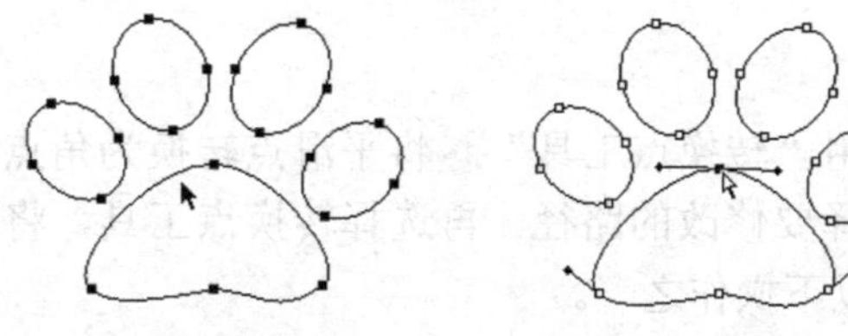

（a）　　（b）

图7-15　选择路径

7.3.2　调整曲线段的位置或形状

要调整曲线段的位置或形状，使用“直接选择工具”，选择一条曲线段或曲线段任意一个端点上的一个锚点。如果锚点存在调整手柄，则将显示这些调整手柄，如图7-15（a）所示。然后执行下列操作之一，即可调整曲线段的位置或形状。

（1）要调整曲线段的位置，使用“直接选择工具”拖移此曲线段，如图7-16（a）所示。按住Shift键拖动可将调整限制为45°的倍数。

（2）要调整所选中锚点任意一侧曲线段的形状，拖移此锚点或调整手柄，如图7-16（b）所示。按住Shift键拖动可将移动约束到 45 °的倍数。

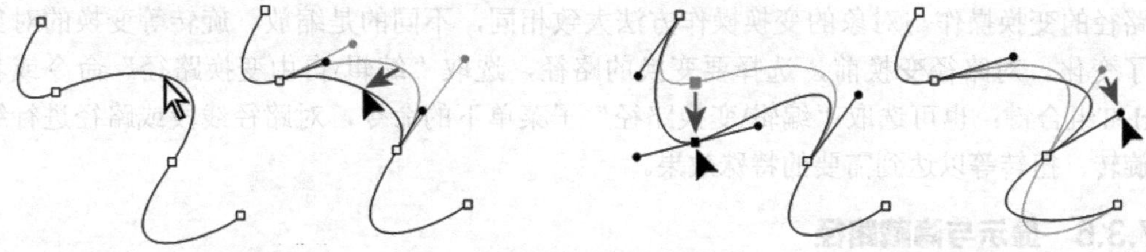

（a）拖动曲线段　　（b）拖动锚点或调整手柄

图7-16　调整曲线段的位置和方向

提示

也可以对曲线段或锚点应用某种变换，如缩放或旋转。

7.3.3　添加锚点与删除锚点

使用“添加锚点工具”在路径上单击，可以添加一个锚点；使用“删除锚点工具”在锚点上单击，可以删除该锚点。

如果在钢笔工具选项栏上选择了“自动添加/删除”选项，使用“钢笔工具”在路径上单击，可以添加锚点；使用“钢笔工具”在锚点上单击，可以删除该锚点。

提示

在选择“添加锚点工具”或“删除锚点工具”的情况下，按住Alt键，则可以在这两个工具之间切换。

7.3.4 转换锚点

创建路径后，可以使用“转换点工具” 将平滑点转换为角点，或者将角点转化为平滑点。在转锚点时，先选择要修改的路径，再选择转换点工具，将转换点工具放置在要转换的锚点上方，然后执行以下操作之一。

（1）要将角点转换成平滑点，将角点向外拖动，拖出方向线，如图7-17（a）所示。

（2）如果要将平滑点转换成没有方向线的角点，单击平滑点，如图7-17（b）所示。

（3）要将没有方向线的角点转换为具有独立方向线的角点，首先拖动角点，命名之成为具有方向线的平滑点。松开鼠标，然后拖动任意一方的调整手柄，如图7-17（c）所示。

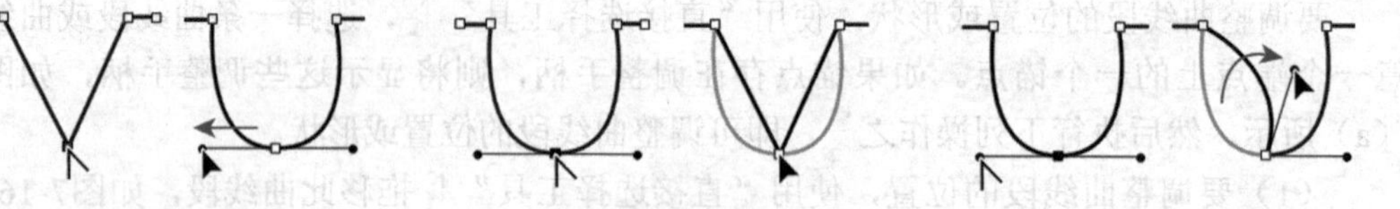

（a）角点转换成平滑点　（b）平滑点转换成角点　（c）平滑点转换成角点

图7-17 转换锚点

7.3.5 变换路径

路径的变换操作与对象的变换操作方法大致相同，不同的是缩放、旋转等变换的对象发生了变化。对路径变换前，选择要变换的路径，选取“编辑\自由变换路径”命令或者按Ctrl+T组合键；也可选取“编辑\变换路径”子菜单下的命令，对路径线段或路径进行缩放、旋转、扭转等以达到需要的特殊效果。

7.3.6 显示与隐藏路径

绘制好的路径会始终出现在图像中，在对图层中的图像进行编辑时，路径会给编辑图层内容带来很多不便。例如，在图层中绘制了一个选区，进行删除操作时，就会删除路径的内容。为了在图层的编辑中不受路径的影响，应该将路径及时隐藏。隐藏后，再需要编辑此路径时，又应该将此路径显示出来，隐藏与显示路径的操作方法如下。

（1）需要隐藏路径时，可以在“路径”面板的空白处单击即可，如图7-18（a）所示。

（2）需要重新显示路径时，在“路径”面板单击需要显示的路径名称，如图7-18（b）所示，即可以在文件中显示选中的路径。

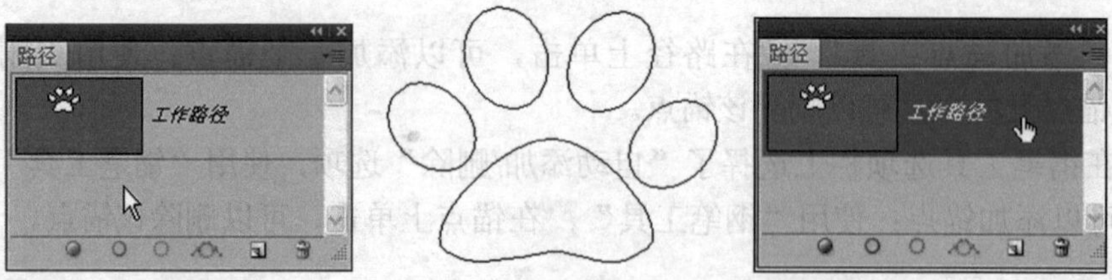

（a）隐藏路径　（b）显示路径

图7-18 路径的显示与隐藏

提示

按Ctrl+H组合键可以快速显示或隐藏图像中的路径。

7.3.7 移动和复制路径

1. 移动路径

新绘制的路径的位置往往不合适，这就需要对路径进行移动，其操作方法如下。

（1）在“路径”面板中，使用“路径选择工具”单击需要移动的路径，选择此路径。若要选择多个路径，按住 Shift键并单击每个其他路径，将其添加到选择的路径中。

（2）拖动鼠标，将路径移到新位置即可。

2. 复制路径

要复制路径，在“路径”面板中使用“路径选择工具单击”单击路径名，选择此路径，然后执行下列操作之一即可。

（1）要复制路径但不重命名它，可将“路径”面板中的路径名拖动到面板底部的“新建路径”按钮。

（2）要复制并重命名路径，按住Alt键单击“路径”底部的“新建路径”按钮。或从“路径”面板菜单中选取“复制路径”命令。将会打开“复制路径”对话框，在此对话框中输入路径的新名称，单击“确定”按钮。

（3）要将路径复制到另一路径中，选择要复制的路径，并选取“编辑\拷贝”命令。然后选择目标路径，并选取“编辑\粘贴”命令。

7.3.8 存储路径与删除路径

1. 存储路径

当使用“钢笔工具”或形状工具创建工作路径时，新的路径以“工作路径”的形式出现在“路径”面板中。“工作路径”是临时的路径，如果没有存储，再次开始绘制新的路径时，新绘制的路径将取代现有路径。为了保证绘制好的路径不丢失，必须存储它，其操作方法如下。

（1）要存储路径但不重命名它，将“工作路径”名称拖动到“路径面板”底部的“创建新路径”按钮上即可。

（2）要存储并重命名路径，从“路径”面板菜单中选取“存储路径”，然后在“存储路径”对话框中输入新的路径名，如图7-19所示。

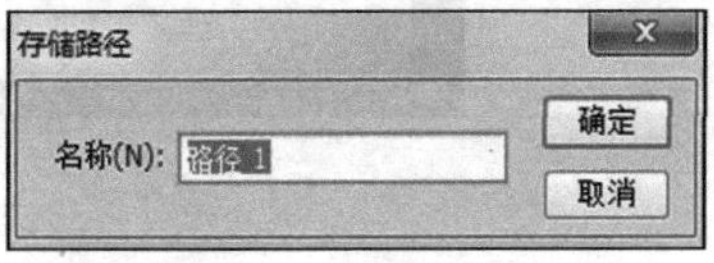

图7-19 存储路径

2. 删除路径

图像中没有用的路径，可以将其删除，在“路径”面板中单击需要删除的路径名，执行下列操作之一。

（1）将路径拖动到“路径”面板底部的“删除当前路径”图标上。

（2）从“路径”面板菜单中选取“删除路径”命令。

7.4 路径的应用

一个路径绘制完成后，可以直接对路径进行描边和填充操作，或将其转换为选取范围，也可以将其存储为剪贴路径，为插入排版软件中的图像去除剪贴路径外的图像背景。

7.4.1 描边路径

“描边路径”命令可以沿任何路径创建绘画描边（使用绘画工具的当前设置）。在对路径进行描边时，颜色值会出现在现用图层上。

提示

描边路径时，必须选中的是一般图层，如果选择的是蒙版、文本、填充、调整或智能对象图层时，无法对路径进行描边。

实例7-2：制作邮票

本实例应用画笔对路径描边及文字工具，制作邮票。

（1）新建一个文件，并将背景图层填充为深红色（R:41，G:42，B:50）。

（2）单击“图层”面板底部的“创建新图层”按钮，建一个命名为图层1的新图层。

（3）选择“矩形选框工具”，绘制矩形选区，并为选区填充上白色。单击“路径”面板底部的“从选区生成工作路径”按钮，将矩形选区再转换为工作路径，如图7-20（a）所示。

（4）选择“画笔工具”，在工具选项栏中单击按钮，打开“画笔”控制面板，设置画笔直径为10像素，硬度为100%，间距为200%，如图7-20（b）所示。

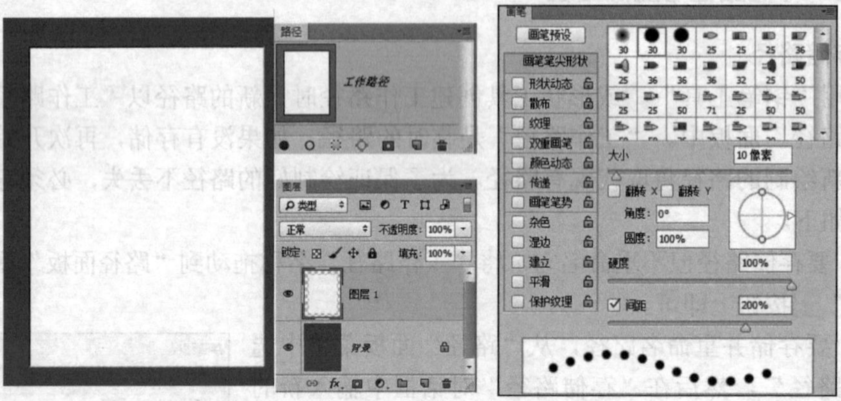

（a）　（b）

图7-20　新建的路径及画笔面板

（5）再创建一个新图层，在“路径面板”底部单击“用画笔描边路径”按钮。在“路径”面板空白部分单击，取消路径的选择。按住Ctrl键，单击画笔描边图层的缩览图，将画笔描边转换为选区。单击白色矩形所在的图层1，按Delete键，删除选区中的图像，形成邮票的锯齿，如图7-21（a）所示。然后再删画笔描边所在的图层2。

（6）打开一张图片，将其复制到新建的文件中，然后按Ctrl+T组合键调整图片大小和位置，效果如图7-21（b）所示。

（7）在工具箱中选择“文本工具”，在图像上输入“中国邮政”和“80分”，设置文字的字体和大小，如图7-21（c）所示。

（8）在“图层面板”上，选择背景图层除外的所有图层，执行“图层\合并图像”命令。然后，单击“图层面板”底部的“添加图层样式”按钮，为图层添加阴影效果，最后效果如图7-21（d）所示。

（a）路径描边效果　（b）置入图片效果　（c）输入文字后的效果　（d）添加阴影后的效果

图7-21　邮票制作过程图

7.4.2　填充路径

使用钢笔工具创建的路径后，利用“填充路径”命令，可以使用前景色、背景色和图案来填充路径包围的内部区域。

在“路径”面板上选择要填充的路径，执行下列操作之一，即完成路径填充。

（1）直接单击路径浮动面板底部的“填充路径”按钮，以前景色自动填充路径。

（2）在“路径”面板菜单中选择“填充路径”命令，或者按住Alt键后单击“路径面板”底部的“填充路径”按钮弹出“填充路径”对话框。设置选项后，单击“确定”按钮，即完成路径填充。

7.4.3　路径与选区互换

选区可以转化为工作路径，路径也可以转化为选区。因此，常用路径这些功能制作出形状较为复杂的精确选区。下面以一具体实例说明如何将路径转化为选区。

实例7-3：改变照片背景色调

本实例利用钢笔工具绘制路径，转换为选区。色彩平衡调整背景色彩，图层样式叠加图案，婚纱由白色变成花婚纱。

（1）打开图7-22（a）所示的图片，并利用钢笔工具绘制两条路径。“路径1”是沿着图像中人的外形绘制的；“路径2”是沿着人的衣服绘制的，分为上、下两个路径（也可将径路1复制，然后选择选项栏上的“减去顶层形状”，减去不需要的路径）。两条路径效果见图7-22（a）所示路径面板。

（2）在“路径面板”上单击“路径1”名称，选中此路径。再单击“路径面板”底部的“将路径作为选区载入”按钮，将路径转化为选区，然后按Ctrl+C组合键和Ctrl+V组合键将选区中的图像复制到新图层。

（3）利用同样的方法，分别将“路径2”转化为选区，并将选区中的婚纱图像分别复制到新图层，效果如图7-22（b）所示。

提示

复制选区中图像时，选中的图层应为“背景”图层。并且保持路径未选中。

（4）打开图7-22（c）所示图片，执行“编辑\定义图案”命令，将其定义为图案。

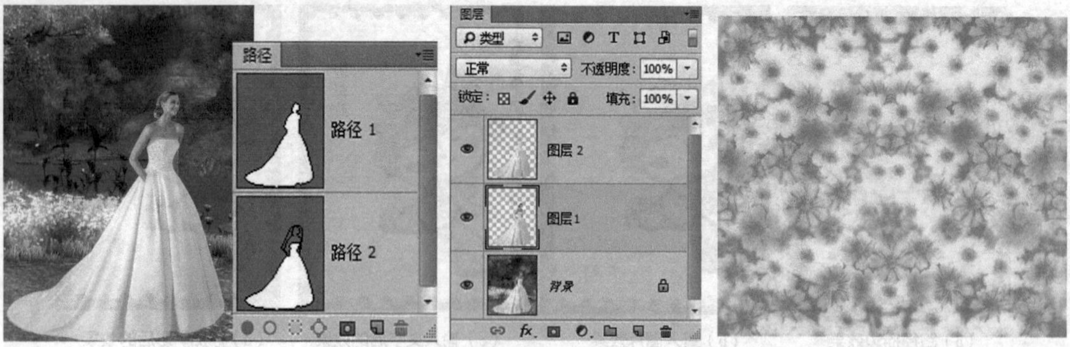

（a）原稿及绘制的两条路径　　（b）复制后得到的两个图层　　（c）原稿

图7-22　钢笔工具选择人物和婚纱

（5）再回到人物图像中，选择衣服所在的“图层2”，单击“图层面板”底部的“添加图层样式”按钮，并在下拉菜单中选择“图案叠加”命令，在打开的对话框中，将“混合模式”设置为“正片叠加”，“缩放”调为150%，图像效果如图7-23（a）所示。

（6）单击“图层面板”上双击“背景”图层，将它转化为“图层0”，单击“创建新的填充与调节图层”按钮，选择“色彩平衡”命令，在“属性”面板中，分别调整“中间调”“高光”和“阴影”的颜色值，如图7-23（b）所示，调整后效果如图7-23（c）所示。

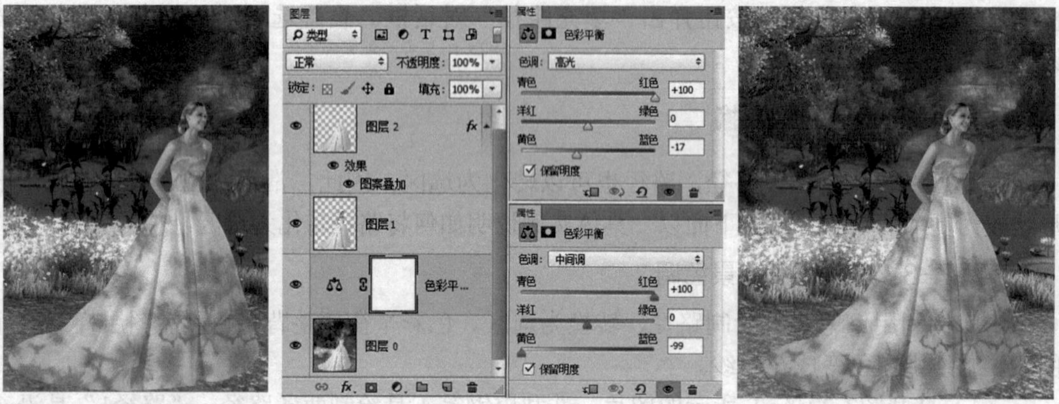

（a）图案叠加后效果　　（b）色彩平衡属性设置　　（c）图像最后效果

图7-23　叠加图案和调整图像背景颜色

7.4.4　输出剪贴路径

利用剪贴路径，可以为图像去除背景，即存储剪贴路径的图像插入InDesign、飞腾等排版软件中，在剪贴路径内的图像可以显示，而在剪贴路径之外的图像会被变成透明区域，其具体操作如下。

（1）打开要存储剪贴路径的图像，如图7-24（a）所示，在图像中绘制出路径。“路径面板”中就显示出该工作路径，将此工作路径拖到“路径面板”底部的“创建新路径”按钮，对临时的工作路径进行存储。然后，选择“路径面板”菜单中的“剪贴路径”命令。

提示

临时的工作路径不能进行剪贴路径输出。

（2）此时，会打开图7-24（b）所示的“剪贴路径”对话框。

路径：在此下拉框中选择要剪贴的路径。

展平度：该选项用于设置控制线的平滑度，变化范围为0.2～100。其值越大，曲线上的锚点越多，线段数目也就越多，曲线也就越精确。通常，对于1200～2400dpi的高分辨率输出的图像，其“展平度”值可设置为8～10；对于300～600dpi的低分辨率输出的图像，其“展平度”值可设置为1～3。

（3）设置好参数后，单击“确定”按钮，将图像存储为TIFF（或JPEG）格式图像文件。然后插入InDesign和飞腾排版软件中，图像就可去除背景，效果如图7-24（c）所示。

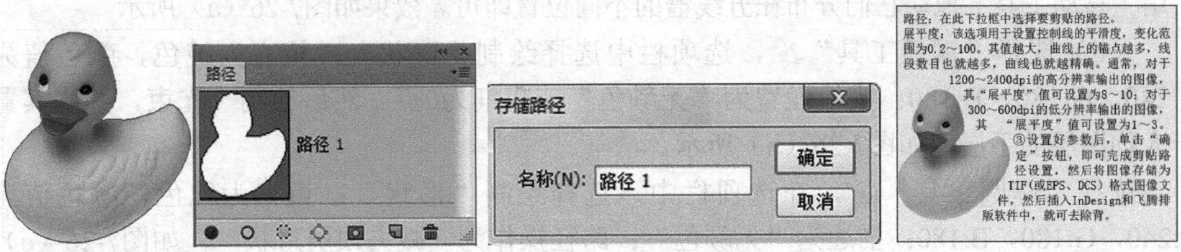

（a）绘制的路径　（b）剪贴路径　（c）排版效果

图7-24　图像输出剪贴路径

7.5 综合实例：音乐海报

本实例综合应用钢笔工具、形状工具、图层蒙版和图层样式制作音乐海报。

（1）创建一个新文件，命名为“音乐海报”。文件的宽度为30cm，高度为20cm，分辨率为72ppi，白色背景。

（2）打开人物文件，并将它复制到“音乐海报”文件中。按Ctrl+T组合键，进入自由变换状态。按Shift键，并拖动控制把柄，将其调整到合适大小。利用“快速选择工具”选择图像人物，单击选项栏中的“边缘调整”命令，在“白底”下查看图像边缘选择情况，适当调整参数，去掉边缘的红色，“输出到”设置为“图层蒙版”，单击“确定”按钮，效果如图7-25（a）所示。

（3）选择“钢笔工具”，选项栏上设置绘制路径，绘制图7-25（b）所示的一条路径，然后通过复制、移动路径、调节和移动锚点得到其他四条路径，效果如图7-25（c）所示。单击“路径”面板右上角的面板菜单，选择“存储路径”命令，命名为路径1。

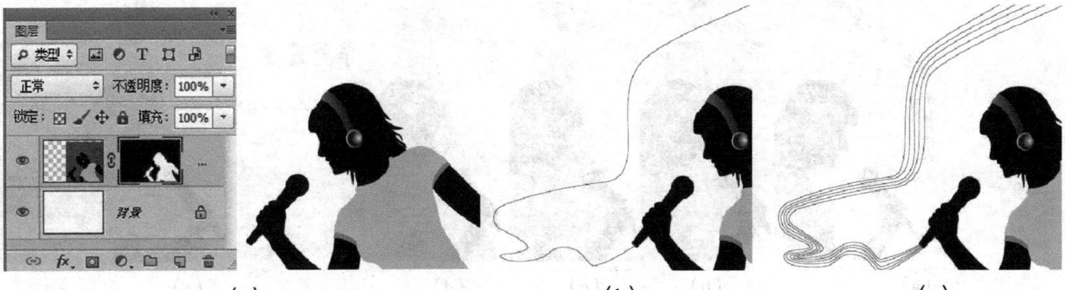

（a）　（b）　（c）

图7-25　钢笔工具绘制五线谱

（4）新建一个图层，命名为五线谱。前景色设置黑色，选择“画笔工具”，设置画笔大小为1像素，硬度为100%，单击“路径”面板底端的“用画笔描边路径”按钮。

（5）打开乐符文件，复制需要的乐符到“音乐海报”文件中，单击“图层”面板底部的“添加图层样式”，为其添加“斜面和浮雕”，其参数设置：样式为“内斜面”；方法为“平滑”；深度为“200%”；大小为10像素，阴影的不透明度为“0%”，其他默认。

其他音符设置方法相同，若音符颜色需要改变，在图层样式中添加“颜色叠加”即可，叠加的颜色设置为需要的颜色。按Ctrl+T组合键，进入自由变换，可调整其大小和旋转，然后用“移动工具”拖动它们分布在五线谱的不同位置即可。效果如图7-26（a）所示。

（6）选择“钢笔工具”，选项栏中选择绘制“形状”；填充为纯色，颜色值为R:240，G:180，B:180；描边设置为“无颜色”或粗细为0点。然后绘制一光束，并将其置于人物图层的下层，如图7-26（b）所示。

选择“椭圆工具”，在选项栏中，选择绘制“形状”；填充为纯色，颜色值为R:240，G:180，B:180；描边为“无颜色”；路径操作为“减去顶层形状”，如图7-26（c）所示。

在路径面板空白处单击，取消路径的选择。选择“椭圆工具”，选项栏上的路径操作设置为“新建图层”，然后再绘制一个椭圆。效果如图7-26（d）所示。

（7）利用同样的方法，再绘其他颜色的两个光束。绿色的颜色值为R:180，G:240，B:180；蓝色的颜色值为R:180，G:180，B:240。

提示

绘制新的光束时，要保证“路径”面板中，没有路径被选中。形状选项栏中“路径操作”设置为“新建图层”。

（8）选择“横排文字工具”输入“毕业晚会”，设置字体为“汉仪长美黑简”；字的大小为60点。字的颜色为红色，颜色值为R:204，G:0，B:0。并为此图层添加“斜面和浮雕”样式，参数设置：样式为“浮雕效果”，深度为134%，大小为6像素，其他默认。

（9）再输入时间和地点，字体为黑体，大小为20点。最后效果如图7-26（e）所示。

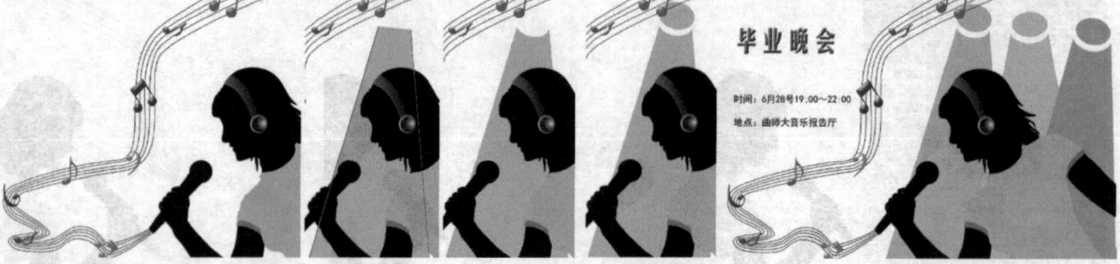

（a）（b）（c）（d）（e）

图7-26　毕业晚会海报

习题

本章部分图片

一、选择题

1. 路径是由（　　）组成的。

（A）直线　　（B）曲线

（C）锚点　　（D）像素

2. 要在平滑点与角点之间进行转换，可以使用（　　）。

（A）添加锚点工具　　（B）删除锚点工具

（C）转换点工具　　（D）直接选择工具

3. 当将浮动的选择范围转换为路径时，所创建的路径的状态是（　　）。

（A）工作路径　　（B）描边的子路径　　（C）剪贴路径　　（D）填充的子路径

4. 按住Alt键的同时，使用（　　）将路径选择后，拖动该路径将会复制该路径。

（A）钢笔工具　　（B）路径选择工具

（C）直接选择工具　　（D）移动工具

5. 下列关于路径的描述正确的是（　　）。

（A）路径可以用画笔工具进行描边

（B）路径调板中路径的名称可以随时修改

（C）当对路径进行填充颜色的时候，路径不可以创建镂空的效果

（D）路径可以随时转化为浮动的选区

6. 按住（　　）键的同时单击路径面板中的填充路径图标，会弹出填充路径对话框。

（A）Shift　　（B）Alt　　（C）Ctrl　　（D）Shift+Ctrl

7. 关于“自定形状工具”，使用Photoshop默认用法，以下说法正确的是（　　）。

（A）自定形状工具绘制的对象会以一个新图层的形式出现

（B）自定形状工具绘制的对象是矢量的

（C）可以用钢笔工具对自定形状工具绘制对象的形状进行修改

（D）自定形状工具画出的对象实际上是一条路径曲线

8. “裁贴路径”命令对话框中的“展平度”是用来（　　）。

（A）定义曲线由多少个节点组成　　（B）定义曲线由多少个直线片段组成

（C）定义曲线由多少个端点组成　　（D）定义曲线边缘由多少个像素组成

二、操作题

1. 利用矩形工具和多边形工具绘制图7-27所示的Adobe标志。

图7-27 Adobe标志

2. 利用钢笔工具绘制一个苹果路径，并用填充渐变，最后效果如图7-28所示。

图7-28 绘制的苹果

3. 先定义画笔，利用钢笔工具绘制一个心形路径，对该路径进行画笔描边。再将心形路径进行复制，利用复制的路径为图7-29（a）所示的图像添加矢量蒙版，效果如图7-29（b）所示。

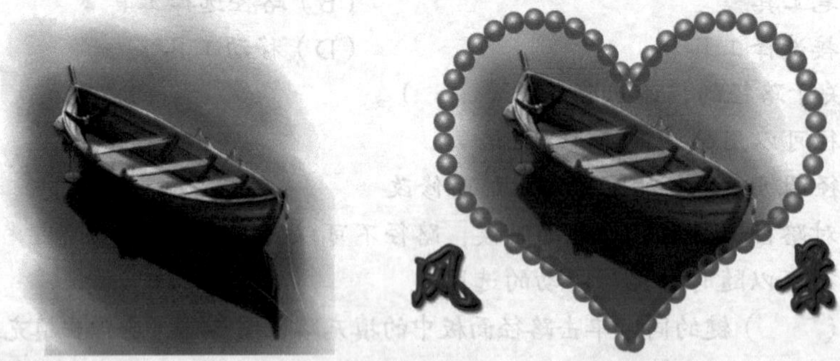

（a）原稿　　（b）效果图

图7-29 画笔描边

第8章　文字的输入与编辑

学习要点：

- ◆掌握4种文字输入工具的使用，了解文字蒙版工具与文字工具的区别
- ◆掌握点文字、段落文字和路径文字的创建方法
- ◆了解点文字与段落文字之间的相互转化
- ◆掌握文字编辑方法和变形文字的创建

文字处理也是Photoshop中较为重要的内容。使用文字工具可以创建各种类型的文字，使用字符面板和段落面板可以更改文字的属性。对文字进行变形，制作各种特效文字，以满足平面设计作品中字体设计需要。

8.1　输入文字

Photoshop 中的文字是基于矢量的文字轮廓组成。当输入文字时，“图层”面板中会添加一个新的文字图层。文字图层创建后，可以编辑文字并对其应用图层命令。不过，在对文字图层进行栅格化后，栅格化文字不再具有矢量轮廓并且不能作为文字进行编辑。

在Photoshop中提供了四种文字输入方式，即以点文字的方式输入、以段落文字的方式输入、以路径文字的方式输入及以蒙版文字的方式输入。

8.1.1　输入点文字

点文字是一个水平或垂直文本行，从单击的位置开始，行的长度随着编辑会增加或缩短，但不会换行。若要在图像中添加少量文字，可以采用此方法输入文本，具体操作方法如下。

（1）选择“横排文字工具”T或“直排文字工具”IT。

（2）在图像中单击，为文字设置插入点。I型光标中的小线条标记的是文字基线。对于直排文字，基线标记的是文字字符的中心轴。

（3）在选项栏中设置文字的选项，输入文字后，单击“确认”✓按钮，如图8-1所示。

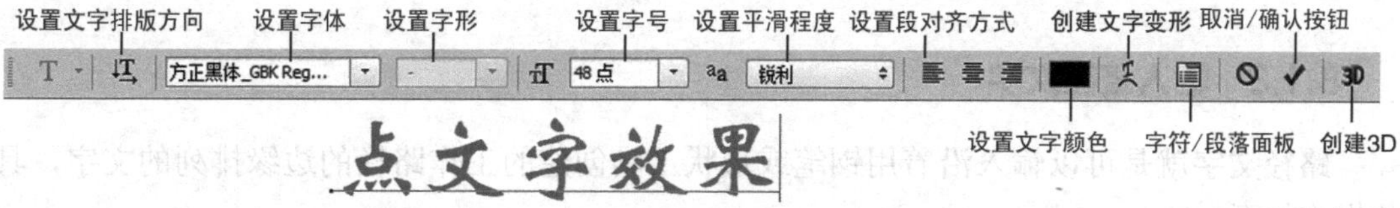

图8-1　文字工具选项栏及点文字效果

8.1.2 输入段落文字

段落文字用于创建和编辑内容较多的文字信息，通常为一个或多个段落。输入段落文字时，文字被限制在定界框内，文字可以在定界框中自动换行，以形成块状的区域文字。文字定界框可以是在图像中划出一矩形范围，也可以将路径形状定义为文字定界框，通过调整定界框的大小、角度、缩放和斜切来调整段落文字的外观效果，具体操作如下。

（1）在工具箱中，选择“横排文字工具”T或“直排文字工具”IT。

（2）将鼠标指针移到图像窗口，按鼠标左键，拖出一个矩形框；或按住Alt键单击，将打开“段落文本大小”对话框。输入“宽度”值和“高度”值，单击“确定”按钮。

（3）在选项栏中，设置文字选项，输入文字。要输入新段落，按Enter键换段，如果输入的文字超出外框所能容纳的大小，外框上将出现溢出图标。

（4）如果需要，可调整外框的大小、旋转或斜切外框。调整完成后，单击选项栏中的“确定”按钮✓，最后效果如图8-2（a）所示。

提示

如果需要将路径定义为文字定界框，使用“钢笔”工具或形状工具，在图像中绘制路径，来定义段落文字的输入范围。再选择文字工具，将光标放置在路径内，当光标变为I形状时单击鼠标，这时将把路径定义段落文字定界框，在其中输入文字即可，如图8-2（b）所示。

（a）矩形文字定界框

（b）路径形状定义的文字定界框

图8-2 段落文字效果

8.1.3 输入路径文字

路径文字就是可以输入沿着用钢笔或形状工具创建的工作路径的边缘排列的文字，具体操作如下。

（1）在工具箱中，选择钢笔工具或形状工具，绘制需要的路径。

（2）在工具箱中，选择“横排文字工具”T或“直排文字工具”IT。

（3）将鼠标指针移到路径上，当光标变为时，单击鼠标左键，路径上会出现一个插入点，输入文字。横排文字沿着路径显示，与基线垂直。直排文字沿着路径显示，与基线平行，效果如图8-3所示。

图8-3 路径文字效果

8.1.4 创建选区文字

选区文字是通过“横排文字蒙版”工具或“直排文字蒙版”工具创建的。文字蒙版与快速蒙版相似，都是一种临时性的蒙版，退出蒙版状态，就转化为选区，文字选区显示在现用图层上，可以像其他选区一样进行移动、拷贝、填充或描边。下面以实例介绍其用法。

实例8-1：制作立体字

本实例应用文字蒙版工具，制作文字选区，利用浮雕和通道制作高光和暗调选区，分别填充白色和黑色，制作立体效果。

（1）打开一张风景图片，在工具箱中选择“横排文字蒙版”工具，输入文字。

（2）单击工具箱中的其他工具，把蒙版文字变为选区，如图8-4（a）所示。

（3）执行“选择\存储选区”命令，默认为Alpha1通道。在“通道面板”中，选中Alpha1通道，按Ctrl+D组合键取消选择。再执行“滤镜\风格化\浮雕”命令，其中“角度”设为135°，“高度”设为3像素，“数量”设为100%。

（4）将Alpha1通道复制为Alpha2，选择Alpha2通道，执行“图像\调整\反相”命令。再执行“图像\调整\阈值”命令，“阈值色阶值”设置为180。把Alpha1作为目标通道，“图像\调整\阈值”，“阈值色阶值”设置为180。

（5）单击RGB通道，隐藏2个Alpha通道。执行“选择\载入选区”命令，载入Alpha1，即右下边缘选区，用深颜色填充选区。再执行“选择\载入选区”，加载Alpha2，得到左上边缘选区，用浅颜色填充选区。最后效果如图8-4（b）所示。

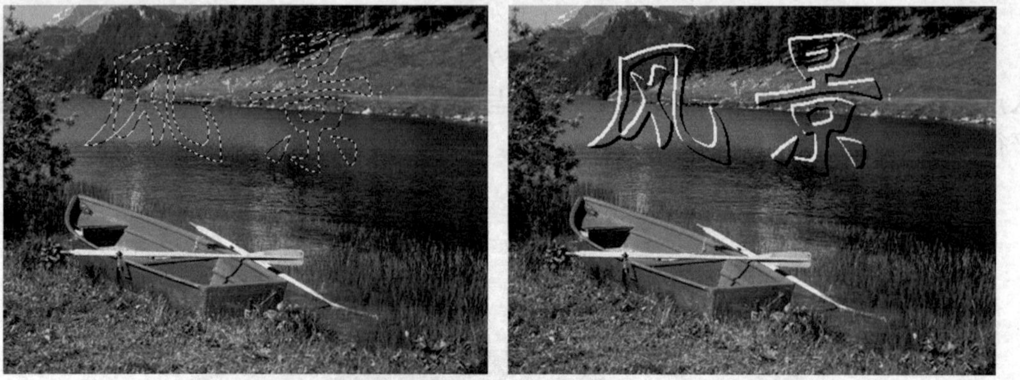

（a）文字选区　　（b）立体字的效果

图8-4　利用蒙版文字工具制作立体字

8.2 编辑文本

在图像窗口输入文字后，文字的格式可能不能满足需要，需要改变文字属性，或者对文字做一些特殊效果，如对文字进行变形、将文字转化为形状或栅格化文字图层等。

8.2.1 编辑文字属性

文本图层具有可以反复修改的灵活性，对输入的文字属性不满意时，可以重新设置这些属性，以更改文字图层中所选字符的外观，其操作方法如下。

（1）选择横排文字工具 T 或直排文字工具 IT。双击“图层”面板中文字图层的缩览图，以选中此文字图层中的所有文字；或者在图像窗口中的文本中单击，并拖动鼠标左键，以选择一个或多个字符。

（2）执行“窗口\字符”命令，或者在文字工具处于选定状态的情况下，单击选项栏中的“切换字符与段落面板”按钮，将打开图8-5所示的“字符”面板。在该面板中可以设置文字的字体、字号、字间距、行距及垂直和水平缩放等字符格式。

（3）执行“窗口\段落”命令，将会打开图8-6所示的“段落”面板。在该面板中可设置文字段落的对齐方式、段前距、段后距、左缩进、右缩进及首行缩进等段落属性。

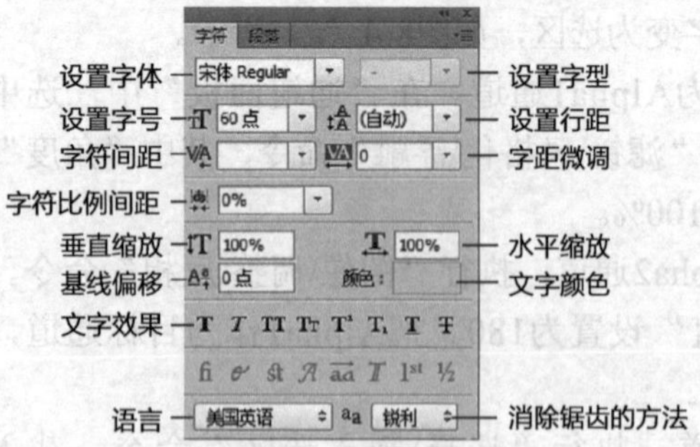

图8-5　字符面板

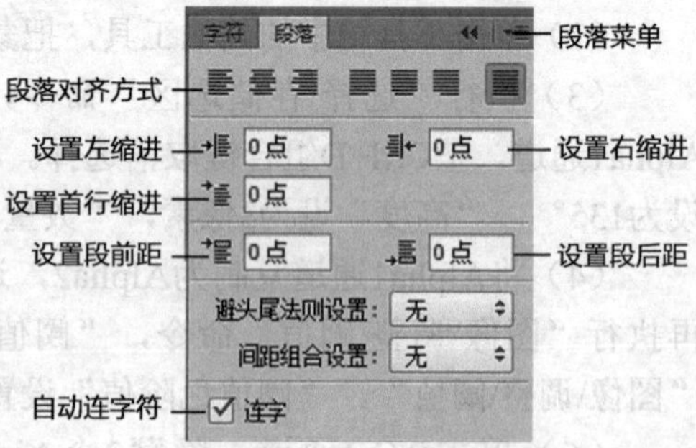

图8-6　段落面板

（4）如果要对文字创建特殊效果，可以对文字进行变形操作。在“图层面板”上选择要变形的文字图层，在文字工具处于选定状态的情况下，单击选项栏中的“变形文字”按钮，将打开图8-7所示的“变形文字”对话框。从“样式”弹出式菜单中选取一种变形样式，然后选择变形效果的方向：“水平”或“垂直”。如果需要，可指定其他变形选项的值。其中，“弯曲”选项指定对图层应用变形的程度；“水平扭曲”或“垂直扭曲”选项会对变形应用透视。以上设置完成后，单击选项栏中的“确认”按钮或按键盘上的 Enter 键，最后效果如图8-7所示。

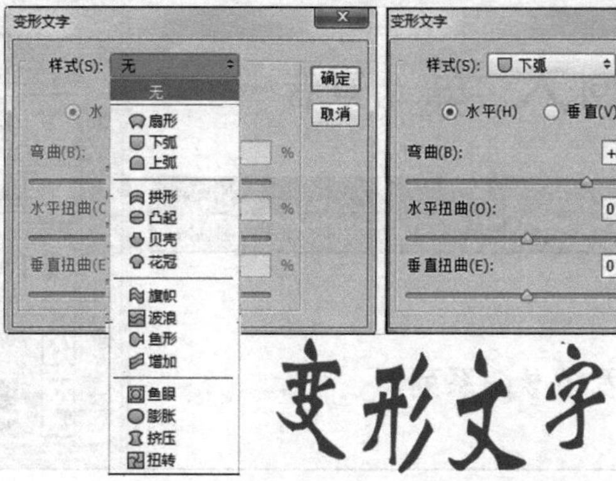

图8-7 变形对话框及文字变形效果

实例8-2：手机广告

本实例综合应用图层蒙版、图层样式、钢笔工具和文字工具，制作手机广告。

（1）新建一个19cm×26cm的文件。新建一个图层1，绘制一个矩形选区，从左向右填充深蓝到浅蓝的线性渐变。给图层1添加一个图层蒙版，单击“图层面板”中的“图层蒙版”缩览，从上向下给此图层蒙版填充从白到黑的渐变，效果如图8-8（a）所示。

（2）打开水波纹图片，将其复制至新建文件中。按Ctrl+T组合键，调整图片的大小和位置。添加图层蒙版，给图层蒙版填充一个黑、白、黑的渐变，效果如图8-8（b）所示。

（3）选择“横排文字工具”，在工具选项栏中，设置字体为“Georgia”、字形为“Bold”、大小为“90点”、颜色为“白色”。然后输入“Dream”，将此图层放在图层2，即水波纹所在图层的下面，效果如图8-8（c）所示。

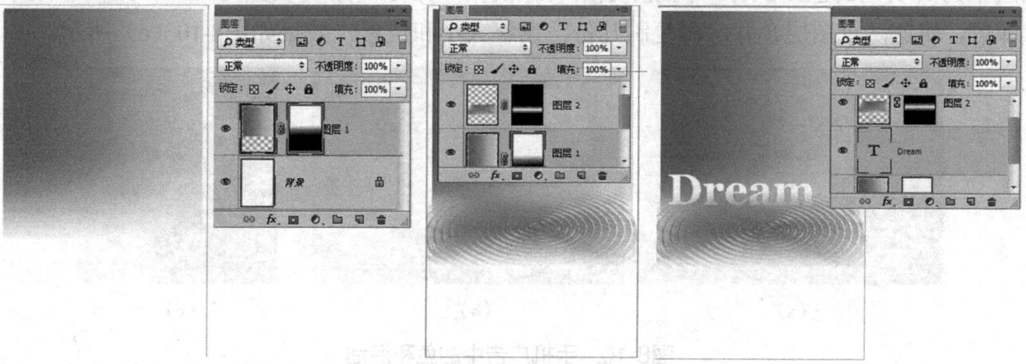

（a） （b） （c）

图8-8 手机广告制作

（4）输入“聆听鱼儿游回大海的声音……”，单击选项栏中的“切换字符与段落面板”按钮，打开“字符”面板。利用“横排文字工具”，选中要更改属性的文字，在

“字符”面板中更改文字的大小、垂直缩放、水平缩放及字间距等。然后在此文字图层下面，新建一个图3，在“鱼”等文字下面绘制矩形选区，填充需要的颜色，并将图层透明度改为50%，文字效果如图8-9所示。

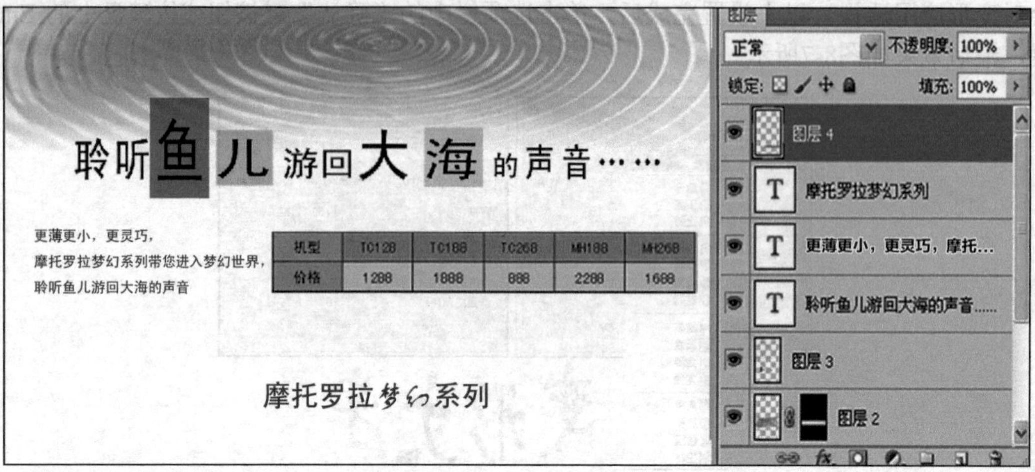

图8-9　手机广告文字效果

（5）选择“横排文字工具”T，按住鼠标左键拖出一个区域，在区域中输入“更薄更小，更灵巧，摩托罗拉梦幻系列带您进入梦幻世界，聆听鱼儿游回大海的声音”，并在“字符”面板设置文字的字体与大小。利用同样的方法输入其他文字。

（6）在Word中绘制表格，并输入文字，设置表格的底纹。选中整个表格，按Ctrl+C组合键复制表格，然后回到PS文件，按Ctrl+V组合键，生成图层4，效果如图8-9所示。

（7）利用钢笔工具绘制如图8-10（a）所示的鱼形路径，将前景色设置为黄色，新建的图层5，单击“路径”面板底部的“用前景色填充路径”●按钮，为路径填充黄色，并为图层5设置“外发光”效果，发光颜色为白色，最后效果如图8-10（b）所示。

泡泡制作：新建一个图层，选择椭圆选框工具○，按Shift键，绘制一个正圆选区，为其填充从深蓝色到浅蓝色的圆形渐变。再利用矩形选框工具[ ]，绘制一个长方形选区，在新的图层中为其填充白色，执行“滤镜\模糊\动感模糊”命令，角度设置为90°，距离看效果设置即可，将这两个图层合并，再复制几份，调整大小和位置，效果如图8-10（c）所示。

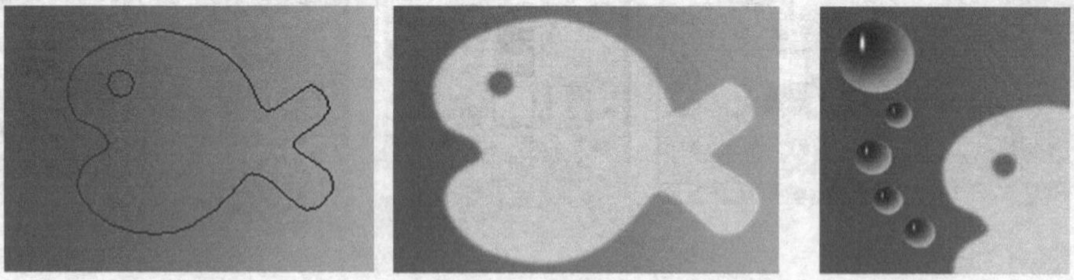

（a）　　（b）　　（c）

图8-10　手机广告中的鱼和泡泡

（8）在路径面板选中鱼形路径，执行“编辑\变形路径\缩放”命令，对路径进行缩放，然后再将路径转化为选区，在新的图层中，为其填充从红到黄的线型渐变。然后再复制这个图层，按Ctrl+T组合键对图层上的鱼进行缩放，如图8-11所示，利用同样的方法，再复制4层。

梦幻
Dream
聆听鱼儿游回大海的声音……
更薄更小，更灵巧，
摩托罗拉梦幻系列带您进入梦幻世界，
聆听鱼儿游回大海的声音
机型 TC128 TC188 TC268 MH188 MH268
价格 1288 1888 888 2288 1688
摩托罗拉梦幻系列

图8-11 手机广告效果图

（9）打开手机图片，将手机图片复制到图像文件中，为手机图片所在的图层添加图层蒙版，将前景色设置为黑色，选择画笔工具，对手机图片的背影进行涂抹，如图8-11所示。

（10）选择“直排文字蒙版”工具，输入“梦幻”，并在选项栏中设置文字大小及字体。在工具箱中单击任意工具，即变为文字选区。新建一个图层，利用渐变工具为文字选区填充一个线型渐变，并为此图层添加“斜面和浮雕”样式，效果如图8-11所示。

（11）再新建一个图层，利用“直线”工具，并在选项栏中单击“填充像素”按钮，在新建的图层上绘制田字格，并将此图层放在“梦幻”图层下面。最后合并所有图层，效果如图8-11所示。

8.2.2 转换点文字与段落文字

点文字和段落文字之间可以相互转换，其转换方法如下。

（1）在“图层面板”中选择“文字”图层。

（2）选取“图层\文字\转换为点文本”命令或“图层\文字\转换为段落文本”命令。

提示

将段落文字转换为点文字时，所有溢出外框的字符都被删除。要避免丢失文本，可以将文本框架调大，使全部文字在转换前都可见。

8.2.3 移动与翻转路径上的文字

创建路径文字后，文字的位置或排列不符合要求时，可以移动路径上的文字，或者翻转路径上的文字，其操作方法如下。

（1）选择“直接选择”工具或“路径选择”工具，并将其定位到文字上。指针会变为带箭头的I型光标，如图8-12（a）所示。

（2）要移动文本，单击并沿路径拖动文字，如图8-12（b）所示。

（3）要将文本翻转到路径的另一边，单击并横跨路径拖动文字，如图8-12（c）所示。

提示

如果要在不改变文字方向的情况下，将文字移动到路径的另一侧，应该使用“字符”面板中的“基线偏移”选项，在“基线偏移”文本框中输入一个负值，以便降低文字位置，使其沿圆圈顶部的内侧排列，如图8-12（d）所示。

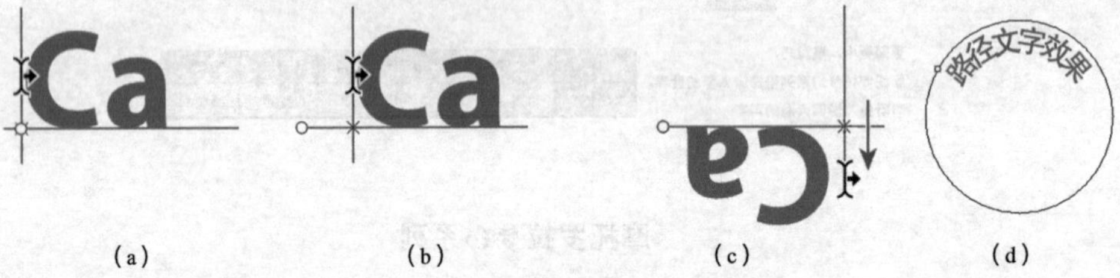

图8-12 路径文字的移动及翻转

8.2.4 改变文字路径形状

在路径上输入文字后，可以改变路径的形状，文字会在修改后的路径上重排，方法如下。选择直接选择工具。单击路径上的锚点，使用手柄改变路径的形状。

8.2.5 将文字转化为形状

除了可在“变形文字”对话框中对文字运行各种变形操作外，还可将文字创建成路径，或者转换成形状对文字运行更加细致精巧的变形操作。在将文字转换为形状时，文字图层被替换为具有矢量蒙版的图层，可以编辑矢量蒙版并对图层应用样式。但是，无法在图层中将字符作为文本进行编辑。文字转化为形状的操作方法：在“图层面板”中单击文字图层，执行“文字\转换为形状”命令。

提示

不能将基于不包含轮廓数据的字体（如位图字体）创建形状。

实例8-3：制作变形文字

本实例把输入的文字转化为曲线，并用直接选择工具调整曲线上锚点得到变形文字。

（1）新建一个图像文件，选择“横排文字工具”T，在选择工具栏中将字体设置为“方正行楷”，大小设置为150点，然后在图像窗口单击，并输入“印刷”。

（2）在“图层面板”单击文字图层，执行“文字\转化为形状”命令，文字图层被替换为具有矢量蒙版的形状图层，效果如图8-13（a）所示。

（3）“直接选择”工具调整部分节点的位置，以调整的文字形状，如图8-13（b）所示。

（4）利用“直接选择”工具，分别选择“印刷”字的部首曲线节点，将部首曲线分别存为新路径，分别将这些新路径转化为选区，为选区分别填充上“青、品、黄、黑”四种颜色，最后效果如图8-13（c）所示。

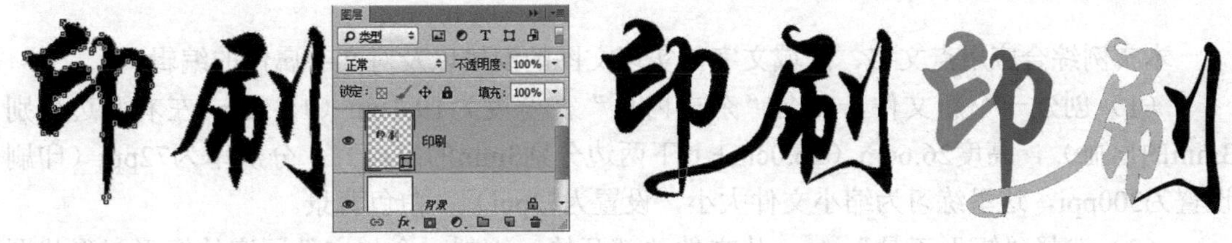

（a）　　　　（b）　　　　（c）

图8-13　文字转化为形状

8.2.6　栅格化文字图层

在Photoshop中，使用文字工具输入的文字是矢量图，优点是可以无限放大不会出现马赛克现象。而缺点是无法使用Photoshop中的滤镜，因此使用栅格化命令将文字栅格化，可以制作更加丰富的效果。但是，文字图层被栅格化后，其内容不能再作为文本编辑，其操作方法为：在“图层面板”中，选择文字图层并选取“图层\栅格化\文字”命令。

实例8-4：制作火焰字

本实例应用文字工具输入文字，并将文字图层删格化，使用滤镜命令制作火焰字。

（1）新建一个RGB图像文件，背景填充黑色。选择“横排文字工具”T，在工具选项栏中，字体设为“方正魏碑”、大小设为“200点”，颜色设为“白色”，输入“火焰字”。执行“文字\栅格化文字图层”命令。

（2）按住Ctrl键，单击“图层”面板中的文字图层缩览图，将会选中文字。单击“通道面板”底部的按钮，将选区存储为Alpha1。

（3）按Ctrl+D组合键取消选区。执行“图像\图像旋转\90度（逆时针）”命令。再执行“滤镜\风格化\风”命令，参数为默认值，单击“确定”按钮。

（4）再连续按两次Ctrl+F组合键，效果如图8-14（a）所示。执行“图像\图像旋转\90度（顺时针）”命令，回到正常状态。

（5）将Alpha1通道载入为选区，按Shift+Ctrl+I组合键，将选区反转。再执行“滤镜\

扭曲\波纹”命令，在弹出的对话框中设置“数量”为65%，“大小”为大，如图8-14（b）所示。

（6）按Ctrl+D组合键取消选区，执行“图像\模式\灰度”命令，将RGB色彩模式先转换为灰度模式后，再执行“图像\模式\索引颜色”命令，再将灰度模式转为索引模式。执行“模式\颜色表”命令，在“颜色表”中选择“黑体”，最后效果如图8-14（c）所示。

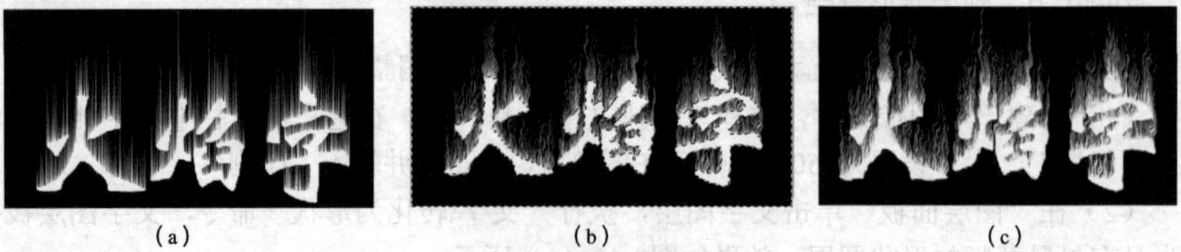

图8-14　火焰字效果

8.3 综合实例：杂志内页排版

本实例综合应用点文字、区域文字，实现文图的混排以及对文字属性的编辑。

（1）创建一个新文件，命名“杂志内页”，宽度为19.1cm（18.5cm+左右两边分别3mm的出血），高度26.6cm（26.0cm+上下两边分别3mm的出血），分辨率为72ppi（印刷设置为300ppi，这里练习为缩小文件大小，设置为72ppi），白色背景。

（2）选择“矩形工具”，从文件顶部开始，绘制一个与文件同宽的矩形（形状图层），并在选项栏中设置其“填充”为“纯色”，其颜色值R:232，G:196，B179。“描边”的宽度为0，矩形的高度H为130像素。效果如图8-15所示。

图8-15　杂志内页上部

同样方式再绘制一个矩形，填充颜色值为R:189，G:22，B:121，矩形高度为6像素。

（3）选择“横排文字工具”T，单击并输入“New”，单击选项栏“切换字符和段落面板”按钮，在打开的字符面板上设置字体为Time New Roman Bold；字号为140点；字距为-25；水平缩放为65%；文字颜色值为R:65，G:106，B:134。

在另一个文字图层中，输入“新品”，文字的字体为黑体；字号为24点，字距恢复为0；水平缩放为100%，文字颜色为黑色，效果如图8-15所示。

同样的方法输入“Fashion code”，设置字体为Arial Bold；字号为30点；颜色值为R:189，G:22，B:121；垂直缩放为：120%，效果如图8-15所示。

输入“时尚元素”，设置字体为“方正准圆”；字号为30点，垂直缩放恢复为100%；

文字颜色为黑色，效果如图8-15所示。

选择“横排文字工具” T，单击并拖动鼠标左键，绘制一个文字区域，输入“时尚潮流……永远胜出的不二法宝。”设置字体为黑体，字号为12点，效果如图8-15所示。

（4）选择“椭圆工具”，按住Shift键，绘制一个正圆（形状图层），设置填充颜色为R:65，G:106，B:134。然后再复制5个层，将最上层圆向右移动，使其右边缘与元素的素对齐。然后选中这6个图层，执行“图层\对齐\底边”和“图层\分布\水平居中”命令，然后修改其填充颜色，第二个为白色，第三个为浅蓝色，向右依次加深，最后一个颜色不变，如图8-15所示。选中所有图层，单击“创建新组”按钮，命名为“上部”。

（5）打开人物图片，并将人物复制到“杂志内页”文件中，按Ctrl+T组合键进入自由变换状态，按Shift键，拖动控制把柄，将其缩放到合适大小，如图8-16所示。

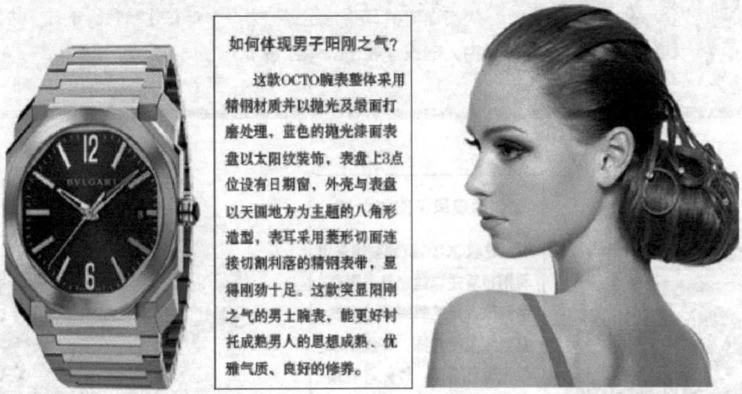

图8-16　杂志内页中部

（6）选择“横排文字工具” T，单击并按住鼠标左键拖动，拖出一个文本区域，输入“如何体现男子阳刚之气”，选中文字，在字符面板中，设置其字体为黑体，大小为11.5点，文字颜色为黑色。单击“段落”切换为“段落”面板，设置“首行缩排”为20点，“段后距”为5点。按回车键后，输入“ 这款OCTO腕表……能更好衬托成熟男人的思想成熟、优雅气质、良好的修养。”这段文字，设置字体为宋黑，大小为10.5点。

（7）选择“矩形工具”，在文字外面绘一个形状图层，设置填充为“无颜色”，描边颜色为黑色，描边粗细为2点。效果如图8-16所示。

（8）打开手表图片，并将手表复制到“杂志内页”文件中，按Ctrl+T组合键进入自由变换状态，按Shift键，拖动控制把柄，将其缩放到合适大小，如图8-16所示。

（9）选择“椭圆工具”，在选项栏中设置绘制形状图层；填充为纯色，其颜色值为R:208，G:105，B:155；描边为“无颜色”；宽度W和高度H均为210像素。设置完成后，在文件中单击鼠标，即可绘制一个正圆。利用移动工具将其移动到合适位置。

（10）选择“横排文字工具” T，将鼠标放到椭圆的内部，光标变为单击，绘制的正圆，就变成了一个文字区域，输入“如何成为婚礼当天最美丽动人焦点？”。字体设置为黑体，大小为12点，段落左右居中。回车后再输入“此系列……光芒更加耀眼。”，设置字体为宋黑，大小为10.5。在图层面板上，单击此层文字的缩略图，按Ctrl+T组合键可对文字框进行缩放，使其与圆形的边缘有一定的边距，效果如图8-17所示。

（11）打开指环图片，将指环图片复制到“杂志内页”文件中，按Ctrl+T组合键进入自由变换状态，按Shift键，拖动控制把柄，将其缩放到合适大小。并为其添加图层蒙版，遮住不想显示的内容，效果如图8-17所示。

（12）打开红鞋图片，将红鞋图片复制到“杂志内页”文件中，调整其大小和位置。然后利用钢笔工具，绘制一个不规则的文字区域，利用“横排版文字工具”T输入所需要的文字，设置合适的字体与字号，效果如图8-17所示。

（13）选择“直线工具”，绘制两条直线，并在选项栏中设置填充为“无颜色”，描边颜色为R:208，G:105，B:155。线的粗细为1点，线型为虚线，并单击“更多选项”，虚线和间隙都设置为4。最后版面效果如图8-17所示。

图8-17 杂志内页

习题

本章部分图片

一、选择题

1. 文字图层中的文字信息中（　　）可以进行修改和编辑。

（A）文字颜色 （B）文字内容，如加字或减字

（C）文字大小 （D）将文字图层转换为像素图层后可以改变文字的字体

2. 关于文字图层执行滤镜效果的操作，下列描述正确的是（　　）。

（A）首先选择“图层\栅格化\文字”命令，然后选择任何一个滤镜命令

（B）直接选择一个滤镜命令，在弹出的栅格化提示框中单击“是”按钮

（C）必须确认文字图层和其他图层没有链接，然后才可以选择滤镜命令

（D）必须使得这些文字变成选择状态，然后选择一个滤镜命令

3. 点文字可以通过（　　）命令转换为段落文字。

（A）图层\文字\转换为段落文字　　（B）图层\文字\转换为形状

（C）图层\图层样式　　（D）图层\图层属性

4. 段落文字可以进行（　　）操作。

（A）缩放　（B）旋转　（C）裁切　（D）倾斜

5. 图8-18所示为文字沿工作路径排列的效果图，其中关于A、B、C三个控制点的描述，正确的是（　　）。

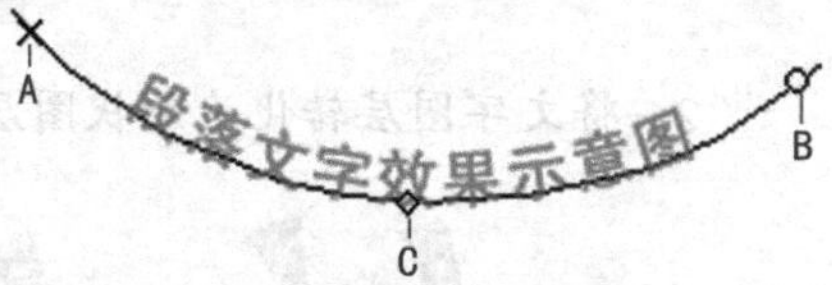

图8-18 文字沿工作路径排列的效果图

（A）A、B、C为圆弧路径形状的控制点，不是文字的控制点

（B）A表示绕排文字的起点，B表示终点，C表示中点

（C）A表示绕排文字的起点，B表示终点，C为圆弧路径形状的控制点

（D）只有文字的段落格式为“居中文本”，才会出现C控制点

6. 关于Photoshop文本功能描述正确的是（　　）。

（A）对文本应用了段落属性，再将文本栅格化进行输出时，将不受分辨率变化影响

（B）将文本图层转化为形状图层后，在缩放过程中不会破坏文本边缘的光滑性

（C）将文本栅格化后才可以添加图层蒙板

（D）将文本图层转化为形状图层后，可使用钢笔类工具对矢量蒙板路径外观进行调整

7. 如图8-19所示，图中红色文字要改变颜色成橙色，下列方法描述正确的是（　　）。

图8-19 文字效果

（A）使用工具选项栏中的设置文本颜色按钮挑选颜色

（B）将前景色设置成橙色，填充前景色

（C）将前景色设置成橙色，使用油漆桶工具填充

（D）使用文字工具将需要改变颜色的文本选择，单击设置前景色按钮挑选颜色

8. 将文字图层转换成像素图层，下列方法正确的是（　　）。

（A）使用任意图像绘制的工具（如画笔工具）在图层上绘制，会提示将文件是否栅格化，单击“确定”按钮即可

（B）使用滤镜时，会提示将文字是否栅格化，单击“确定”按钮即可

（C）按住Alt键，将文字图层拉到图层面板的“创建新的图层”按钮上即可

（D）新建一空白图层，与文字图层进行图层的合并，也将能文字图层转换为像素图层

9．如图8-20所示，文字变形效果是由“创建文字变形”按钮完成的，该效果采用了（　　）。

（A）鱼形　　（B）膨胀

（C）凸起　　（D）鱼眼

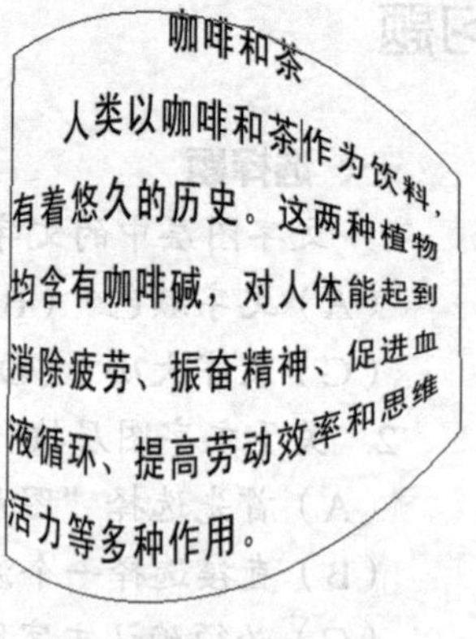

图8-20　文字变形效果

二、操作题

1. 利用文字蒙版工具制作图8-21所示的文字效果。

图8-21　文字蒙版工具效果

2. 将文字图层转化为形状图层，制作图8-22所示的文字效果。

图8-22　文字图层转化效果

3. 利用图层、路径和文字工具制作图8-23所示的台历。

图8-23　台历

第9章　图像的色彩处理

学习要点：

- ◆理解颜色模式的概念
- ◆了解Photoshop颜色模式的特点和区别
- ◆掌握颜色模式之间的转换操作
- ◆理解并掌握直方图控制面板的作用与使用方法
- ◆熟练掌握色彩调整工具的使用方法

图像颜色是评价图像质量的重要指标之一，图像颜色的细微变化都将会影响图像的视觉效果。因此，控制图像色彩也是图像编辑的关键，Photoshop提供了丰富的色彩控制和调整的工具，只有熟悉并用好这些工具，才能有效地调整和控制图像的色彩，制作出高质量的图像。

9.1 图像颜色模式及其转换

9.1.1 颜色模型和颜色模式

颜色模型用于描述数字图像中的颜色，常见的颜色模型有RGB、CMYK、HSV、HSI和Lab等，每种颜色模型决定了如何描述和重现图像的色彩。

在Photoshop中，图像文件的颜色模式决定了用于显示和打印的图像的颜色模型。同时，Photoshop的颜色模式又以颜色模型为基础，是将某种颜色表现为数字形式的颜色模型，而颜色模型对于印刷中使用的图像非常有用。常用的颜色模式有RGB、CMYK、Lab和灰度。Photoshop 还包括用于特殊色彩输出的颜色模式，如索引颜色和双色调。颜色模式决定图像的颜色数量、通道数量以及文件大小，图像的颜色模式还决定了可以使用哪些工具进行操作和图像文件的存储格式。因此，只有对各种颜色模式都有一个较深刻的了解，才能正确选择图像模式。

9.1.2 RGB颜色模式

RGB颜色模式是Photoshop中最常用的一种颜色模式。这种模式是由红（Red）、绿（Green）、蓝（Blue）三原色组成，每一种原色又可以有0～255共256级颜色变化，可以反映出大约1670万种颜色。RGB色彩模式是一种色光加色模式，即通过这三原色相加而得到其他颜色，如图9-1所示。

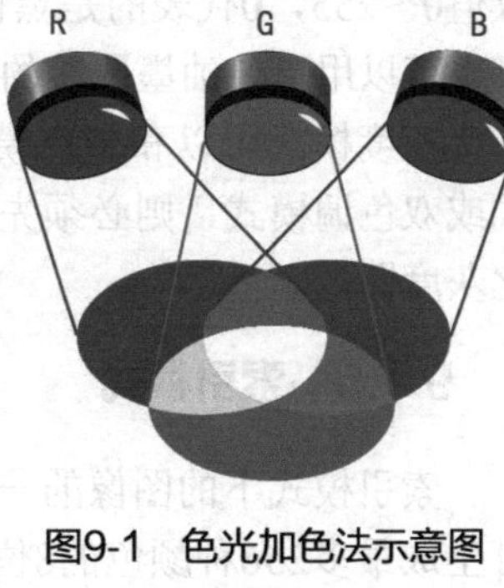

图9-1　色光加色法示意图

RGB颜色模式是屏幕显示的最佳模式，像显示器、电视机、投影仪等都采用这种色彩模式。但这种色彩模式超出了打印机打印色彩的范围，在这种色彩模式下打印出来的结果往往会损失一些亮度和色彩，所以打印的时候最好不要用这种模式。如果要将图像颜色模式转换为RGB模式，则可执行“图像\模式\RGB颜色”命令。

9.1.3 CMYK颜色模式

CMYK色彩模式是由青（Cyan）、品红（Magenta）、黄（Yellow）、黑（Black）四种基本颜色组成，图像中任何一个像素的颜色值以C、M、Y、K四个值来表示，取值范围为0%～100%。其中的C、M、Y分别和R、G、B是互补色，如图9-2所示。所谓互补色是指用白色减去这种颜色得到的另一种颜色。如用白色减去红色就得到红色的互补色青色。

CMYK模式又称减色模式，这是由于白光照射到物体上时，物体吸收了它本身颜色的补色光，反射的另外两种色光混合产生的颜色，如图9-3所示。

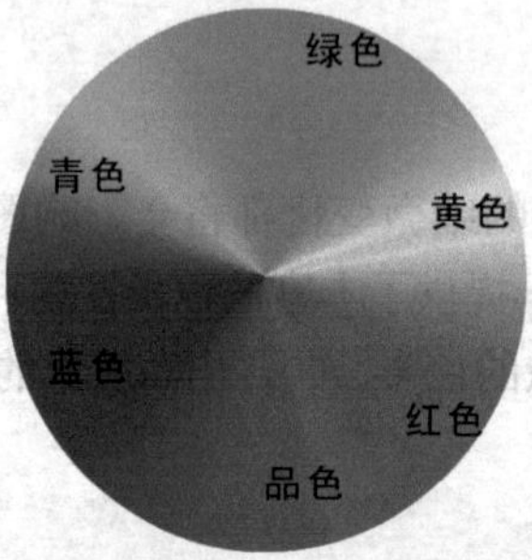

图9-2 色轮图

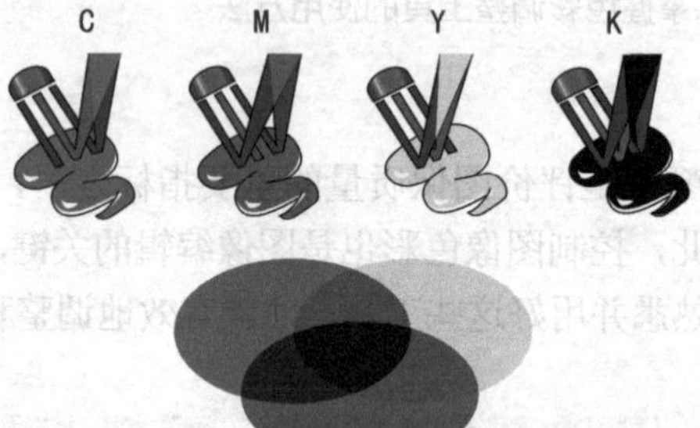

图9-3 色料减色法示意图

在实际应用中C、M、Y三原色的相减很难产生很纯的黑色，所以在CMYK这种模式中引入了黑色（Black）。这种模式常用于印刷和打印时的输出，这是因为印刷和打印机用的油墨就是C、M、Y、K四色。如果要将图像颜色模式转换为CMYK模式，则可执行“图像\模式\CMYK颜色”命令。

提示

一幅彩色图像不能在RGB和CMYK模式之间多次进行转换，因为RGB和CMYK的色域不同，每转换一次，图像的颜色质量都会有损失。

9.1.4 灰度模式

灰度模式的图像只有灰度信息，没有颜色信息。在8位图像中，最多有256级灰度，其取值0～255，0代表的是黑色，255代表的是白色，中间值表示的是不同程度的灰色。灰度值也可以用黑色油墨覆盖的百分比来度量（0%等于白色，100%等于黑色）。

灰度模式可以和彩色模式互相转换，实际上，如果要将彩色模式的图像转换为位图模式或双色调模式，则必须先转换为灰度模式。执行“图像\模式\灰度”命令，可以将图像转化灰度图像。

9.1.5 索引模式

索引模式下的图像的一个像素占一个字节，它最多可以表示256种颜色，索引颜色模式可生成最多256种颜色的8位图像文件。这种模式下的图像质量不是很高，但是它所占磁盘空间比较小，多用于Web网页的制作。在这种模式下只能进行有限的编辑。要进一步进行编辑，应临时转换为RGB模式。如果要将图像颜色模式转换为索引模式，则可执行“图像\模式\索引颜色”命令。

9.1.6 双色调和多通道模式

1. 双色调模式

该模式通过1~4种自定油墨创建单色调、双色调（两种颜色）、三色调（三种颜色）和四色调（四种颜色）的灰度图像。

双色调模式用于增加灰度图像的色调范围。可以使用黑色油墨用于表现暗调区域，灰色油墨用于表现中间色调和高光区域，则灰阶的数目增多，图像看起来效果要好得多。这就是双色调（2种颜色）。利用双调，还可以对黑白图片进行加色处理，得到一些特别的颜色效果，常用于处理一些艺术照片。如果要将彩色图像转换为双色调模式，应该先执行“图像\模式\灰度颜色”命令，然后再执行“图像\模式\双色调图像”。

实例9-1：制作特殊效果的照片

本实例将图像转化为双色调，制作老照片效果。

（1）打开一张图9-4（a）所示灰度图像。然后再执行“图像\模式\双色调图像”命令，将会打开如图9-4（b）所示的对话框，从“类型”中选择“双色调”。

（2）单击油墨1的颜色块，在弹出的“选择油墨颜色”对话框中的CMYK编辑框中，分别输入58，48，49，49。同样的方法，油墨2的颜色值分别为0，59，97，0。设置完成后，单击“确定”按钮，效果如图9-4（b）所示。

（3）按Ctrl+J组合键复制一层，在复制层上执行“滤镜\模糊\高斯模糊”命令，模糊半径设置为4，按“确定”按钮。再将此复制层的图层模式改为“滤色”，效果如图9-4（c）所示。

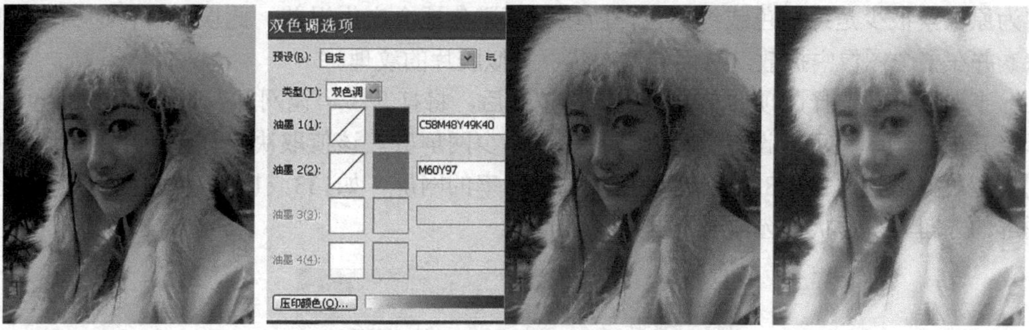

（a） （b） （c）

图9-4 利用双色调制作照片的特殊效果

提示

若需要改变油墨颜色的响应曲线，可单击“油墨”选项左侧的方框进行设置。

2. 多通道模式

在多通道模式下，每个通道都使用256级灰度。在印刷中需要使用专色时，常会将彩色图像转换为多通道图像。多通道模式图像可以存储为PSD、PSB、Photoshop Raw或Photoshop DCS2.0EPS格式。RGB、CMYK或Lab图像中删除一个通道，可以自动将图像转换为多通道模式，也可以执行“图像\模式\多通道模式”命令。

9.1.7 位图模式

位图模式只使用黑白两种颜色中的一种表示图像中的像素。位图模式的图像也叫作黑白图像，它包含的信息最少，因而图像也最小。在将彩色图像转换为位图模式时，应先将其转换为灰度模式，其操作方法如下。

（1）选择“图像\模式\位图”命令，将打开图9-5所示的对话框。

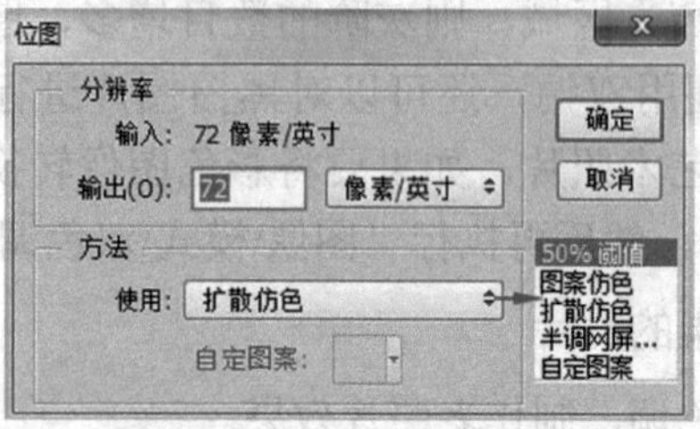

图9-5 位图对话框

（2）对于“输出”，为位图模式图像的输出分辨率输入一个值，并选取测量单位。

（3）从“使用”弹出式菜单中选取下列位图转换方法之一。

50%阈值：将灰色值高于中间灰度级（128）的像素转换为白色，将灰色值低于该灰度级的像素转换为黑色，结果是黑白图像。

图案仿色：通过将灰度级组织成白色和黑色网点的几何配置来转换图像。

扩散仿色：通过使用误差扩散过程来转换图像（从位于图像左上角的像素开始）。如果像素值高于中间灰阶（128），则像素将更改为白色；如果低于该灰阶，则更改为黑色。因为原像素很少是纯白色或纯黑色，所以不可避免地会产生误差。此误差将传递到周围的像素并在整个图像中扩散，从而导致粒状、类似胶片的纹理。

半调网屏：选择此项并单击“确定”按钮后，将打开“半调网屏”对话框，如图9-6所示，其中“频率”可以设置每英寸或每厘米多少网屏数。该值取决于打印所用的纸张和印刷类型。报纸通常使用85，杂志使用更高分辨率的网屏，如133或150。“角度”用于设置网屏的方向，“形状”选项用于设置网点形状。

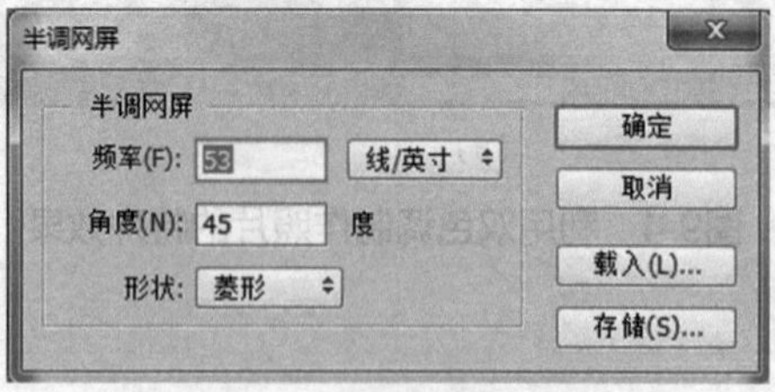

图9-6 半调网屏对话框

自定图案：通过自定义半调网屏模拟打印灰度图像的效果。

9.1.8 Lab颜色模式

Lab色彩模式是颜色范围最广的一种颜色模式，它是一种与设备无关的色彩模式，是

Photoshop中的内部模式，当将RGB模式转换成CMYK模式时，Photoshop自动将RGB模式转换为Lab模式，再转换为CMYK模式。

9.2 图像的色调调整

图像的色调调整主要是指对图像的明暗进行调整。包括设置图像的高光和暗调，调整图像的中间调等。只有了解图像的色调分布，才能确定如何调整图像的色调。

9.2.1 直方图

直方图用图形表示图像的每个亮度级别的像素数量，展示像素在图像中的分布情况。通过直方图可以确定某个图像是否有足够的细节来进行良好的校正。

直方图还提供了图像色调范围或图像基本色调类型的快速浏览图。如果曲线比较靠左边，那么图像属于暗调图像；曲线居中分布，图像属于中间调图像；曲线比较靠右边分布，图像属于亮调图像，如图9-7所示。识别色调范围有助于确定相应的色调校正。

（a）亮调图像　（b）中间调图像　（c）暗调图像

图9-7　色调分布

查看直方图的方法如下。

（1）打开一张图像，执行“窗口\直方图”命令，就可以打开“直方图”面板。

（2）在“直方图”面板的右上角，单击下拉菜单按钮，可以选择一种视图。

扩展视图：显示有统计数据的直方图。

同时显示：用于选取由直方图表示的通道的控件，以及在多图层文档中选取特定图层等。

紧凑视图：显示不带控件或统计数据的直方图。该直方图代表整个图像。

全部通道视图：除了“扩展视图”的所有选项外，还显示各个通道的单个直方图。

（3）查看直方图中的特定通道，在“直方图”面板的“扩展视图”或“全部通道视图”下，则可以从“通道”菜单中选取一个设置。

9.2.2 色阶

“色阶”主要调整图像的阴影、中间调和高光的灰度级，从而校正图像的色调范围和色彩平衡。下面以实例说明，使用色阶调整色调范围的一般方法。

实例9-2：曝光不足的照片处理

（1）打开一张图9-8（a）所示图像，这张图像由于曝光不足，图像整体较暗。

（2）选择“窗口\调整”命令，打开“调整”面板。单击“调整”面板中的“色阶”按钮或选择“图层\新建调整图层\色阶”，单击“确定”按钮后会打开图9-8（b）所示色阶的“属性”面板，并在图层中创建新的调整图层，如图9-8（c）所示。使用调整图层，不会改变图像的原始像素，并且可以通过编辑蒙版，对图像局部区域进行调整。

(a) 原稿　(b) 色阶　(c) 色阶调整图层

图9-8　原稿及其色阶

（3）从“色阶”直方图上看，图像的像素主要分布在暗调和中间调，而高光部分几乎没有像素，应将图像整体拉亮，所以选择RGB复合通道。

提示

选择RGB复合通道，色调调整将对所有通道起作用，如果只选R、G、B通道中的单一通道，则“色阶”命令只对当前选中的通道起作用。除非对偏色图像校正，选择单色通道调整，否则对单色通道调整，易造成图像偏色。

（4）要手动调整阴影和高光，可以拖动直方图下面的黑色、白色和灰色滑块，调整图像色阶。向右拖动黑色滑块，会将图像中亮度值小于滑块所在位置处的亮度值的所有像素都变成黑色（0）。向左拖动白色滑块，会将图像中亮度值大于滑块所在位置处的亮度值的所有像素都变成白色（255）。向右拖动灰色滑块，图像变暗，向左拖动灰色滑块图像变亮。这三个滑块与其下面的三个文本框是一一对应的，当拖动滑块时，文本框中数值也会相应变化。本例调整后的色阶及效果如图9-9所示。

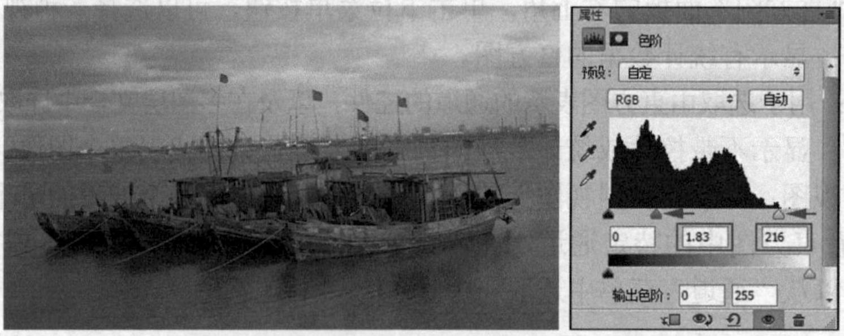

图9-9　调整后的效果及色阶

提示

除了拖动滑块或在输入色阶的三文本框中输入数值，也可以使用三个吸管工具重新定义图像的暗调、中间调和亮调。三个吸管从上到下分别是“黑场吸管”“灰场吸管”和“白场吸管”。用“黑场吸管”在图像暗部单击，图像中所有像素的亮度值减去吸管单击处的像素亮度值，使图像变暗。用“白场吸管”在图像亮部单击，图像中所有像素的亮度值加上吸管单击处的像素亮度值，使图像变亮。用“灰场吸管”在图像中单击，可以调整图像的中间调，它们的作用与三个滑块相同。

9.2.3 曲线

“曲线”的原理与“色阶”的原理是相同的，只不过它比“色阶”可以做更多、更精细的设置。“色阶”只有三个调整（白场、黑场、灰度系数），而“曲线”可以对图像中的任一色阶进行调整，下面详细介绍“曲线”的功能。

（1）打开一张图片，单击“调整”面板中的“曲线”按钮或选择“图层\新建调整图层\曲线”，然后单击“确定”按钮，都会打开图9-10所示曲线的“属性”面板。表格中的横坐标代表输入色调（原图像色调）；纵坐标代表输出色调（调整后图像色调）。

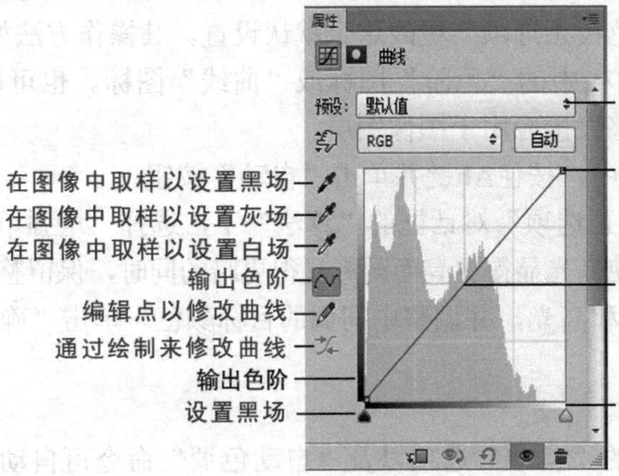

图9-10　“曲线”对话框

（2）单击曲线工具按钮，移动鼠标至曲线上方单击，产生一个控制点，移动控制点来更改曲线的形状，可以调整图像的色调和颜色。将曲线上移可以使图像变亮，如图9-11（a）所示；将曲线下移可以使图像变暗，如图9-11（b）所示。曲线中较陡的部分表示对比度较高的区域，此区域的阶调将被拉伸；曲线中较平的部分表示对比度较低区域，此区域的阶调将被压缩。

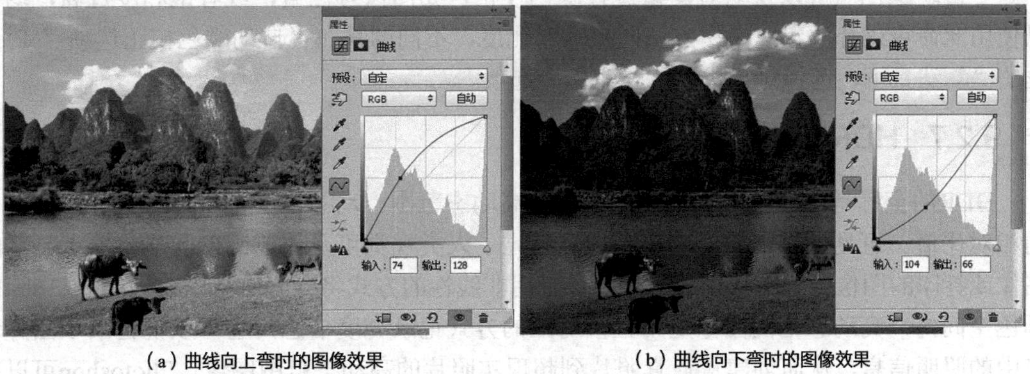

（a）曲线向上弯时的图像效果　　（b）曲线向下弯时的图像效果

图9-11　调整“曲线”后的图像效果

提示

按住Shift键并单击曲线上的点可以同时选择多个控制点进行调整；若要删除控制点，拖动该控制点到网格区域外即可，也可按住Ctrl键单击该控制点。

（3）除用曲线工具编辑曲线外，选择曲线网格左侧的铅笔，在表格中拖动可以绘制新曲线。再单击“曲线调整”面板中的“平滑”图标，使绘制的曲线平滑。

（4）如果要调整图像的颜色，也可以选择单通道调整曲线形状。

9.2.4 自动对比度

“自动对比度”命令将自动调整图像对比度。它剪切图像中的阴影和高光值，将图像剩余部分的最亮和最暗像素映射到纯白和纯黑。这使高光看上去更亮，阴影看上去更暗。默认情况下，“自动对比度”剪切两个极端像素值的前0.1%。可以使用“色阶”和“曲线”对话框中的“自动颜色校正选项”更改这个默认设置。其操作方法如下。

（1）单击“调整”面板中的“色阶”图标或“曲线”图标。也可以选取“图像\自动对比度”，但此方法将调整直接应用于图像图层。

（2）在“调整”面板中，按住Alt键并单击“自动”按钮。

（3）在“自动颜色校正选项”对话框的“算法”下，选择“增强单色对比度”选项，统一修剪所有通道。可以使高光显得更亮而阴影显得更暗的同时，保留整体色调关系。

（4）指定剪切的阴影和高光，并调整中间调的目标颜色。单击“确定”按钮即可。

9.2.5 自动色调

“色阶”和“曲线”的“自动”选项以及“自动色调”命令可自动调整图像中的黑场和白场。它剪切每个通道中的阴影和高光部分，并将每个颜色通道中最亮和最暗的像素映射到纯白和纯黑。默认情况下，忽略两个极端像素值的前0.1%。操作方法同自动对比度，不同的是在“自动颜色校正选项”对话框的“算法”下，选择“增强每通道的对比度”选项，使每个通道中的色调范围最大化以产生更显著的校正效果。

9.2.6 自动颜色

“自动颜色”可以自动对图像进行颜色校正，如图像有色偏，或者饱和度过高，均可以使用此命令进行调整，操作方法同自动对比度，不同的是在“自动颜色校正选项 ”对话框的“算法”下，选择“查找深色与浅色”选项。

9.2.7 HDR色调

HDR的全称是High Dynamic Range，即高动态范围。动态范围是指信号最高和最低值的相对比值。可见世界中的动态范围远远超过了人类视觉可及的范围以及显示器上显示的图像或打印的图像的范围。传统数字图像是用非线性的方式将亮度信息压缩到8bit或16bit的颜色空间内，高动态范围图像是用直接对应的方式记录亮度信息，它可以说记录了图片环境中的照明信息，从而创建从逼真照片到超现实照片的高动态范围图像。Photoshop可以有两种方法创建高动态范围图像，一种是利用“合并到 HDR Pro”命令可以将同一场景的具有不同曝光度的多个图像合并起来，从而捕获单个HDR图像中的全部动态范围；另一种是通过 HDR 色调调整，获得高动态范围图像。

1. 将图像合并成 HDR图像

（1）选择“文件\自动\合并到 HDR Pro”，将会打开图9-12所示的对话框。

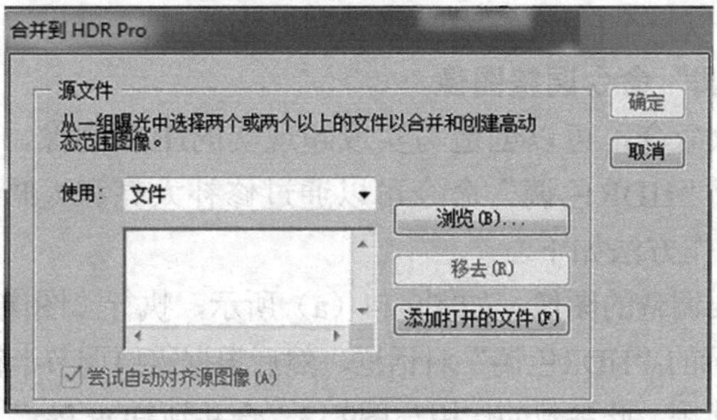

图9-12 “合并到 HDR Pro”对话框

（2）在“合并到 HDR Pro”对话框中，单击“浏览”按钮选择需要合并的图像文件。如果手持相机拍摄图像，选择“尝试自动对齐源图像”，单击“确定”按钮。

（3）打开图9-13“合并到 HDR Pro”对话框，显示源图的缩览图以及合并结果的预览。

图9-13 “合并到HDR Pro（50%）”对话框

（4）在“模式”里为合并后的图像选择一个位深度。如果希望合并后的图像存储HDR图像的全部动态范围，选择32位。8位和（非浮点型）16位的图像文件不能存储HDR图像中所有范围的明亮度值。但是要调整色调范围，选择16位或8位。

（5）当“模式”选择16位时，在对话框的右侧会出现图9-13所示的一些色调映射参数，根据需要进行调整，然后按“确定”按钮即可，其调整参数如下。

边缘光：半径指定局部亮度区域的大小。强度指定两个像素的色调值相差多大时，它们属于不同的亮度区域。

色调和细节：“灰度系数”设置为1.0时动态范围最大；较低的设置会加重中间调，而较高的设置会加重高光和阴影。曝光度值反映光圈大小。拖动“细节”滑块可以调整锐化程度，拖动“阴影”和“高光”滑块可以使这些区域变亮或变暗。

高级：“自然饱和度”可调整细微颜色强度，同时尽量不剪切高度饱和的颜色。“饱和度”调整从 –100（单色）到 +100（双饱和度）的所有颜色的强度。

色调曲线：在直方图上显示一条可调整的曲线，从而显示原始的HDR图像中的明亮度值。横轴的红色刻度线以一个EV（约为一级光圈）为增量。

2. 利用“HDR色调”命令调整图像

将图像合并到HDR命令，可以创造写实或超现实的HDR图像，但需要不同曝光度的同一场景的多张图像。而“HDR色调”命令可以通过修补太亮和太暗的一张图像，制作出高动态范围的效果，其操作方法如下。

（1）打开一张需要调整的图像，如图9-14（a）所示，执行“图像\调整\HDR色调”命令，将会打开图9-14（c）所示的“HDR色调”对话框，然后根据需要调节半径、强度、灰度系数、曝光度、细节、颜色和曲线等，此参数的作用与图9-13“合并到HDR Pro”对话框中的参数相同。

（2）调整完成后单击“确定”按钮，最后效果如图9-14（b）所示。

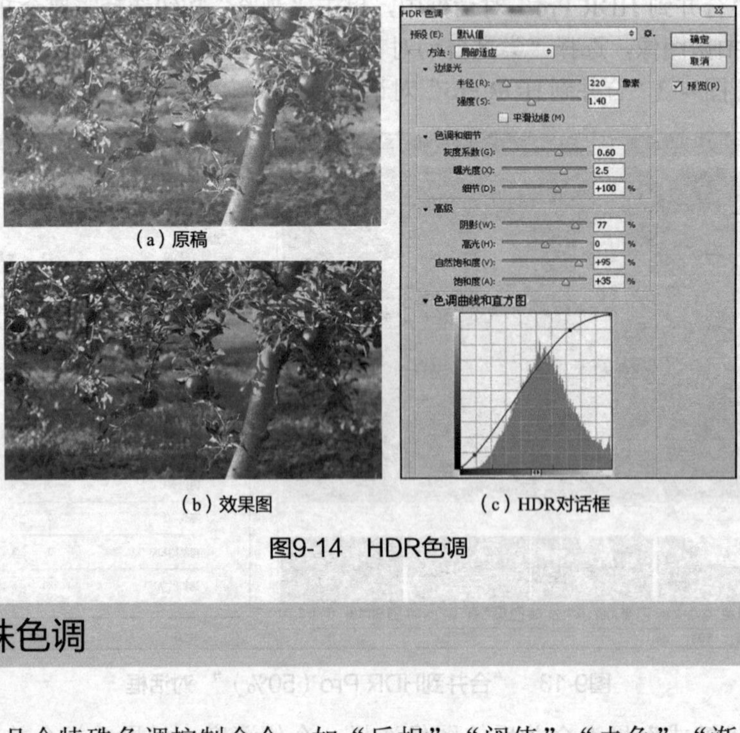

（a）原稿

（b）效果图

（c）HDR对话框

图9-14 HDR色调

9.3 特殊色调

本节介绍几个特殊色调控制命令，如“反相”“阈值”“去色”“渐变映射”“黑白”和“匹配颜色”等，这些命令可以很简单使图像产生特殊的色调效果。

9.3.1 反相

“反相”调整命令可以将图像的颜色反转，可以使一个黑白图像的黑白部分反转，也可以使彩色图像中的色彩转换成它的互补色。

使用此命令前，可以选择要进行反转的内容，如图层、通道、选择范围等，然后单击“调整”面板中的“反相”图标，或者执行“图层\新建调整图层\反相”命令，在“新建图层”对话框中单击“确定”按钮，也可执行“图像\调整\反相”命令，但该方法对图像进行直接调整并扔掉图像信息。

9.3.2 阈值

“阈值”命令可以将灰度图像或彩色图像转换为高反差的黑白图像。单击“调整”面板中的“阈值”图标或执行“图层\新建调整图层\阈值”命令，在“新建图层”对话框中单击“确定”按钮，都会打开图9-15所示阈值的属性对话框。在对话框中，可以拖动直方图下方的三角滑块来设定一个高反差基准。当三角滑块越向左移动，图像中的白色成分越多；越向右移动，则黑色成分越多。

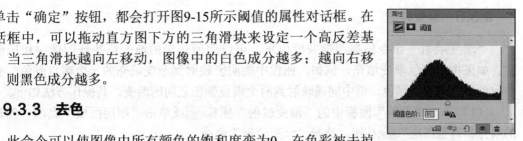

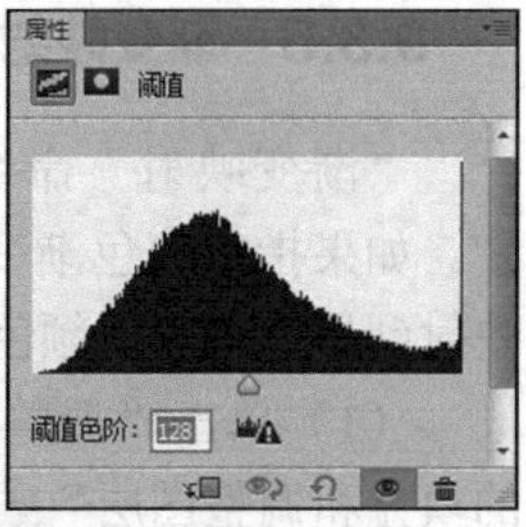

图9-15　阈值“属性”对话框

9.3.3　去色

此命令可以使图像中所有颜色的饱和度变为0，在色彩被去掉的过程中，图像的各种颜色的亮度不变，不改变图像的颜色模式，此命令也可以单独作用于选择的图层或选区。操作方法为：执行“图像\调整\去色”命令。

9.3.4　黑白

“黑白”命令可将彩色图像转换为灰度图像，同时保持对各颜色的转换方式的完全控制。也可以通过对图像应用色调来为灰度着色，如创建棕褐色效果，其操作方法如下。

（1）打开一张图9-16（a）所示的图像，单击“调整”面板中的“黑白”图标或者单击“图层”面板底部的“创建新的填充和调整图层”按钮，执行“黑白”命令，将会打开图9-16（b）所示的“调整”面板。也可以执行“图像\调整\黑白”命令。

（2）在黑白的“属性”面板中，使用颜色滑块手动调整转换、应用“自动”转换或选择以前存储的自定混合。

默认值：根据图像的颜色值设置灰度混合，并使灰度值的分布最大化。“默认值”混合通常会产生极佳的效果，并可以用作使用颜色滑块调整灰度值的起点。

预设菜单：选择预定义的灰度混合或以前存储的混合。

颜色滑块：调整图像中特定颜色的灰色调。将滑块向左拖动或向右拖动分别可使图像的原色的灰色调变暗或变亮。图9-16（c）所示为调整后的灰度图。

（3）要应用色调，选择“属性”面板上“色调”复选框。要对色调颜色进行微调，单击该色块以打开“拾色器”，选择一种颜色，图9-16（d）所示为应用色调的效果图。

提示

此命令也可以对选定的图层和选区进行操作，并且不会影响图像色彩模式。

（a）原稿　（b）“黑白”对话框　（c）灰度效果　（d）棕褐色效果

图 9-16　黑白调整及效果

9.3.5 渐变映射

“渐变映射”命令根据图像灰度信息，可以用所选定的渐变色替换图像中相应的像素。如果指定双色渐变填充，例如，图像中的阴影映射到渐变填充的一个端点颜色，高光映射到另一个端点颜色，则中间调映射到两个端点颜色之间的渐变，其操作方法如下。

（1）单击“调整”面板中的“渐变映射”图标 或单击“图层面板”底部“创建新的填充和调整图层” 按钮，选择“渐变映射”命令。

（2）在渐变映射的“属性”面板中，指定要使用的渐变填充。

要从渐变填充列表中选取，单击渐变填充右侧的三角形。单击以选择所需的渐变填充，然后在“属性”面板的空白区域中单击以关闭该列表。

要编辑当前显示在“属性”面板中的渐变填充，单击该渐变填充。

默认情况下，图像的阴影、中间调和高光分别映射到渐变填充的起始（左端）颜色、中点和结束（右端）颜色。

（3）选择“渐变选项”中的任一或全部两个选项，或者不选择。

仿色：添加随机杂色以平滑渐变填充的外观并减少带宽效应。

反向：切换渐变填充的方向，从而反向渐变映射，最后效果如图9-17所示。

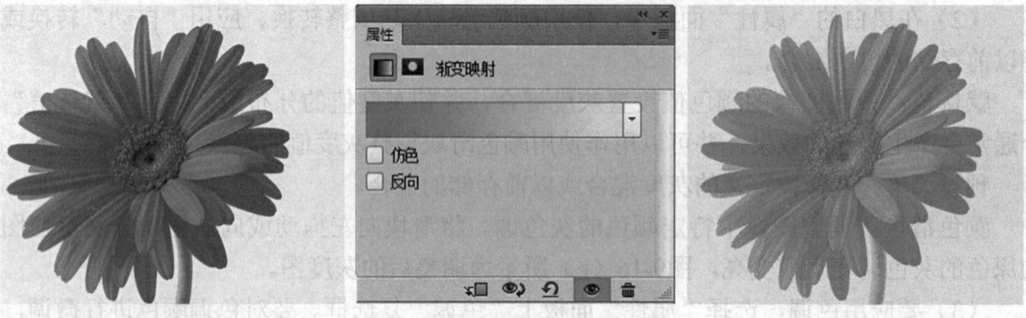

（a）原稿　（b）“渐变映射”调整面板　（c）效果图

图9-17　渐变映射

9.3.6 匹配颜色

“匹配颜色”命令可以在多个图像、图层或者多个颜色选区之间对颜色进行匹配。即可以把一个图像或图层的颜色匹配到另一幅图像或图层中，还可以通过更改亮度和色彩范围以及中和色痕来调整图像中的颜色。该命令仅用于“RGB颜色”模式。下面以实例说明，使用“匹配颜色”命令的方法。

实例9-3：匹配图像色调

本实例应用匹配颜色调整图像的色调。

（1）打开图9-18（a）和（b）所示的两张图像，原稿（a）背景为冷色调，利用“匹配颜色”可以将其换为原稿（b）的暖色调。单击原稿（a），将其置为当前文件，利用合适选择工具分别将“人”和“桌子”选择，执行“选择\修改\羽化”命令，“羽化半径”为2像素。然后，分别将“人”和“桌子”复制到新的图层中。

（2）在“图层”中，选择原稿1的背景图层，执行“图像\调整\匹配颜色”命令，将会打开图9-18（c）所示的“匹配颜色”对话框。

（3）在对话框的中，单击“源”右侧的三角，在下拉列表中选要将其颜色匹配到目标图像中的文件。选择“无”不匹配任何图。然后调整对话框中的拖动“明度”“颜色强度”和“渐隐”滑块，达到需要效果。

“明度”调整图像的亮度，数值越小，图像越暗，当取值为100%，目标图像将与源图像具相同的亮度；“颜色强度”调节图像颜色的饱和度，数值越大，饱和度越高；“渐隐”用来控制应用到图像的调整量，向右移动该滑块，可以减小调整量。

“中和”：选择此复选框。可以自动消除目标图像中色彩偏差。

（4）单击“确定”按钮，图像的背景完成颜色匹配，效果如图9-18（e）所示。

（5）在原稿2图像颜色较深的位置绘制一个矩形选区。再鼠标单击原稿1，将其置为当前文件，并在“图层面板”中选中“桌子”，再次执行“图像\调整\匹配颜色”命令，在打开的“匹配颜色”对话框中，选择与上次相同的源，并选择“使用源选区计算颜色”复选框，如图9-18（d）所示。再拖动“明度”“颜色强度”和“渐隐”滑块，即可将“源”文件选区中的色调匹配到“桌子”，效果如图9-18（e）所示。

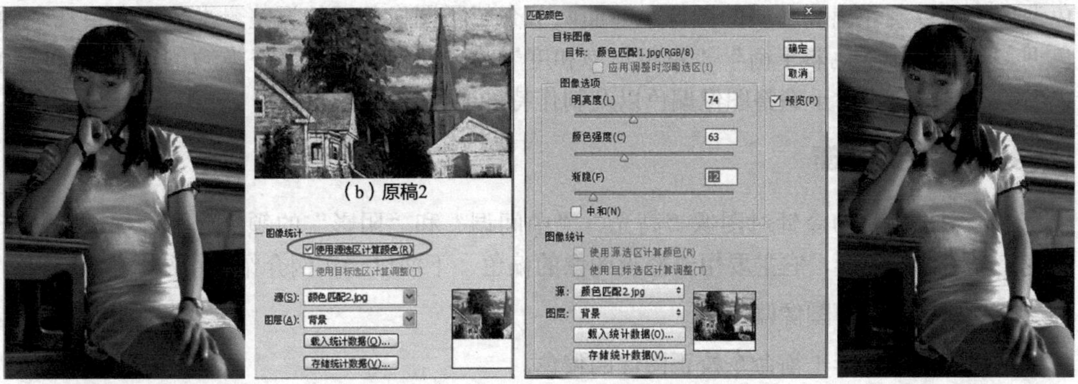

（a）原稿1　（c）选区匹配颜色　（d）“匹配颜色”对话框　（e）效果图

图9-18　匹配颜色

9.3.7　色调均化

“色调均化”命令可以重新分布图像中像素的亮度值，以便于更平均地分布整个图像的亮度级，从而提高图像的亮度和对比度。Photoshop先查找图像中最亮值和最暗值，将最亮的像素变为白色，最暗的像素变为黑色，而中间的像素均匀地映射到相应的灰度值上。执行“图像\调整\色调均化”命令，即可完成图像的色调均化。

9.3.8　色调分离

“色调分离”命令可以指定图像中每个通道的色调级数目（或亮度值），然后将像素映射到最接近的匹配级别。例如在RGB图像中选取两个色调级别将产生6种颜色：两种代表红色，两种代表绿色，另外两种代表蓝色。在照片中创建特殊效果，创建大的单调区域时，此命令非常有用，其操作方法如下。

（1）单击“调整”面板中的“色调分离”图标，或者执行“图层\新建调整图层\色调分离”命令，将打开图9-19（a）所示属性对话框。也可以执行“图像\调节\色调分离”命令，打开图9-19（b）所示的对话框，但该方法对图像进行直接调整并扔掉图像信息。

（2）在“色调分离”属性面板中，输入所需的色调级别数。“色阶”值越小，图像色彩变化越明显，“色阶”值越大，色彩变化越轻微。

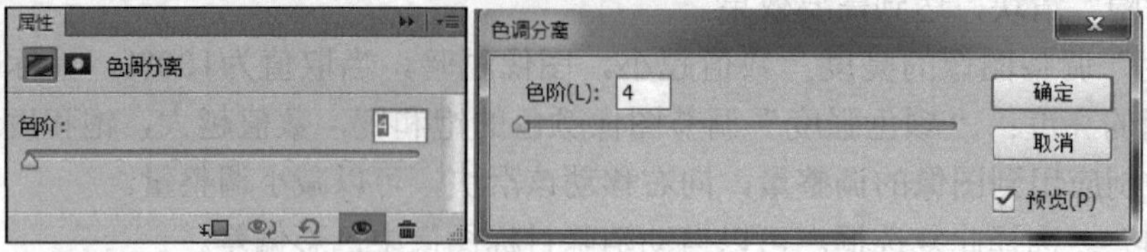

（a）　　（b）

图9-19　色调分离

9.4 图像色彩的调整

Photoshop对图像色彩和色调的控制是图像编辑的关键。只有有效地控制图像的色彩与色调，才可以制作出高品质的图像。前面两节介绍了图像色调的调整，本节再介绍几个颜色调整命令，如“色彩平衡”“色相与饱和度”“自然饱和度”“替换颜色”和“可选颜色”等，这些命令对于调整图像偏色以及制作特殊颜色效果很有用。

9.4.1 色彩平衡

“色彩平衡”命令针对图像“高光”“中间调”和“阴影”的颜色分别进行调整，来改变整个图像的色彩，它主要用于校正图像的偏色。下面以一实例介绍其用法。

实例9-4：校正图像偏色

本实例利用色彩平衡命令校正图像的偏色。

（1）打开一张图9-20（a）所示的图像，整个图像颜色偏黄。

（2）单击“调整”面板中的“色彩平衡”图标，或者执行“图层\新建调整图层\色彩平衡”命令。也可以“图像\调整\色彩平衡”命令，但它直接调整并扔掉图像信息。

（3）在“属性”面板中，选择“阴影”“中间调”或“高光”要调整的色调范围。选择“保持亮度”以防止图像的亮度值随颜色的更改而改变，可保持图像的色调平衡。

（4）“属性”面板中，将滑块拖向要在图像中增加的颜色；或将滑块拖离要在图像中减少的颜色。本实例图像偏黄，所以将滑块拖向蓝色而拖离黄色，调整参数如图9-20（b）所示，调整后图像效果如图9-20（c）所示。

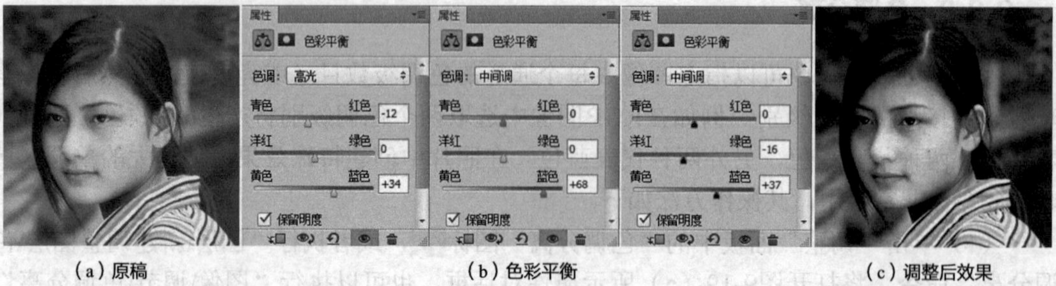

（a）原稿　　（b）色彩平衡　　（c）调整后效果

图9-20　利用“色彩平衡”校正图像偏色

9.4.2　亮度与对比度

“亮度 /对比度”命令可以对图像的色调范围进行简单调整。单击“调整面板”中的“亮度/对比度”图标或者执行“图层\新建调整图层\亮度/对比度”命令，将打开图9-21所示的“亮度/对比度”的“属性”面板。

图9-21　亮度/对比度

将亮度滑块向右移动会增加色调值并扩展图像高光，而将亮度滑块向左移动会减少色调值并扩展阴影。对比度滑块可扩展或收缩图像中色调值的总体范围。

在正常模式中，“亮度/对比度”会与“色阶”和“曲线”调整一样，按比例（非线性）调整图像。当选定“使用旧版”时，“亮度 / 对比度”在调整亮度时只是简单地增大或减小所有像素值。这将造成修剪高光或阴影区域或者使其中的图像细节丢失，因此不要在旧版模式下对摄影图像使用“亮度 /对比度”命令。

9.4.3　色相与饱和度

“色相/饱和度”命令可以调整图像中特定颜色范围的色相、饱和度和亮度，或者同时调整图像中的所有颜色。它还可以通过给像素指定新的色相和饱和度，实现给灰度图像上色的功能。

实例9−5：调整图像色调和饱和度

本实例应用色相/饱和度命令，改变图像中某个颜色的色相和饱和度。

（1）打开图9-22（a）所示的图像，单击“调整”面板中的“色相/饱和度”图标或者执行“图层\新建调整图层\色相/饱和度”命令，将打开图9-22（b）所示的面板。

（2）在“属性”面板中，从滑块上方的菜单中选择“颜色”。选择“全图”才能对图像中的所有颜色其作用。选择“全图”之外的选项，则色彩变化只对当前选中的颜色其作用。如本例选中“蓝色”，色相/饱和度命令只对图像中蓝色像素起作用。

（3）使用吸管工具或调整滑块来修改选择的颜色范围。

当选择“全图”之外选项时，使用吸管工具在图像中单击或拖移以选择颜色范围，要扩大颜色范围，用“添加到取样”吸管工具在图像中单击或拖移。要缩小颜色范围，用“从取样中减去”吸管工具在图像中单击或拖移。

当选择“全图”之外选项时，“属性”面板底部有两个颜色条，上面的为原图的颜色状态，下面的为调整后的颜色状态，拖动颜色条上的滑标可以增减色彩变化范围，其作用如图9-22（b）所示。

（4）拖动“属性”面板中的色相、饱和度和明度条上的滑块，分别调整图像的色相、饱和度和明度，调整参数如图9-22（b）所示，调整效果如图9-22（c）所示。

若选中“色相/饱和度”面板中的“着色”复选框，可以给RGB、CMYK或其他模式下的灰色图像着一种彩色的颜色，变成一幅单彩色的图像。若配合图层蒙版，可多次利用“色相/饱和度”给灰色图像不同位置上不同的颜色。

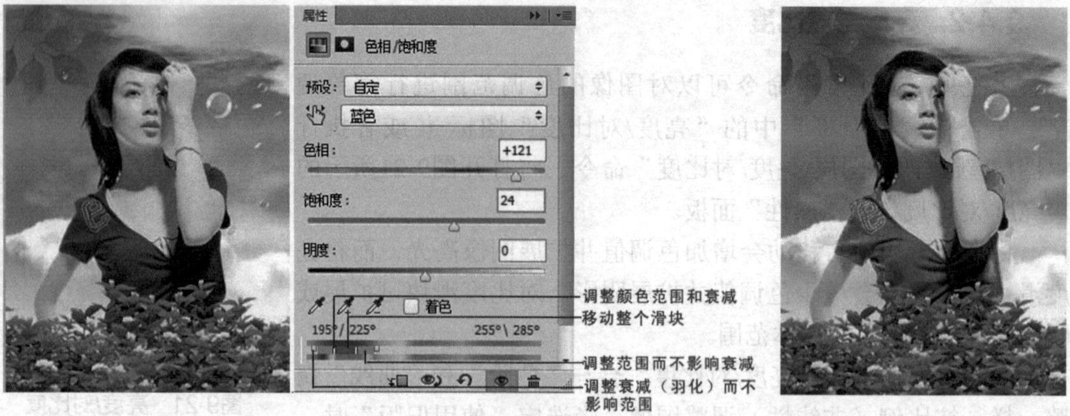

（a）原稿 （b）“色相/饱和度”属性面板 （c）调整后效果

图9-22 利用“色相/饱和度”命令改变图像特定颜色的色相

9.4.4 自然饱和度

“自然饱和度”调整饱和度时，可以在颜色接近最大饱和度时最大限度地减少修剪。该调整增加与已饱和的颜色相比不饱和的颜色的饱和度，其使用方法如下。

（1）在“调整”面板中，单击“自然饱和度”图标或者执行“图层\新建调整图层\自然饱和度”命令。也可以选取“图像\调整\自然饱和度”，但它会扔掉图像信息。

（2）在“属性”面板中，拖动“自然饱和度”滑块以增加或减少颜色饱和度，调整不饱和的颜色时，在颜色接近完全饱和可以避免颜色修剪。拖动“饱和度”滑块，所有的颜色将调整相同的饱和度的调整量。

9.4.5 替换颜色

“替换颜色”命令可以创建蒙版，以选择图像中的特定颜色，然后改变它的色相、饱和度和亮度。它相当于“色彩范围”命令加上“色相/饱和度”命令的功能。

实例9–6：改变玫瑰花的颜色

本实例应用替换颜色命令改变玫瑰花的颜色。

（1）打开一张图9-23（a）所示的图像。执行“图像\调整\替换颜色”命令，将打开图9-23（b）所示的“替换颜色”对话框。

（2）在“选区”模式下，预览框中显示蒙版。被蒙版区域是黑色，未蒙版区域是白色。灰色区域是部分被蒙版区域。在“图像”预览框中显示图像。

（3）在图像或预览框中使用吸管工具单击玫瑰花，使其变为未蒙版区域。使用“添加到取样”吸管工具添加区域；使用“从取样中减去”吸管工具移去区域。

（4）通过拖移“颜色容差”滑块控制选区调整被替换区域大小，值越大，区域越大。

（5）移动“色相”“饱和度”和“明度”滑块，更改选定区域的颜色，最后效果如图9-23（c）所示。

（a）原稿　（b）“替换颜色”对话框　（c）替换后的效果

图9-23 替换颜色

9.4.6 可选颜色

可选颜色校正是高端扫描仪和分色程序使用的一种技术，它可以在图像中的每个主要原色成分中更改印刷色的数量。即可以有选择地修改任何主要颜色中的印刷色数量，而不会影响其他主要颜色。例如，可以使用可选颜色减少图像中绿色像中的青色，同时保留蓝色像素中的青色不变，其操作方法如下。

（1）单击“调整”面板中的“可选颜色”图标。或执行“图层\新建调整图层\可选颜色”命令，打开“属性”面板，如图9-24所示。

（2）在“属性”面板中，从“颜色”菜单选取要调整的颜色。

（3）从“属性”面板底部选取一种方法。“相对”按照总量的百分比更改现有的青色、洋红、黄色或黑色的量，例如图像现有50%洋红的像素，添加10%，50%×10%＝5%，即增加5%，就变成55%的洋红像素。“绝对”是采用绝对值调整颜色。例如，图像现有50%洋红的像素，添加10%，结果就变成60%的洋红像素。

（4）拖移滑块以增加或减少所选颜色中相应的成分。

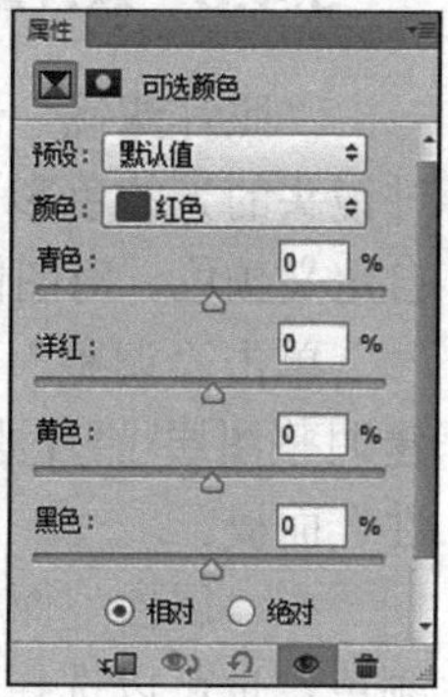

图9-24 可选颜色

9.4.7 通道混合器

“通道混合器”命令，可以利用当前文件的原有颜色通道的混合来修改选中的颜色通道。使用该命令可以创建高品质的灰度图像、棕褐色调图像或其他色调图像。也可以对图像进行创造性的颜色调整。以一实例说明其操作方法。

实例9-7：制作特殊效果风景图

本实例应用通道混合器改变风景图片的色调。

（1）打开一张图像，单击“调整”面板中的“通道混合器”图标或者选取“图层\新建调整图层\通道混合器”命令。通道混合器的“属性”面板如图9-25（b）所示。

（2）在“属性”面板中，在“输出通道”下拉列表中选取要调整的色彩通道。若对RGB模式图像作用时，该下拉列表中显示红、绿、蓝三原色通道；若对CMYK模式图像作用时，显示青色、洋红、黄、黑四个色彩通道。

（3）拖动颜色滑块，则可以调整各原色的值。负值时，为减少该颜色；正值时，为增加该颜色。如本例将绿色通道的信息输出到红色通道中，就表示在原图像中含有绿色的像素，也有红色，即绿光+红光=黄，所以图像颜色偏黄，如图9-25（c）所示。

（a）原稿　（b）“通道混合器”调整面板　（c）调整后效果

图9-25　通道混合器

（4）“常数”用于调整输出通道的灰度值。在RGB模式的图像中，负值增加更多的黑色，正值增加更多的白色。

（5）如果选择“单色”复选框，可以将彩色图像变成灰度图像，调整每个源通道的百分比可以微调整个灰度图像。

9.4.8　照片滤镜

“照片滤镜”命令模仿在相机镜头前面加彩色滤镜，以便调整通过镜头的光的色彩平衡和色温，使胶片曝光。可选取颜色预设，也可自定义颜色，对图像色相进行调整。

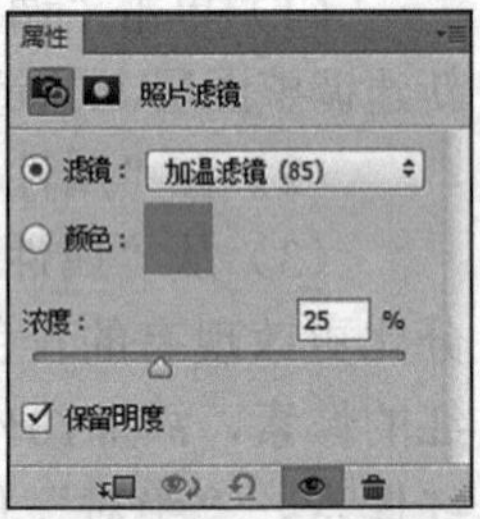

图9-26　照片滤镜

单击“调整”面板中的“照片滤镜”图标或者执行“图层\新建调整图层\照片滤镜”命令。将打开图9-26所示的照片滤镜的“属性”面板。

在“属性”面板中，在“滤镜”下拉列表中可以选取预设的滤镜颜色，也可以选择“颜色”选项，单击该色块自定滤镜。“浓度”滑块用于调整应用到图像中的颜色数量，浓度越高，颜色调整幅度就越大。选择“保留明度”复选框，可以使图像不会因为添加了彩色滤镜而改变图像的明度。

9.4.9　阴影与高光

“阴影/高光”命令适用于校正由强逆光而形成阴影的照片，改善阴影和高光的细节。“阴影/高光”命令不是简单地使整个图像变亮或变暗，阴影和高光都有各自的控制选项，它可以使阴影或高光中的局部相邻像素增亮或变暗，下面以一实例介绍其用法。

实例9-8：调整逆光照片

本实例应用阴影与高光命令，调整逆光照片。

（1）打开图9-27（a）所示图像，由于照片为逆光照片，人物比较暗，而背景较亮。执行“图像\调整\阴影/高光”命令，将会打开图9-27（b）所示的对话框。

（2）移动“数量”滑块调整光照校正量。值越大，为阴影提供的增亮程度或者为高光提供的变暗程度越大。

（3）若要更精细地进行控制，选择“显示其他选项”进行其他调整。

数量：用于控制（分别用于图像中的高光值和阴影值）要进行的校正量。

色调宽度：用于控制阴影或高光中色调的修改范围。较小的值会限制只对较暗区域进行阴影校正的调整，并只对较亮区域进行“高光”校正的调整；调整较大的值将会影响中间调图像，因此色调宽度应因图像而异。

半径：控制每个像素周围的局部相邻像素的大小。“半径”太大，则调整倾向于使整个图像变亮（或变暗），而不是只使主体变亮。

亮度：用于调整灰度图像的亮度。此调整仅适用于灰度图像。向左移动滑块会使灰度图像变暗，向右移动该滑块会使灰度图像变亮。

中间调对比度：用于调整图像中间调中的对比度。向左移动滑块会降低对比度，向右移动会增加对比度。

修剪黑色和修剪白色：用于指定在图像中会将多少阴影和高光剪切到新的极端阴影（色阶为0）和高光（色阶为255）颜色。值太大，会减小阴影或高光的细节。

（4）以上参数设置完成后，按“确定”按钮，效果如图9-27（c）所示。

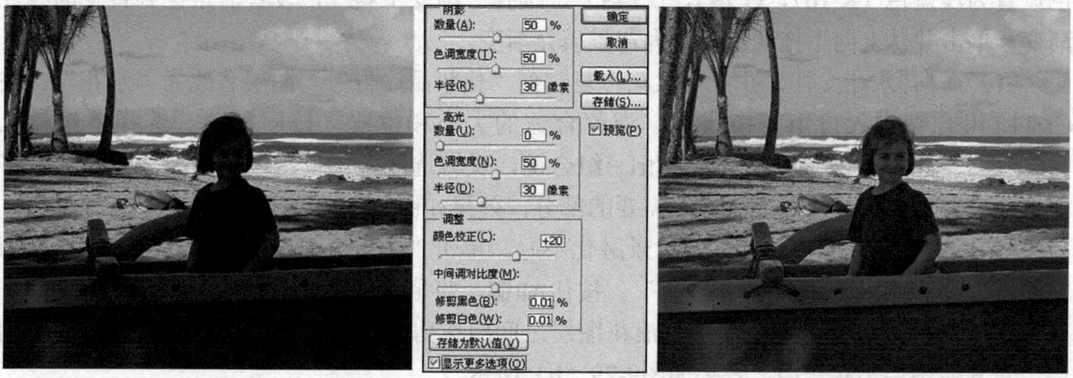

（a）原稿　　（b）“阴影/高光”对话框　　（c）效果图

图9-27　利用“阴影/高光”调整逆光照片

9.4.10　曝光度

“曝光度”命令主要用于调整HDR图像的色调，但是也可以将其应用于16位和8位图像以创建类似 HDR 的效果。“曝光度”是通过在线性颜色空间（灰度系数1.0）而不是当前颜色空间执行计算而得出的，其操作方法如下。

（1）打开图9-28（a）所示图像，单击“调整”面板中的“曝光度”图标或者执行“图层\新建调整图层\曝光度”命令，打开图9-28（b）所示的“曝光度”调整面板。

（2）在“属性”面板中，可以设置下列选项。

曝光度：调整色调范围的高光端，对极限阴影的影响很轻微。

位移：使阴影和中间调变暗，对高光的影响很轻微。

灰度系数：使用简单的乘方函数调整图像灰度系数。

吸管工具：用于将调整图像的亮度值。黑场吸管工具设置“位移”，白场吸管工具设置“曝光度”，灰场吸管工具设置“曝光度”。调整后图像效果如图9-28（c）所示。

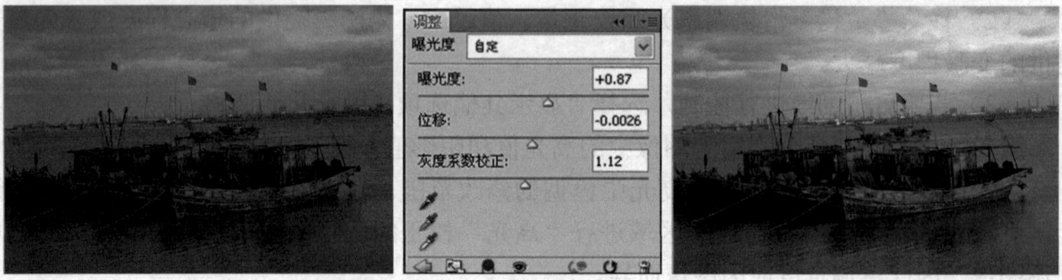

（a）原稿　　（b）“曝光度”调整面板　　（c）效果图

图9-28　调整图像曝光度

9.5 综合实例：化妆品广告

本实例综合应用渐变工具、文字工具、图层蒙版、图层样式及色彩调整命令，制作化妆品广告。

（1）按Ctrl+N组合键创建一个新文件，命名为“化妆品广告”，文件宽度为26cm，高为18.5cm，分辨率为72ppi，白色背景。前景色设置为深蓝色（R:6，G:60，B:147），背景色设置为浅蓝色（R:107，G:195，B:249）。选择“渐变工具”，设置前景色到背景的线性渐变，单击并从上向下拖动鼠标，为背景填充渐变。

（2）打开水花文件，并将“水花”复制到“化妆品广告”，图层名改为“水花”。按Ctrl+T组合键进入自由变换状态，调整合适的大小和位置，按回车键。选择“魔棒工具”，单击图像背景，按Shift+Ctrl+I组合键，反转选区，再单击添加图层蒙版按钮。将前景色设置为黑色，用画笔涂抹不需要的部分，效果如图9-29（a）所示。

（3）由于水花颜色偏深，与背景融化不好。单击“图层”面板底端的“创建填充或调节图层”按钮，选择“色彩平衡”。按住Alt键，将鼠标放在调节图层与水花图层之间，鼠标变为图标时单击，调节图层与浪花图层之间组成剪贴图层组，调节图层只影响浪花图层，对其他图层不起作用，效果如图9-29（b）所示。

色彩平衡调节图层的属性设置：中间调“青色-红色”色条向青色滑动，数值为-41；“黄色-蓝色”色条向蓝色滑动，数值为+8。高光“黄色-蓝色”色条向蓝色滑动，数值为+55。暗调“青色-红色”色条向青色滑动，数值为-33；“黄色-蓝色”色条向黄色滑动，数值为-23，设置如图9-29（c）所示。

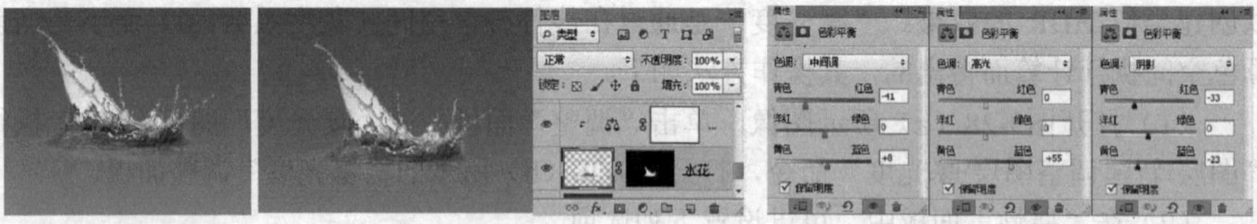

（a）　　（b）　　（c）

图9-29　调整水花的颜色

（4）打开波浪文件，并将其复制到“化妆品广告”文件中，图层名改为“波浪”。按Ctrl+T组合键，调整图像大小和位置后按回车键。再执行“编辑\变换\垂直翻转”命令。

（5）选择“魔棒工具”，单击图像白色背景，选中全部背景。按Shift+Ctrl+I组合键，反转选区。单击选项栏上的“调整边缘”按钮，在黑色背景下查看“波浪”的选择情况，适当调整，在“输入到”选项中，选择“蒙版”，按“确定”按钮。隐藏不想要的白色背景，如图9-30（a）所示。

由于“波浪”颜色偏青，不够蓝。为其添加“色彩平衡”。其属性设置：中间调，向蓝滑动滑块，其值为+25；亮调，向蓝滑动滑块，其值为+24；其他不变。颜色效果如图9-30（b）所示。

（6）打开人物文件，将人物照片复制到“化妆品广告”文件中，图层名改为“人物”。按Ctrl+T组合键，调整到合适大小和位置后按回车键。为其添加图层蒙版，将不需要的内容隐藏掉，效果如图9-30（c）所示。

（7）将前景色设置为红色。选择“横排文字工具”输入“深、深、深、深层补水专家”，设置字体为隶书，大小合适。单击“添加图层样式”按钮，选择“描边”，参数设置：大小为2像素；位置为外部；颜色为白色。

再输入“LANEIGE”，字体为Calibri，大小为80像素。单击“添加图层样式”按钮，选择“斜面和浮雕”，参数设置：样式为外斜面；深度为100%；大小为4像素；等高线的形状。再选“渐变叠加”，从渐变预设中选“红-黄-红”的渐变，渐变的角度为90°，其他参数默认。文字效果如图9-30（c）所示。

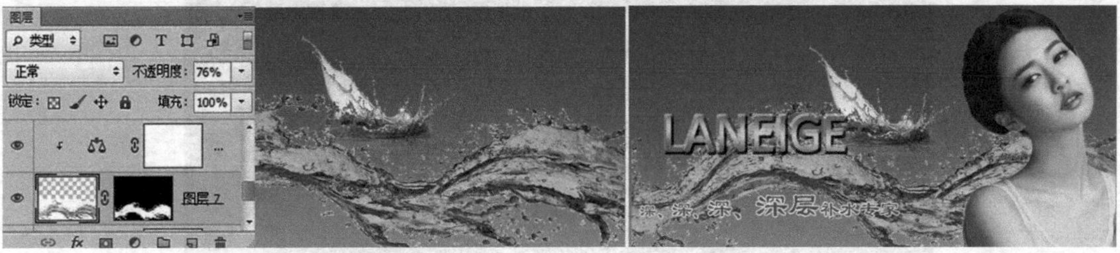

（a） （b） （c）

图9-30 化妆品广告中的文字效果

（8）打开化妆瓶文件，将选择左侧化妆瓶复制到“化妆品广告”文件中，图层名改为“化妆瓶1”。调整其大小和位置，效果如图9-31（a）所示。单击“图层”面板底部的“添加图蒙版”图标，为图层添加一个全显示蒙版。

按住Ctrl键，单击“浪花”图层的图层蒙版，将蒙版转为选区。将前景色改为黑色，单击“化妆瓶1”图层的蒙版，按Alt+Enter组合键，为蒙版的选区部分填充黑色。如图9-31（b）所示。

将前景色改为白色，利用画笔工具（设置较小的画笔直径），将应该藏在“化妆瓶1”后面的浪花涂去，效果如图9-31（c）所示。将前景色改为黑色，单击“化妆瓶”图像缩览图，用魔棒选择将“化妆瓶”周围的白色背景，再单击蒙版缩览图，按Alt+Enter组合键，为选区部分填充黑色，最后效果如图9-31（d）所示。

（9）选择文件中的两个化装瓶，将其复制到“化妆品广告”文件中，魔棒工具选择其白色背景，按Shift+Ctrl+Alt+I组合键，反转选区，再单击“图层”面板为底部的添加图层蒙版图标。再打开另一个化妆瓶文件，同样的方法将其复制到“化妆品广告”文件中，添加图层蒙版去掉背影，效果如图9-31（e）所示。

选中这两个图层，按Ctrl+E组合键合并图层，图层名改为“化妆瓶2”。按Ctrl+J组合键复制“化妆瓶2”图层，图层名改为“投影”，执行“编辑\变换\水平翻转”命令，并将其移至“化妆瓶2”下方位置，作为倒影。为其添加图层蒙版，并用渐变工具从上到下拉白到黑的渐变，图像效果如图9-31（f）所示。

（a）（b）（c）（d）（e）（f）

图9-31 化妆瓶的选择及其倒影制作

（10）将前景色改为白色，创建一个新图层，在画笔面板中，选择所需的画笔，绘制一些星型，最后效果如图9-32所示。

图9-32 化妆品广告

习题

本章部分图片

一、选择题

1. 下列（　　）与设备无关。

（A）RGB颜色模式　　（B）CMYK颜色模式

（C）Lab颜色模式　　（D）索引模式

2. 关于RGB和CMYK两种颜色模式，下面描述正确的是（　　）。

（A）RGB颜色模式是色光加色法，CMYK颜色模式是色料减色法

（B）CMYK颜色模式是色光加色法，RGB颜色模式是色料减色法

（C）RGB和CMYK都不能用于印刷

（D）RGB和CMYK都可以进行印刷

3. 在不建立选区和使用图层蒙板的前提下，图9-33（a）所示的品色汽车要调整成图9-33（b）所示绿色汽车的效果，应使用（ ）调整命令。

（A）色相/饱和度 （B）替换颜色 （C）可选颜色 （D）色彩平衡

（a） （b）

图9-33 小汽车

4. 关于曲线命令，下面描述正确的是（ ）。

（A）曲线命令只能调节图像的亮调、中间调和暗调

（B）曲线命令可用来调节图像的色调范围

（C）曲线命令只能改变图像的亮度和对比度

（D）用曲线对话框中的铅笔工具，可以在对话框中直接绘制曲线

5. 当图像偏黄色时，使用“变化”命令应当给图像增加（ ）。

（A）蓝色 （B）绿色 （C）黄色 （D）洋红

6. 关于设定图像的白场，下列描述正确的是（ ）。

（A）在“色阶”对话框中选择白色吸管工具并在图像的高光处单击

（B）选择工具箱中的颜色取样器工具在图像的高光处单击

（C）在“曝光度”对话框中选择白色吸管工具并在图像的高光处单击

（D）在“曲线”对话框中选择白色吸管工具并在图像的高光处单击

7. 下列可以使图9-34（a）变成图9-34（b）的效果的方法是（ ）。

（A）单击调整面板面上的“亮度/对比度”图标☀，调整亮度数值

（B）单击调整面板面上的“色相/饱和度”图标■，调整饱和度数值

（C）单击调整面板面上的“色调分离”图标■，调整色阶数量

（D）单击调整面板面上的“色彩平衡”图标⚖，调整色阶数值

（a） （b）

图9-34 原稿与图片效果

二、操作题

1. 通过建立“色相/饱和度”调整图层，为图9-35（a）所示的灰度上色，效果如图9-35（b）所示。（提示：在“色相/饱和度”调整面板中，选中着色，并配合图层蒙版）

2. 利用色阶、曲线、可选颜色、色相/饱和度、色彩平衡和变化命令，校正图9-36（a）所示的图像，校正效果如图9-36（b）所示。

（a）　（b）

图9-35　灰度图上色

（a）　（b）

图9-36　调整偏色图像

第10章　滤镜的应用

学习要点：

- ◆了解智能滤镜及滤镜的使用技巧
- ◆了解夜化滤镜和消失点滤镜的作用及应用
- ◆掌握各种滤镜的作用及应用
- ◆掌握利用边缘蒙版的方法锐化图像

滤镜是Photoshop CC中是最具有特色的工具之一，执行一个简单的命令，就可以制作出变换万千的艺术图像效果。单击“滤镜”菜单，弹出的“滤镜”下拉菜单中提供了“风格化”“扭曲”“锐化”和“杂色”等十多种滤镜，每一种还包含多种不同的滤镜效果。

10.1 了解滤镜

10.1.1　滤镜的使用技巧

Photoshop CC有许多滤镜，功能各不相同，但是所有滤镜的使用都有以下几个相同点，用户遵守这些基本原则和操作技巧，才能准确、有效地使用滤镜。

（1）位图和索引图像不能使用滤镜；CMYK模式和Lab模式的图像，有部分滤镜也不能使用；文本图层和形状图层执行滤镜时，会提示转换为普通图层之后，才可执行。

（2）使用滤镜时，如果图像中存在选区，那么滤镜效果只能在当前图层的选区内起作用。如果不存在选区，滤镜效果在整个当前图层中起作用。

（3）滤镜的执行速度较慢，Photoshop绝大多数滤镜对话框都提供了“预览”功能。预览滤镜效果时，单击-按钮或+按钮，可以减小或增大预览图像的显示比例；或者按住Ctrl键，单击预览窗口可放大显示比例，按住Alt键，单击预览窗口可缩小显示比例。将鼠标移到预览窗口中，鼠标变为手形时，拖动鼠标可以移动预览窗口中的图像。

（4）在滤镜对话框进行参数设置时，按Alt键，对话框中的“取消”按钮变成“复位”按钮，单击它可以将对话框设置的参数恢复到初始值。

（5）执行完某个滤镜后，按Ctrl+F组合键，将以上次设置的参数多次重复执行该滤镜。按Ctrl+Alt+F组合键，修改参数后，再执行该滤镜。

（6）执行一个滤镜后，选择“编辑\渐隐+该滤镜名称”，或按Shift+Ctrl+F组合键，将会打开图10-1所示的对话框，将执行滤镜后的图像与原图像进行混合。其中“不透明度”设置滤镜效果的强弱，“模式”设置执行滤镜后的图像与原图像的以何种模式混合。

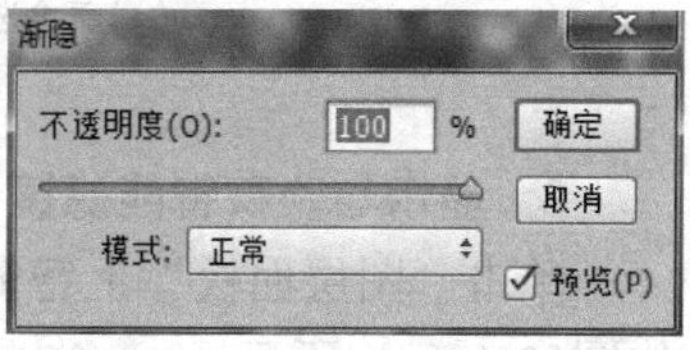

图10-1　“渐隐”对话框

10.1.2 智能滤镜

利用智能滤镜，可以在不破坏图像本身的像素的条件下，为图层添加滤镜效果。

1. 创建智能滤镜

对“图层面板”中的普通图层执行滤镜后，图像原始像素将会被取代；对智能对象执行滤镜，可以将滤镜效果添加到图像中，但是不破坏图像原始像素，其创建方法如下。

（1）执行“图层\智能对象\转换为智能对象”命令，或者执行“滤镜\转换为智能滤镜”命令，将打开图10-2（a）所示的对话框，单击“确定”按钮，将普通图层转换为智能对象图层。

（2）执行相应的滤镜命令，在“图层面板”中就添加了智能滤镜，如图10-2（b）所示。

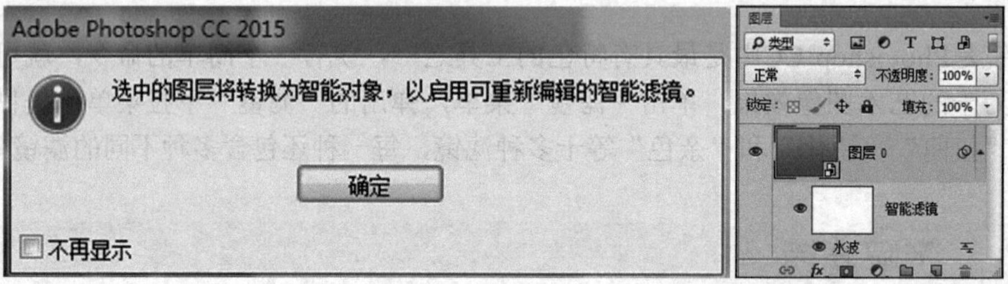

（a）　（b）

图10-2　创建智能滤镜

2. 编辑智能滤镜

在“图层面板”中，双击滤镜后面的按钮，将打开“混合选项”对话框，在此对话框中，可以设置“混合模式”和“不透明度”，如图10-3（a）所示。

在“图层面板”中，双击滤镜的名称（如水波），将打开该滤镜编辑对话框，可以重新设置滤镜参数，如图10-3（b）所示。

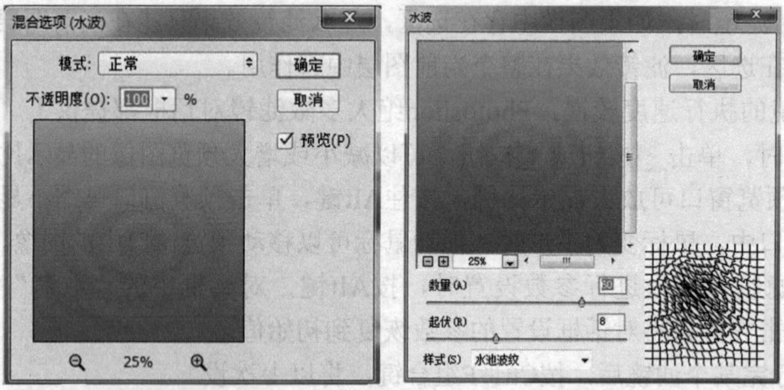

（a）混合选项对话框　（b）水波滤镜对话框

图10-3　智能滤镜编辑

3. 显示与隐藏智能滤镜

单击“图层面板”上智能滤镜前的眼睛，可以在显示与隐藏智能滤镜之间进行切换，如图10-4（a）所示。

4. 智能滤镜蒙版

可以通过编辑智能滤镜蒙版，修改滤镜的作用范围，如图10-4（b）所示。

（a） （b）

图10-4 智能滤镜蒙版

10.2 “液化”滤镜

“液化”滤镜可以对图像进行推拉、旋转、镜向、褶皱、膨胀等操作，使图像产生局部变形效果。执行“滤镜\液化”命令，将打开图10-5所示的对话框。

图10-5 “液化”滤镜对话框

1. 变形工具

向前变形工具：使用该工具在画面上拖动，可使图像产生弯曲效果。

重建工具：可以使图像局部还原为原始的模样。重建工具与重建选项中的“恢复”不同，重建工具使图像拖动的区域降低变形效果，而“恢复”模式将图像完全还原。

顺时针旋转扭曲工具：可以使图像产生顺时针旋转的效果。

褶皱工具：使图像产生褶皱效果，图像向操作中心点处收缩。

膨胀工具：图像向外推挤产生膨胀变大的效果。

左推工具：图像将以与移动方向垂直的方向移动，造成图像推挤的效果。

冻结蒙版工具：使用该工具可以在预览窗口中绘制出冻结区域，在默认情况下，冻结区域显示为红色，该区域中的图像不会因个别变形工具拖动变形而受影响。

解冻蒙版工具：使用该工具涂抹，即可将被冻结的区域擦除掉。

另外，使用冻结工具可以与蒙版选项组配合使用。

2. 画笔工具选项

画笔大小：用来设置扭曲图像的画笔宽度。

画笔浓度：用来设置画笔边缘的羽化范围。

画笔压力：用来设置画笔产生的扭曲速度，较低的压力适合控制变形效果。

画笔速率：用来设置变形、膨胀等工具的扭曲速度，该值越大，扭曲速度越快。

3. 重建选项

重建：单击该按钮可以打开“恢复重建”对话框，可拖动滑块，也可在文本框中输入数据，取值范围为0%～100%，数值越大，恢复程度越小；反之，恢复变形程度越大。

恢复全部：单击该按钮可以去除扭曲效果，冻结区域中的扭曲效果也会被去除。

蒙版选项：当图像中包含选区或蒙版时，可以通过蒙版选项对蒙版的保留方式进行设置。包含替换选区、添加到选区、从选区中减去、与选区交叉和相反选区。

10.3 消失点

消失点可以在包含透视平面的图像中进行图像的修饰编辑，在“消失点”对话框中，用户可以图像中定义平面，然后应用复制、粘贴、绘制、仿制及变换等操作编辑图像。执行“滤镜\消失点”命令，将打开图10-6所示的消失点对话框。

创建平面工具：使用该工具可以定义透视平面的4个角节点。按住Ctrl键拖动平面节点，可以拉出新的平面。

编辑平面工具：使用它拖动角节点可以调整透视平面的形状；在平面内单击并拖动可移动平面；拖动外框线段中的边节点，可以缩放平面。编辑后的平面如图10-6所示。

图10-6 消失点对话框

选框工具：使用该工具可以建立一个选区，设置该选区的羽化及不透明度，按住Alt键拖移选区，可将选区的内容复制到其他地方，如图10-7（b）所示，按住Ctrl键拖移选区，可以用其他图像内容填充该选区，效果如图10-7（c）所示。

（a）原稿　（b）按住Alt拖动鼠标　（c）按住Ctrl拖动鼠标

图10-7　利用选框修复图像

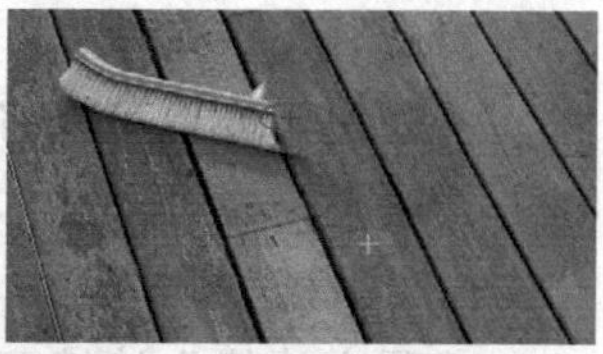

图10-8　利用图章工具修复图像

图章工具：按住Alt键取样，在其他区域拖动鼠标，可以使用样本像素绘画或修补图像，如图10-8所示。

画笔工具：使用该工具可以使用平面选定的颜色绘画。

变换工具：使用该工具可以缩放、旋转和移动复制的图像。

吸管工具：使用该工具在预览图中单击，可以选择用于绘画的颜色。

测量工具：可以在平面中测量项目的距离和角度。

10.4 “风格化”滤镜组

“风格化”滤镜组通过置换像素和通过查找并增加图像的对比度，在选区中生成绘画或印象派的效果。

1. 查找边缘

“查找边缘”滤镜用于查找图像中颜色对比强烈的图像边缘，并在白色背景上用深色线条勾画图像的边缘，标出图像中有明显过渡的区域，并使边缘强化。

2. 等高线

“等高线”滤镜用于查找主要亮度区域的过渡，并对于每个颜色通道用细线勾画它们，得到与等高线图中的线相似的结果。

3. 风

“风”滤镜用于在图像中创建细小的水平线以及模拟刮风的效果。在“风”对话框中，可以选择“风”“大风”和“飓风”，还可以选择吹风的方向，包括“从左”（风从左向右吹）和“从右”（风从右向左吹）。

4. 浮雕效果

“浮雕效果”滤镜通过将选区的填充色转换为灰色，并用原填充色描画边缘，从而使选区显得凸起或压低。

5. 扩散

“扩散”滤镜根据选中的以下选项搅乱选区中的像素，使选区显得不十分聚焦。

6. 拼贴

“拼贴”滤镜将图像分解为一系列拼贴，并使每个方块上都含有部分图像。在“拼贴”对话框中，“拼贴数”设置分割图像的数目；“最大位移”设置拼贴错位的距离；“填充空白区域”可以用前景色、背景色、反选图像和未变的图像填充拼贴块错位产生的空白区域。

7. 凸出

“凸出”滤镜可以将图像转化为三维立方体或锥体，以此来改变图像或生成特殊的三维背景效果。在“凸出”对话框中，可以设置凸出的类型、大小和深度等。

8. 照亮边缘

“照亮边缘”滤镜可以查找主要颜色变化区域并强化其过渡像素，产生类似添加类似霓虹灯的光亮。

9. 曝光过度

“曝光过度”滤镜可以混合正片和负片图像，与在冲洗过程中将照片简单地曝光以加亮相似。

实例10-1：制作放射字

本实例应用极坐标、风等滤镜及图像的旋转变换制作放射字。

（1）建立背景色为黑色的RGB模式的图像，用文本工具输入“放射”，文字颜色为白色。然后按Ctrl+E组合键，合并图层。

（2）执行“滤镜\扭曲\极坐标”命令，选中“极坐标到平面坐标”选项，按“确定”。然后，再执行“图像\图像旋转\90度（逆时针）”将整个图像逆时针旋转90°。

（3）执行“滤镜\风格化\风”命令，在“风”对话框中“方法”选“风”，“方向”选“从左”，做出风的效果。若想让放射强些，按Ctrl+F组合键再次执行此滤镜，如图10-9（a）所示。

（4）执行“图像\图像旋转\90度（顺时针）”。然后再执行“滤镜\扭曲\极坐标”命令，选中“平面坐标到极坐标”选项，按“确定”按钮，效果如图10-9（b）所示。

（5）在“图层面板”上新建一个图层，并将新建图层的混合模式设为“颜色”。然后在工具栏上选择“渐变工具”，在新图层上拉出需要渐变，最后效果如图10-9（d）所示。若第三步中，风的“方向”选“从右”，其他不变，效果如图10-9（d）所示。

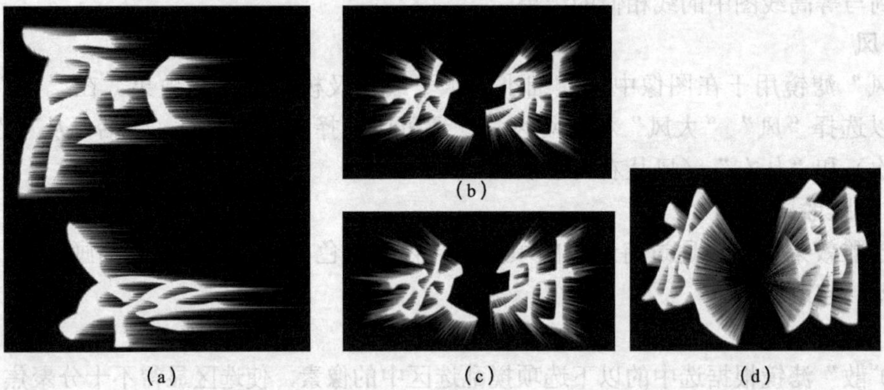

图10-9 放射字效果

10.5 “画笔描边”滤镜组

“画笔描边”滤镜组使用不同的画笔和墨水进行描边，进而创造出绘画效果的外观。

1. 成角的线条

可以产生一种无一致方向倾斜的笔触效果，在不同的颜色中笔触倾斜角度也不同。使用某个方向的线条绘制图像的亮区，而使用相反方向的线条绘制图像的暗区。其中，“方向平衡”设置笔画方向的差异。取值范围为0～100，当值为“0”或“100”的时候，笔画的方向统一向一侧倾斜；为中间值时笔画方向呈混乱状。“描边长度”值越大，笔画越长；“锐化程度”值越大，笔画越明显。

2. 墨水轮廓

“墨水轮廓”滤镜以钢笔画的风格，用纤细的线条在原细节上重绘图像。其中，“描边长度”设置笔画的长度；“深色强度”值越大，暗部的面积越大，笔画越深；“光照强度”值越大，亮部的面积越大，图像越明亮。

3. 喷溅

“喷溅”滤镜模拟使用喷溅喷枪后颜色颗粒飞溅的效果。其中，“喷溅半径”值越大，喷溅效果越强；“平滑度”值越大，喷溅的纹理越平滑。

4. 强化的边缘

“强化的边缘”滤镜强化图像边缘。其中，“边缘宽度”设置勾画的边缘宽度；“边缘亮度”值越大，边缘越亮；“平滑度”决定勾画细节的多少，值越小，图像的轮廓越清晰。

5. 阴影线

“阴影线”保留原始图像的细节和特征，同时使用模拟的铅笔阴影线添加纹理，并使彩色区域的边缘变粗糙。“阴影线”滤镜产生的效果与“成角的线条”效果相似，只是“阴影线”滤镜产生的笔触间互为平行线或垂直线，且方向不可任意调整。其中，“描边长度”设置笔画的长度；“深色强度”值越大，暗部的面积越大，笔画越深；“光照强度”值越大，亮部的面积越大，图像越明亮。

6. 深色线条

“深色线条”滤镜用短的深色线条绘制图像中的暗区，用长的白色线条绘制图像中的亮区，使图像产生一种很强烈的黑色阴影效果。“平衡”设置笔画方向的混乱程度；“黑色强度”值越大，应用黑色线条的范围越大；“白色强度”设置白色线条应用范围。

7. 喷色描边

“喷色描边”滤镜和“喷溅”滤镜很相似，不同的是该滤镜产生的是可以控制方向的飞溅效果，而“喷溅”滤镜产生的喷溅效果没有方向性。其中，“描边长度”决定飞溅笔触的长度；“喷色半径”设置图像溅开的程度；“描边方向”设置飞溅笔触的方向。

8. 烟灰墨

“烟灰墨”滤镜模仿蘸满黑色墨水的毛笔在宣纸上绘画的效果产生黑色而柔和的模糊边缘。其中，“描边宽度”设置笔画的宽度；“描边压力”值越大，笔画的颜色越深；“对比度”设置图像的颜色对比程度。

10.6 “模糊”滤镜组

使用“模糊”滤镜组中的滤镜命令，可以将图像边缘过于清晰或对比度过于强烈的区域进行模糊，产生各种不同的模糊效果，起到柔化图像的作用。

1. 表面模糊

“表面模糊”滤镜可以保留图像边缘的同时对图像进行模糊，创建特殊效果并消除杂色或颗粒度。其中，“半径”设置模糊程度的大小，“阈值”设置模糊范围的大小。

2. 动感模糊和径向模糊

“动感模糊”滤镜对图像沿着指定方向，以指定的强度进行模糊处理。该滤镜常用于运动物体的图像对画面背景的处理，来表现速度感。其中“角度”设置动感模糊的方向，“距离”设置动态模糊的程度，值越大模糊效果越明显。“径向模糊”滤镜使图像产生一种旋转或放射的模糊效果。在“中心模糊”框中单击或拖移图案，来指定旋转的中心或发散的原点。模糊方式设置为“缩放”，以设置的基准点为中心向外扩散图像；模糊方式设置为“旋转”，将以基准点为中心旋转图像。“数量”来调整模糊的应用程度。

3. 方框模糊

“方框模糊”滤镜使用相近的像素平均颜色值来模糊图像。

4. 高斯模糊

“高斯模糊”滤镜根据“半径”给出的数值快速地模糊图像，添加低频细节，产生很好的朦胧效果。常用于修饰照片时美化女性的皮肤，使之显得更加光洁细腻。

5. 模糊和进一步模糊

“模糊”滤镜使图像产生一些轻微的模糊效果，使图像变得柔和。它的模糊效果是固定的，可以用来消除杂色。而“进一步模糊”滤镜的模糊程度大约是“模糊”滤镜的3～4倍，也是一个固定的模糊效果，没有选项。

6. 镜头模糊

“镜头模糊”滤镜可以向图像中添加模糊以产生更强的景深效果，以便使图像中的一些对象在焦点内，而使另一些区域变模糊。对图像中选区执行该滤镜时，只模糊选区内的图像。对Alpha通道执行该滤镜时，Alpha通道中的白色区域被视为远处的图像并对图像进行模糊，黑色区域被视为近处的图像。其中，在“深度映射”选项中，可以通过“模糊焦距”设置模糊的区域。在“光圈”选项中，通过“形状”选项设置使用光圈的形状；拖动“半径”设置模糊的程度；增加“叶片弯度”的值，光圈的边缘将越圆滑；调整“旋转”选项可以调整光圈的角度。在“镜面高光”选项中，通过“阈值”选项设置镜面高光的范围；“亮度”选项用来设置镜面高光的亮度。在“杂色”选项中用于设置模糊过程中所添加杂点的多少和分布方式。

7. 平均

“平均”滤镜命令将找出图像或选区的平均颜色，然后使用该颜色填充图像，以创建平滑的外观效果。

8. 特殊模糊

“特殊模糊”滤镜可以只对颜色相近的区域进行精确的模糊。也就是说，可以将图像中模糊的区域更模糊而清晰的区域不变。“半径”值越大，应用模糊的像素越多；“阈值”设置应用在相似颜色上的模糊范围。

9. 形状模糊

“形状模糊”滤镜根据形状预设中的形状对图像进行模糊。

10.7 “扭曲”滤镜组

“扭曲”滤镜组中的滤镜是通过移动、扩展或缩小构成图像的像素，从而创建3D效果或各种各样的扭曲变形效果。

1. 波浪

“波浪”滤镜使图像根据设定的波长产生波状的效果。其中，“生成器数”设置图像中波浪的数量；“波长”设置波峰的间距；“波幅”设置波动的幅度；“比例”设置波浪在水平和垂直方向上的缩放比例；“类型”提供了三种波纹形态。

2. 波纹

“波纹”滤镜模拟水池表面的波纹，使图像产生波状起伏的效果，并可以控制波纹的数量和大小。

3. 玻璃

“玻璃”滤镜使图像产生通过不同玻璃观看图像的效果。其中，“扭曲度”和“平滑度”设置纹理的扭曲程度。在“纹理”选项可以选择不同的纹理效果。

4. 海洋波纹

“海洋波纹”滤镜通过移动图像像素，使图像看起来像在水中的效果。

5. 极坐标

“极坐标”滤镜使图像以坐标轴为基准扭曲图像，表现出好像地球的极坐标效果。

6. 挤压

“挤压”滤镜以图像的中心为基准，使图像产生向内或向外的凹凸效果。当“数量”值为正时，图像向内凹；当值为负时，图像向外凸；当值为0时，图像不产生变化。

7. 扩散亮光

“扩散亮光”滤镜给图像添加透明的白色杂色，使其产生一种弥漫的光漫射效果。

8. 切变

“切变”滤镜使图像沿对话框中的曲线进行扭曲变形。

9. 球面化

“球面化”滤镜将图像最大限度的扭曲为一个球形，使其具有3D效果。

10. 水波

“水波”滤镜可以径向扭曲图像，使图像产生水池表面波纹的效果。其中，“数量”设置波纹起伏的程度；“起伏”设置波纹的数量；“样式”设置波纹的形态。

11. 旋转扭曲

“旋转扭曲”滤镜使图像产生旋转扭曲效果，中心的扭曲程度比边缘的扭曲程度大。其中，“角度”为正时，图像顺时针旋转扭曲；其为负时，图像逆时针旋转扭曲。

12. 置换

“置换”滤镜可以通过一个PSD格式图像为模板（置换源）根据置换源的明暗度不同使目标图像按照一定比例进行像素移位，使目标图像产生扭曲变形效果。

在置换滤镜中规定，置换源图像的红色通道的灰阶值，控制目标图像素水平方向的移动。 按绿色通道中的灰阶值，控制目标图像素垂直方向的移动。蓝色通道不参与置换。并且置换源上的128灰度的地方对目标图像不起作用，也就是不发生位移，置换源上比128灰度深的地方（0～127）作用到目标图像上，使目标图像的像素向右向下移动。置换源上比128灰度浅的地方（129～255）作用到目标图像上，使目标图像的像素向左向上移动。置换距离=（置换源通道像素的灰阶值-128）×置换比例，即置换源通道越暗或越亮，置换比例越大，目标图像的位移越大。

执行“滤镜\扭曲\转换”命令，打开图10-10所示置换对话框。

水平比例和垂直比例：设置转换比例，值越大，位移越大。

置换图：置换源的图像大小与选区的大小不同，则指定置换源图像适合图像的方式：选择“伸展以适合”调整置换图的大小；或者选择“拼贴”，通过重复使用置换图填充选区。

未定义区域：确定处理图像中未扭曲区域的方法，选择“折回”或“重复边缘像素”。

单击“确定”按钮，选择“置换源”图像，即可对目标图像产生扭曲效果。

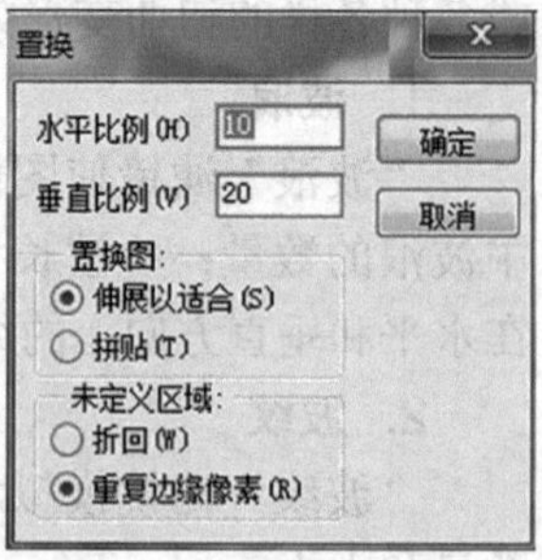

图10-10 置换对话框

实例10-2：制作水中倒影

本实例综合应用动态模糊、高斯模糊、置换滤镜和杂色等多个滤镜及图像变换，制作风景画的水中倒影效果。

（1）打开图10-11（a）所示风景图，执行“图像\画布大小”命令，向下增加一倍画布。

（2）将图像复制一层，并命名为“倒影”。对“倒影”图层，执行“编辑\变换\垂直翻转”命令，将它调成与原图对称的图像。

（3）水中倒影，比真实物体模糊，对“倒影”图层执行“滤镜\模糊\动态模糊”，设置角度为90°，距离为8像素，对图像进行模糊。

（4）由于水中的物体颜色比真实物体深。新建一层放在图像的最下层，并为该图层下半部分填充深蓝色（R:15，G:92，B140）。再为倒景图层加上一个图层蒙版，图层蒙版填充由黑到白的渐变，上面是白，下面是黑色，效果如图10-11（b）所示。

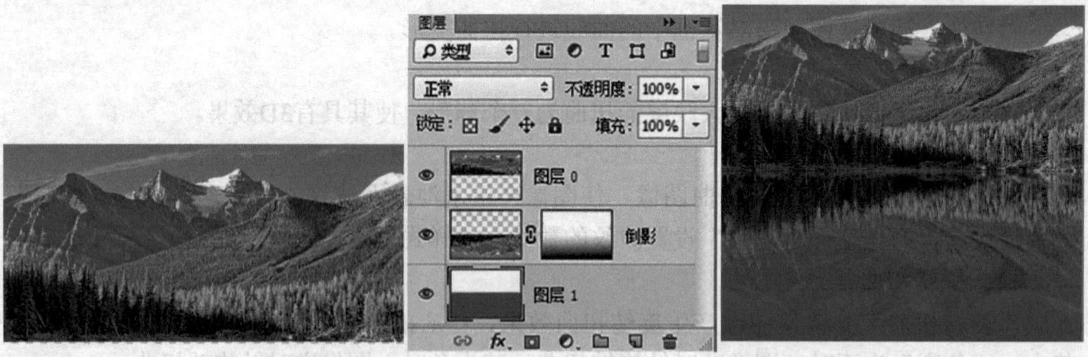

（a） （b）

图10-11 水中倒影制作

（5）水中倒影由于受风吹的影响，倒影有扭曲，要制作涟漪，首先制作置换源文件。

新建一个600像素×800像素的文件，执行“滤镜\其他\杂色”命令，数量设置为最大值，分布选择“高斯分布”。再执行“滤镜\模糊\高斯模糊”，半径设置为2像素。

单击红通道，执行“滤镜\风格化\浮雕效果”命令，在打开的对话框中，“角度”设置为180°，“高度”设置为1像素，“数量”设置为500，单击“确定”按钮。再单击绿通道，执行“滤镜\风格化\浮雕效果”命令，“角度”设置为90°，其他参数设置同红通道，单击“确定”按钮。图像效果如图10-12（b）所示。

双击背景图层，将置换源文件转换为一般图层，执行“编辑\变换\透视”命令，水平向右拖动图像右下角的控制点，使图像产生透视效果，双击鼠标，完成透视。若对透视效果不满意，可以再次进行透视，效果如图10-12（b）所示。保存PSD格式，文件名为“置换源”。

（6）选择“倒影”图层，利用矩形选框工具，选择倒影图层的下半部分（即有图像的部分），执行“滤镜\扭曲\转换”命令，“水平比例”设置为15，“垂直比例”设置为30，“置换图”选择“伸展以适合”，“未定义区域”选择“重复边缘像素”，单击“确定”按钮。打开的对话框中选择“置换源”文件，单击“确定”按钮，效果如图10-12（c）所示。

（a）　（b）　（c）

图10-12　水中倒影效果

10.8 “锐化”滤镜组

“锐化”滤镜组中的滤镜通过增加相邻像素的对比度，使图像在视觉上变得更加清晰、鲜明。

1. USM锐化

“USM锐化”滤镜通过查找并调整图像中颜色发生显著变化区域的对比度，并在图像边缘的每侧生成一条亮线和一条暗线，使图像的边缘突出，图像更加清晰。其中“数量”设置锐化的程度，值越大，锐化越明显；“半径”设置边缘像素周围受锐化影响的像素的数目；“阈值”设置进行锐化的相邻像素必须达到的最低色调差值。即只有色调之差大于此值的像素才会被锐化，否则不进行锐化。

2. 锐化和进一步锐化

“锐化”滤镜通过增加图像中相邻像素的颜色对比，增加图像清晰度。而“进一步锐化”滤镜比“锐化”滤镜的效果更加显著，可以使图像更加清晰。

3. 锐化边缘

“锐化边缘”滤镜只锐化图像的边缘，图像总体的平滑度保持不变。

4. 智能锐化

“智能锐化”滤镜通过设置锐化算法或者分别控制阴影和高光中的锐化量来锐化图像，使图像的锐化效果控制得更加精确。执行“滤镜\锐化\智能锐化”命令，会打开图1-13所示的“智能锐化”对话框。

在“智能锐化”滤镜对话框中单击右上角的⚙，可以选择“使用旧版”和“更加准确”选项，选“更加准确”选项，使锐化的效果更精确，但需要更长的时间来处理文件。

预设：可以将当前设置的锐化参数保存为一个预设的参数，以后需要使用它锐化图像时，可以在下拉列表中将其选择；也可单击“默认值”恢复为系统默认参数值。

数量：设置锐化的程度，值越大，边缘像素之间的对比度越大，锐化程度越大。

半径：设置受锐化影响的边缘像素数量，值越高，边缘就越宽，锐化效果越明显。

减少杂色：实际是将图像模糊，所以任何一个减少杂色的命令如果设置参数过大图像都会出现模糊；并不是说去除杂色就是一点杂色也没有了，只是控制在允许的范围内。

移去：在该选项下拉列表中可以选择锐化算法。

高斯模糊：可使用“USM锐化”滤镜的方法进行锐化。

镜头模糊：可检测图像中的边缘和细节，并对细节进行更精细的锐化。

动感模糊：可通过设置“角度”来减少由于相机或主体移动而导致的模糊效果。

阴影和高光：可以分别调整阴影和高光区域的锐化强度。

渐隐量：用来设置阴影或高光中的锐化量。

色调宽度：用来设置阴影或高光中色调的修改范围。

半径：用来控制每个像素周围的区域的大小，它决定了像素是在阴影还是在高光中；向左移动滑块会指定较小的区域，向右移动滑块会指定较大的区域。

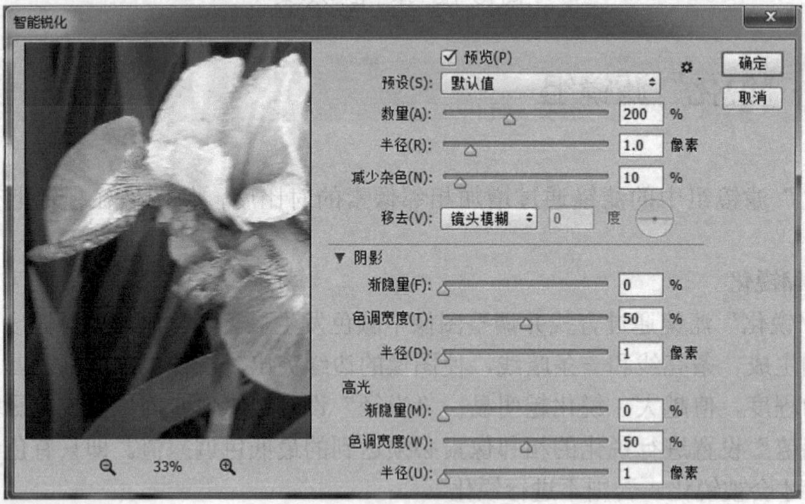

图10-13 智能锐化

5. 防抖

该滤镜够挽救因相机抖动或者机震时而造成的画面模糊。执行“滤镜\锐化\防抖”命令，会打开图10-14所示的“防抖”对话框。

模糊描摹边界：指定描摹边界。这个参数值大时，图像细节边缘会有晕影出现，失真较大；参数较小时，则图像细腻，失真少，边缘对比弱，小细节丰富。因此如果图像模糊较为轻微，可以使用较小的值，对很模糊的图像使用较大的值。

源杂色：设置对图像中杂色点的处理方法，有四种选项："自动""低""中"和"高"，"自动"让PS自动选择，一般情况下，此选项锐化也的图像效果较好。"低"锐化后，杂色颗粒比较细。"高"锐化后，杂色颗粒比较粗。

平滑选项：对锯齿边缘和噪点进行控制，取值范围为0%～100%，值越大去杂色效果越好，但细节损失也大，需要在清晰度与杂点程度上加以均衡。

伪像素抑制：在抑制图像锐化过程中产生噪点。取值范围为0%～100%，值越低，锐化时就会产生许多彩色噪点；值越高，彩色噪点越少，但图像会变得越模糊。

评估区域："高级"下面的评估区域，是对一张照片的小范围取样，这个范围通常认为是整个照片的概括。你觉得自己的照片比较特殊，或者有什么特别注意的地方，可以添加新的取样范围，默认情况下，新取样范围（可设置多个）可与老范围一并生效。

图10-14　防抖对话框

实例10-3：制作边缘锐化蒙板，锐化图像

使用Photoshop中的"USM锐化"图像时，是按指定的阈值决定被锐化像素，并按指定的数量增加像素的对比度，使较浅的像素变得更亮，较暗的像素变得更暗。因此，"USM锐化"滤镜虽然是一个用途很广、功能强大的工具，但是它也有明显的缺陷。就是在它锐化带有杂色或少许纹理的图像时，"阈值"选项并不能很好的保护有杂色或少许纹理的区域。在"阈值"较小的情况下，它无法提供足够的保护；在"阈值"较大的情况下，虽然它可以提供足够的保护，但是没被锐化像素与被锐化的像素之间，又会产生不自然的过度。图10-15（a）所示是"USM锐化"应用"数量"为100、"半径"为2、"阈值"为3时的效果图，图像轮廓被锐化的同时，蓝天中的杂色也被锐化加强了。

（a）　　（b）

图10-15　锐化蒙版

针对这种情况，利用图层进行锐化，就能解决这一问题。给锐化图层加一个图层蒙版，将不需要锐化的部分保护起来，就可以实现达到需要的锐化而又不放大杂色。下面就讲解一下使用边缘蒙版有选择地锐化图像的方法。操作方法如下。

（1）打开要锐化的图像。打开“通道”调板，选择对比度最大的通道，并复制。若所有通道都不佳，也可以利用“图像\计算”命令，创建一个合适对比度的通道。

（2）选中复制或创建的通道，执行“滤镜\风格化\查找边缘”命令。然后再选取“图像\调整\反相”命令，使通道中的图像反相。如图10-15（b）所示，通道中的黑色区域，是锐化时被保护而不进行锐化的区域；通道中的白色区域，是锐化时被锐化的区域；通道中的灰色区域，是锐化时被少量锐化的区域。

（3）在反相边缘蒙版处于选定状态时，可以选择下面三个滤镜全部或者其中一两个来编辑边缘蒙版。

①执行“滤镜\其他\最大值”命令。将半径设置为较小的数值并点按“确定”，即可使边缘变粗并使像素随机出现。

②执行“滤镜\杂色\中间值”命令。将半径设置为较小的数值并点按“确定”。这将对相邻的像素求平均值。

③执行“滤镜\模糊\高斯模糊”命令，可羽化边缘。

以上三个滤镜的目的是柔化边缘蒙版，使锐化效果就会更好地混合在最终图像中。

（4）执行“图像\调整\色阶”命令，并将黑场设置为较高的值，即可去掉随机像素。若边缘蒙的天空区域还有灰蒙蒙的小白点，就可以将前景色改为黑色，用画笔工具涂抹形成最终的边缘蒙版，如图10-16（a）所示。

（5）在“通道”调板中，单击“将通道作为选区载入”按钮，将边缘蒙版转为选区。

（6）在“图层”调板中，选择该锐化图层，单击“图层”调板底部的“添加图层蒙版”按钮，将锐化蒙版加到图层上，如图10-16（b）所示。

（7）在锐化图层处于选中状态时，选取“滤镜\锐化\USM 锐化”。设置所需选项，然后点按“确定”按钮，锐化后的效果如图10-16（c）所示，与图10-15（a）对比，天空较平滑，杂色点较少，效果较好。

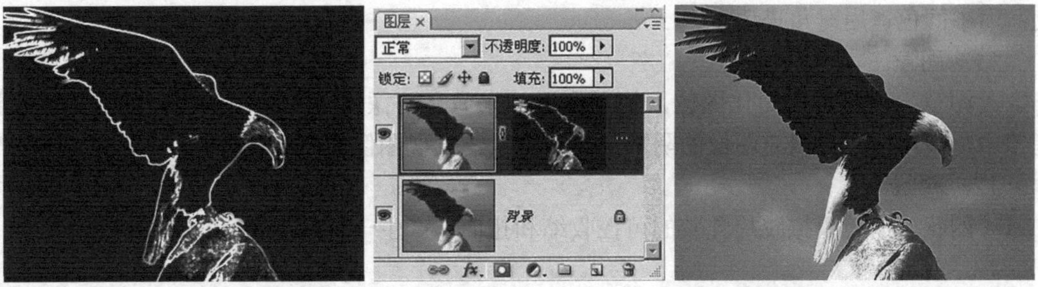

（a）　　（b）　　（c）

图10-16　锐化图像

10.9 “素描”滤镜组

“素描”滤镜组中的大部分滤镜都是通过使用前景色和背景色来置换原图中的色彩，同时为图像添加纹理，使图像产生3D效果、精美的艺术品效果或手绘效果。

1. 半调图案

“半调图案”滤镜，可以在保持连续色调范围的同时，使用前景色和背景色为图像重新上色，并模拟印刷中的半调网屏效果。

2. 便条纸

“便条纸”滤镜滤镜是根据图像的明暗，使用前景色和背景色替换原图的像素颜色，使图像产生一种类似于浮雕效果的凹陷压印图案。

3. 粉笔和炭笔

“粉笔和炭笔”滤镜可以使图像中的阴影区域使用前景色模拟炭笔绘制效果，图像中较亮的区域使用背景色模拟粉笔绘制效果。

4. 铬黄

“铬黄”滤镜可以将图像处理成好像是磨光的铬表面或液体金属的效果。高光在反射表面上是高点，暗调是低点。

5. 绘图笔

“绘图笔”滤镜使用精细的线条绘制图像中的各种细节，模拟出铅笔素描的效果。

6. 基底凸现

“基底凸现”滤镜使图像产生浮雕效果，图像的暗区呈现前景色，亮区用背景色。

7. 水彩画纸

“水彩画纸”滤镜模仿在潮湿纸张上作画，所产生图像画面浸湿、扩散的效果。

8. 撕边

“撕边”滤镜使用前景色和背景色重建图像，使图像产生粗糙、撕破纸的效果。

9. 塑料效果

“塑料效果”滤镜使图像产生一种光滑的浮雕效果，暗部凸起，亮部凹陷，并使用前景色和背景色为结果图像着色。

10. 炭笔

“炭笔”滤镜将图像表现为使用木炭绘制图像的效果，图像的主要边缘以粗线条绘制，而中间色调用对角描边。

11. **图章**

“图章”滤镜可以简化图像，使图像看起来像是用橡皮或木制图章创建的一样。在该滤镜中，使用前景色填充图像的阴影部分，背景色表现图像的高光部分。

12. **网状**

“网状”滤镜模拟胶片乳胶的可控收缩和扭曲，产生一种网眼覆盖的效果。

13. **影印**

“影印”滤镜使用前景色和背景色填充图像，模拟出使用复印机复印后的效果。

10.10 “纹理”滤镜组

“纹理”滤镜组中的滤镜模拟具有深度感或物质感的外观，使图像产生各种各样的纹理过渡的变形效果，常用来创建图像的凹凸纹理和材质效果。

1. **龟裂纹**

“龟裂纹”滤镜使图像好像绘制在一个高凸现的石膏表面上，使图像生成精细的网状裂缝并产生浮雕效果。

2. **颗粒**

“颗粒”滤镜通过模拟不同种类型的颗粒来对图像添加的纹理。

3. **马赛克拼贴**

“马赛克拼贴”滤镜可以产生分布均匀但形状不规则的马赛克拼贴效果。“拼贴大小”设置“马赛克”图像的大小；“缝隙宽度”设置每两块“马赛克”间凹陷部分的宽度；“加亮缝隙”设置凹陷部分的亮度。

4. **拼缀图**

“拼缀图”滤镜将图像分割为用图像中该区域的主色填充的正方形，并根据图像的明暗设置正方形的高度。“方形大小”设置正方形的大小；“凸现”值越大，立体效果越明显。

5. **染色玻璃**

“染色玻璃”滤镜将图像分割成不规则的彩色玻璃单元格效果，并用前景色填充相邻单元格之间的空隙，其中“边框粗细”设置格子间距的宽度。

6. **纹理化**

“纹理化”滤镜可以在图像中添加系统提供的纹理效果，也可以根据自定义文件的亮度值向图像中添加纹理。其中，“缩放”设置纹理的缩放比例；“凸现”设置纹理的明显程度；“光照”选择光照的方向；复选“反相”选项可以使纹理的凹凸效果翻转。

10.11 “像素化”滤镜组

“像素化”滤镜组中的滤镜可以使图像中颜色值相近的像素结成色块，再由色块构成图像，类似于色彩构成的效果。一般在表现图像网点或者铜版画效果时使用。

1. 彩块化

“彩块化”滤镜使图像中相近颜色的像素结成颜色块，使图像产生类似手绘效果。

2. 彩色半调

“彩色半调”滤镜模拟在图像的每个通道上使用放大的半调网屏效果，从而使图像产生好像放大显示的彩色印刷品效果。

3. 点状化

“点状化”滤镜使图像产生随机分布的彩色斑点，空白部分使用背景色填充。

4. 晶格化

“晶格化”滤镜使图像中相近的像素结成多边形纯色块，图像产生晶格化效果。

5. 马赛克

“马赛克”滤镜将图像分割解成许多排列规则的小方块，实现图像网格化，每个网格使用网格内的平均颜色值填充，从而产生马赛克的效果。

6. 碎片

“碎片”滤镜将图像复制为4份，再将它们平均和移位，使图像产生一种不聚焦的效果，视觉上好像拍照时相机晃动后的图像效果。

7. 铜板雕刻

“铜板雕刻”滤镜将在图像中随机分布各种不规则的图案效果，使图像转换为黑白区域的随机图案或彩色图像中完全饱和颜色的随机图案。

实例10-4：制作半色调图像

本实例应用去色命令和彩色半调命令，将人物照片制作为半色调图像效果。

（1）打开需要做效果的图片。

（2）切换到通道面板，选择一个对比不强烈的通道（本例选择红通道），将并复制此通道。按Ctrl+L组合键打开色阶面板，向左移动白色滑块，调整对比度，如图10-17（a）所示。

（3）单击通道面板上的“将通道作为选区载入”按钮，并按Shift+Ctrl+I组合键反转换区。单击RGB复合通道，回到图像状态。在图层面板中，双击背景图层，将其转化为一般图层，然后单击“添加图层蒙版”按钮，效果如图10-17（b）所示。

（4）在图层面板上，单击图像缩览图，执行“图像\调整\去色”命令，将图像转为灰度图。再执行“滤镜\像素化\彩色半调”命令，最大半径设置为9像素，其他为0，单击“确定”按钮。在图像的下层新建一个图层，为其填充白色，效果如图10-17（c）所示。

（5）将“图层0”复制一份，其填充想要的颜色（如青色），并将此图层的不透明度调整为50%左右，效果如图10-17（d）所示。

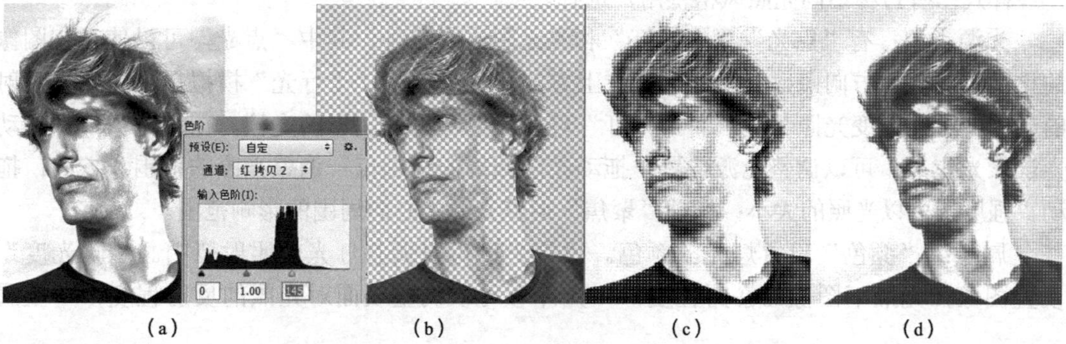

图10-17 半色调图像

10.12 “渲染”滤镜组

使用“渲染”滤镜组中的滤镜可以在图像中创建3D形状、云彩图案、折射图案和模拟灯光照射效果。

1. 分层云彩

“分层云彩”利用前景色和背景色随机变化，并与图像原像素混合生成云彩图案。

2. 镜头光晕

“镜头光晕”滤镜模拟亮光照射到相机镜头所产生的折射。通过单击图像缩览图的任一位置或拖移其十字线，指定光晕中心的位置。

3. 纤维

“纤维”滤镜使用前景色和背景色为图像填充纤维的外观效果。其中“差异”调整前景色和背景色的对比度，值越小，产生的纹理长度越长，而较大的值会产生非常短且颜色分布变化更多的纤维；“强度”调整纤维纹理外观，值越大，纤维纹理越细。单击“随机化”按钮将随机设置纤维图案。

4. 光照效果

“光照效果”滤镜可以在图像上添加特定的光源，设定光源样式、光源类型等，也可以通过添加纹理通道，使图像产生立体效果，光照效果属性面板如图10-18所示。

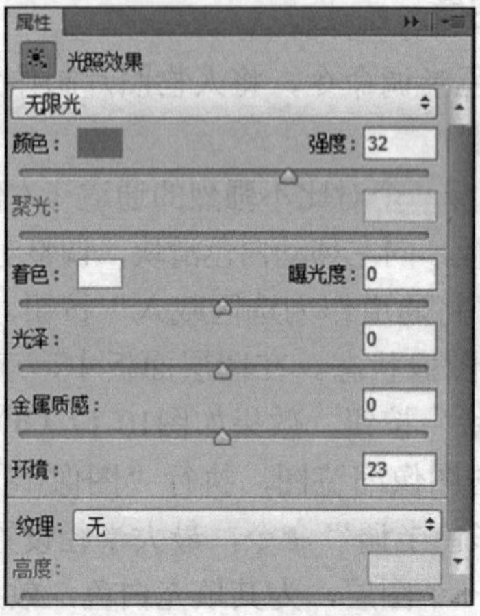

图10-18 “光照效果”属性面板

样式：有17种不同光照风格供用户选择。

光源类型：有“点光”“聚光灯”和“无限光”三种，其中“点光”可以使光在图像的正上方向各个方向照射，就像一张纸上方的灯泡一样；“平行光”模拟很远的地方照射的光照，不能改变光照角度；“聚光灯”可以投射一束椭圆形的光柱。在预览窗口中拖动光源聚光焦点，可以调整光源位置；拖动光源四周的控制点，调整光照的范围和方向；拖动“强度”可以光照的大小；拖动“聚焦”调整光源中心向周围的影响范围。

属性：“颜色”设置灯光的颜色。“聚光”可以调整灯光的照射范围。“曝光度”设置图像在光照下图像的暴露程度；“光泽”可以调整表面对光照的反射程度；“金属质感”设置图像的质感；“环境”设置应用在整个图像上的环境光，当滑块为负值时，环境光越接近色样的互补色；滑块为正值时，则环境光越接近于颜色框中所选的颜色。“纹理”可以在通道中选择灰度图像，利用灯光照射该通道，使图像产生凹凸的立体效果；“高度”选项设置立体效果最高隆起的高度。

5. 云彩

“云彩”滤镜使用前景色与背景色之间的随机值，为图像填充柔和的云彩图案。

实例10-5：为图像添加光照效果

本实例应用光照效果和镜头光晕为图像添加光照效果。

（1）打开图10-19（a）所示的图像，执行“滤镜\转化为智能滤镜”命令，将图像转化为智能对象（或执行“图层\智能对象\转换为智能对象”命令）。

（2）执行“滤镜\渲染\光照效果”命令，为图像添加光照效果。在图10-18所示的“属性”面板中，设置“颜色”为成橙色，“强度”为40，“环境”的值为23。

（3）在“选项栏”中，单击“添加新的点光”图标。在“光源”面板中选择此点光源，并“属性”面板中设置光源的颜色为红色，图像效果如图10-19（b）所示。

（4）执行“滤镜\渲染\镜头光晕”命令，“亮度”为80，“镜头类型”为“50～300毫米变焦”，最后效果如图10-19（c）所示。

（a）　（b）　（c）

图10-19　光照效果

10.13 “艺术效果”滤镜组

“艺术效果”滤镜组中的滤镜就像一位熟悉各种绘画风格和绘画技巧的艺术大师，可以使一幅平淡的图像变成大师的力作，且绘画形式不拘一格。它能产生油画、水彩画、铅笔画、粉笔画、水粉画等各种不同的艺术效果。

1. 壁画

此滤镜使用短而圆的、粗略涂抹的小块颜料，以一种粗糙的风格绘制图像。往往在图像边缘上添加黑色边缘并增加反差和饱和度，使图像产生壁画的斑点效果。“画笔大小”值越大，笔触越大，图像的效果越粗糙；“画笔细节”设置画笔的细致程度；“纹理”用于在图像上设置纹理，数值越大，壁画的效果体现的更强。

2. 彩色铅笔

此滤镜模拟使用彩色铅笔绘制图像的效果，同时保留图像重要边缘留。“铅笔宽度”设置彩色铅笔笔触的粗细；“描边压力”设置线条的强度，数值越大表现出来的图像就越清晰；“纸张亮度”设置背景色在图像中的亮度。

3. 粗糙蜡笔

此滤镜模拟彩色粉笔在带纹理的背景上绘制图像。在亮色区域，粉笔看上去很厚，几乎看不见纹理；在深色区域，粉笔似乎被擦去了，使纹理显露出来。“描边长度”设置笔触的长度，值越小，勾画线条断续现象越明显；“描边细节”值越小，绘画效果越精细。“纹理”设置所需的纹理或载入其他图像纹理。

4. 底纹效果

此滤镜将原图像绘制在带有纹理的背景图像上，使图像产生油画效果。

5. 调色刀

此滤镜减少图像中的细节并将相近颜色融合，生成描绘很淡的画布效果。“描边大小”值越小，图像的轮廓显示越清晰；“描边细节”值越大，图像越细致；“软化度”值越大，图像的边线越模糊。

6. 干画笔

此滤镜通过使用干画笔绘制图像边缘，并将图像的颜色范围降到普通颜色范围来简化图像，使图像产生不饱和，较干燥的油画效果。画笔值越大，图像越粗糙。

7. 海报边缘

此滤镜通过减少图像中的颜色数量，查找图像的边缘，在边缘上绘制黑色线条，使图像产生一种美观的招贴画效果。其中“边缘厚度”值越大，轮廓就越粗；“边缘强度”值越小，轮廓的颜色越深；“海报化”设置图像海报化效果的强弱。

8. 海绵

此滤镜使用颜色对比强烈、纹理较重的区域创建图像，以模拟海绵绘画的效果。其中“清晰度”值越大，颜色对比值越大；“平滑度”越大，笔触边缘越柔和。

9. 绘画涂抹

利用此滤镜，可以制作出好像手绘的效果。“画笔大小”调节笔触的大小，“锐化程度”控制图像的锐化值。

10. 胶片颗粒

此滤镜可以将平滑图案应用于图像的阴影色调和中间色调，将一种更平滑、饱和度更高的图案添加到图像的亮区，从而制作出一种软片颗粒的纹理效果。

11. 木刻

此滤镜对图像中的颜色进行色调分离处理，得到几乎不带渐变的简化图像，表现出类似于木刻画的效果。其中，“色阶数”控制色阶的数量级，“边简化度”简化图像的边界，“边逼真度”控制图像边缘的细节。

12. 霓虹灯光

此滤镜通过前景色和背景色给图像重新上色，并产生各种彩色霓虹灯光的效果。其中，“发光大小”正值为照亮图像,负值是使图像变暗；“发光亮度”控制亮度数值；“发光颜色”设置发光的颜色。

13. 水彩

此滤镜使用较深的颜色表现图像的边线部分，制作出水彩画的图像效果。“画笔细节”设置笔刷的细腻程度；“暗调强度”设置阴影强度；“纹理”控制纹理图像的对比度。

14. 塑料包装

“塑料包装”滤镜给图像涂上一层光亮的塑料，使图像产生被蒙上塑料薄膜的效果。其中，“高光强度”值越大，图像表面反射光的强度就会越强；“细节”值越大，塑料表面的效果范围越明显；“平滑度”值越大，图像上应用的透明薄膜效果越柔和。

15. 涂抹棒

“涂抹棒”滤镜使用短的对角线对图像的暗区涂进行抹以柔化图像，但图像亮区变得更亮，以致失去细节，从而产生一种条状涂抹的效果。

实例10-6：将普通照片处理为油画效果

本实例应用干画笔、阴影线和纹理化滤镜及图层的混合模式，将照片处理为油画效果。

（1）打开一张图10-20（a）所示的图片，执行“滤镜\转化为智能滤镜”命令，将图像转化为智能对象，然后再复制一层。

（2）选中“图层0”，执行“滤镜\艺术滤镜\干画笔”命令，其中“画笔大小、画笔细节和纹理”分别设置为：1，10，2。

（3）选中复制的图层，执行“滤镜\画笔描边\阴影线”命令，其中“描边长度、锐化强度和强度”分别设置为：15，8，1，并将图层模式改为“正片叠加”。

（4）选中复制的图层，执行“滤镜\纹理\纹理化”命令，并在“纹理”下拉框中选择“画布”，设置合适的纹理“缩放和凸现”参数，最后效果如图10-20（b）所示。

（a） （b）

图10-20 油画效果

10.14 综合实例：巧克力广告

本实例综合应用渲染、素描和扭曲滤镜以及色彩调整全命令、图层样式和文字工具，制作巧克力广告。

（1）按Ctrl+N组合键创建一个新文件，命名为“巧克力广告”，文件宽度为1000像素，高为600像素，分辨率为72ppi，白色背景。前景色设置为黑色，按Alt+Delete组合键为文件填充黑色。

（2）执行“滤镜\渲染\镜头光晕”命令，在打开的“镜头光晕”对话框中，调整光晕的方向，然后单击“确定”按钮，效果如图10-21（a）所示。

（3）执行“滤镜\滤镜库\素描\铬黄渐变”命令，“细节”设置为5，“平滑度”设置为7，单击“确定”按钮，效果如图10-21（b）所示。

（4）执行“滤镜\扭曲\波浪”命令，设置“生成器数”参数为15，其他参数默认，单击“确定”按钮，效果如图10-21（c）所示。

（5）执行“滤镜\扭曲\旋转扭曲”命令，设置“角度”为-380°，单击“确定”按钮，效果如图10-21（d）所示。

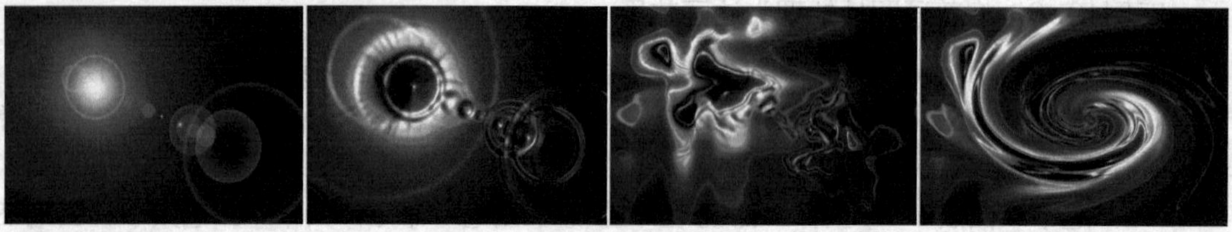

（a）　（b）　（c）　（d）

图10-21　制作巧克力花

（6）执行“图像\调整\色相饱和度”命令或按Ctrl+U组合键，在“色相饱和度”对话框中，勾选“着色”选项，并设置“色相”为20，“饱和度”为60，单击“确定”按钮，如图10-22（a）所示。

（7）打开“巧克力1”图像，将其复制到“巧克力广告”文件中，调整好位置。单击“图层”面板上的“添加图层蒙版”图标，将前景色改为黑色，选择画笔工具，涂抹“巧克力”最下端需要隐藏部分，再将前景色改为灰色，涂抹“巧克力”中部需要半透明的部分，合成效果如图10-22（b）所示。

（8）打开“巧克力2”图像，将其复制到“巧克力广告”文件中，按Ctrl+T组合键进入自由变换状态，调整好大小和位置，并为其添加图层蒙版，去掉图像背景，如图10-22（c）所示。

（9）打开“商标”文件，将其复制到“巧克力广告”文件中，按Ctrl+T组合键进入自由变换状态，调整好大小和位置。单击“图层”面板上的“添加图层样式”图标，为其添加“斜面浮雕”样式，其中“样式”为内斜面，“方法”为平滑，“深度”为100%，“大小”为7，其他参数默认，按“确定”按钮，效果如图10-22（c）所示。

（10）选择“横排文字工具”T，输入“愉悦丝滑 尽享德芙”，设置字体为“方正华隶”，字的大小设置为60磅，将“商标”图层“的斜面浮雕”样式复制到此图层，将“大小”调整为3，其他参数不变，最后效果如图10-22（c）所示。

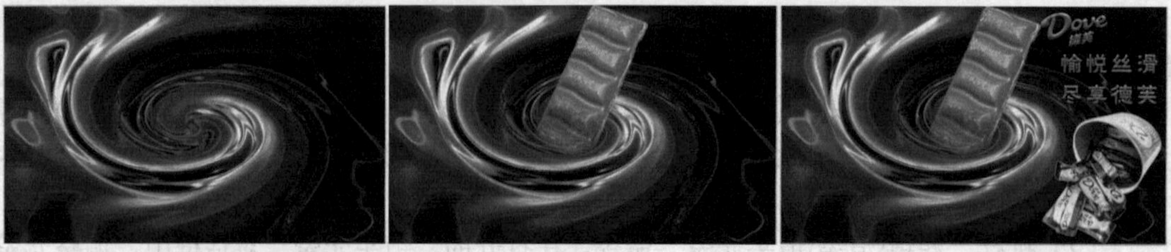

（a）　（b）　（c）

图10-22　巧克力广告

习题

本章部分图片

一、选择题

1. 所有的滤镜都能应用于（　　）。

（A）索引图像　　（B）位图图像

（C）RGB模式图像　　（D）CMYK模式图像

2. 当你要对文字图层执行滤镜效果时，首先应当（　　）。

（A）选择“图层\栅格化\文字”命令

（B）直接在滤镜菜单下选择一个滤镜命令

（C）确认文字图层与其他图层没有链接

（D）T工具选中文字，然后选择一个滤镜命令

3. 扫描印刷品时，印刷品上的网点形成的花纹会覆盖在图像上，使图像模糊，下列（　　）可以去除扫描印刷品形成的网纹。

（A）执行“滤镜\杂色\去斑”命令

（B）执行“滤镜\杂色\蒙尘与划痕”命令

（C）执行“滤镜\锐化\锐化”命令

（D）执行“滤镜\模糊\模糊”命令

4. 有些滤镜效果可能占用大量内存，特别是应用于高分辨率的图像时，以下（　　）可提高工作效率。

（A）先在一小部分图像上试验滤镜和设置

（B）如果图像很大，且有内存不足的问题时，可将效果应用于单个通道

（C）在运行滤镜之前先使用“清除”命令释放内存

（D）将更多的内存分配给 Photoshop。如果需要，可将其他应用程序中退出，以便为 Photoshop 提供更多的可用内存

5. 如图10-23所示，箭头在左边的原始图像，箭头右边是经过滤镜处理后的效果，通过下列（　　）滤镜命令可以使左图变成右图的效果。

（A）马赛克　　（B）拼图　　（C）凸出　　（D）晶格化

图10-23　原稿与效果

二、操作题

1. 如图10-24所示，请将箭头左边的原始图像，利用滤镜处理为箭头右边所示的素描画的效果。

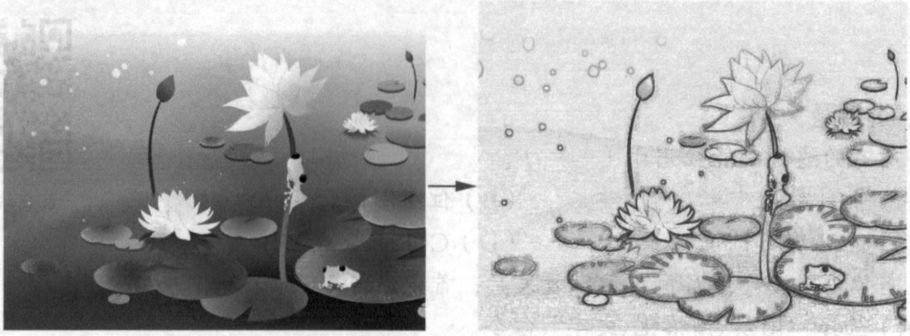

图 10-24　原稿与素描画效果

2. 如图10-25所示，请将箭头左边的原始图像，制作成箭头右边所示的纪念币效果。

图10-25　原稿与纪念币效果

Illustrator 篇

第11章　Illustrator CC的基本操作

学习要点：

- ◆了解文档的基本操作和Illustrator CC的工作界面
- ◆了解视图的显示模式、视图的放大与缩小
- ◆掌握基本图形绘制工具及绘制方法
- ◆掌握实时描摹功能描摹位图图像的方法
- ◆掌握透视图的绘制

本章在简单介绍文档的基本操作、Illustrator CC的工作界面及如何改变图稿视图的基础上，详细介绍利用矩形、圆形、多边形、星形、螺旋线等工具，绘制基本图形的方法与技巧，以及采用实时描摹绘制图形的方法与透视图的绘制方法和技巧。

11.1 文件的基本操作

Illustrator CC 中的所用操作都是在文件中完成的，本节将介绍如何新建文档、从模板新建文档、保存文档、关闭和打开文档。

11.1.1 新建文档

如果要使用Illustrator CC 新建一个空白文档，可以执行“文件\新建”命令或者按Ctrl+N组合键，会打开“新建文档”对话框，如图11-1所示。该对话框中各选项的作用如下。

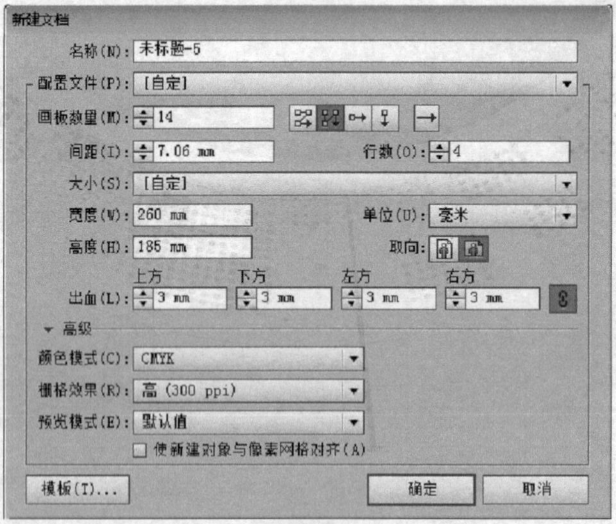

图11-1　“新建文档”对话框

名称：在该文本框中可以输入新建文档的名称，若没有输入文档的名称，未标题-1、未标题-2等将作为存储文档的默认名称。

配置文件：在右侧下拉列表中可以选择预设的文档配置文件，包括打印、Web、移动设备、视频和胶片、基本CMYK、基本RGB 等。

画板数量：当画板数量大于1时，右侧会出现相关设置选项，包括按行设置网格、按列设置网格、按行排列、按列排列、更改为从右至左的版面。这些选项设置画板的排列方式。

间距、行数：当画板数量大于1时，这两个选项才能够使用，在“间距”文本框中可以输入其间距的数值，设置画板之间的间距。行数设置画板排多少行。

大小：在右侧下拉列表中选择画板的大小，如A4、B5、Letter 等。

单位：在右侧下拉列表中设置度量单位，如毫米、厘米、英寸、像素等。

宽度、高度：这两个文本框用于设置画板的宽度与高度。当选择自定义画板大小时，可以在其中直接输入数值，采用“单位”中设置的单位。也可以连同单位一起输入，如10cm，输入后会自动转换为“单位”中设置的单位。

取向：设置画板的方向。画板的取向有两种选择纵向和横向。

出血：在右侧有上方、下方、左方、右方四个文本框，在其中可以输入需要保留的出血值，单击“使所有设置相同”按钮，则设置的出血值都为相同的值，以上方的值为准。

颜色模式：选择颜色模式，有“CMYK 颜色”和“RGB 颜色”两种。

栅格效果：选择栅格效果，有“高（300ppi）”“中（150ppi）”和“屏幕（72ppi）”三种。

预览模式：选择预览模式，有“默认值”“像素”和“叠印”三种。

提示

在“配置文件”文件中，选中一种模式后，高级中的颜色模式、栅格效果、预览模式，会自动设置，一般不需要再修改。

设置完成后，单击“确定”按钮，即可以创建一个新文件。

11.1.2　从模板新建文档

除了可以新建空白文档之外，Illustrator CC 中还允许从模板新建文档。使用模板可以创建共享通用设置和设计元素的新文档，从而节省设计一些重复元素的时间。Illustrator CC 提供了大量模板可以使用，包括信纸、名片、信封、小册子、标签、证书、明信片、贺卡、网站界面、横幅和红包等，其操作方法如下。

执行“文件\新建”命令，打开“新建文档”对话框，单击“模板”按钮，打开“从模板新建”对话框。从“空白模板”文件夹中选择一个模板，单击“新建”按钮即可，如图11-2所示。

图11-2 “从模板新建”对话框

11.1.3 保存文档

当新建文件后，可以立即对其进行保存，而且在绘制图稿的过程中也最好随时保存文件，以免因各种原因意外（如断电、死机等）造成不必要的损失。其操作方法如下。

（1）执行“文件\存储为”命令，或按Ctrl+S组合键，会打开“存储为”对话框，如图11-3所示。

（2）选择文件要保存的位置，输入文件的名称，并选择保存类型，单击“保存”按钮，此时会打开“Illustrator 选项”对话框，如图11-4所示。

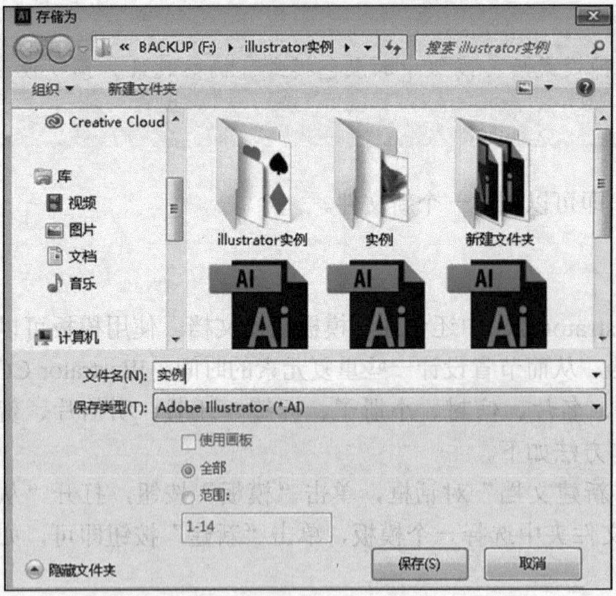

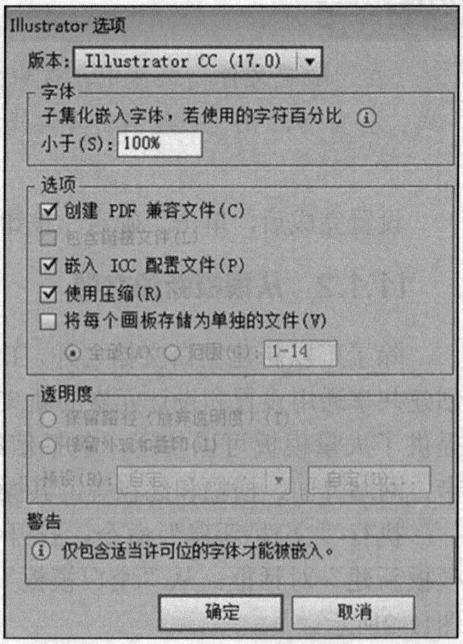

图11-3 “存储为”对话框　　图11-4 “Illustrator 选项”对话框

（3）根据需要设置相关的选项，单击“确定”按钮。

提示

如果在绘制图稿的过程中，要保存对图稿所做的更改，执行“文件\存储”命令，或按Ctrl+S组合键。

11.1.4 关闭文档

当不再对文件进行操作时，或者完成图稿的绘制后，可以关闭文件。如果要关闭文件，可执行下列操作之一。

（1）单击文档窗口右上角的“关闭”按钮。

（2）执行“文件\关闭”命令。

（3）按Ctrl+W组合键 或Ctrl+F4组合键。

11.1.5 打开文档

如果希望打开保存在硬盘或其他存储介质中的文件，其操作方法如下。

（1）执行“ 文件\打开”命令，或按Ctrl+O组合键，打开“打开”对话框。

（2）找到要打开的文件所在的文件夹后，选中文件，然后单击“打开”按钮。

11.2 Illustrator CC的工作界面与视图

11.2.1 Illustrator CC 的工作界面

启动Illustrator CC 后，将进入它的工作界面，如图11-5所示。它由菜单栏、工具箱、选项栏、文件窗口和一组默认的面板组成。

菜单栏：菜单栏用于组织菜单内的命令。Illustrator 中有10个主菜单，每一个菜单中都包含不同类型的命令。例如，“滤镜”菜单中包含各种滤镜命令，“效果”菜单中包含了各种效果命令。

工具箱：工具箱中包含用于创建和编辑图形、图稿、页面元素的工具。

标题栏：标题栏中显示了当前文档的名称、视图比例和颜色模式等信息。

选项栏：显示当前所选工具的选项。选择的工具不同，选项栏中的内容也会随之改变。

面板：用于配合编辑图稿、设置工具参数和选项等内容。很多面板都有菜单，包含特定于该面板的选项，可以对面板进行编组、堆叠和停放等操作。

状态栏：可以显示当前使用的工具、日期和时间、还原次数等信息。

文件窗口：文件窗口显示了正在使用的文件，它是编辑和显示文档的区域。

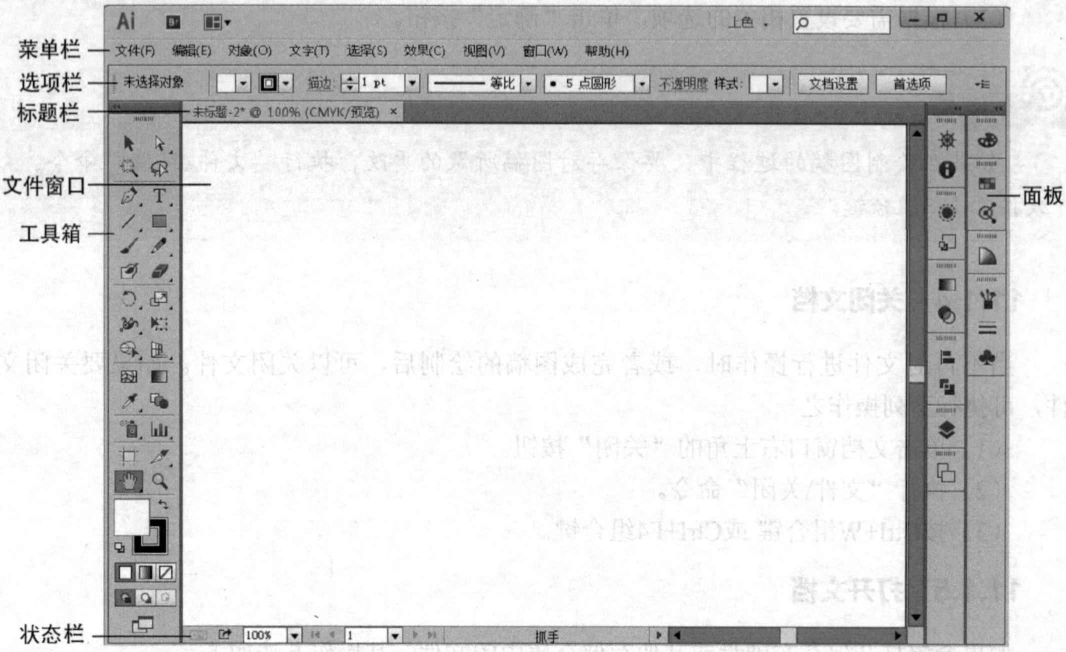

图11-5 Illustrator CC 工作界面

11.2.2 修改文件的视图

在绘制或编辑图形对象的过程中，都需要改图形对象的显示模式或图形对象的显示比例，这节介绍图形对象显示模式和显示比例改变的方法。

1. 视图的显示模式

为了满足不同的绘图要求，在Illustrator CC中为用户提供了4种显示视图的模式，为预览模式、轮廓模式、叠印预览和像素预览。当用户完成对图形的编辑后，可以更改视图的模式，以查看绘图效果。

（1）轮廓模式：执行“视图\轮廓”命令，此模式下可隐藏所有对象的颜色属性，而只显示对象的轮廓。轮廓模式的屏幕刷新率比较快，适合于查看比较复杂的图形及对图形路径的编辑，如图11-6（a）所示。按Ctrl+Y组合键可以快速在预览和轮廓模式之间进行切换。

（2）预览模式：在默认状态下，所有的文档都是以预览模式显示的。在这种模式下，可以显示图形的填充、描边和图形的所有效果，但是屏幕刷新速度慢，如图11-6（b）所示。操作方法：在“轮廓”模式下，执行“视图\预览”命令，可以转换为预览模式。

（3）叠印模式：执行“视图\叠印预览”命令，在此模式下将显示油墨混合的效果、透明效果及分色输出效果，但它在屏幕上显示的效果不是太明显。

（4）像素模式：执行“视图\像素预览”命令，可转换为像素模式。在此模式下，可以将绘制的矢量图形以位图的形式显示，当放大对象显示比例时，将会显示多个像素点，效果如图11-6（c）所示。

（a）轮廓模式　（b）预览模式　（c）像素模式

图11-6 图形的视图模式

2. 视图放大与缩小

在图形对象绘制与编辑中，需要通过放大图稿的显示比例，以清晰查看图稿的细节，或者缩小图稿比例，以查看整体图稿的效果。有以下几种方法放大或缩小图稿。

（1）使用视图命令。要使用“视图”菜单放大或缩小图稿，可以执行下列操作之一。

①选择“视图\放大”命令或按Ctrl+ +组合键，就会按照一定的比例放大图稿。

②选择“视图\缩小”命令或按Ctrl+ -组合键，就会按照一定的比例缩小图稿。

③选择“视图\画板适合窗口大小”命令或按Ctrl+0组合键，将缩小或放大文档，以便在窗口中显示整个画板。另外，双击工具中的抓手工具，也可以让画板适合窗口大小。

④选择“视图\全部适合窗口大小”命令或按Alt+Ctrl+0组合键，将缩小文档，以便在窗口中显示所有画板。

⑤选择“视图\实际大小”命令或按Ctrl+1组合键，图稿将以100%的比例显示。另外，双击工具中的缩放工具，也可以让图稿以100%的比例显示。

（2）使用缩放工具。除了使用视图命令外，还可以使用缩放工具来缩小或放大图稿。

在工具箱中选择“缩放工具”，将其移至文档窗口中，“缩放工具”变为，在图稿上单击，图稿将放大一级。再次单击，图稿再次放大。按住Alt键，“缩放工具”变，在图稿上单击，图稿将缩小一级。再次单击，图稿再次缩小。

提示

若放大画面后，使用工具箱中的“抓手工具”，在窗口中进行拖动，可以方便快速浏览图稿各部分的内容。

11.3 基本图形绘制工具

复杂的图形都是由简单的基本图形组成的，本章介绍矩形、椭圆形、多边形、星形和弧形等基本图形绘制工具的使用方法，并利用这些工具绘制出需要的复杂图形。

11.3.1 直线、弧形和螺旋线工具

直线工具可以绘制各种方向的直线。弧形工具可以绘制各种曲率和长短的开或闭弧线。螺旋线工具可以绘制不同半径、衰减和段数的各种螺旋线，它们的使用方法如下。

1. 直线工具

利用直线工具绘制直线时，既可以自由绘制，也可以精确绘制，其操作方法如下。

（1）单击工具箱中的“直线段工具”，在线段起始点位置，单击鼠标左键，并拖动到线段的终点位置，释放鼠标左键，即可绘制出直线。

（2）单击工具箱中的“直线段工具”，在线段起始点的位置单击鼠标左键，将打开图11-7所示的对话框，在此指定线的长度和角度，若需要以当前填充颜色对线段填色，选择“线段填色”选项，然后单击“确定”按钮。

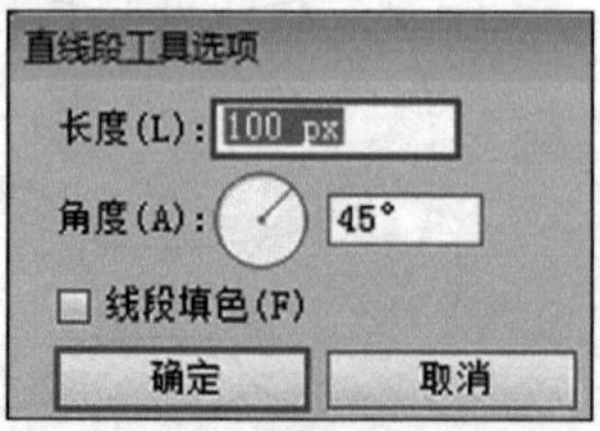

图11-7 直线工具选项

提示

按住Alt键，可由起点向两边画；按住Shift键，可画45° 角倍数的直线；按住～键，可绘制多条直线。

2. 弧线工具

弧线工具的绘制方法同直线，也是既可以自由绘制，又可以精确绘制，其操作方法如下。

（1）单击工具箱中的“弧线工具”，将鼠标指针移至画板中，单击并拖动鼠标左键，即可以绘制任意曲率和长度的弧线。

（2）单击工具箱“弧线工具”，将鼠标指针移至画板中，将打开图11-8所示的对话框，在参考点定位器上设置起点，设置以下参数，按确定即可。

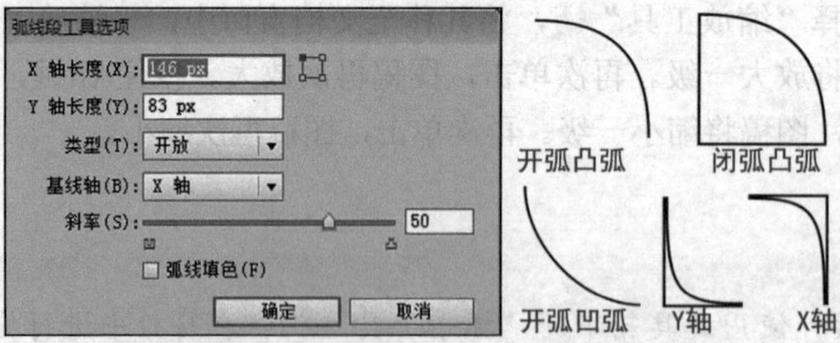

图11-8 弧线段工具选项及各种弧线

X 轴长度：指定弧线宽度；Y 轴长度：指定弧线高度。

类型：指定让对象为开放弧线还是封闭弧线。

基线轴：指定弧线方向。

斜率：指定弧线曲率。斜率输入负值，将绘制凹弧。斜率输入正值，将绘制凸弧。斜率为0将创建直线。斜率的绝对值越大，弧线弯曲程度越大。

弧线填色：以当前填充颜色为弧线填色。

提示

按住Alt键，可由起点向两边扩展画弧线；按住Shift键，可画圆弧；按住～键，可绘制多条圆弧；在绘制过程中按住X键，可在凹凸的弧之间进行切换；在绘制过程中按住C键，可在开放与闭合弧之间进行切换；按住上、下方向键，可在增加或减少弧线的曲率。

3. 螺旋线工具

螺旋线工具可以绘制不同半径、衰减和段数的各种螺旋线，其操作方法如下。

（1）单击工具箱中“螺旋线工具”，在画板中，单击并拖动鼠标左键，即可以绘制任意大小的螺旋线。不放鼠标左键，拖动螺旋线中的指针可以旋转螺旋线。

（2）单击工具箱中“螺旋线工具”，将鼠标指针移至画板中单击，将打开图11-9所示的对话框。在对话框中设置设置以下参数，按确定即可。

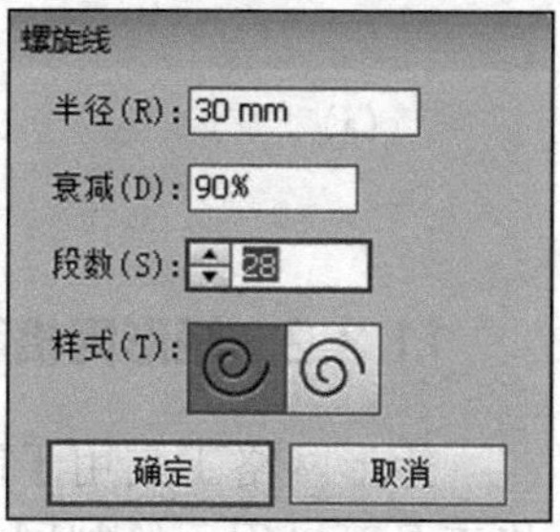

图11-9 “螺旋线”对话框

半径：指定从中心到螺旋线最外点的距离。

衰减：指定螺旋线的每一螺旋相对于上一螺旋应减少的量。

线段：指定螺旋线具有的线段数。螺旋线的每一完整螺旋由四条线段组成。

样式：指定螺旋线方向。

提示

按R键，可改变螺旋线的旋转方向；按住Shift键，可使螺旋线以45°角旋转；按Ctrl键，可调整螺旋线紧密程度。按↑键，增加螺旋线的圈数；按↓键，减少螺旋线的数。

实例11-1：绘制棒棒糖

本实例应用螺旋线工具、旋转工具和直接选择工具绘制棒棒糖。

（1）单击工具箱中“螺旋线工具”，将鼠标指针移至画板中单击，在打开对话框中设置需要的参数，如图11-9所示，然后单击“确定”按钮。

（2）保持螺旋线的选中状态，按Ctrl+C组合键复制，再按Ctrl+F组合键将其粘贴到原位置的前面。

（3）单击工具箱中的“旋转工具”，单击螺旋线的中心，拖动鼠标左键，稍微旋转一下选中的螺旋线，效果如图11-10（a）所示。

（4）选择工具箱中的“选择工具”，按住Shift键，拖动四周把柄，变换螺旋线的大小，并适当移动其位置，效果如图11-10（b）所示。

（5）使用“直接选择工具”选中两条螺旋线中心的两个端点，如图11-10（c）所示，然后执行“对象\路径\连接”命令或按Ctrl+J组合键将其连接在一起。同理，再选中两条螺旋线最外面的两个端点，按Ctrl+J组合键，此时两条螺旋线成为一条封闭路径，如图

11-10（d）所示。

（6）选中封闭路径，然后为其填充一种所需要的颜色。再选择“直线段工具”，绘制一条直线，描边宽度设置为4mm，设置合适颜色，最后效果如图11-10（e）所示。

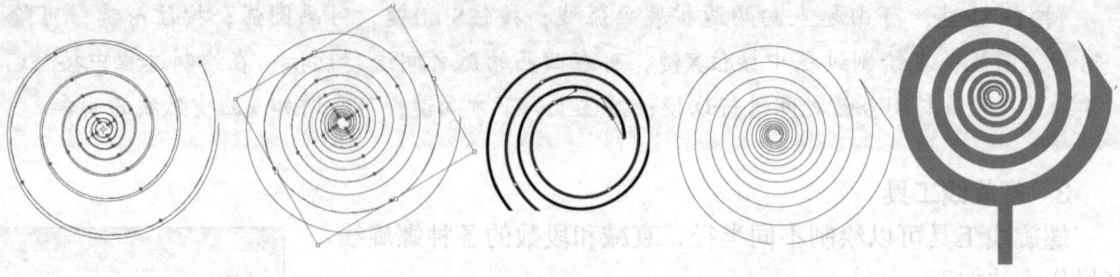

（a）　（b）　（c）　（d）　（e）

图11-10　螺旋线绘制棒棒糖

11.3.2　矩形网格和极坐标网格工具

矩形网格工具用于制作矩形内部的网格，极坐标网格工具可以用于绘制同心圆或放射的线段。它们的使用方法如下。

1. 矩形网格工具

矩形网格工具绘制矩形内部网格的方法有以下几种。

（1）选择“矩形网格工具”，单击并拖动鼠标左键直到网格达到所需大小。

（2）选择“矩形网格工具”，将鼠标指针移至画板中，单击鼠标左键，将打开图11-11所示的对话框，选择绘制网格的起始点，设置以下参数，单击“确定”按钮。

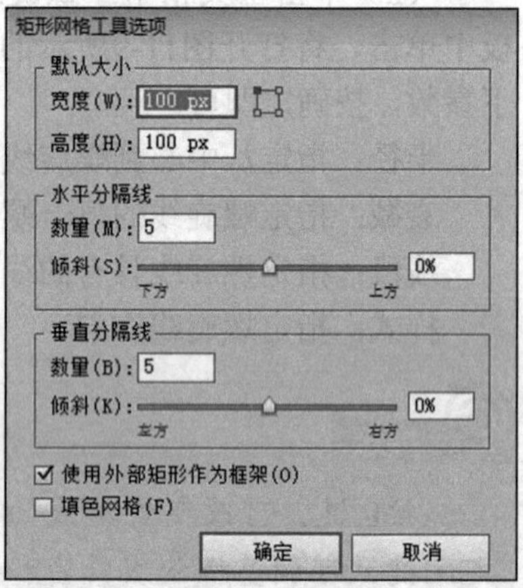

图11-11　“矩形网格工具”对话框

默认大小：指定整个网格的宽度和高度。

水平分隔线：“数量”指定水平分隔线数量。“倾斜值”决定水平分隔线倾向网格顶部或底部的程度。

垂直分隔线：“数量”指定垂直分隔线数量。“倾斜值”决定垂直分隔线倾向于左侧或右侧的程度。

使用外部矩形作为框架：以单独矩形对象替换顶部、底部、左侧和右侧线段。

填色网格：勾选它，以当前填充颜色填色网格，否则，填色设置为无。

提示

按方向键，可以增加或减少水平和垂直的线；按F、V键，可以控制垂直方向线的分布；按X、C键，可以控制水平方向线的分布。

2. 极坐标网格工具

极坐标网格工具可以用于绘制同心圆或放射的线段，操作方法有以下几种。

（1）选择“极坐标网格工具”，单击并拖动鼠标左键直到达到所需大小。

（2）选择“极坐标网格工具”，将鼠标指针移至画板中，单击鼠标左键，打开图

11-12所示的对话框，选择绘制网格的起始点，设置以下参数，单击“确定”按钮。

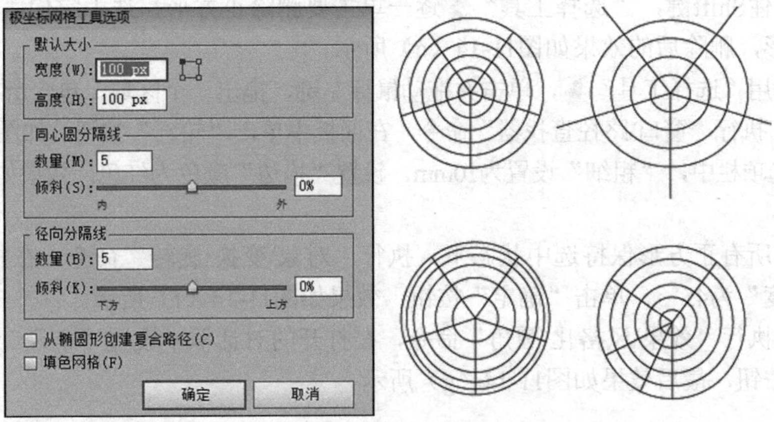

图11-12 “极坐标网格工具”选项对话框

默认大小：指定整个网格的宽度和高度。

同心圆分隔线：“数量”指定圆形同心圆分隔线数量，“倾斜”决定同心圆分隔线倾向于网格内侧或外侧的方式。

径向分隔线：“数量”指定径向分隔线数量，“倾斜”值决定径向分隔线倾向于网格逆时针或顺时针的方式。

从椭圆形创建复合路径：将同心圆转换为独立复合路径并每隔一个圆填色。

填色网格：以当前填充颜色填色网格（否则，填色设置为无）。

11.3.3 矩形工具和圆角矩形工具

1. 矩形工具

矩形工具用于绘制矩形和正方形，操作方法有以下几种。

（1）选择“矩形工具”，单击并拖动鼠标左键直到矩形达到所需大小。

（2）选择“矩形工具”，将鼠标指针移至画板中，单击鼠标左键，将打开图11-13所示的对话框中，设置矩形的“宽度”和“高度”，单击“确定”按钮。

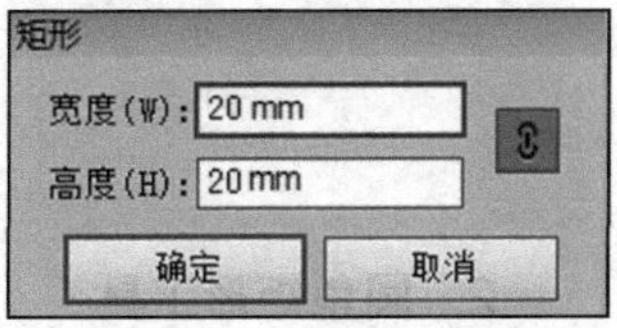

图11-13 矩形工具对话框

实例11-2：绘制联通标志

本实例应用矩形工具、选择工具以及对象的变换和圆角化效果，制作出联通标志。

（1）选择“矩形工具”，将鼠标指针移至画板中，单击鼠标左键，在打开的对话框中设置“宽度”和“高度”分别为20mm，如图11-13所示，然后单击“确定”按钮。

（2）单击工具箱中的“选择工具”，单击绘制好的正方形。执行“对象\变换\移动”命令，在打开的对话框中设置“水平”和“距离”分别为20mm，其他参数为0，按“复制”按钮。然后再按Ctrl+D组合键两次，进行重复操作，效果如图11-14（a）所示。

（3）按住Shift键，用“选择工具”，逐一单击四个正方形，选中它们。执行“对象\变换\移动”命令，在打开的对话框中设置“垂直”和“距离”分别为20mm，“水平”为0，“角度”为90°，单击“复制”按钮。然后再按Ctrl+D组合键两次，进行重复操作，效果如图11-14（b）所示。

（4）按住Shift键，“选择工具”逐一单击要删除正方形，选中它们，按Delete键删除选中正方形，删除后的效果如图11-14（c）所示。

（5）利用“选择工具”，单击并拖动鼠标左键，拖出一个区域，包含所有正方形，全部选中它们。执行“窗口\路径查找器”命令，在面板中单击“轮廓”按钮，如图11-14（d）所示。在工具选项栏中，“粗细”设置为10mm，设置“描边”颜色为红色，效果如图11-14（e）所示。

（6）在所有正方形保持选中状态下，执行“对象\变换\旋转”命令，在打开的对话框中设置“角度”为45°，单击“确定”按钮，效果如图11-14（f）所示。

（7）再执行“效果\风格化\圆角”命令，在打开的对话框中设置“半径”为20mm，单击“确定”按钮，最后效果如图11-14（g）所示。

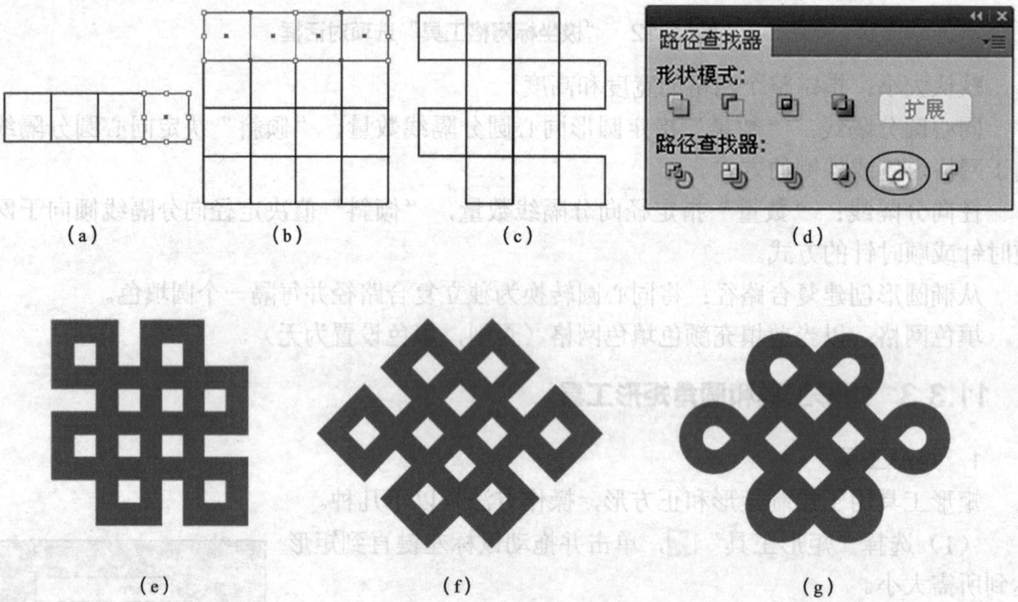

图11-14　联通标志的制作

2. 圆角矩形工具

圆角矩形工具用于绘制圆角的矩形，操作方法有以下几种。

（1）选择“圆角矩形工具”，单击并拖动鼠标左键直到达到所需大小。

（2）选择“圆角矩形工具”，将鼠标指针移至画板中，单击鼠标左键，在打开的对话框中，设置圆角矩形的“宽度”“高度”和“半径”，然后单击“确定”按钮。

11.3.4 椭圆工具

椭圆工具用于绘制椭圆形或圆形，操作方法有以下几种。

（1）选择“椭圆工具”，单击并拖动鼠标左键直到椭圆形达到所需大小。

（2）选择“椭圆工具”，将鼠标指针移至画板中，单击鼠标左键，在打开的对话框中，设置椭圆的“宽度”和“高度”，然后单击“确定”按钮。

提示

按住Alt键，拖动鼠标左键，以鼠标单击处为中心绘制椭圆；按住Shift键，可绘制正圆；按住Alt+～组合键，可绘制同心椭圆；按住Alt+Shift+～组合键，可绘制同心圆。

实例11-3：绘制卡通图

本实例应用椭圆工具及路径查找器，绘制卡通图。

（1）选择“椭圆工具”，在画板中单击鼠标左键，在打开的对话框中，设置椭圆的“宽度”和“高度”分别为110mm，单击“确定”按钮，并为其填充黑色。同样的方法再绘制两个小圆，它们的“宽度”和“高度”分别为45mm，调整位置，如图11-15（a）所示。

（2）拖动鼠标左键，再绘制一些椭圆，填充为白色，描边属性为黑色，其位置关系如图11-15（b）所示。其中，最下面的两个白色椭圆分别以椭圆中心为旋转中心向左和右旋转15°。

（3）选中所有填充为白色的椭圆，单击“路径查找器”面板中的“联集”按钮，效果如图11-15（c）所示。

（4）再利用椭圆工具绘制出它的眼睛和鼻子。嘴巴要先绘制两个交错叠加在一起椭圆并选中它们，单击“路径查找器”面板中的“减去”按钮即可，效果如图11-15（d）所示。

（5）再利用椭圆工具绘制出卡通图的身子、胳膊和脚，最后效果如图11-15（e）所示。

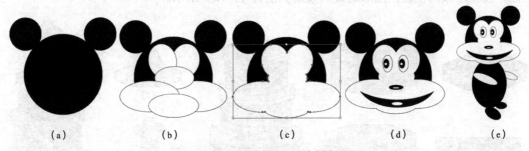

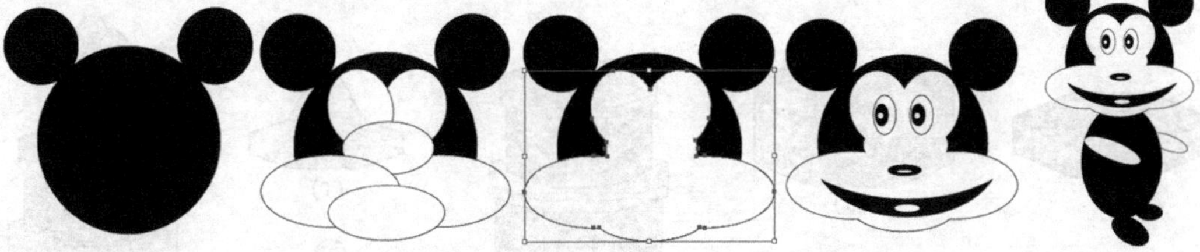

(a)　(b)　(c)　(d)　(e)

图11-15　利用椭圆工具绘制卡通图

11.3.5 多边形工具、星形工具和光晕工具

1. 多边形工具

多边形工具用于绘制各种多边形，其操作方法如下。

方法一：选择“多边形工具”，单击并拖动鼠标直到多边形达到所需大小。

方法二：选择“多边形工具”，单击鼠标左键，在打开的对话框中，如图11-16所示，指定多边形的半径和边的数量，单击“确定”按钮。

实例11-4：绘制宝塔

本实例应用多边形工具、对象变换命令及路径查找器绘制宝塔。

（1）选择“多边形工具”，单击鼠标左键，在打开图11-16所示的对话框中，指定多边形的半径为60mm和边数为8，并为其填充红色（M80，Y80），描边宽度为1mm，颜色为黑色。选择工具选中它，向下拖动把柄，将其压扁，如图11-17（a）所示。

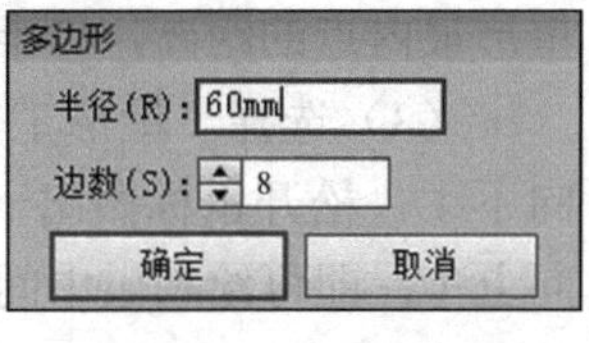

图11-16　多边形对话框

（2）选择“矩形工具”，单击鼠标左键，绘制一个宽度为112mm、高度为50mm的矩形，矩形的填充和描边属性与多边形相同。让它与绘制的多边形重叠相交，用“选择工具”选中它们，单击“路径查找器”面板上“联集”按钮，效果如图11-17（b）所示。

（3）选择“直线工具”，按住Shift键，从多边形中间两个顶点分别向上画一条直线。绘制一个宽度为20mm、高为35mm的矩形和宽度、高度都为20mm的圆形，并为它们填充深蓝色（C70，M50），单击“路径查找器”上的“联集”按钮，效果如图11-17（c）所示。

（4）再绘制两个半径为65mm和边数为8的多边形，填充深蓝色（C70，M50），并摆好它们的位置，效果如图11-17（d）所示。选择所有对象，按Ctrl+G组合键将它们编组。

（5）选中编组后的图形，执行“对象\变换\缩放”命令，在“等比”文本框中输入“80%”，单击“确定”按钮，移动到合适位置。同样方法，再制作一份，效果如图11-17（e）所示。

（6）绘制塔顶：绘制一个大小合适的8边形和一个3角形，并为它们填充深蓝色（C70，M50），单击“路径查找器”上的“联集”按钮，效果如图11-17（f）所示。再绘制一个矩形和两个椭圆形，将它放置在如图11-17（g）所示的位置。将塔顶移至塔身的上面，摆正塔顶的位置，图形的最后效果如图11-17（h）所示。

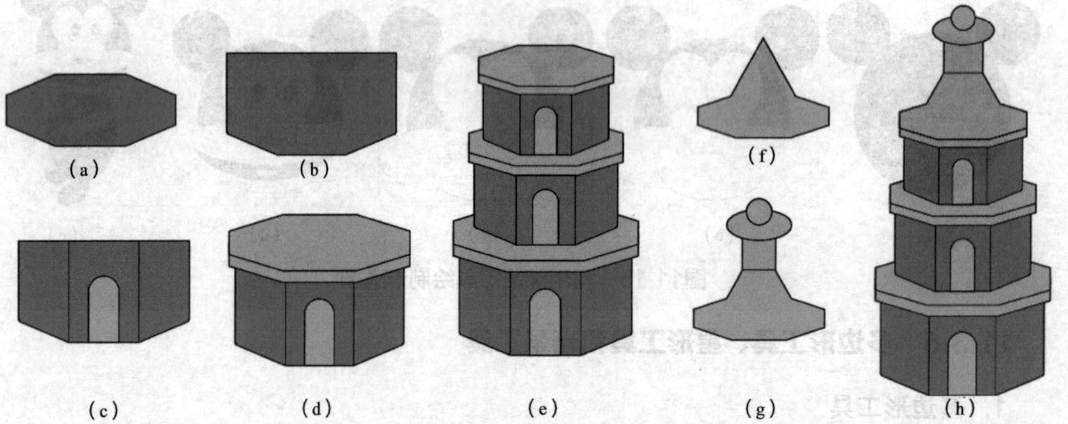

图11-17　绘制宝塔

2. 星形工具

“星形工具”用于绘制各种所需星形，操作方法有以下几种。

（1）选择“星形工具”，在画板上单击并拖动鼠标直到星形达到所需大小。

（2）选择“星形工具”，在画板上单击鼠标左键，在打开的对话框中，如图11-18所示，指定多边形的半径和边的数量，单击“确定”。其中，“半径1”指定从星形中心到星形最内点的距离，“半径2”指定从星形中心到星形最外点的距离。

（3）选择“星形工具”，按住鼠标左键不放，同时按Alt+Ctrl组合键，再按方向键向下↓，松开鼠标做出一个正三角形；单击并拖动鼠标左键，在正三角形的前提下，再按向上↑，即可绘制出中间带线的星形，如图11-18所示。

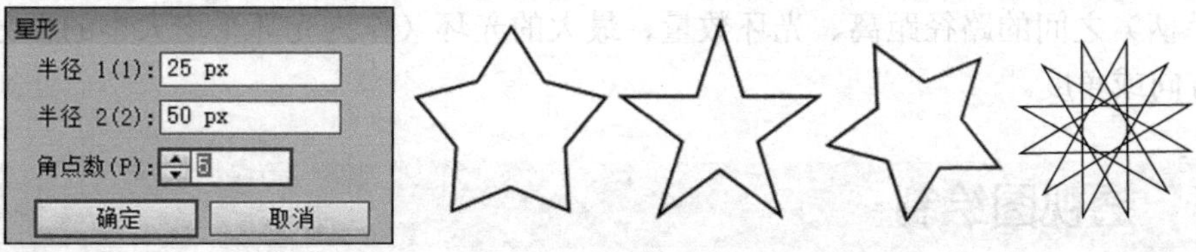

图11-18 星形对话框

提示

按住Alt键，可以使每个角的“肩线”在同一条直线；按住Shift键，可绘制“正立”的星形；按住Ctrl键，可调整星形内部顶点的半径；按↑键，增加星形的边数；按↓键，减少星形的边数。

3. 光晕工具

“光晕工具”创建具有明亮的中心、光晕和射线及光环的光晕对象，类似照片中镜头光晕的效果，操作方法有以下几种。

（1）选择“光晕工具”，在画板中单击并拖动鼠标左键，当光晕达到所需效果松开鼠标。单击并拖动鼠标左键，可为光晕添加光环，如图11-19所示。

提示

在绘制光晕时，放开鼠标之前，按方向键↑、↓，可以添加或减去光晕的射线；在添加光环时，放开鼠标之前，按方向键↑、↓，可以添加或减去光环。

（2）要绘制准确的光晕，选择光晕工具，在画板中，单击鼠标左键，即可打开图11-19所示的对话框，设置以下参数，单击“确定”按钮。

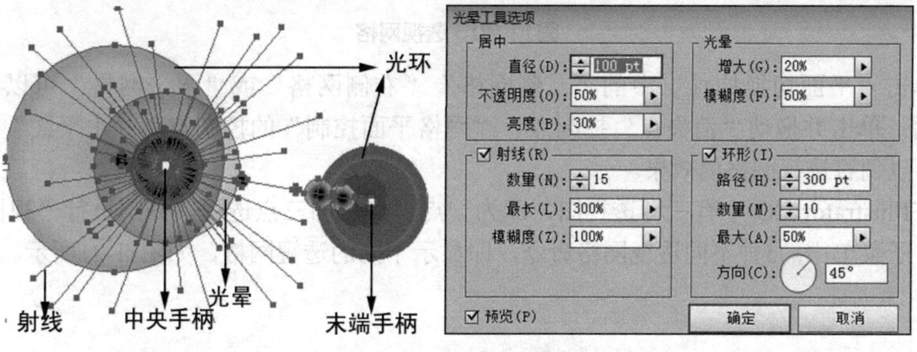

图11-19 光晕及光晕工具

居中：指定光晕中心的整体直径、不透明度和亮度。

光晕：指定光晕增大的百分比和光晕的模糊度（0为锐利，100为模糊）。

射线：指定射线的数量、最长的射线（作为射线平均长度的百分比）和射线的模糊度（0为锐利，100为模糊）。

环形：如果希望光晕包含光环，指定光晕中心点（中心手柄）与最远的光环中心点

（末端手柄）之间的路径距离、光环数量、最大的光环（作为光环平均大小的百分比）和光环的方向或角度。

11.4 透视图绘制

在Illustrator CC 中，可以通过“透视网格工具”，实现在真实的透视图平面上直接绘图。使用“透视选区工具”，可以在透视图中加入对象、文本和符号，在透视空间移动、缩放和复制对象。下面首先简单介绍透视网格，然后以实例介绍绘图的方法。

在工具箱中选择“透视网格工具”或按Shift+P组合键，在文件窗口中将出现图11-20所示的透视网格。

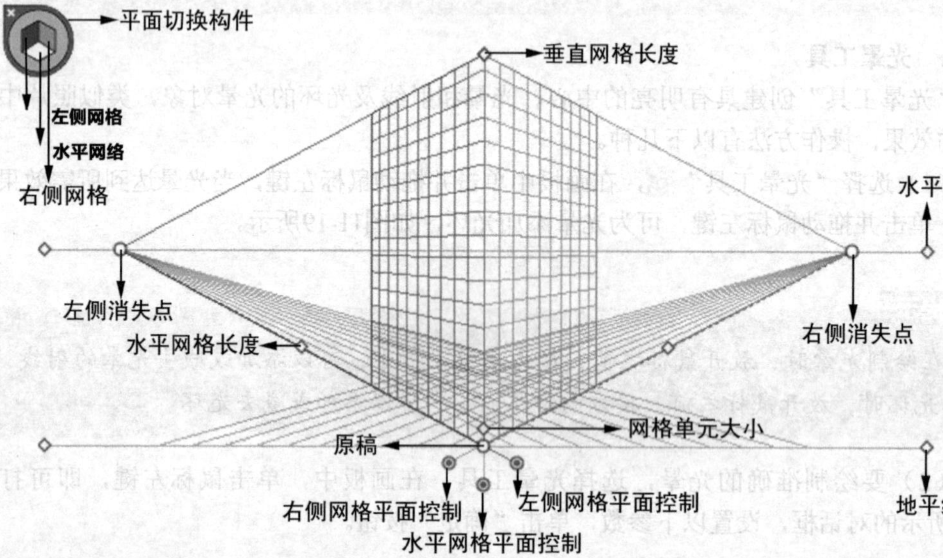

图11-20 透视网格

单击“平面切换构件”中的“左侧网格”“右侧网格”或“水平网格”可以切换活动平面；单击并拖动“消失点”控制点、“网格平面控制”的控制点和“水平线”控制点等，可以调整透视网格的效果。

在Illustrator CC 中有三种透视图，即为一点、二点和三点透视，分别执行“视图\透视网格”子菜单中的3种不同透视网格命令，即显示不同的透视网格，如图11-21所示。

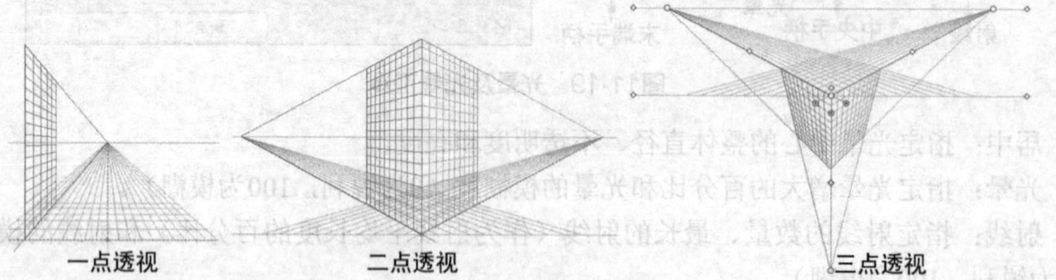

图11-21 三种透视网格

实例11-5：绘制高楼

本实例应用透视网格工具和透视选区工具绘制具有立体效果的高楼。

（1）单击“透视网格工具”或按Shift+P组合键，将打开图11-20所示的透视网格，单击并拖动“左侧消失点”和“右侧消失点”的控制点，将网格调成如图11-22（a）所示。

（2）单击“平面切换构件”中的“左侧网格”，使左侧网格为活动平面。选择“矩形工具”，在画板中单击并拖动鼠标左键，至大小合适松开，填充红色（C:0 ，M:83 ，Y:50 ，K:32）。单击“矩形网格工具”，在画板中单击鼠标左键，在打开的对话框中，设置“水平分隔线”和“垂直分隔线”的数量为1，在左侧网格面上绘制一个窗口。单击“透视选区工具”或按Shift+V组合键，按住Alt键，单击并拖动刚才绘制的窗口，即可以在透视平面上复制对象，绘制图形效果如图11-22（b）所示。

（3）单击“平面切换构件”中的“右侧网格”，使右侧网格为活动平面。分别利用矩形工具和矩形网工具绘制图形，操作方法同2，效果如图11-22（c）所示。

（4）绘制台阶：单击“平面切换构件”中的“水平网格”，利用矩形工具绘制一个水平面。单击“平面切换构件”中的“右侧网格”，利用矩形工具绘制一个右侧面。同样的方法，再绘制一个台阶。最后单击“平面切换构件”中的“左侧网格”，利用矩形工具绘制一个左侧面，并通过“添加锚点工具”和“直接选择工具”调整左侧面与台阶符合，绘制过程及效果如图11-22（d）所示。

（5）分别单击“平面切换构件”中的“水平网格”“右侧网格”和“左侧网格”，绘制玻璃和四个立柱。选中玻璃，在“透明度”面板设置“不透明度”为70%，并执行“对象\排列\置于顶层”命令，效果如图11-22（e）所示。

（6）利用“T工具”输入“曲阜师范大学日照校区教学楼”，按Shift+V组合键，单击“平面切换构件”中的“右侧网格”，然后将文字拖入合适的位置，效果如图11-22（f）所示。

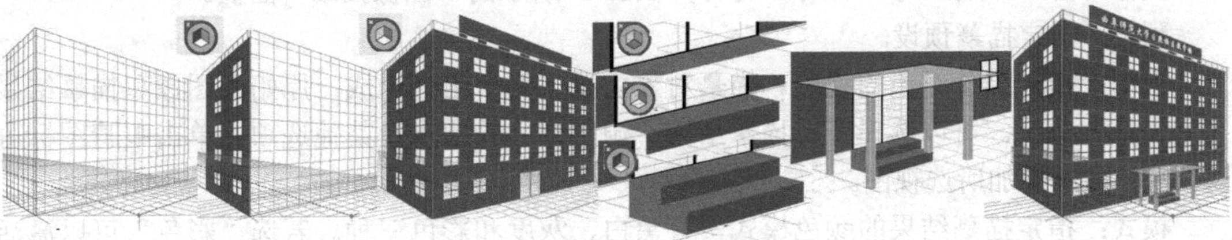

(a)　(b)　(c)　(d)　(e)　(f)

图11-22　透视网格绘制高楼的过程

提示

按Shift+Ctrl+I组合键可以隐藏透视网格，按Shift+P组合键可以显示透视网格，按Shift+V组合键激活透视选区工具。用它单击并拖动绘制好的矢量对象、符号和文字，可将它们加入透视平面中，也可以在透视空间移动、缩放和复制它们。

11.5 图像描摹

在Illustrator CC 中，通过描摹可以将位图图像转换为矢量图形。描摹方法有两种，一种是使用“图像描摹”功能自动描摹图稿；另一种是通过建立模板图层手动描摹图稿。

11.5.1 图像描摹

“图像描摹”可以将图像描摹为黑白色，也可以描摹为彩色，可以是一种颜色也可以为多种颜色，这些都是在“图像描摹”对话框中进行设置。对描摹的效果满意后可以将描摹转换为矢量图形，这时的图形可以像其他路径一样进行编辑。描摹的方法如下。

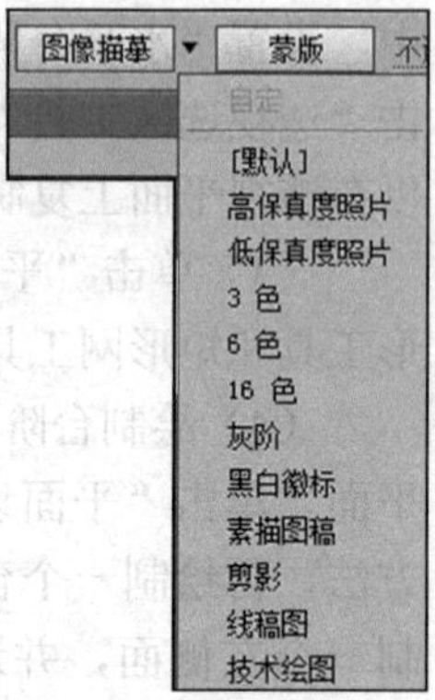

图11-23 描摹预设

（1）打开或置入需要描摹的图稿。

（2）选择图稿，执行下列操作之一。

①若要使用图像描摹预设来描摹图稿，单击“控制”面板中的“描摹预设”▼按钮，并选择一个预设，如图11-23所示。

②若要使用默认描摹选项描摹图像，单击“控制”面板中的“图像描摹”按钮，或选择“对象\图像描摹\建立”命令。

③选择“窗口\图像描摹”选项，并选择预设或指定描摹选项。在“图像描摹”面板中，启用“预览”以查看修改后的结果。并可以通过“高级”选项调整描摹结果。

（3）要手动编辑矢量图稿，执行“对象\图像描摹\扩展”命令或单击“控制”面板上的“扩展”按钮，将描摹对象转化为路径。

1．描摹面板

执行“窗口\图像描摹”命令，将打开图11-24所示的“图像描摹”面板。

预设：指定描摹预设。

视图：指定描摹对象的视图。描摹对象由以下两个组件组成：原始源图像和描摹结果（为矢量图稿）。可以选择查看描摹结果、源图像、轮廓以及其他选项。单击眼睛图标可以在源图像上叠加所选视图。

模式：指定描摹结果的颜色模式，有黑白、灰度和彩色三种。若选“彩色”可以激活下面的“调板”，指定用于从原始图像生成颜色描摹的调板，要让Illustrator决定描摹中的颜色，选择“自动”，还有“全色调”和“受限”。选择“文档库”作为调板，可以为描摹使用自定调板，可以在“颜色”下拉框中选择一个色板库名称。

灰度：指定在灰度描摹结果中使用的灰色数。（仅在“模式”设置为“灰度”时可用）

阈值：指定用于从原始图像生成黑白描摹结果的值。所有比阈值亮的像素转换为白色，而所有比阈值暗的像素转换为黑色。（该选项仅在“模式”为“黑白”时可用）

路径：控制描摹形状和原始像素形状间的差异。较低的值创建较紧密的路径拟和；较高的值创建较疏松的路径拟和。

角点：指定原始图像中转角的锐利程度。值越大则角点越多。

杂色：指定描摹时忽略的区域（以像素为单位）。值越大则杂色越少。

方法：指定一种描摹方法。选择邻接创建木刻路径，而选择重叠则创建堆积路径。

创建：选“填色”在描摹结果中创建填色区域。选“描边”在描摹结果中创建描边路径，并可以在下面的“描边”文本框中指定原始图像中可描边的特征最大宽度。大于最大宽度的特征在描摹结果中成为轮廓区域。

选项：“将曲线与线条对齐”指定略微弯曲的曲线是否被替换为直线。“忽略白色”指定白色填充区域是否被替换为无填充。

预览：在“图像描摹”面板中启用“预览”可以预览当前设置的结果。

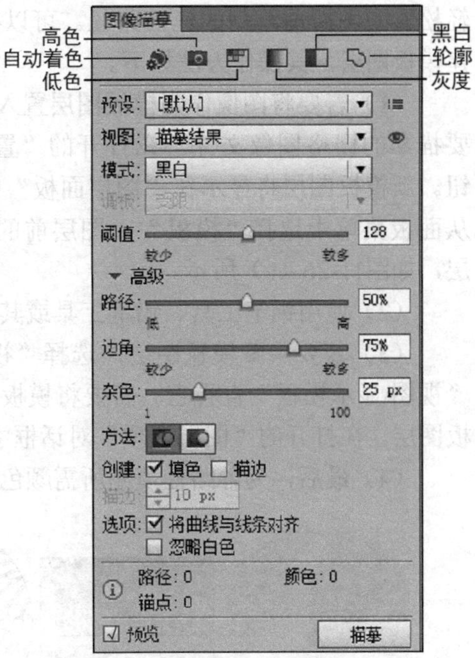

图11-24 描摹窗口

2. **将描摹对象转换为路径**

当您对描摹结果满意时，可将描摹转换为路径对象，转换后就可以和矢量图一样处理描摹图稿，其转换方法为如下。

（1）用选择工具选择描摹后图稿。

（2）单击“控制”面板中“扩展”按钮，或选择“对象\图像描摹\扩展”选项，将描摹转换为路径。

实例11-6：绘制孙悟空

本实例应用图像描摹，将位图转换为矢量图。

（1）打开或置入需要描摹的图稿，如图11-25（a）所示。

（2）执行“窗口\图像描摹”命令。打开图11-24所示的描摹窗口，设置“模式”为“黑白”，选择“预览”选项，查看描摹效果，调整其他描摹选项，合适后单击“描摹”按钮。

（3）选中描摹后的图稿，单击“控制”面板中的“扩展”按钮，或执行“对象\图像描摹\扩展”命令，图稿转化为路径，如图11-25（b）所示。将前景色改为要填充的颜色，使用“组选择工具”选择要填充颜色的区域，对图形填充，效果如图11-25（c）所示。

（a） （b） （c）

图11-25 实时描摹绘图

11.5.2 创建模板图层

模板图层是锁定的非打印图层，可用于手动描摹图像。模板图层可减暗50%，这样可轻松看到图层前绘制的任何路径。可以在置入图像时创建模板图层，也可以从现有图像创建模板图层，其操作方法如下。

（1）若要将图像作为模板图层置入进行描摹，选择“文件\置入”，选择EPS、PDF或要描摹的栅格图像文件。在打开的“置入”对话框中，选择“模板”，单击“置入”按钮。新模板图层将显示在“图层面板”中当前图层下。若要描摹现有图像，选择该图层并从面板菜单中选择“模板”。图层前的眼睛图标将由模板图标替换，并锁定模板图层，如图11-26（a）所示。

（2）使用钢笔工具、铅笔工具或其他绘图工具描摹整个文件。

（3）若要隐藏模板图层，选择“视图\隐藏模板”，效果如图11-26（b）所示。选择“视图\显示模板”查看它。若要将模板图层转换为常规图层，在“图层”面板中双击该模板图层，在打开的“图层选项”对话框中，取消选择“模板”，然后单击“确定”按钮。

（4）最后，为各路径填充所需颜色，效果如图11-26（c）所示。

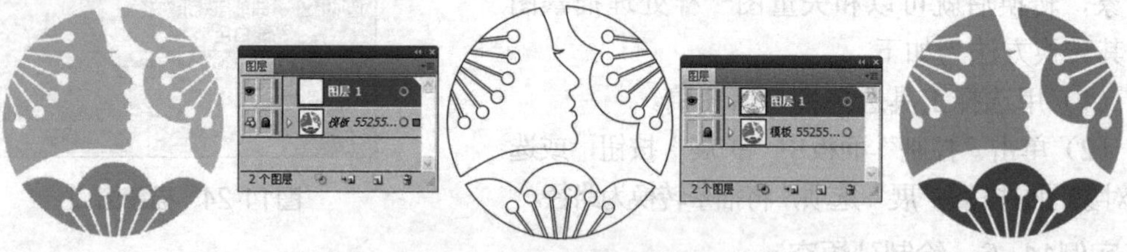

（a）　　（b）　　（c）

图11-26　手动描摹

11.6 综合实例：绘制可爱兔子

本实例主要是对基本绘图工具的综合应用。

（1）绘制兔子头：选择“椭圆工具”，在画板中单击，在“椭圆”面板中，“宽度”和“高度”分别输入120px，按“确定”。执行“效果\变形\膨胀”命令，“弯曲”设置为“-20%”，扭曲中的“垂直”设置为“20%”，效果如图11-27（a）所示。

绘制眼睛：利用“椭圆工具”，分别绘制“宽度”和“高度”都为20px和8px的两个圆，大圆填充黑色，小圆填充白色，放置好它们的位置，按Ctrl+G组合键将这两个圆编组，作为兔子的眼睛。执行“对象\变换\对称”命令，选择“垂直”对称，单击“复制”按钮，得到另一只眼睛，利用“选择工具”调整好两只眼睛的位置，效果如图11-27（b）所示。

绘制鼻子和嘴：绘制两个椭圆，分别填充黑色和白色，作为鼻子。再绘制一个宽和高为15px的圆，利用“直接选择工具”，选中水平的两个锚点，单击选项栏中的“裁切路径”图标，然后用“选择工具”选中上面的半圆删除。再复制一份绘制半圆，并使两个半圆相切放置。选“直线工具”，绘制一条直线，兔子的嘴的效果如图11-27（b）所示。

绘制兔子耳朵：绘制一个“宽度”和“高度”分别为35px和90px的椭圆，填充白色，描边为黑色，描边宽度为1px。选中绘制好的椭圆，执行“对象\变换\缩放”命令，设置“等比”缩放为70%，单击复制，并将填充颜色设置为橙色（M:37，Y:45）。

“直接选择工具”选择白色椭圆顶端的锚点，向下移动，效果如图11-27（c）所示。再绘制一个“宽度”和“高度”分别为30px和120px的椭圆，填充白色，描边为黑色。双击

“旋转工具”设置旋转角度为30°。“直接选择工具”选择椭圆顶端的锚点，调整耳朵的形状，并在与下面两个椭圆相交的位置，加两个锚点，选中这两个锚点，单击选项栏上的“裁切路径”图标，然后删除两锚点这段线，耳朵效果如图11-27（c）所示。选中耳朵的所有部分，按Ctrl+G组合键编组。执行“对象\变换\对称”命令，选“垂直”对称，单击“复制”按钮。调整好位置，执行“对象\排列\置于底层”，最后效果如图11-27（d）所示。

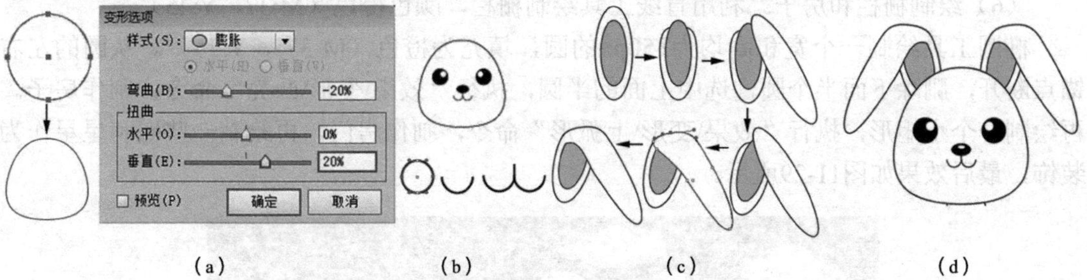

图11-27 绘制兔子头

（2）绘制兔子躯干：绘制一个“宽度”和“高度”分别为80px和150px的椭圆，填充白色，描边为黑色。“直接选择工具”选择椭圆顶端的锚点，将控制把柄的方向改为垂直，将向下的控制把柄拉长一点。再调整其他锚点，调整后的图形效果如图11-28（a）所示。

绘制兔子腿：绘制一个“宽度”和“高度”分别为30px和80px的椭圆，调整椭圆上的锚点，将其调整为图11-28（b）所示的效果。并将它们的位置摆好，选中上层的腿和躯干，单击“路径查找器”中的“联集”按钮，效果如图11-28（c）所示。

绘制兔子胳膊：绘制一个“宽度”和“高度”分别为20px和65px的椭圆，“直接选择工具”调整椭圆的锚点，形状如图11-28（d）所示。再绘制一个宽和高为30px的圆，调整为图11-28（e）所示形状，作为兔子尾巴。

最后将兔子的躯干、腿、胳膊和尾巴组合在一起，效果如图11-28（f）所示。

（3）绘制胡萝卜：绘制宽和高分别为25px和90px的椭圆，填充为橙色（M:37，Y:45），描边为黑色，利用“直接选择工具”调整椭圆形状。再绘制椭圆，填充绿色（C:36，Y:79）制作胡萝卜叶子。利用“直线工具”绘制短线，最后效果如图11-28（g）所示。

将绘制好的胡萝卜，放到兔子手上，旋转合适角度，选中兔子上层的胳膊，执行“对象\排列\置于顶层”命令，效果如图11-28（h）所示。

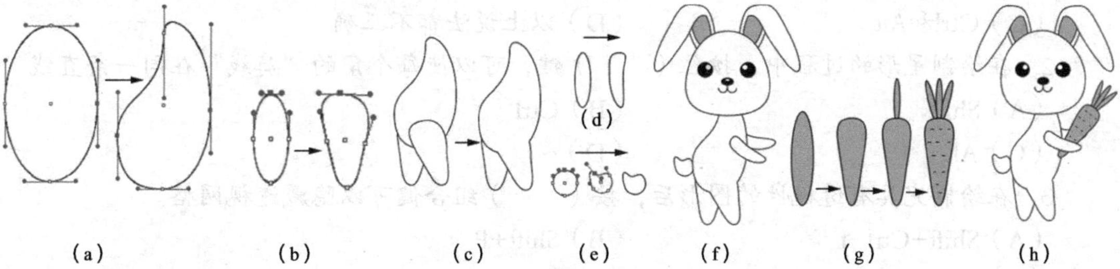

图11-28 绘制兔子和胡萝卜

（4）绘制蓝天和白云：选择“矩形工具”，绘制一个宽和高分别为600px和150px的矩形，填充蓝色（C:73，M:25），执行“对象\排列\置于底层”命令。

再利用椭圆工具绘制一些椭圆，填充白色，无描边。叠放在一起，堆成云的效果，选中这些椭圆，单击“路径查找器”中的“联集”按钮，效果如图11-29所示。

（5）绘制绿地：选择“矩形工具”，绘制一个宽和高分别为600px和150px的矩形，填充浅绿色（C:24，M:42），执行“对象\排列\置于底层”命令。选中绘制好的胡萝卜叶子，按住Alt键，拖动复制一些。同样的方法，复制一个胡萝卜，调整其位置和角度。

（6）绘制栅栏和房子：利用直线工具绘制栅栏，颜色橙色（M:37，Y:45）。

椭圆工具绘制一个宽和高均为150px的圆，填充为橙色（M:37 ，Y:45）。从圆的左右锚点断开，删除下面半个圆，选中上面的半圆，执行“效果\变形\凸壳”命令，制作房子。再绘制一个小矩形，执行“效果\变形\上弧形”命令，制作房门，再绘制一些圆和星星作为装饰，最后效果如图11-29所示。

图11-29 最后效果

习题

本章部分图片

一、选择题

1. 利用矩形工具或椭圆工具，按住（　　）键，可以绘制正方形或圆形，按住（　）键，可以以单击处为中心绘制矩形或椭圆。

（A）Shift和Alt　　（B）Shift和Ctrl

（C）Ctrl和Alt　　（D）以上说法都不正确

2. 在绘制星形的过程中，按住（　　）键，可以使每个角的“肩线”在同一条直线。

（A）Shift　　（B）Ctrl

（C）Alt　　（D）~

3. 在绘制完具有透视性的图形后，按（　　）组合健可以隐藏透视网格。

（A）Shift+Ctrl+I　　（B）Shift+P

（C）Shift+V　　（D）Shift+Alt+I

4. 当使用基本绘图工具时，按住（　　）键就可在绘制的过程中进行移动绘制的图形。

（A）Shift　　（B）Ctrl

（C）空格键　　（D）Tab

5. 要将一张位图图像转化为矢量图像，需要执行（　　）操作。

（A）栅格化　　（B）创建轮廓

（C）图像描摹　　（D）拼合透明度

6. 执行（　　）操作，可以绘制的直线改为虚线。

（A）选中直线，单击选项栏上的“描边”，在打开的下拉框中选“虚线”

（B）选中直线，执行“窗口\描边”，在“描边面板”中，选中“虚线”

（C）选中直线，单击选项栏上的“样式”，选“虚线”样式

（D）以上方法都不能

二、操作题

1. 利用基本绘图工具绘制图11-30所示的表情。

图11-30　表情

2. 利用基本绘图工具绘制图11-31所示的愤怒的小鸟。

图11-31　愤怒的小鸟

3. 利用图像描摹的方式绘制图11-32所示的葫芦娃。

图11-32　葫芦娃

第12章　路径的编辑

学习要点：

◆了解路径的概念及类型
◆掌握钢笔工具、铅笔工具、画笔工具和斑点画笔工具的绘图方法
◆掌握路径的编辑方法
◆掌握路径的描边与填充处理
◆掌握对象的混合

本章介绍钢笔工具、铅笔工具、画笔工具和斑点画笔工具的用法，详细介绍路径的编辑方法、复合路径的生成方法及路径的填充和描边处理。

12.1 路径概述

12.1.1　路径的组成

使用绘图工具（如矩形、椭圆等）绘制图形时产生的线条，称为路径。它是由一个或多个直线段或曲线段组成，每个线段的起点和终点由锚点标记。通过拖动路径的锚点、方向控制点或路径段本身，可以改变路径的形状，如图12-1（a）所示。

路径可以是闭合的，也可以是开放的，并具有不同的端点，如图12-1（b）所示。

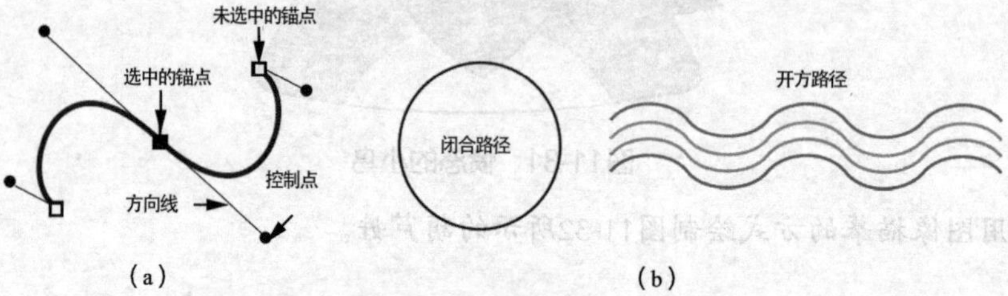

（a）　　　　（b）

图12-1　路径

12.1.2　铅笔工具绘图

“铅笔工具”用于绘制和编辑路径，它适合于绘制自由线条，就像用铅笔在纸上绘图一样，绘制后的路径，还可以随时编辑。铅笔工具绘图方法有以下几种。

（1）选择“铅笔工具”，单击并拖动鼠标左键，达到所需形状，放开鼠标左键，即可绘制一条开放路径。如果要绘制闭合路径，先按住Alt键，此时“铅笔工具”由变为，再放开鼠标左键即可绘制闭合路径，如图12-2（a）所示。

（2）如果新绘制的路径，添加到现有路径中，将铅笔笔尖定位到现有路径端点，当铅

笔笔尖下的小×消失，单击并拖动鼠标即可，如图12-2（b）所示。

（3）如果希望将两条路径利用铅笔工具连接起来，按住Shift键用“选择工具”选中两条路径，再选择“铅笔工具”，将指针定位到希望从一条路径开始的地方，然后开始向另一条路径拖动。开始拖移后，按住Ctrl键，“铅笔工具”变为，拖动到另一条路径的端点上，松开鼠标按钮即可，如图12-2（c）所示。

（4）若想要使用“铅笔工具”改变路径的形状，将“铅笔工具”定位在要重新绘制的路径上或附近，单击并拖动鼠标左键直到路径达到所需形状，如图12-2（d）所示。

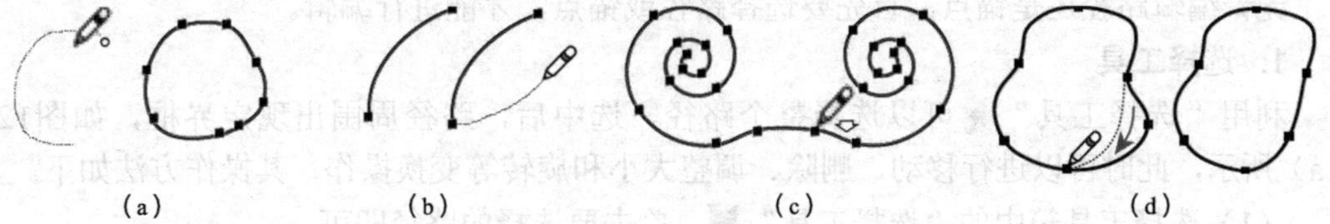

图12-2 铅笔工具绘图

12.1.3 钢笔工具绘图

“钢笔工具”用于绘图和编辑路径。它的功能强大，更适合用于精确绘图，包括直线、曲线和复杂图形，与Photoshop中的绘制路径和编辑方法相同，请参考第7章相关知识。

实例12-1：绘制大树

（1）利用“铅笔工具”绘制大树的树干轮廓，再利用“直接选择工具”，调整锚点和路径，使其轮廓如图12-3（a）所示。

（2）用“选择工具”选中树干轮廓，利用“渐变工具”为其填充渐变色，起始颜色为M10，Y10，终止颜色为M84，Y100，K50，渐变类型为线型，效果如图12-3（b）所示。

（3）利用“钢笔工具”，绘制树叶的大致轮廓，再利用“直接选择工具”调整其轮廓，再用铅笔工具绘制叶，并为树叶填充绿色（C61，Y99），如图12-3（c）所示。

（4）用“选择工具”选中树叶的所有路径，执行“对象\编组”命令，然后将树叶复制5份，调整树叶位置及大小，并用“铅笔工具”绘制树枝，如图12-3（d）所示。

（5）选中树叶和树枝复制几份，调整位置及大小，放在树干上，如图12-3（e）所示。

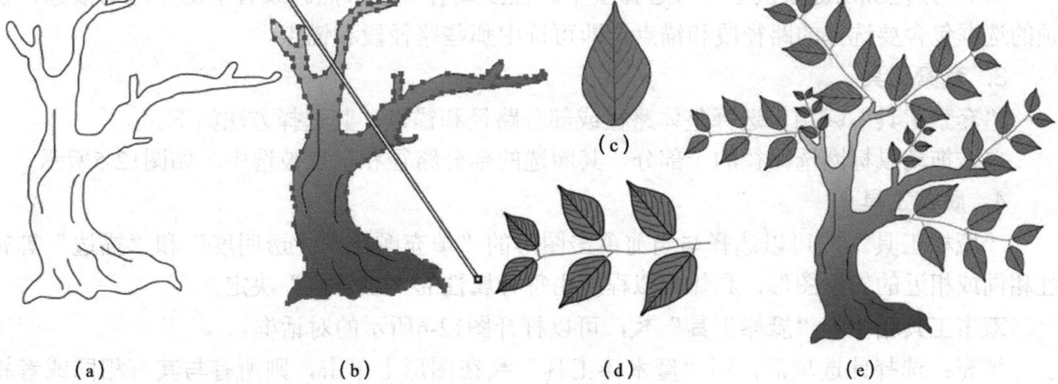

图12-3 绘制大树

12.2 路径的编辑

Illustrator中的矢量图都是由路径构成的，绘制矢量图就是对路径进行绘制和不断调整编辑的过程，至路径外形达到所需的形状。本节将详细讲解如何选择和编辑路径。

12.2.1 选择路径段及锚点

无论编辑路径还是锚点，首先要选择路径或锚点，才能进行编辑。

1. 选择工具

利用“选择工具” 可以选择整个路径，选中后，路径周围出现定界框，如图12-4（a）所示，此时可以进行移动、删除、调整大小和旋转等变换操作，其操作方法如下。

（1）选择工具箱中的“选择工具” ，单击要选择的路径即可。

（2）若要选择多条路径，可以按住Shift键，分别单击要选的路径。或者单击并拖动鼠标，使画的选框包含路径的一部分或全部。如图12-4（b）所示。

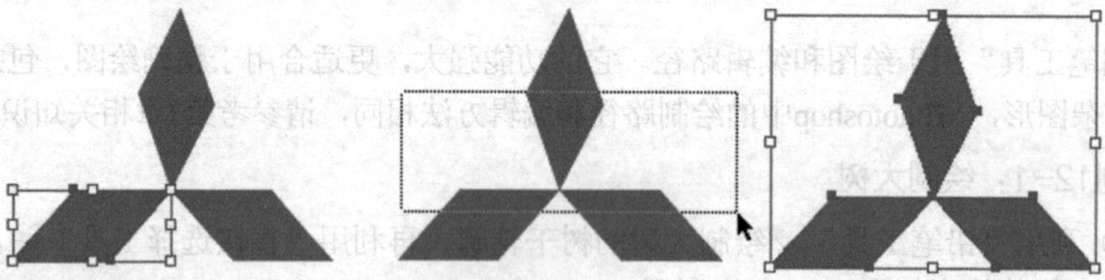

（a）　　（b）

图12-4 选择路径

2. 直接选择工具

“直接选择工具”可以选择部分路径或锚点，其选择方法如下。

（1）选择工具箱中的“直接选择工具” ，单击路径上某一段或者拖出虚线框，即可选择此路径段（当然，也能选择整个路径）。再次单击路径段上的节点即可选中此节点。

（2）按住Shift键依次单击可选择多个路径段或者多个节点。或者单击并拖动鼠标，使画的选框包含要选择的路径段和锚点，即可选中那些路径段和锚点。

3. 套索工具

“套索工具” 用来选择整体路径或部分路径和锚点，其选择方法如下。

单击拖动鼠标圈选路径的一部分，其圈选的部分路径和锚点被选中，如图12-5所示。

4. 魔棒工具

“魔棒工具” 可以选择与当前单击图形的“填充颜色”“透明度”和“描边”等属性相同或相近的矢量图形，具体相似程度由每种属性的“容差值”决定。

双击工具箱中的“魔棒工具” ，可以打开图12-6所示的对话框。

填充：选择此选项后，用“魔术棒工具” 在图形上单击，则所有与其有相同或者相近的填充色的图形将被选中。具体的相似程度由“容差值”决定，如图12-6所示。

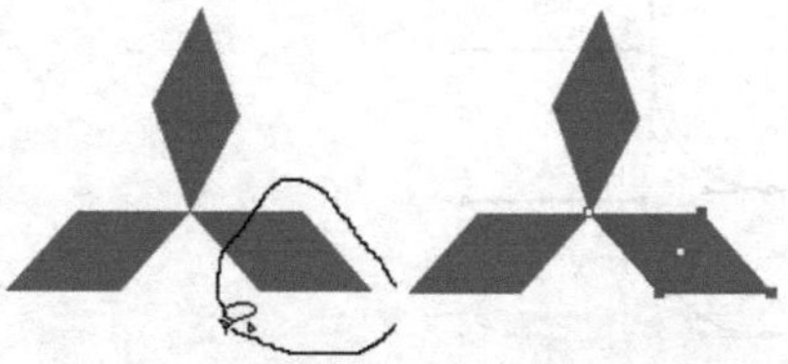

图12-5 套索选择对象

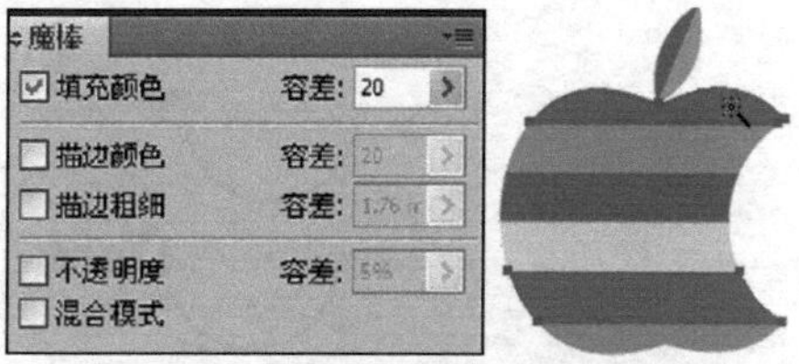

图12-6 魔棒工具选项

描边颜色或描边粗细：选择此项，单击图形，则选中“描边颜色”或“描边粗细”在“容差”允许范围的所有相同或相近的图形。

透明度或混合模式：选中具有相同或相近透明度、相同或相近混合模式的图形。

5. 编组选择工具

“编组选择工具”用来选择一个群组中的任一对象或者嵌套群组中的一个组。每单击一次，就将组对象中的另一子集加入当前选择集中。

利用“选择工具”选对象1和2，执行“对象\编组”命令，将对象1和2编组，同样的方法将对象3和对象4编组，最后再将对象1、对象2的编组和对象3、对象4的编组再进行编组。

利用“编组选择工具”单击对象1，则可以选择编组中的对象1，如图12-7（a）所示。再单击对象1，可将组中的对象2加入选择，如图12-7（b）所示。再次单击对象1，可以将编组中的另一子集3和4编组加入当前选择集中，如图12-7（c）所示。

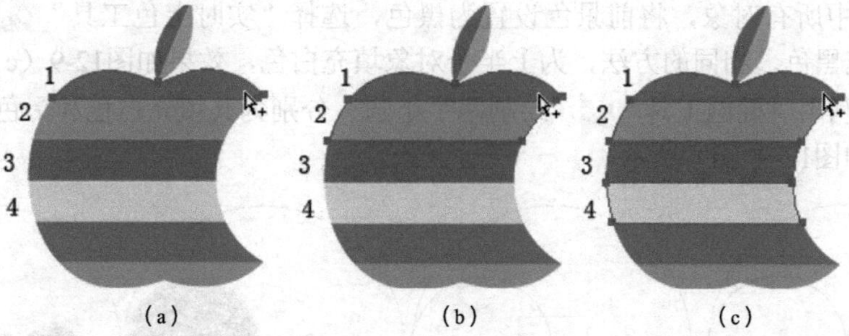

图12-7 编组选择工具应用

12.2.2 编辑锚点

1. 添加和删除锚点

添加锚点可以增强对路径的控制，也可以扩展开放路径。但最好不要添加多余的锚点。点数较少的路径更易于编辑、显示和打印。可以删除不必要的点降低路径的复杂性。添加或删除锚点与Photoshop中的操作方法相同，请参阅第7章。

2. 连接锚点

连接锚点可以将两条开放路径连接在一起，或将一条开放路径闭合，操作方法如下。

（1）选择“钢笔工具”，将鼠标移到其中一条开放路径的端点上，单击鼠标左键，将鼠标指针移到另一条路径的端点上，鼠标指针变为，单击鼠标左键，即可将两条路径连接起来，如图12-8（a）所示。

（2）利用“直接选择工具”，选择要连接的两个锚点，单击“控制面板”上的“连接所选终点”按钮；或者执行“对象\路径\连接”命令即可，如图12-8（b）所示。

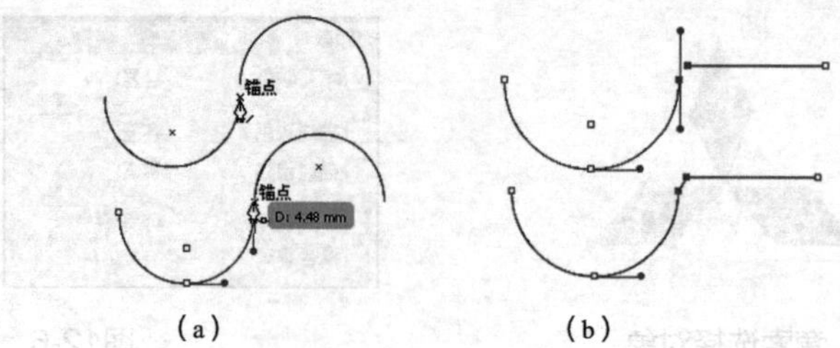

(a) (b)

图12-8 连接锚点

实例12-2：绘制太极图

本实例应用椭圆工具、选择工具、直接选择工具、实时上色工具以及路径的连接命令绘制太极图。

（1）选择“椭圆工具”，单击鼠标左键，在弹出的对话框中，设置“宽度”和“高度”为60mm，然后单击“确定”按钮。同样的方式绘制两个宽和高为30mm的圆。

（2）利用“选择工具”选中三个圆，单击“控制面板”上“横向中齐”按钮，然后分别选中三个圆，按方向键→或←调整它们的位置关系，使它们两两相切，如图12-9（a）所示。

（3）利用“直接选择工具”选中小圆的锚点，按Delete键，分别删除半个圆。拖放鼠标，选中两个半圆相邻的两个锚点，执行“对象\路径\连接”命令，如图12-9（b）所示。

（4）选中所有对象，将前景色设置为黑色，选择“实时上色工具”，在图形上单击，为其填充黑色，相同的方法，为上半个对象填充白色，效果如图12-9（c）所示。

（5）再利用“椭圆工具”，绘制两个小圆，分别为其填充白色和黑色，并放置在合适的位置，如图12-9（d）所示。

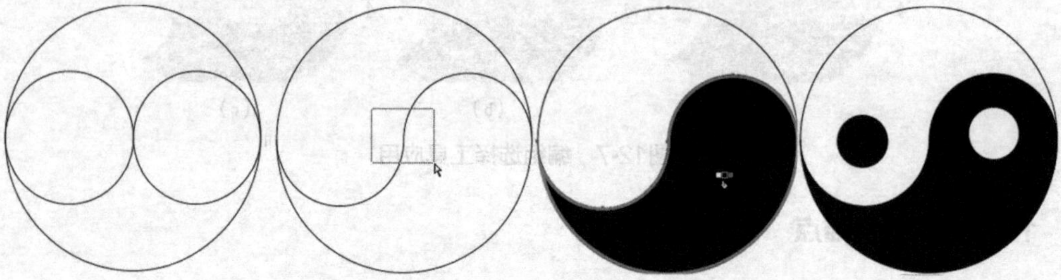

(a) (b) (c) (d)

图12-9 绘制太极图

3. 转换描点

路径编辑过程中需要将路径上的锚点在角点和平滑点之间进行转换。使用“控制面板”中的选项，可以快速转换多个锚点。方法为：选择一个或多个角点，单击“控制面板”中的“将所选锚点转换为平滑”；可将角点转化为平滑点；选择平滑点，单击“将所选锚点转换为尖角”，可转化为角点。

而使用“转换锚点工具”，可以选择仅转换锚点的一侧，并可以在转换锚点时精确地改变曲线。其操作方法与Photoshop中相同，请参阅第7章。

4. 平均锚点

“平均”命令可以将同一路径上的锚点，或多个路径上的锚点，在同一水平或同一垂直线上分布，也可以同时沿水平和垂直线分布，其操作方法如下。

选中要平均的锚点，执行“对象\路径\平均”命令，将打开图12-10所示的对话框，设置平均的方向，按“确定”即可。图12-10所示为圆上的锚点平均的效果。

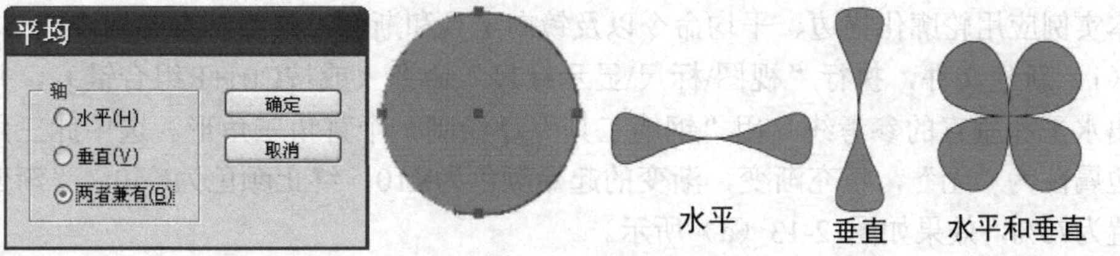

图12-10 平均锚点

12.2.3 平滑和简化路径

平滑和简化路径可以在减少路径上的锚点数，同时保留近似的形状。

1. 平滑路径

选中需要平滑的路径，选择“平滑工具”，单击鼠标左键，并沿要平滑的路径线段长度拖动鼠标左键，重复操作，直到描边或路径达到所需平滑度，如图12-11所示。

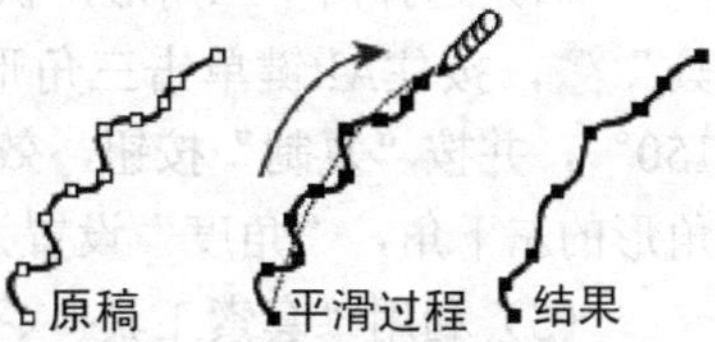

图12-11 平滑路径

2. 简化路径

简化路径将删除额外锚点而不改变路径形状。删除不需要的锚点可简化图稿，缩小文件大小，使显示和打印速度更快，操作方法如下。

选择要简化的路径，执行“对象\路径\ 简化”命令，将打开图12-12所示的对话，设置“曲线精度”控制简化路径与原始路径的接近程度，单击“确定”按钮即可。

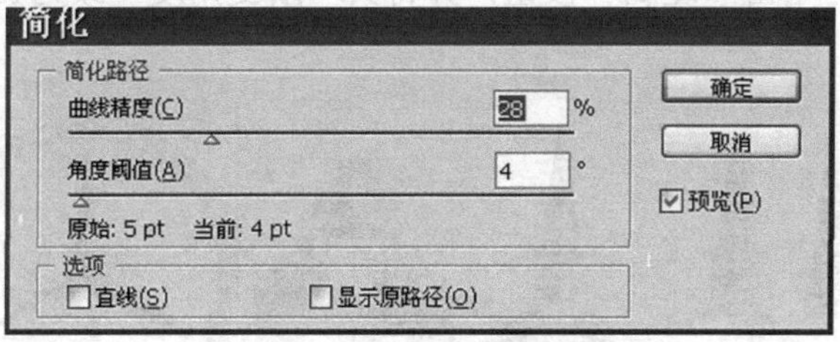

图12-12 简化面板

曲线精度：设置简化路径与原始路径的接近程度。值越高，创建的锚点越多并且越接近原始路径。

角度阈值：控制角的平滑度。如果角点的角度小于角度阈值，将不更改该角点。

直线：在对象的原始锚点间创建直线。显示原路径：显示简化路径背后的原路径。

12.2.4 轮廓化描边和偏移路径

“轮廓化描边”可以描边转换为复合路径，则可以修改描边的轮廓；“偏移路径”命令可以将图形扩展或收缩。

1. 轮廓化描边

执行“对象\路径\轮廓化描边”命令，可以将路径的描边转换为复合路径。若路径同时具有描边和填充属性，执行此命令，可以将描边和填充内容分离并群组。如果要单独编辑描边图形或填充内容，可选择该对象执行“对象\取消群组”命令（或按Shift+Ctrl+G组合键）。

实例12-3：绘制奔驰标志

本实例应用轮廓化描边、平均命令以及镜向工具和渐变工具绘制奔驰标志。

（1）新建文件，执行“视图\标尺\显示标尺”命令（或按Ctrl+R组合键），并从标尺上拖出水平和垂直的参考线。用“钢笔工具”绘制一个直角三角形。选中此三角形，设置描边属性为“无”，填充渐变，渐变的起始颜色为K10，终止颜色为K50，“渐变滑块”的位置为70%，效果如图12-13（a）所示。

（2）在工具箱中选择“镜向工具”（或按O键），按住Alt键单击三角形的右下角，在弹出的“镜像”对话框中，选择“垂直”，并按“确定”，效果如图12-13（b）所示。

（3）选择右边的三角形，调整渐变颜色，起始点颜色设为K30，终止点颜色设为K90。

（4）选择两个三角形，执行“对象\编组”命令（或按Ctrl+G组合键），选择“镜向工具”，按住Alt键单击三角形的右下角，在弹出的“镜像”对话框中，“角度”设置为150°，并按“复制”按钮，效果如图12-13（c）所示。再次镜向，按住Alt键单击原编组三角形的左下角，“角度”设置为-150°，单击“复制”按钮，效果如图12-13（d）所示。

（5）利用“套索工具”圈选中间的三个锚点，如图12-13（e）所示，然后执行“对象\路径\平均”命令，在弹出的对话框中选择“两者兼有”，单击“确定”按钮即可。

（6）选择所有对象，按Ctrl+G组合键将对象编组。利用椭圆工具，按住Shift+Alt组合键，从编组对象的中点绘制一正圆，填充为“无”，描边为黑色，描边宽度为15mm。然后执行“对象\路径\轮廓化描边”命令，然后填充渐变，起点颜色K10%，终点颜色为K100%，“渐变角度”设置为-50%，效果如图12-13（f）所示。

（7）保持圆环选中状态，执行“对象\变换\缩放”命令，在打开的对话框中，设置“比例缩放”为95%，单击“复制”按钮，并将其“渐变角度”改为130%，如图12-13（g）所示。

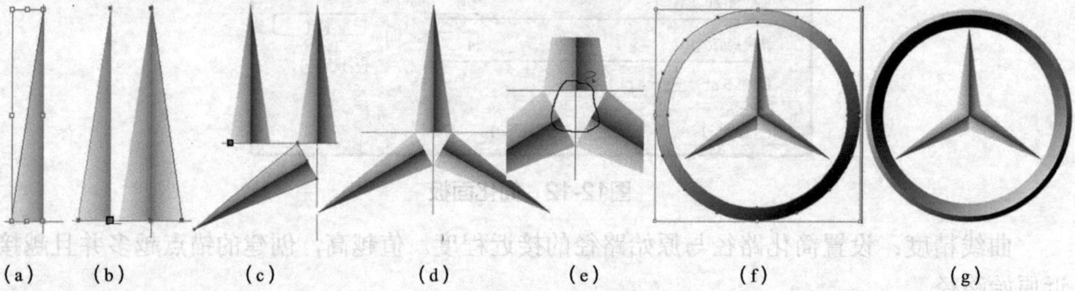

(a)　(b)　(c)　(d)　(e)　(f)　(g)

图12-13　绘制奔驰标志

2. 路径偏移

执行“对象\路径\偏移路径”命令，可以将路径扩展或收缩。下面通过“偏移路径”制作文字效果。

（1）选择T工具，输入“文字”，字的大小为150pt，其填充色“无”，描边色为黑色。选中文字，执行“文字\创建轮廓”命令，将文字转化为矢量图形，如图12-14（a）所示。

（2）在保持选中状态下，执行“对象\路径\偏移路径”命令，在打开的对话框中，设置“位移”为2mm，然后将描边的颜色改为红色，效果如图12-14（b）所示。

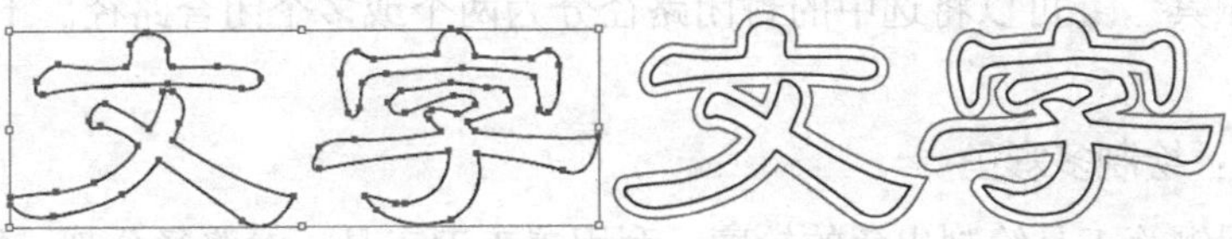

（a）（b）

图12-14 路径偏移

12.2.5 擦除工具

在路径编辑与修改时，可以使用“路径橡皮擦工具”或“橡皮擦工具”删除一段路径或者擦除图形中一部分。“路径橡皮擦工具”擦除部分路径后，剩余路径为开放路径，如图12-15所示。而“橡皮擦工具”擦除部分图稿后，剩余部分仍为闭合路径，如图12-16所示。

1. 路径橡皮擦工具

“路径橡皮擦工具”可以通过沿路径进行涂抹来删除路径的各个部分，当要删除的路径为一段路径时，此工具很有用。操作方法如下。

用选择工具选中对象，再选择“路径橡皮擦工具”，沿要删除的路径段拖动鼠标左键，如图12-15（a）所示，删除后的效果如图12-15（b）所示。

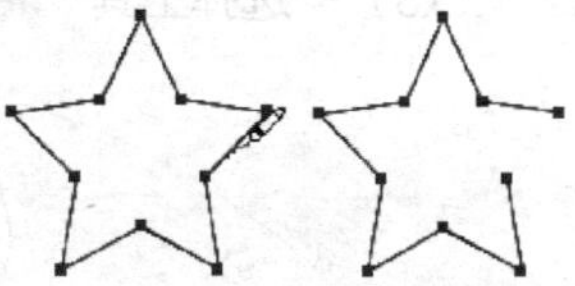

（a）（b）

图12-15 删除路径

2. 橡皮擦工具

“橡皮擦工具”可擦除图稿的任何区域，而不管图稿的结构如何。可以对路径、复合路径、“实时上色”组内的路径和剪贴路径使用橡皮擦工具。操作方法如下。

选择“橡皮擦工具”，在需要擦除图稿的区域，拖动鼠标左键如图12-16（b）所示，即可擦除图稿，效果如图12-16（c）所示。

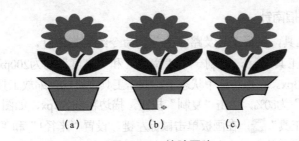

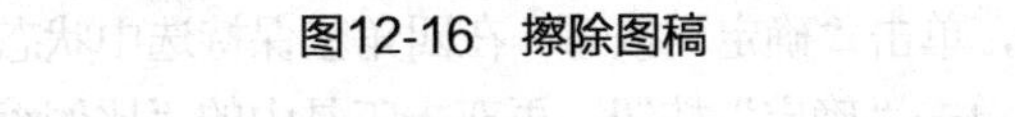

（a）（b）（c）

图12-16 擦除图稿

12.2.6 分割路径

在路径编辑过程中，如果需要将闭合路径分割为开放路径，或将一个闭合路径分割为两个或多个闭合路径，可利用剪刀、美工刀和分割命令等实现。

1. 剪刀工具

“剪刀工具”可以将闭合路径分割分开放路径，选择以下操作方法之一即可。

（1）选择“剪刀工具”并单击要分割路径的位置。

（2）选择要分割路径锚点，单击“控制”面板中“在所选锚点处剪切路径”按钮。

2. 美工刀工具

“美工刀工具”可以将选中的封闭路径分为两个或多个闭合路径。下面以实例说明其操作方法。

实例12-4：绘制多彩鱼

本实例应用钢笔工具绘制出鱼的轮廓，利用美工刀工具，对路径分割，绘制多彩鱼。

（1）利用钢笔工具绘制鱼的外形，如图12-17（a）所示。

（2）选择“美工刀工具”，单击并拖动鼠标左键，绘制一条穿过要分割路径的曲线，如图12-17（b）所示，同样的方法再绘制几条曲线，将鱼进一步分割。

提示

若按住Alt键，单击并拖动鼠标左键，可以绘制直线。

（3）“选择工具”分别选中分割后的路径，为其填充需要的颜色，如图12-17（c）所示。

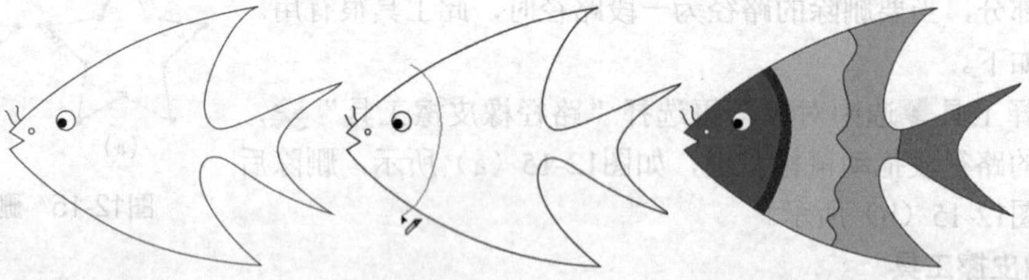

(a)　　(b)　　(c)

图12-17 绘制多彩鱼

3. 分割下方对象

“分割下方对象”命令，可以利用上层的一个对象将其下面的所有对象进行分割。

实例12-5：绘制指南针

本实例应用椭圆工具，星形工具及路径的分割命令绘制指南针。

（1）选择“椭圆工具”，绘制一个“宽度”和“高度”均为200px的圆，填充白色，黑色描边，描边粗细为3px。在保持选中状态下，双击工具中“比例缩放工具”，在弹出的对话框中设置“比例缩放”为80%，单击“复制”按钮，描边粗细为1px，如图12-18（a）所示。

（2）选择“星形工具”，在画板单击鼠标左键，设置“半径1”和“半径2”分别为25px和125px，“角点数”为4，单击“确定”按钮。在四角星保持选中状态下，双击“旋转工具”，输入旋转角度为45°，单击“确定”按钮。再双击工具中的“比例缩放工具”，在“等比”文本框中输入60%，单击“复制”按钮，再对复制对象旋转45°，如图12-18（b）所示。

（3）绘制一条通过四角星顶点的一条直线，如图12-18（c）所示，执行“对象\路径\分割下方对象”命令。同样的方法，再分别绘制通过其他顶点的直线，对两个四角星进行分割。利用“选择工具”选择分割后一部分对象，为填充黑色，如图12-18（d）所示。

（4）利用T工具输入文字“E、N、W、S”和“ne、nw、sw、se”，最后效果如图12-18（e）所示。

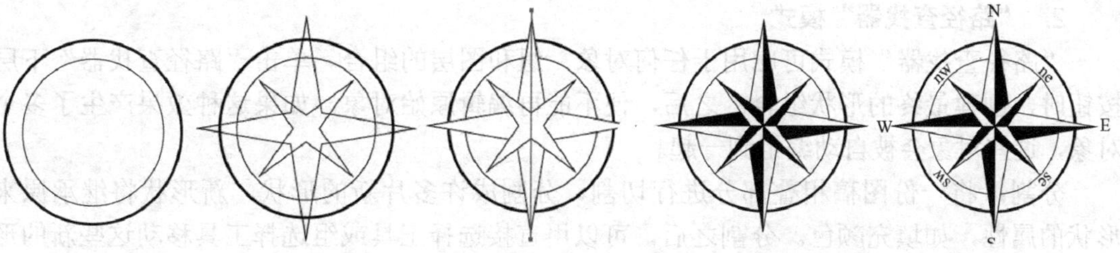

图12-18 绘制指南针

12.3 使用路径查找器

在Illustrator中，使用“路径查找器”可以将简单路径组合起来，以创建复杂的路径或形状，比直接绘制复杂路径或形状容易得多。它有两种模式创建复杂路径或形状，分别为“形状”模式和“路径查找器”模式。执行“窗口\路径查找器”命令，将打开图12-19所示的“路径查找器”对话框。

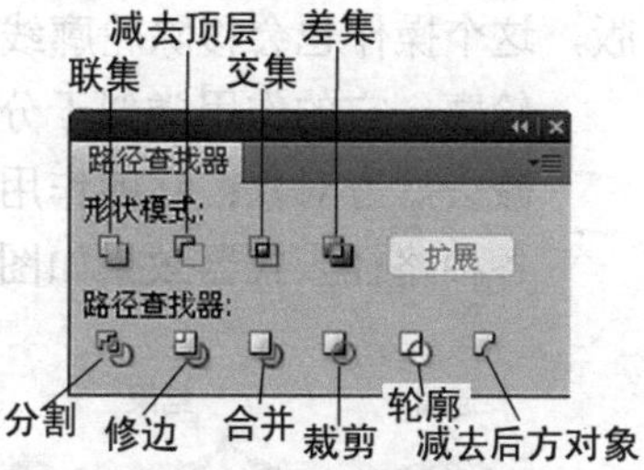

图12-19 路径查找器

1. “形状”模式

利用“形状”模式可应用于任何对象、组和图层的组合。单击“路径查找器”上层按钮时，建立路径或复合路径，不能编辑原始路径。按住Alt键生成复合形状，通过“图层”面板，可以选择复合形状的某一路径进行编辑，如改变堆叠顺序、位置和形状等。

联集：将所有选择的物体合并为一个形状，如果这些物体颜色不一样，则统一用最上面的物体的属性。

减去顶层：用下面的物体减去最上面的物体的形状，得到一个新的形状。

交集：删掉选择的物体没有重叠的部分，并将重叠的部分合并为一个新的形状。

差集：删掉选择的物体重叠的部分，剩下的部分变成一个复合路径。

各种形状模式的效果如图12-20所示。

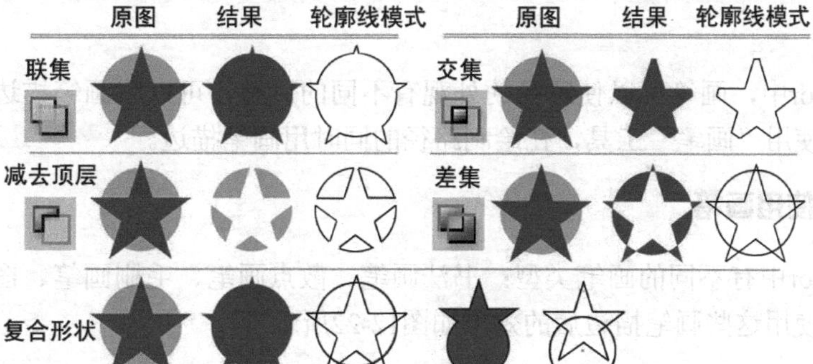

图12-20 形状模式效果

2. “路径查找器”模式

“路径查找器”模式可应用于任何对象、组和图层的组合。单击“路径查找器”下层按钮时，创建最终的形状组合。之后，便不能再编辑原始对象。如果这种效果产生了多个对象，这些对象会被自动编组到一起。

分割：将一份图稿相叠部分进行切割，分割成许多片新的形状，新形状将继承原来形状的属性，如填充颜色。分割之后，可以用直接选择工具或组选择工具移动这些新的形状，或者取消这些形状编组，用选择工具进行选择。

修边：用上面的对象对下面的对象进行修剪，并删掉下面对象重叠的部分。如果对象有轮廓线，则轮廓线会被移除，各个对象会保留原来的属性。

合并：合并的作用和修边比较相似，但是不同的是，合并会将色彩相同的对象合成一体，而且这个合并操作会忽略对象的堆叠顺序。

裁剪：用最上面的对象裁切掉下面所有的对象，可以把最上面的物体想象成一个蒙版，这个操作也会移除轮廓线。

轮廓：它的作用类似于分割，不同的是，它最后的结果是分割成一段段的线段。

减去后方对象：它的作用类似于修边，只不过它是用上面的对象减去下面的对象。

各种路径查找器效果如图12-21所示。

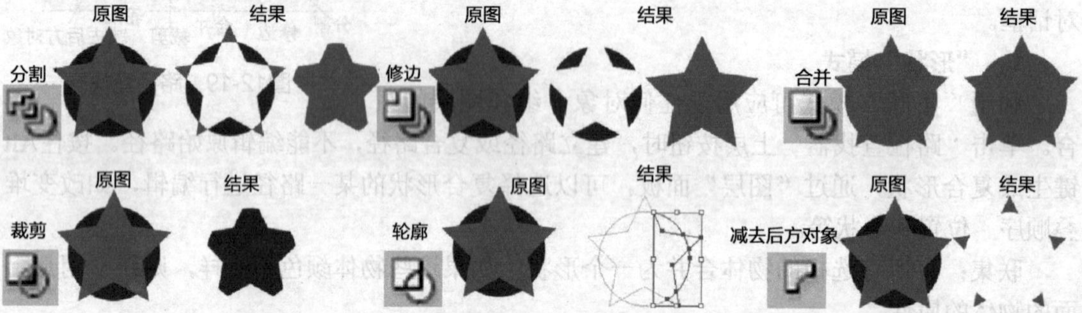

图12-21　路径查找器效果

12.4 路径艺术效果处理

在Illustrator中，画笔可以使路径的外观有不同的风格，可以将画笔描边应用于现有的路径，也可以使用“画笔”工具，在绘制路径的同时用画笔描边。

12.4.1 使用画笔

在Illustrator中有不同的画笔类型：书法画笔、散点画笔、毛刷画笔、图案画笔和艺术画笔等。路径使用这些画笔描边后的效果如图12-22所示。

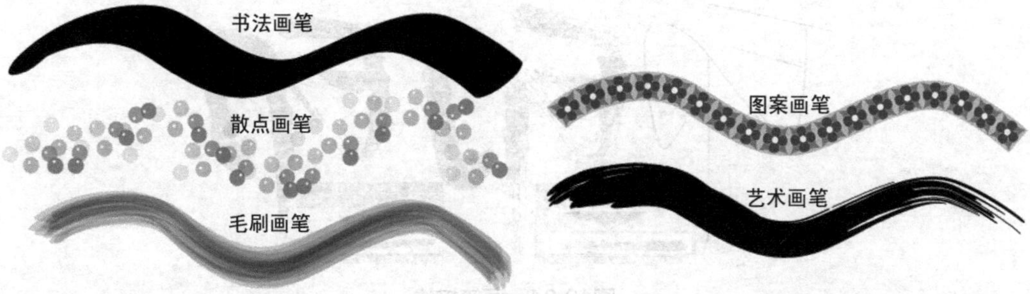

图12-22　各类画笔效果

书法画笔：创建的描边类似于使用书法钢笔绘制的描边或沿路径中心绘制的描边。

散点画笔：将一个对象（如一只瓢虫或一片树叶）的许多副本沿着路径分布。

毛刷画笔：使用毛刷创建具有自然画笔外观的画笔描边。

图案画笔：绘制一种图案，该图案由沿路径重复的各个拼贴组成。图案画笔最多可以包括5种拼贴，即图案的边线、内角、外角、起点和终点。

艺术画笔：沿路径长度均匀拉伸画笔形状或对象形状。

1. 画笔面板

执行“窗口\画笔”命令，可以打开图12-23所示的“画笔”面板。它显示了当前文件的画笔，无论何时从画笔库中选择画笔，都会自动将其添加“画笔”面板中。

单击“画笔”面板中右侧三角，可以打开画笔面板菜单，可以进行新建、删除、显示、更改画笔视图及打开画笔库等操作。

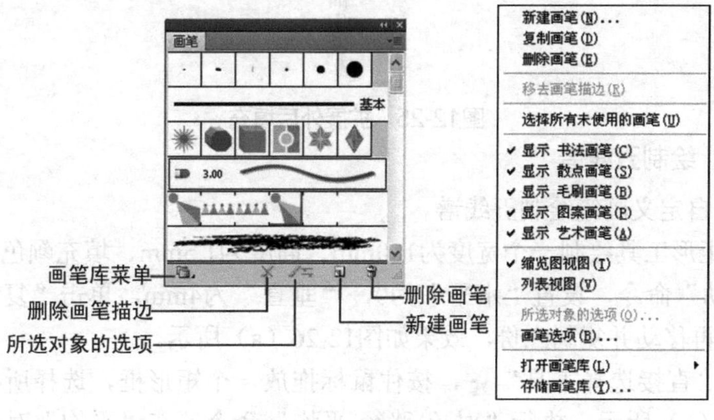

图12-23　“画笔”面板

2. 应用画笔描边

可以将画笔描边应用于由任何绘图工具（钢笔工具、铅笔工具，或基本的形状工具）所创建的路径，其操作方法如下。

方法一：选择路径，然后从画笔库、“画笔”或“控制”面板中选择一种画笔。

方法二：将画笔拖到路径上。如果所选的路径已经应用了画笔描边，则新画笔将取代旧画笔，如图12-24所示。

图12-24　画笔描边

3. 删除画笔描边

使用“选择工具”选择一条用画笔绘制的路径。在“画笔”面板菜单中选择“删除画笔描边”，或者单击“删除画笔描边”按钮。

4. 将画笔描边转换为轮廓

将画笔描边转换为轮廓路径，可以编辑用画笔绘制的路径上的各个部分。方法为：使用“选择工具”选择一条用画笔绘制的路径，然后执行“对象\扩展外观”命令即可。图12-25为扩展画笔外观后，新填充的效果。

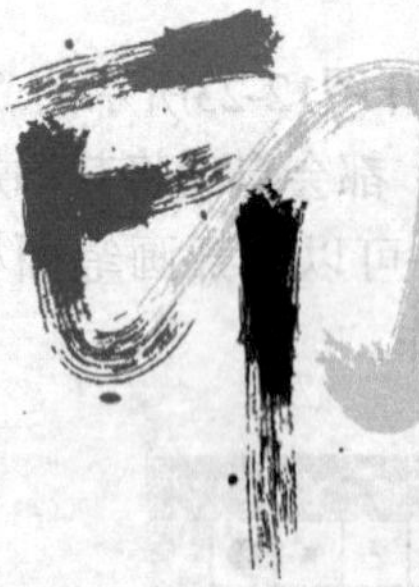

图12-25　扩展外后填充

实例12-6：绘制五线谱

本实例通过自定义画笔绘制五线谱。

（1）利用矩形工具绘制一个宽度为100mm、高度为1.5mm、填充颜色为黑色的矩形。执行“对象\移动”命令，设置“水平”为0，“垂直”为4mm，单击“复制”按钮。然后按Ctrl+D组合键再移动并复制三份，效果如图12-26（a）所示。

（2）选择“直接选择工具”，按住鼠标拖放一个矩形框，选择所有矩形一端的锚点，如图12-26（a）所示。执行“对象\路径\平均”命令，在“平均”对话框中选择“水平”，单击“确定”按钮，效果如图12-26（b）所示。

（3）利用“选择工具”选中所有线条，单击“画笔”面板底部“新建画笔”按钮，在打开的“新建画笔”面板中选择“艺术画笔”，按默认设置，单击“确定”按钮。

（4）打开乐谱文件，将每个乐符定义为散画笔，将对话框中的“大小、间距、分布和旋转”都设置为“随机”，并为其设置一个合适的变化范围。利用画笔工具在页面单击，并分别应用定义的散点画笔，然后选中这些画笔，执行“对象\扩展外观”命令，为画笔设置不同的颜色，效果如图12-26（c）所示，选中所有乐符，将它们定义为散点画笔。

（5）利用钢笔工具绘制一条路径，如图12-26（d）所示，再将路径复制一份，然后一条路径应用定义的艺术画笔，另一条应用定义的散点画笔，效果如图12-26（e）所示。

（6）在五线谱上摆放一些乐符，选中它们并执行“效果\3D\凸出与斜角”命令，设置“凸出厚度”为20pt，单击“更多选项”按钮，设置“底纹颜色”为红色，单击“确定”按钮，最后效果如图12-26（f）所示。

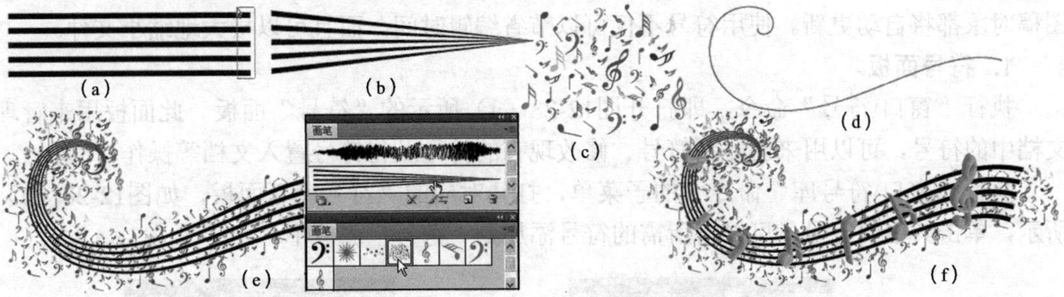

图12-26　利用画笔工具绘制五线谱

12.4.2　使用斑点画笔

使用斑点画笔工具可以像画笔工具那样绘画，但它创建的是只有填充（没有描边）的闭合路径，它还可以将其与其颜色相同的形状连接与合并。用户可以使用橡皮擦工具或斑点画笔工具编辑其绘制的路径。使用斑点画笔工具无法编辑有描边的形状。

实例12-7：绘制蘑菇

本实例应用斑点画工具、橡皮擦工具和符号工具绘制蘑菇。

（1）双击工具箱中的“斑点画笔工具”，将会打开斑点画笔选项框，可以设置画笔的大小、角度、圆度、保真度和平滑度等属性。设置合适填充颜色，用“斑点画笔工具”分别绘蘑菇盖和蘑菇柄，用“橡皮擦工具”进行整修形状，如图12-27（a）所示。

（2）用“斑点画笔工具”绘制蘑菇盖上的圆点，用“橡皮擦工具”擦除多余部分。选中所有对象，设置“粗细”为1mm，按Ctrl+G组合键选择群组对象，效果如图12-27（b）所示。

（3）再按Ctrl+C组合键和Ctrl+V组合键复制一份，拖动控制点缩放复制的对象。用“斑点画笔工具”绘制一块土地，执行“对象\排列\置于底层”命令，效果如图12-27（c）所示。

（4）在“符号”面板菜单中，执行“打开符号库\自然”命令，在“自然”面板单击需要的“草地”符号，选择“符号喷枪工具”，在页面上单击创建草地，然后再用符号编辑工具，如用“符号放缩工具”和“符号旋转工具”缩放和旋转草地，如图12-27（d）所示。

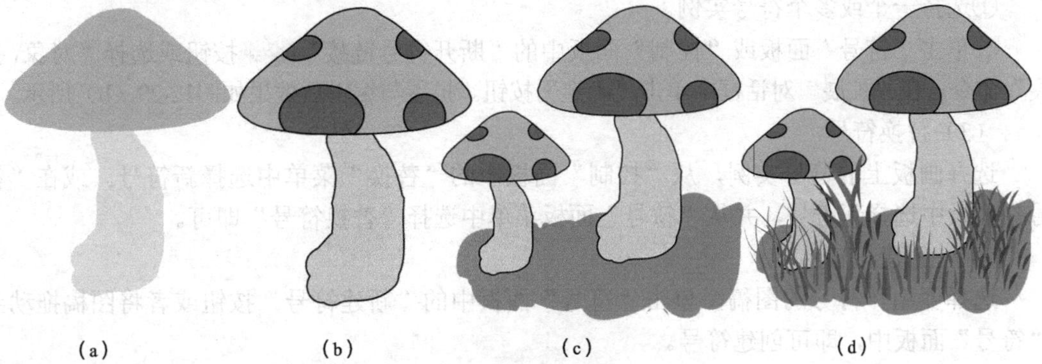

图12-27　使用斑点画笔工具绘制蘑菇

12.4.3 使用符号

符号是存储在符号面板中可重复使用的图稿对象。通过使用符号和符号工具，可以快速将符号多次添加到图稿中，并轻松地修改它们。当编辑原始符号时，链接到符号的所有图稿对象都将自动更新。使用符号不仅可以节省编辑时间，而且可以极大地缩小文件。

1. 符号面板

执行“窗口\符号”命令，即打开图12-28（a）所示的“符号”面板。此面板用来管理文档中的符号，可以用来创建新符号、修改现有的符号及将符号置入文档等操作。

执行“窗口\符号库”命令下的子菜单，打开对应的“符号库”面板，如图12-28（b）所示，单击其中的符号，可以将所需的符号添加到“符号”面板中。

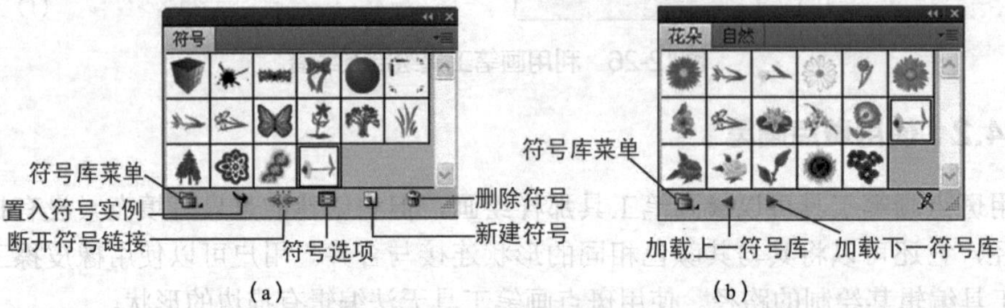

图12-28 符号面板

（1）置入符号

①选择“符号”面板或符号库中的符号。

② 单击“符号”面板中的“置入符号实例”按钮以将实例置入画板的中心位置，或者将选中的符号拖动到希望在画板上显示的位置，如图12-29（a）所示。

图12-29 符号的置入与扩展

提示

在画板中的置入的单个符号（相对于仅存在于面板中的符号）称为实例。

（2）扩展符号实例

将符号置入画板后，若要编辑符号实例的各个组件，必须扩展它，操作方法如下。

①选择一个或多个符号实例。

②单击“符号”面板或“控制”面板中的“断开符号链接”按钮或选择“对象\扩展”命令，在“扩展”对话框中单击“确定”按钮。扩展与编辑后效果如图12-29（b）所示。

（3）替换符号

选择画板上的符号实例，从“控制”面板中的“替换”菜单中选择新符号。或在“符号”面板中选择新符号，并从“符号”面板菜单中选择“替换符号”即可。

（4）创建符号

选择要用作符号的图稿，单击“符号”面板中的“新建符号”按钮或者将图稿拖动到“符号”面板中，即可创建符号。

2. 符号工具组

符号工具组最大的特点是可以方便、快捷地生成很多相似的图形实例，例如一片长满花草的草地、一群蝴蝶等。同时还可以通过符号工具调整和修饰符号，如修改它的密度、旋转角度、大小、颜色、透明度及样式等。工具箱中有8种符号工具，如图12-30（a）所示。

（1）“符号喷枪”工具

选择“符号”面板中的一个符号，单击或拖动“符号喷枪”工具，可以一次将大量相同的对象添加到画板上，如图12-30（b）所示。

提示

选择现有的符号组，再选择要添加符号实例，利用“符号喷枪”工具，在希望新实例显示的位置单击或拖动，可以将符号添加到符号组，如图12-30（c）所示。按住Alt键，用“符号喷枪”工具单击符号，可删除符号实例。

（2）“符号移位器”工具

使用“符号移位器”可以移动符号组中某一符号位置及更改符号的叠放顺序。

选择“符号移位器”工具，向符号实例希望移动的方向拖动鼠标左键，即可以移动符号实例。按住Shift键单击符号实例，可以向前移动符号实例，按住Shift+Alt组合键单击符号实例，可以向后发送符号实例。如图12-30（d）所示，将两条鱼移至水草后面。

（3）“符号紧缩器”工具

使用“符号紧缩器”工具可以集中或分散符号实例。

单击或拖动希望改变符号实例距离的区域，即可以集中符号实例。按住Alt键再单击或拖动，即可以分散符号实例。如图12-30（e）所示，将分散水草符号实例。

（4）“符号缩放器”工具

使用“符号缩放器”可以调整符号实例的大小。单击或拖动“符号缩放器”，可以放大符号实例。按住Alt键单击或拖动，可缩小符号，图12-30（f）所示为缩小的水草符号。

（5）“符号旋转器”工具

单击并拖动“符号旋转器”工具可以旋转符号实例，改变符号实例的方向。图12-30（g）所示为改变了两条鱼游的方向。

（6）“符号着色器”工具

“符号着色器”工具可以使用填充颜色来改变符号的色相而保持原始符号的明暗度。根据单击的次数不同，着色的深浅不同，单击次数越多颜色变化越大。按住Alt键单击会减小颜色的透明度。对鱼着色后的效果，如图12-30（h）所示。

（7）“符号滤色器”工具

单击“符号滤色器”工具，可以改变符号的透明度。

（8）“符号样式器”工具

使用“符号样式器”工具，可以给符号实例添加所选样式，如图12-30（i）所示。

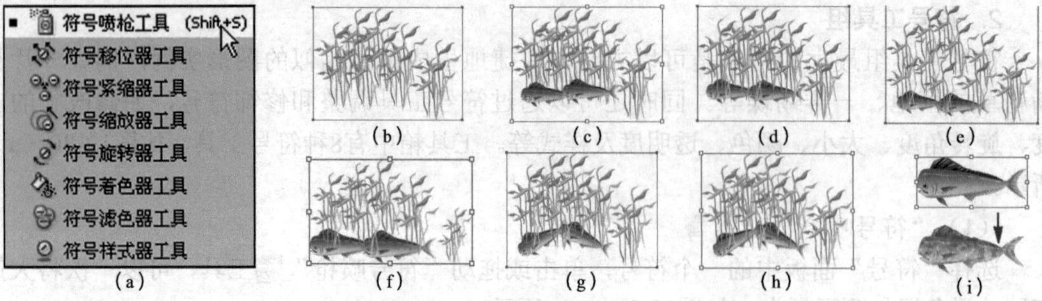

图12-30　符号编辑工具效果

实例12-8：绘制花瓶

本实例应用钢笔工具、渐变工具和符号工具绘制花瓶。

（1）利用“钢笔”工具绘制一条图12-31（a）所示的路径。双击“工具箱”中“镜向”工具，在打开的“镜向”对话中选择“垂直”，并按“复制”按钮。

（2）移动复制的路径到适合位置，用“直接选择”工具选择两条路径底部的两个端点，如图12-31（b）所示，执行“对象\路径\连接”命令。并为其填充“白色—蓝色”渐变。

（3）绘制一个椭圆，为其填充“蓝色—白色”渐变，并将其移至图12-31（c）所示的位置，单击“路径查找器”面板中的“分割”按钮。执行“对象\取消编组”命令。

（4）执行“窗口\符号”命令，单击“符号”面板右侧的黑三角按钮，在弹出的菜单中选择“打开符号库\花朵”。单击选择所需要的符号，在“符号”面板中单击“置入符号实例”按钮，然后再用符号组工具旋转和移动符号到合适位置，如图12-31（d）所示。

（5）选择花瓶体，执行“对象\排列\置为顶层”命令，效果如图12-31（e）所示。

（6）用“钢笔”工具绘制一条曲线，然后应用“边框”画笔，效果如图12-31（f）所示。

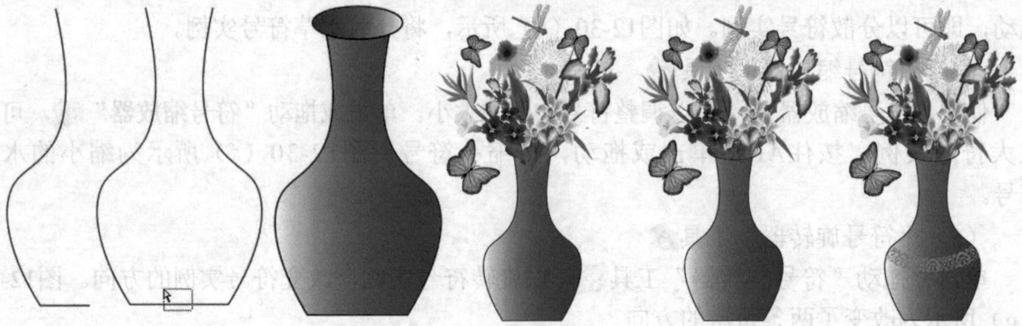

图12-31　绘制花瓶

12.5 设置填色与描边

Illustrator提供了两种上色方法：一种为整个对象指定填充或描边；另一种是将对象转换为实时上色组，并为组内路径的单独边缘和表面指定填充或描边。

12.5.1　填色与描边

填色是指对象内部填充的颜色、图案或渐变。填色可以应用于开放和封闭的对象，以及“实时上色”组的表面。描边是指对象、路径或实时上色组边缘的可视轮廓。可以控制描边的宽度和颜色，也可以创建虚线描边。工具箱中包含一组填色和描边控件，如图12-32所示，利用它可以随时修改对象和路径的填色和描边。

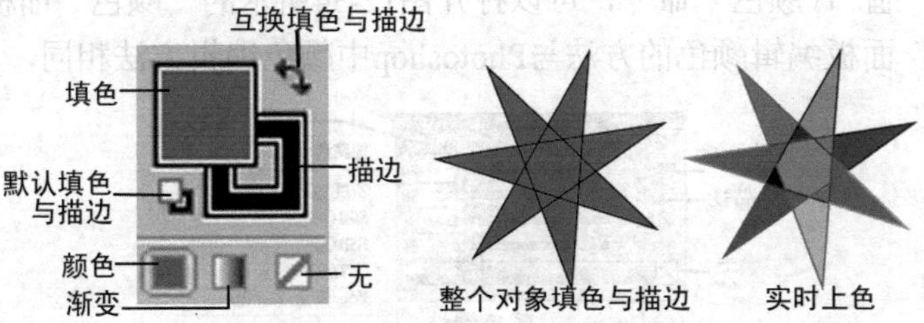

图12-32 填色与描边控件

填色：双击填色按钮，可以打开“拾色器”设置对象的填充颜色。

描边：双击描边按钮，可以打开“拾色器”设置对象的描边颜色。

互换填色与描边：单击此按钮，可以互换填色与描边的颜色。

默认填色与描边：单击此按钮，可以恢复默认填色（白色）和描边（黑色）颜色。

颜色：单击此按钮，将上次选择的纯色应用于选择的对象。

渐变：单击此按钮，可以将当前选择的填充更改为上次选择的渐变。

无：单击此按钮，可以删除选定对象的填充或描边。

1. 描边面板

“描边”面板可用来指定线条是实线还是虚线、描边粗细、描边对齐方式、斜接限制、箭头和线条连接样式。执行“窗口\描边”命令，打开图12-33（a）所示“描边”面板。

粗细：用于设置描边的粗细。该值为0mm时对象无描边，该值越大描边越粗。

端点：“平头端点”创建具有方形端点的描边线；“圆头端点”创建具有半圆形端点的描边线；“方头端点”创建具有方形端点且在线段端点之外延伸出线条宽度的一半的描边线。此选项使线段的粗细沿线段各方向均匀延伸出去，效果如图12-33（b）所示。

边角：“斜接连接”创建具有点式拐角的描边线；“圆角连接”用于创建具有圆角的描边线；“斜角连接”用于创建具有方形拐角的描边线，如图12-33（c）所示。

虚线：可以通过编辑对象的描边属性来创建一条点线或虚线。勾选“描边”面板上的“虚线”选项，可以在“虚线”文本框中设置虚线段的长度，在“间隙”文本框中设置虚线线段间距的长度，如图12-33（d）所示。

箭头：为描边添加箭头。“缩放”改变箭头大小，“对齐”改变箭头的对齐方式。

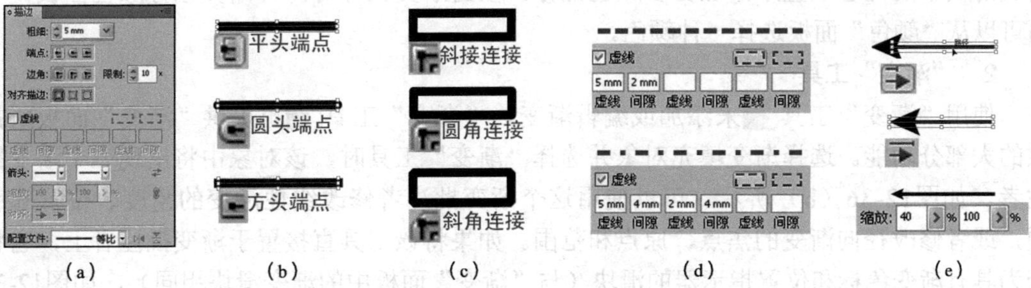

图12-33 “描边”面板及描边设置

2. “颜色”面板

使用“颜色”面板，可以将颜色应用于对象的填充和描边，还可以编辑和混合颜色。“颜色”面板可使用不同颜色模型显示颜色值。默认情况下，“颜色”面板中只显示最常用的选项。执行“窗口\颜色”命令，可以打开图12-34所示的“颜色”面板。

使用“颜色”面板编辑颜色的方法与Photoshop中颜色编辑方法相同，不再重复。

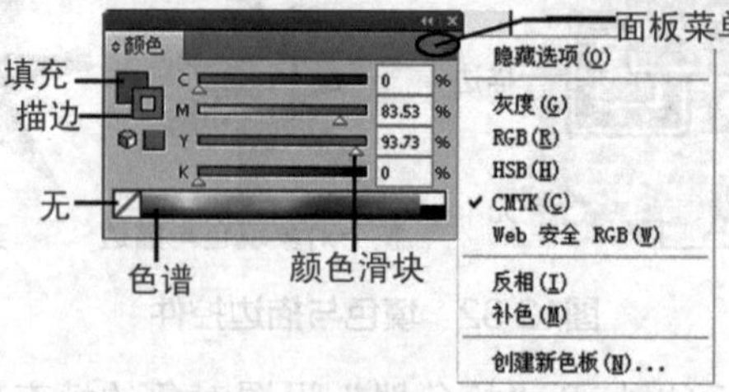

图12-34 “颜色”面板

3. “色板”面板

使用“色板”面板可以控制所有文档的颜色、渐变和图案。可以命名和存储任意新建颜色以用于快速访问。执行“窗口\色板”命令，打开图12-35所示的“色板”面板。

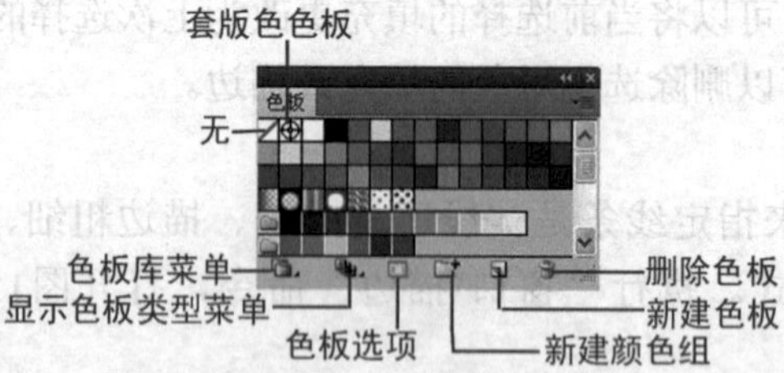

图12-35 “色板”面板

12.5.2 填充渐变

使用“渐变”面板或“渐变”工具可以应用、创建和修改渐变。渐变颜色由沿着渐变滑块的一系列色标决定，使用“渐变”面板中的选项或者使用“渐变”工具，可以指定色标的数目和位置、颜色显示的角度、椭圆渐变的长宽比及每种颜色的不透明度。

1. “渐变”面板

执行“窗口\渐变”命令，会打开图12-36（a）所示的“渐变”面板。

单击“渐变填充”框时，选定的对象中将填入此渐变。紧靠此框的右侧是“渐变”菜单，此菜单列出可供选择的所有默认渐变和预存渐变。若要编辑新的渐变，可以通过单击渐变滑块中的任意位置来添加更多颜色色标。双击渐变色标可打开渐变色标颜色面板，从而可以从“颜色”面板选择一种颜色。

2. “渐变”工具

使用“渐变”工具来添加或编辑渐变。“渐变”工具也提供“渐变”面板所提供的大部分功能。选择渐变填充对象并选择“渐变”工具时，该对象中将出现一个渐变批注者，如图12-36（b）所示。可以使用这个渐变批注者修改线性渐变的角度、位置和范围，或者修改径向渐变的焦点、原点和范围。如果将该工具直接置于渐变批注者上，它将变为具有渐变色标和位置指示器的滑块（与“渐变”面板中的渐变滑块相同），如图12-36

（c）所示。可以单击渐变批注者以添加新渐变色标，双击各个渐变色标可指定新的颜色和不透明度设置，或将渐变色标拖动到新位置。

将指针置于渐变批注者上并出现旋转光标时，可以通过拖动来重新定位渐变的角度。拖动渐变滑块的圆形端可重新定位渐变的原点，而拖动箭头端则会增大或减少渐变的范围，如图12-36（d）所示。

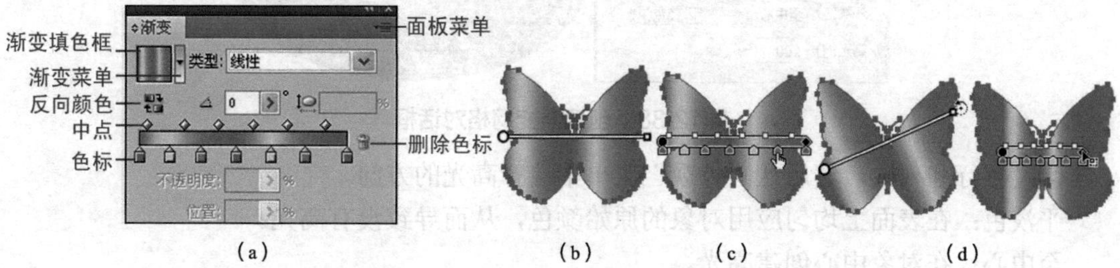

图12-36　“渐变”面板及渐变工具

提示

若在将渐变工具置于具有渐变的对象中时，渐变批注者没有出现，执行“视图\ 显示渐变批注者”命令，若想隐藏渐变批注者，执行“视图\ 隐藏渐变批注者”命令。

12.5.3　渐变网格填充

网格对象是一种多色对象，其上的颜色可以沿不同方向顺畅分布且从一点平滑过渡到另一点。通过移动和编辑网格线上的点，可以更改颜色的变化强度，或者更改对象上的着色区域范围，在平面设计中应用非常广泛。

1. 创建渐变网格对象

渐变网格是基于矢量对象（复合路径和文本对象除外）来创建网格对象，其创建方法有以下几种。

（1）使用“网格”工具创建设渐变网格对象。

①画一个椭圆，填充一个颜色，选择“网格”工具，为网格点选择填充颜色。

②单击要将第一个网格点放置到的位置，就把它转化为一个最简单的渐变网格对象。

③继续单击可添加其他网格点。按住Shift键并单击可添加网格点而不改变当前的填充颜色。如图12-37所示，A、B两个点都自动填充了前景色；C、D两个点是按住Shift键点击的，所以保持了原有的渐变过渡。

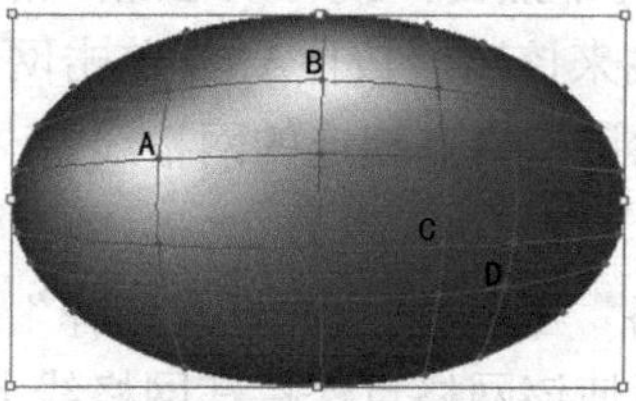

图12-37　网格对像

（2）用菜单命令创建渐变网格对象。

①选择绘制的椭圆，执行“对象\创建渐变网格”命令，弹出图12-38所示对话框。

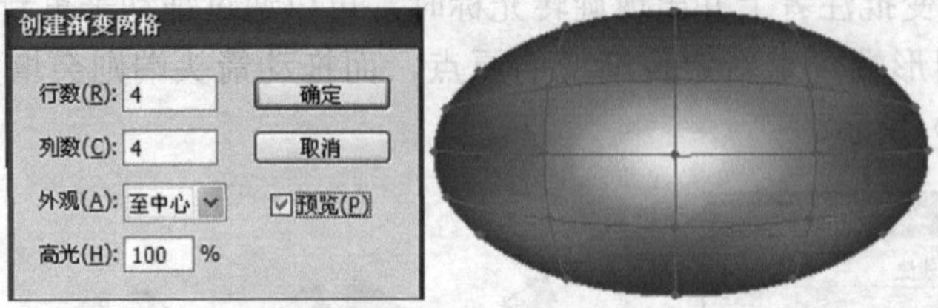

图12-38　创建渐变网格对话框

②设置行和列数，然后从“外观”菜单中选择高光的方向。

平淡色：在表面上均匀应用对象的原始颜色，从而导致没有高光。

至中心：在对象中心创建高光。

至边缘：在对象边缘创建高光。

③输入白色高光的百分比以应用于网格对象。值100%可将最大白色高光应用于对象，值0%不会在对象中应用任何白色高光。

（3）由渐变填充创建渐变网格对象。

选择填充渐变的对象，然后选择“对象\扩展”。在“扩展”对话框中，选择“渐变网格”选项，然后单击“确定”按钮，所选对象将被转换为具有渐变形状的网格对象：圆形渐变网格（径向）或矩形渐变网格（线性），如图12-39所示。

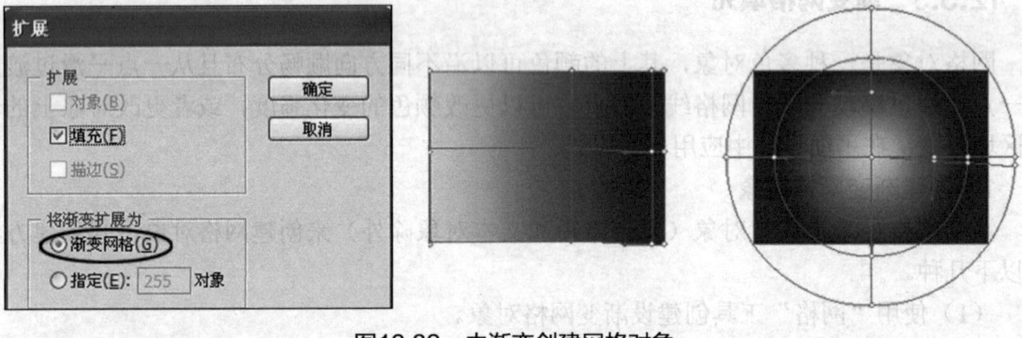

图12-39　由渐变创建网格对象

2. 编辑渐变网格对象

通过上述方法创建的网格对象，可以使用多种方法来编辑，如添加、删除和移动网格点，更改网格点和网格面片的颜色，以及将网格对象恢复为常规对象等。

（1）添加和删除网格点。

用“网格”工具在对象内部点击，就可以增加网格点以及和它相连的网格线。在填充复杂的区域需要较多的网格线来控制。按住Alt键单击网格线就可以把网格线删除，如果在网格点上单击则可以一次删除该网格点相连的网格线。

（2）移动网格点。

若要移动网格点，用“网格”工具或“直接选择”工具拖动它。按住Shift键并使用“网格”工具拖动网格点，可使该网格点保持在网格线上。

（3）调整方向线。

网格点的方向线与锚点的方向线完全相同，使用“网格”工具或“直接选择”工具都可以调整方向线，调整方向线可以改变网格线的形状。

（4）设置网格点颜色。

若要更改网格点或网格面片的颜色，选中网格点或网格面片，单击“色板”中的一个颜色，即可以为所选的网格点或网格面片着色。拖动“颜色”面板中的滑块也可以调整网格点或网格面片的颜色，如图12-40所示。

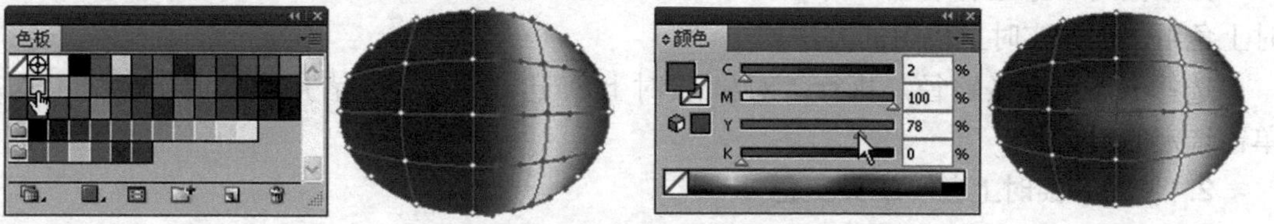

图12-40　调整网格网格点颜色

实例12-9：绘制葡萄

本实例应用渐变网格工具绘制葡萄。

（1）绘制一个椭圆，为其填充颜色（C62，M100，Y61，K30），执行“对象\创建渐变网格”命令，“行数”和“列数”分别设置为4，“外观”菜单中选择“平淡色”。

（2）选择椭圆底部的网格点，将它们的颜色值调整为C65，M85，Y20，K0，如图12-41（a）所示。

（3）选择椭圆内部四周的网格点，如图12-41（b）所示，将它们的颜色值调为C51，M100，Y54，K6。

（4）再选择椭圆内部中间的网格点，如图12-41（c）所示，将它们的颜色值调为C19，M56，Y16。

（5）选择“网格”工具，在图12-41（d）所示位置单击，并将此网格点的颜色调成C6，M27，K10，然后用“直接选择”工具选择网格点，用“吸管”工具吸取附近的颜色，来调整网格点的颜色，如图12-41（e）所示，调整到葡萄颜色自然过渡，如图12-41（f）所示。

（6）绘制一矩形，再用渐变网格调整其颜色，复制一份，调整其角度和位置，用“直接选择”工具调整其形状。把葡萄复制多份，调整大小、角度和摆放位置，如图12-41（g）所示。

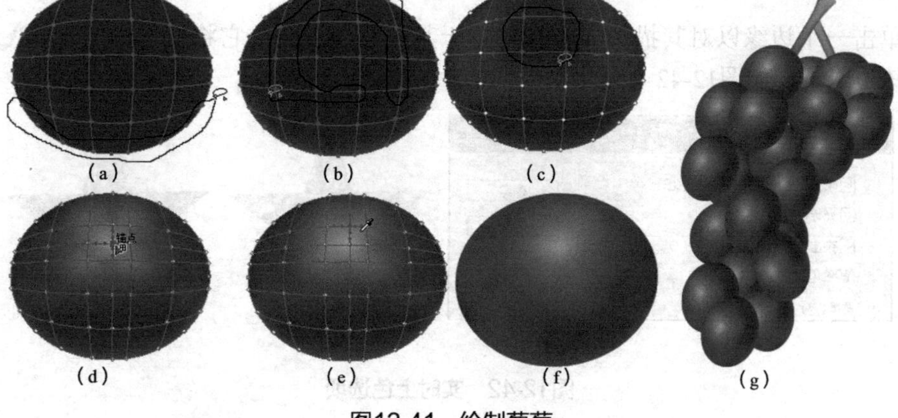

图12-41　绘制葡萄

12.5.4 实时上色

“实时上色”是通过将图稿转换为实时上色组，使用不同颜色为每个路径段描边，并使用不同的颜色、图案或渐变填充路径分割成的任何区域。

1. 实时上色组

如果要对对象进行着色，并且每个边缘或交叉线使用不同的颜色，就将图稿转换为实时上色组。创建实时上色组的方法如下。

选择一条或多条路径，执行“对象\实时上色\建立”命令或者用“实时上色”工具单击选定的对象。

2. 使用“实时上色”工具上色

选择“实时上色”工具，可以使用当前填充和描边属性为实时上色组的表面和边缘上色。工具指针显示为一种或三种颜色方块，它们表示选定填充或描边颜色；如果使用色板库中的颜色，则还表示库中所选颜色的两种相邻颜色。通过按向左或向右箭头键，可以访问相邻的颜色以及这些颜色旁边的颜色。双击工具箱中“实时上色”工具，可以打开图12-42（a）所示的“实时上色选项”对话框。

填充上色：选中此项，可以对实时上色组的各表面上色。

描边上色：选中此项，可以对实时上色组的各边缘上色。

光标色板预览：选中此项，从“色板”中选择颜色显示。

突出显示：选中此项，可以勾画出光标当前所在表面或边缘的轮廓。“颜色”用于设置突出显示的颜色，“宽度”用于设置突出显示的粗细。

实时上色的操作方法如下。

①选择“实时上色”工具，指定所需的填充颜色（或渐变）或描边颜色和大小。

②单击表面以对其进行填充（当指针位于表面上时，它将变为填充的油漆桶形状，并且突出显示填充内侧周围的线条），如图12-42（b）所示。

提示

拖动鼠标跨过多个表面，以便一次为多个表面上色；双击一个表面，以跨越未描边的边缘对邻近表面填色（连续填色）；三击表面以填充所有当前具有相同填充的表面。

要切换到吸管工具并对填充或描边进行取样，按住Alt键并单击所需的填充或描边。

③单击一个边缘以对其描边（当指针位于某个边缘上时，它将变为画笔形状，并突出显示该边缘），如图12-42（c）所示。

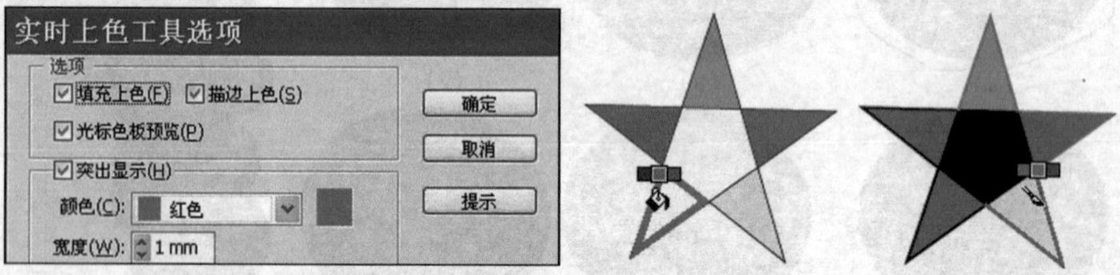

（a）　（b）　（c）

图12-42 实时上色选项

提示

拖动鼠标跨过多条边缘，可一次为多条边进行描边。双击一条边缘，可对所有与其相连的边进行描边（连续描边）。三击一条边缘，可对所有边应用相同的描边。

实例12-10：绘制标志

本实例应用椭圆工具和实时上色工具绘制标志。

（1）选择工具箱中的“椭圆”工具，在文档单击，在“宽度”和“高度”分别输入120mm，然后单击“确定”按钮。同样的方法，再绘制四个“宽度”和“高度”为80mm的圆。并使四个小圆分别在上、下、左、右方向与大圆内切，如图12-43（a）所示。

（2）用“选择”工具选中所有的圆，在工具箱中选择“实时上色”工具，并在“色板”上单击要填充的颜色，单击要填充的表面即可，如图12-43（b）所示。

（3）在“色板”更改填充颜色，填充其他区域，效果如图12-43（c）所示。

（4）在工具箱底部，将描边设置为“无”，将“实时上色”工具移至一段路径边缘，鼠标变为画笔形状时单击，如图12-43（d）所示。最后效果如图12-43（e）所示。

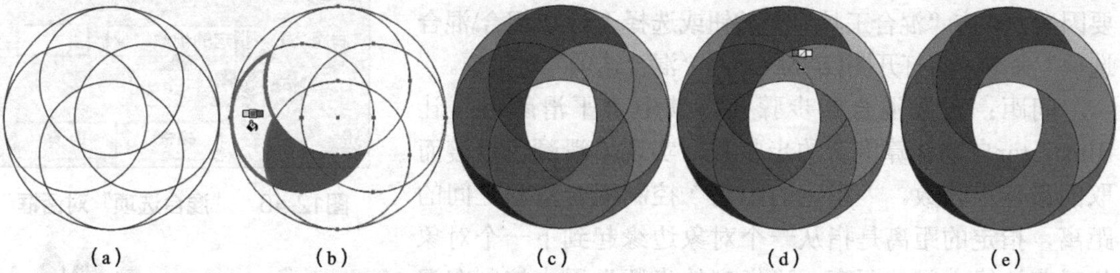

图12-43　实时上色工具填充

3. 实时上色选择工具

使用“实时上色选择”工具可以选择实时上色组中表面和边缘。若选择单击表面或边缘，则单击该表面或边缘，如图12-44（a）所示。按住Shift键单击表面或边缘，可以在当前选区中添加或删除这些表面或边缘，如图12-44（b）所示。

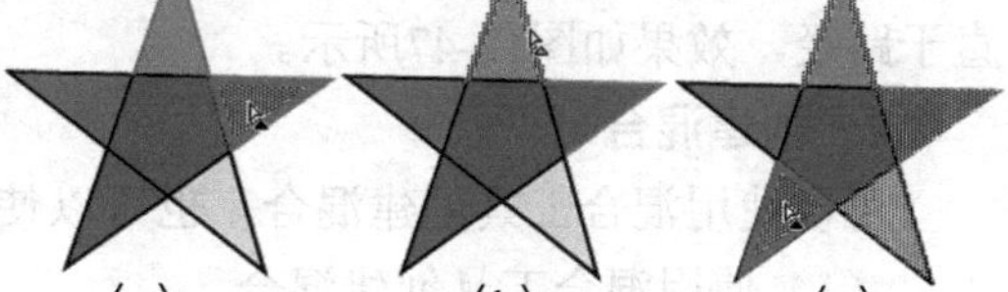

图12-44　实时上色选择工具

4. 扩展或释放实时上色组

执行“对象\实时上色\释放”命令，可以释放实时上色组，即将其变为一条或多条普通路径，它们没有进行填充且具有0.5磅宽的黑色描边，如图12-45所示。

执行“对象\扩展”命令，可以扩展实时上色组，即将其变为与实时上色组视觉上相似，事实上却是由单独的填充和描边路径所组成的对象。可以使用编组选择工具来分别选择和修改这些路径，如图12-45所示。

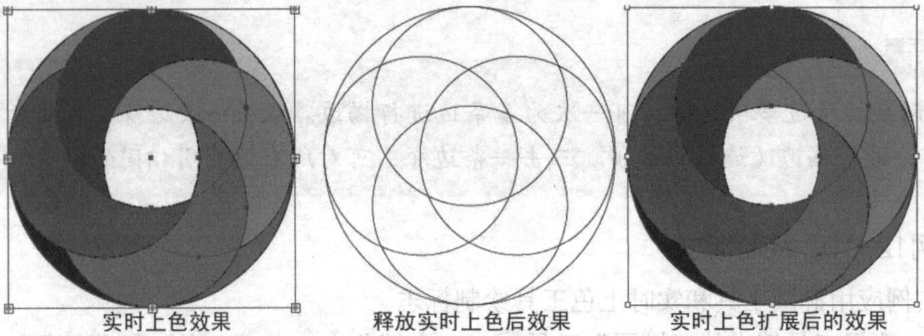

图12-45　实时上色释放或扩展

12.5.5　混合对象的操作

混合就在两个或多个原始路径之间创建出一系列的中间的过渡路径，使之产生从形状过渡到颜色的全面混合。创建混合时，被混合的对象将被视为一个对象，称为混合对象。如果移动原始对象之一或编辑原始对象的锚点，混合将相应地改变。

1. 混合选项

在创建混合时，混合选项的设置是影响混合效果的重要因素。双击“混合工具”按钮或选择“对象\混合\混合选项”命令，将打开图12-46所示的“混合选项”对话框。

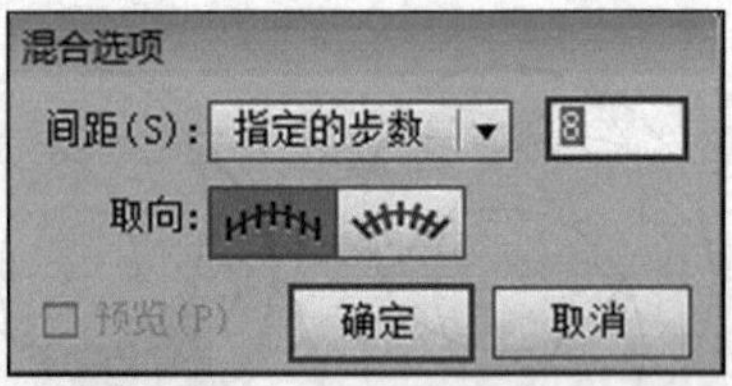

图12-46　“混合选项”对话框

间距：设置混合的步骤数。其中“平滑颜色”让Illustrator自动计算混合的步骤数，实现平滑颜色过渡而取的最佳步骤数。“指定的距离”控制混合步骤之间的距离，指定的距离是指从一个对象边缘起到下一个对象相对应边缘之间的距离。“指定的步数”用来控制在混合开始与混合结束之间的步骤数。

取向：确定混合对象的方向。其中“对齐页面”使混合垂直于页面的X轴；“对齐路径”使混合垂直于路径，效果如图12-47所示。

图12-47　不同取向效果

2. 创建混合

可以使用混合工具创建混合，也可以使用建立混合命令创建混合。

（1）使用混合工具创建混合

混合工具可以直接混合两个以上对象。方法：在工具箱选用混合工具，在选择物体时，指针出现＋号，点选，再次点选其他物体，即可建立混合，下面以实例详细介绍。

实例12-11：制作光盘

本实例应用混合工具、路径查找器和剪切蒙版制作光盘。

①选择“直线工具”，按住Shift键绘制一条直线。在工具箱中，选择“旋转工具”，按住Alt键，单击直线的左侧端点，确定旋转中心，然后在弹出的旋转对话框中的“角度”编辑框，输入60，单击“复制”按钮。再按Ctrl+D组合键复制上述动作，直到形成6条直线，并为每条直线加不同的颜色。如图12-48（a）所示。

②选择“混合工具”靠近其中一条直线，等鼠标变为时，在此直线上单击鼠标左

键，以确定混合的第一点。然后鼠标靠近相邻的另一条直线，等鼠标变为时，再次单击直线，确定混合的第二点。同样的方法，依次单击，直至单击到初始的那条直线时，工具末梢出现的是小圆圈，表示闭合，效果如图12-48（b）所示。

③选择“椭圆工具”，制作一个椭圆图形。选择椭圆，执行“对象\变换\缩放”命令，“比例缩放”为20%，并点击复制按钮，形成两个同心椭圆。选中两个同心椭圆，单击“路径查找器”中的“差集”按钮，两个同心圆就变成了一个圆环。复制一个圆环填充灰色备用，将另一个圆环移动到混合形成的渐变六角型上，如图12-48（c）所示。

④选中渐变六角型和上面的圆环，执行“对象\剪切蒙版\建立”命令（或按Ctrl+7组合键），制作剪切蒙版，效果如图12-48（d）所示。与灰色的圆环叠加形成阴影，输入文字“Illustrator 标准教程”和“人民邮电出版社”，最后效果如图12-48（e）所示。

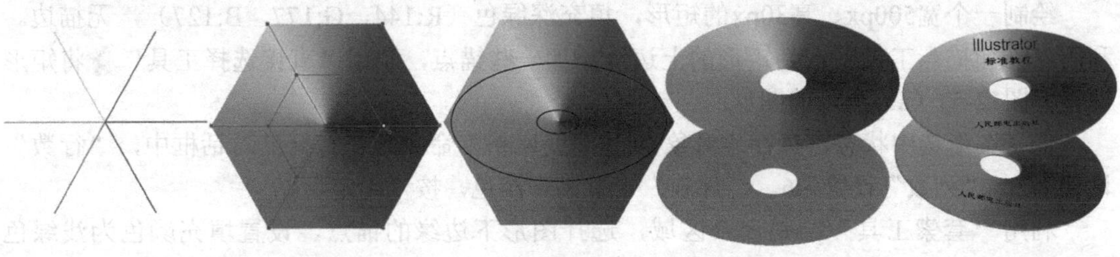

（a）（b）（c）（d）（e）

图12-48 制作光盘

（2）使用建立混合命令创建混合

选择要混合的对象，执行“对象\ 混合\建立”命令，即可以创建混合。

3. 编辑混合

（1）颠倒混合对象中的堆叠顺序

选中混合图形，执行“对象\混合\反向堆叠”命令，可以将混合的两个图形的前后位置互换，混合效果中的每个中间过渡图形的堆叠顺序也随之发生变化，效果如图12-49所示。

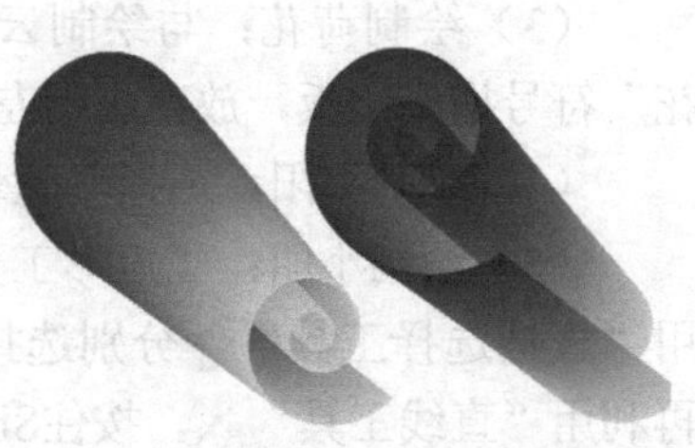

图12-49 改变混合对象中的堆叠顺序

（2）更改混合对象的轴

在创建混合图形后，系统会在混合的图形之间自动建立一条直线。如果要使混合的图形使用其他路径替换，绘制一个路径作为新的混合轴。选择混合轴路径和混合对象，执行“对象\混合\替换混合轴”，效果如图12-50所示。

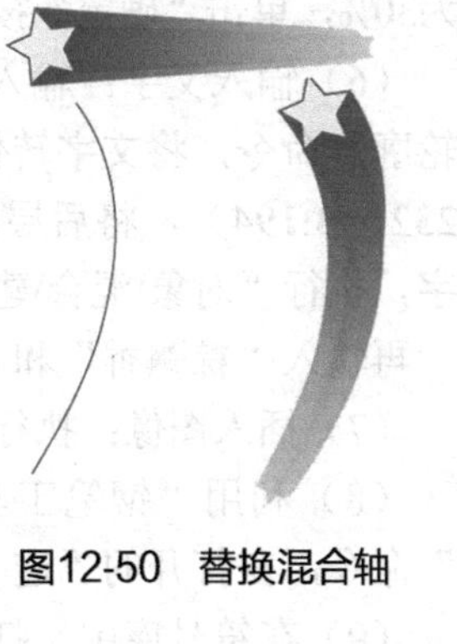

图12-50 替换混合轴

若要颠倒混合轴上的混合顺序，选择混合对象，执行“对象\ 混合\反向混合轴”。

4. 释放或扩展混合对象

释放混合对象会删除新对象并恢复原始对象，其操作方法如下。

使用“选择工具”选择混合对象，执行“对象\混合\释放”命令即可。

扩展一个混合对象会将混合分割为一系列不同对象，可以像编辑其他对象一样编辑其中的任意一个对象。其操作方法如下。

使用“选择工具”选择混合对象，执行“对象\混合\扩展”命令即可。

12.6 综合实例：绘制端午节海报

本实例综合应用渐变网格、混合、符号及路径，绘制端午节海报。

（1）绘制背景：新建600像素×400像素的文件，利用“矩形工具”绘制一个同文件大小一样的矩形，填充浅绿色（R:223，G:232，B:94），无描边。

绘制一个宽500px、高30px的矩形，填充深绿色（R:144，G:177，B:127），无描边。利用“添加描点工具”为矩形的上边缘添加一些锚点，利用“直接选择工具”将矩形调整为图12-51（a）所示的图形。

保持图形选中状态，执行“对象\创建渐变网格”命令，在打开的对话框中，“行数”设置为2，“列数”设置为6，“外观”设置为平淡色，按“确定”。

利用“套索工具”绘制一个区域，选择图形下边缘的锚点，设置填充颜色为浅绿色（R:223，G:232，B:94）。同样的方法，再选择中间的锚点，设置填充颜色为稍深一点的绿色（R:196，G:214，B:171），这样就制作好一条山脉，如图12-51（a）所示。复制几份，“直接选择工具”调整山脉的形状、大小和透明度，就得到背景图像，如图12-51（b）所示。

（2）绘制云彩：执行“窗口\符号”命令，打开“符号”面板。单击“符号”面板右上角的三角按钮，在下拉菜单中选择“打开符号库\自然”，在“自然”面板中，将“云彩1”“云彩2”“云彩3”拖到画板中，调整其大小和位置，如图12-51（c）所示。

（3）绘制荷花：与绘制云彩同样的方法，在符号库中，打开“花朵”面板，将“莲花”符号拖到画板，放在画板左下角，调整其大小，效果如图12-51（c）所示。

（4）绘制太阳：选择“光晕工具”在画板的左上角绘制一个太阳，参数默认。

（5）绘制小船：“矩形工具”制一个矩形，填充橙色（R:229，G:131，B:30）。利用“直接选择工具”分别选择矩形上边缘的两个锚点，分别向左和右拖动，得到船身。再利用“直线工具”，按住Shift键，绘制一条竖直的线，作为船的“桅杆”。再绘制一个小矩形，填充红色（R:255，G:0，B:0），并执行“效果\变形\旗形”命令，设置“水平”弯曲为30%，单击“确定”按钮。调整红旗的位置，小船的最后效果如图12-51（c）所示。

（6）输入文字：输入“端午”，设置字号为120pt，字体为“行楷”。执行“文字\创建轮廓”命令，将文字转化为图形。复制一份，将前层的文字颜色设置为深绿色（R:223，G:232，B:194），将后层的文字颜色设置为浅绿色（R:223，G:232，B:94）。选中这两层文字，执行“对象\混合\建立”，制作文字的立体效果，如图12-51（d）所示。

再输入“粽飘香”和“融融端午情，团圆家万兴”，设置合适字体、字号和颜色。

（7）插入图像：执行“置入”命令，选择粽子图片，将其放在画板的右下角。

（8）利用“钢笔工具”绘制几条粽子飘出来的蒸气，填充白色。执行“窗口\透明度”命令，在打开的“透明度”面板设置“不透明度”为60%。

（9）在符号库中，打开“庆祝”面板，将“香槟”符号拖到画板，放在画板右下角，“端午节海报”的最后效果如图12-51（d）所示。

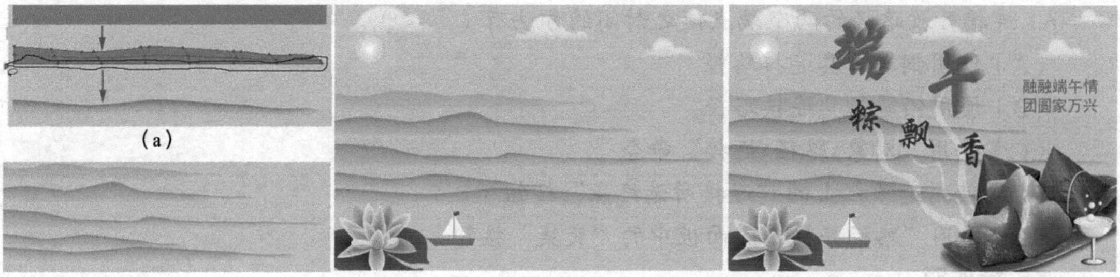

(a)　(b)　(c)　(d)

图 12-51　绘制端午节海报

习题

本章部分图片

一、选择题

1. 下列关于Illustrator CC中混合工具（Blend Tool）的描述正确的是（　　）。

（A）混合工具只能进行图形的混合而不能进行颜色的混合

（B）两个图形进行混合时，中间混合图形的数量是不能改变的

（C）混合工具不能对两个以上的图形进行连续混合

（D）执行完混合命令之后，混合路径可以进行编辑

2. 下列关于符号说法正确的是（　　）。

（A）使用符号易于创建多个相同的对象

（B）编辑符号后，其所有实例都将更新

（C）符号可以贴到3D对象的表面

（D）符号实例不可以改变颜色

3. 下列有关橡皮工具（Erase Tool）描述不正确的是（　　）。

（A）橡皮工具只能擦除开放路径

（B）橡皮工具只能擦除路径的一部分，不能将路径全部擦除

（C）橡皮工具可以擦除文本或渐变网格

（D）橡皮工具可以擦除路径上的任意部分

4. 若要改变渐变色的色彩渐变方向可通过（　　）途径。

（A）在渐变面板中输入角度值

（B）在渐变面板中调整滑块的位置

（C）使用渐变工具，在画板中拖动，重新绘制

（D）在画板中，放到渐变条的方头，鼠标变为旋转图标时，单击并拖动鼠标左键

5. 下列（　　）可创建渐变网格。

（A）使用工具箱中的渐变网格工具

（B）通过“对象\创建渐变网格”命令

（C）选择一个渐变色填充的对象，选择“对象\扩展”命令，在弹出的对话框中选择“渐变网格”选项

（D）选择一个渐变色填充的物体，选择“对象\混合\创建”命令

6. 连接开放路径的两个端点使之封闭的方法有（　　）。

（A）使用钢笔工具连接路径

（B）使用铅笔工具连接路径

（C）使用“对象\路径\连接”命令

（D）使用选项栏上的“连接所选终点”按钮

（E）使用“路径寻找器”面板中的“交集”按钮

二、操作题

1. 绘制图12-52所示的奥运五环，轮廓化描边后，利用实时上色的方法填充颜色。

图12-52　奥运五环

2. 绘制图12-53所示的咖啡杯。

图12-53　咖啡杯

第13章　图形对象的编辑

学习要点：

◆了解图形对象的对齐与分布、图形的变换、图形的编组与堆叠顺序等基本操作

◆掌握图形对象的变形操作

◆了解图形对象的外观、样式与效果的应用方法和技巧

◆掌握图层、蒙版的应用

本章主要介绍图形对象的编组与堆叠顺序、对齐与分布等基本操作；图形对象的变换及变形操作；使用外观、样式与效果制作出更加绚丽的图形效果；图层和蒙版的使用方法。

13.1 图形对象的基本操作

Illustrator允许用户将多个图形对象进行编组，改变图形的堆叠顺序，以及根据指定的轴对齐或分布所选的图形对象。本节详细介绍相关的操作技巧。

13.1.1　对象的编组与取消编组

用户将多个对象进行编组，编组后的图形对象就可以像单一的图形一样，同时移动或变换，且不会影响其属性或相对位置，其操作方法如下。

（1）选择要编组的对象，或要取消编组的对象。

（2）执行“对象\编组”命令或按Ctrl+G组合键，即可将所选对象编组；执行“对象\取消编组”命令或按Shift+Ctrl+G组合键，即可取消选中的编组对象。

提示

编组可能会更改对象的图层分布及其在给定图层上的堆叠顺序。如果选择位于不同图层中的对象并将其编组，编组后的对象，都被移入此组对象中最靠前的图层中。同一图层上的对象编组，编组后的对象，位于组中最前端对象之后。

13.1.2　扩展对象

“扩展对象”可用来将单一对象分割为若干个对象，这些对象共同组成其外观。例如，如果扩展一个简单对象，图13-1所示的一个具有实色填色和描边的树叶，扩展后填色和描边就会变为离散的对象。如果扩展更加复杂的图稿，例如具有图案填充的对象，则图案会被分割为各种

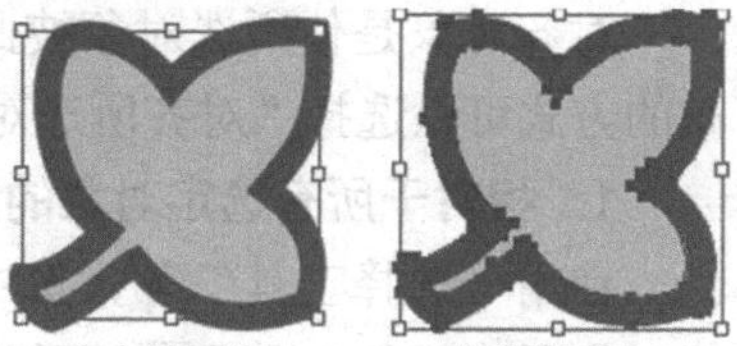

（a）扩展前　（b）扩展后

图13-1　扩展对象

截然不同的路径，而所有这些路径组合在一起，就是创建这个填充图案的路径。

通常，要修改对象的外观属性及其中特定图案填充的其他属性时，就需要扩展对象。此外，当需要在其他应用程序中使用Illustrator自有的对象（如网格对象），而此应用程序又不能识别该对象时，扩展对象也可能派上用场。如果在打印具有透明度效果、3D、图案、渐变、描边、混合、光晕、封套或符号对象时，遇到困难，扩展功能也将大显身手。

13.1.3　更改对象的堆叠顺序

Illustrator 从第一个对象开始就顺序堆积所绘制的对象，对象的堆叠方式将决定其重叠时如何显示。在正常绘图模式下创建新图层时，新图层将放置在现用图层的正上方，且任何新对象都在现用图层的上方绘制出来。

1. 使用命令更改堆叠顺序

要更改同一图层上的不同对象的堆叠顺序，选择要更改顺序的对象，执行“对象\排列\置于顶层”“对象\排列\置于底层”“对象\排列\前移一层”“对象\ 排列\后移一层”命令。

2. 使用图层面板更改堆叠顺序

不在同一图层的对象，要改变它们的堆叠顺序，只能通过“图层面板”来实现。位于“图层面板”顶部的对象在堆叠顺序中位于前面，而位于“图层面板”底部的对象在堆叠顺序中位于后面，其操作方法如下。

在“图层面板”选中需要变换位置的图层，拖动该图层，在黑色的插入标记出现在期望位置时，释放鼠标按钮。该图层上的对象移至出现黑色插入标记的图层或组的上边。如图13-2所示，图层5移至图层6的上面，图层5上的直尺就移到图层6上的三角板的上面。

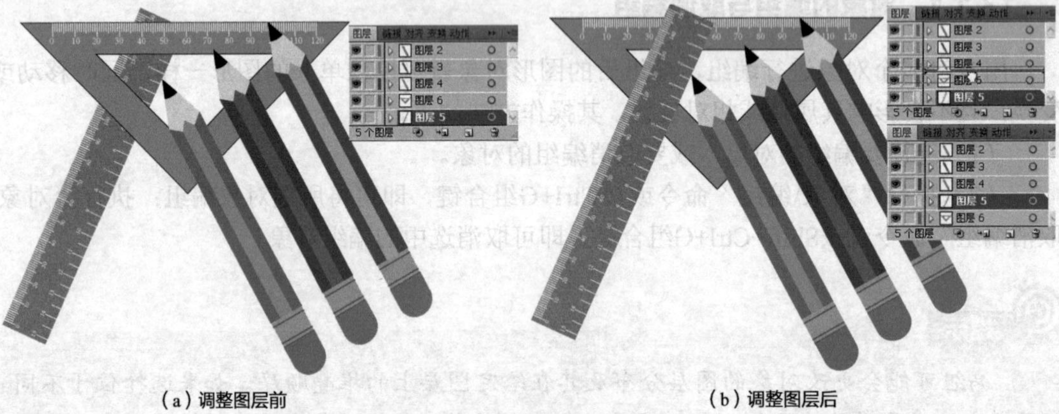

（a）调整图层前　　（b）调整图层后

图13-2　更改图层的顺序

13.1.4　对象的对齐与分布

对齐对象是使所选对象彼此对齐。分布对象是使所选对象之间的间隔相等。对齐和分布的方式可以选择“对齐所选对象”“对齐关键对象”或“对齐画板”其中之一。

1. 相对于所有选定对象的定界对齐或分布

使用“选择工具”，选中要对齐或分布的对象，在“对齐”面板或选项栏中，选择“对齐所选对象”选项，再单击对齐或分布类型所对应的按钮，如图13-3所示。

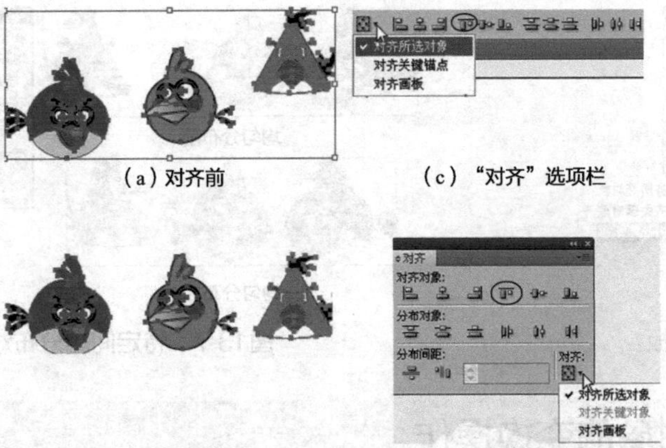

（a）对齐前　（c）“对齐”选项栏

（b）对齐前　（d）“对齐”面板

图13-3　相对对象定界对齐

2. 相对一个锚点对齐或分布

选择“直接选择”工具，按住Shift键并单击要对齐或分布的锚点。最后选择一个锚点作为关键锚点，其他锚点将与最后选择的锚点对齐。在“对齐”面板或选项栏中，单击与所需的对齐或分布类型对应的按钮，如图13-4所示。

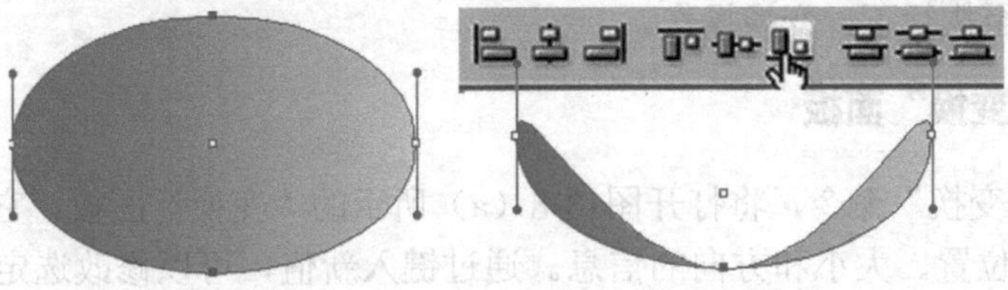

（a）对齐前　（b）对齐后

图13-4　相对关键点对齐

3. 相对关键对象对齐或分布

使用“选择工具”选中要对齐或分布的对象，再次单击要用作关键对象的对象，关键对象周围出现一个比较粗轮廓，在“对齐”面板或选项栏中，单击与所需的对齐或分布类型对应的按钮，图13-5所示是以左边的小鸟为关键对象。

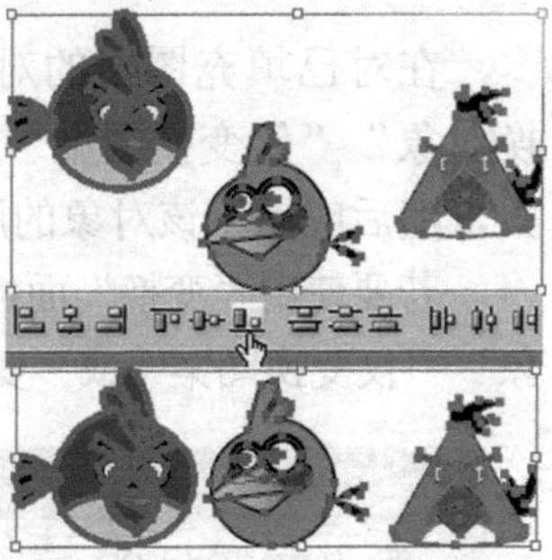

图13-5　相对关键对象对齐

4. 相对于画板对齐或分布

若要将一个元素与画板对齐，使用“选择工具”，选中要对齐或分布的对象，在“对齐”面板或选项栏中，选择“对齐画板”，如图13-6所示，然后单击与所需的对齐或分布类型对应的按钮。

5. 按照特定间距量分布对象

设计稿中需要精确距离分布对象时，使用“选择工具”选中要分布的对象，在“对齐”面板中的“分布间距”文本框中输入对象之间的间距量，最后再单击“水平分布间距”按钮或“垂直分布间距”按钮，如图13-7所示。

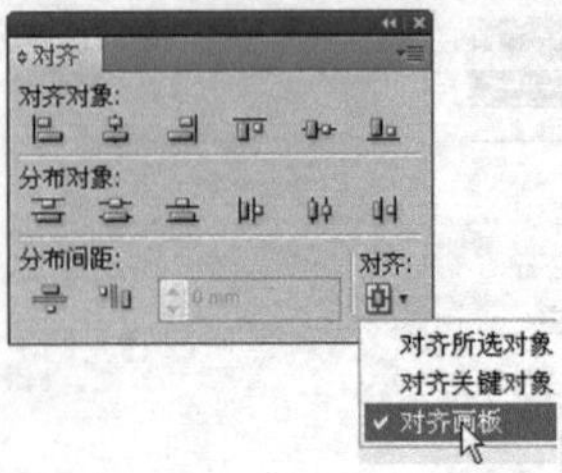

图13-6　对齐面板

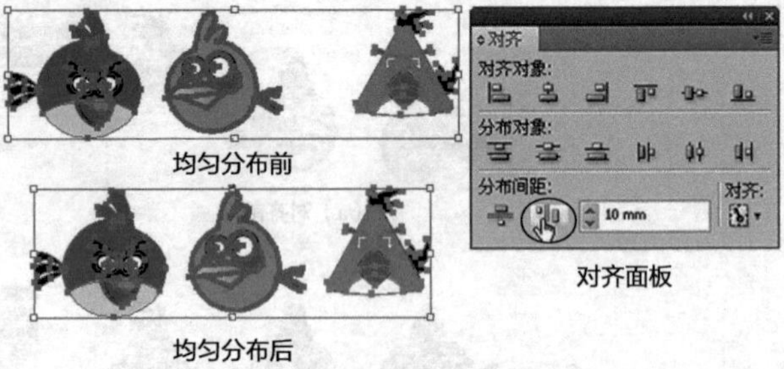

图13-7　特定间距分布对象

13.2 图形对象的变换操作

变换对象包括对象的移动、旋转、镜像、缩放和倾斜等，用户可以使用“变换”面板或选择“对象\变换”命令以及变换工具来变换对象，还可以通过拖动选定对象的定界框来完成多种类型的变换。

在某些情况下，可能要对同一变换操作重复数次，在复制对象时尤其如此。利用“对象\再次变换”命令或按Ctrl+D组合键，可以根据需要，重复执行移动、缩放、旋转、镜像或倾斜操作，直至执行下一变换操作。

13.2.1　“变换”面板

执行“窗口\变换”命令，将打开图13-8（a）所示的“变换”面板。它显示有关一个或多个选定对象的位置、大小和方向的信息。通过键入新值，可以修改选定对象或其图案填充。还可以更改变换参考点，以及锁定对象比例。

除X和Y值以外，面板中的所有值都是指对象的定界框，而X和Y值是选定参考点的坐标。

13.2.2　变换对象图案

在对已填充图案的对象进行移动、旋转、镜像（翻转）、缩放或倾斜时，有“仅变换对象”“仅变换图案”或“同时变换对象和图案”三种选择。一旦变换了对象的填充图案，随后应用于该对象的所有图案都会以相同的方式进行变换。

若要使用“变换”面板变换对象或图案，先从面板菜单中选择以下一个选项：“仅变换对象”“仅变换图案”或“变换两者”，再在相应位置键入新的值即可，如图13-8（b）所示。

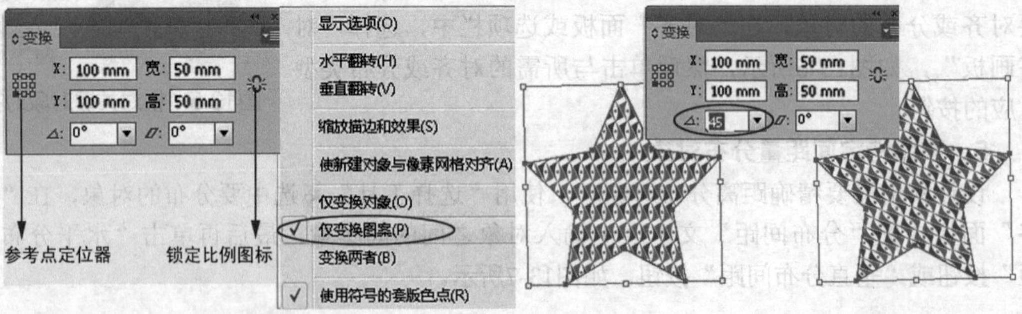

（a）“变换”面板　　（b）变换图案

图13-8　“变换”面板及图案变换

若要使用“变换”命令变换对象或图案，在相应的对话框中设置“对象”和“图案”选项。例如，若要只变换图案而不变换对象，则可以选择“图案”，并取消“对象”的选择。

13.2.3　使用定界框变换

使用“选择工具”选择一个或多个对象，被选对象的周围便会出现一个定界框。通过拖动定界框的手柄（沿定界框排列的中空小方框），即可移动、旋转、复制及缩放对象。

13.2.4　移动对象

在Illustrator中，可以使用特定工具拖动对象、使用键盘上的箭头键，或在面板或对话框中输入精确数值来移动对象。移动对象的操作方法如下。

（1）用“选择工具”选择一个或多个对象。

（2）执行下列操作之一，即可完成移动操作。

① 按住鼠标左键，将对象拖动到新位置，放开鼠标左键，如图13-9（a）所示。

② 根据所需的对象移动方向，按键盘上相应的←、↑、↓、→方向箭头键。

③ 执行“对象\变换\移动”命令，在打开“移动”对话框中输入相应的数值，单击“确定”或“复制”按钮即可，如图13-9（b）所示。

④ 在“变换”面板中的X、Y文本框中输入新值即可。

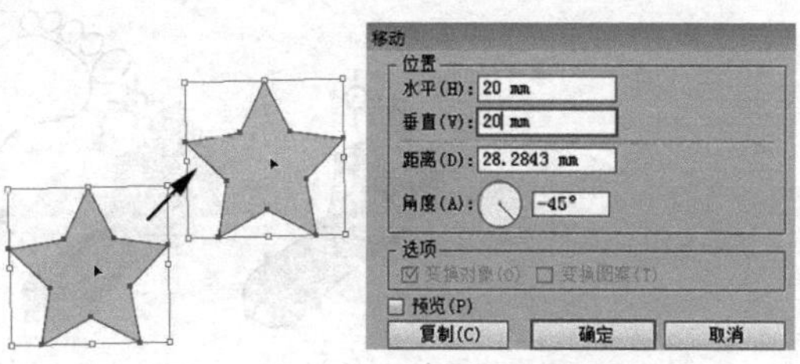

（a）　（b）

图13-9　移动

13.2.5　旋转对象

旋转对象指的是让其绕指定的参考点转动。在Illustrator中，可以通过鼠标拖动对象定界框，使其绕其中心旋转；也可通过设置参考点和旋转角度旋转对象，其操作方法如下。

（1）用“选择工具”选择一个或多个对象。

（2）执行下列操作之一，即可完成旋转对象操作。

① 使用“选择工具”，将位于定界框外部的鼠标指针移近一个定界框手柄，待指针形状变为之后再拖动鼠标，即可以完成旋转操作，如图13-10（a）所示。

② 在工具箱中选择“旋转工具”，在文档窗口单击并拖动鼠标，即可使对象围绕其中心点旋转；若在文档窗口中的任意位置单击鼠标，再将鼠标指针移动其他位置，再次单击并拖动鼠标，则会以第一次单击的位置为旋转中心旋转对象，如图13-10（b）所示。

③ 若要使对象旋转特定角度，执行“对象\变换\旋转”命令或双击工具箱中的“旋转工具”按钮，会打开图13-10（c）所示对话框，在“角度”中输入合适值，单击“确定”按钮即可。也可以在“变换”面板中“角度”选项中输入一个值，如图13-10（d）所示，然后按Enter键。

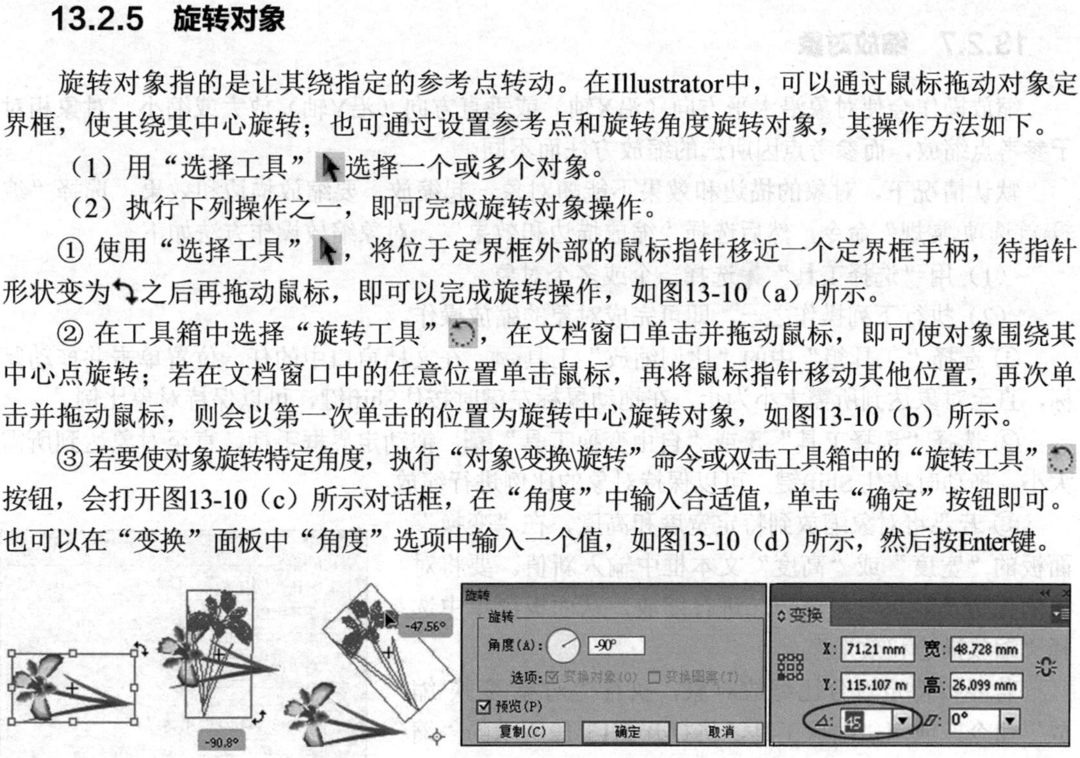

（a）　（b）　（c）　（d）

图13-10　旋转对象

13.2.6 镜像对象

镜像对象是以指定的不可见轴为轴来翻转对象。用“自由变换”“镜像”工具或“镜像”命令，都可以进行镜像。如果要指定镜像轴，使用镜像工具，其操作方法如下。

（1）用“选择工具”选择一个或多个对象。

（2）执行下列操作之一，即可完成对象的镜像操作。

① 选择“镜像工具”，单击以确定镜向轴上的一点，如图13-11（a）所示，再单击另一位置，以确定不可见镜向轴的第二个点。单击时，所选对象会以所定义的轴为轴进行翻转，如图13-11（b）所示。若要镜像对象的副本，按住Alt键单击，以设置不可见轴的第二个点。

② 若要指定对称轴，执行“对象\ 变换\ 镜像”命令或双击“镜像工具”按钮，在“镜像”对话框中，选择镜像对象时所要基于的轴，可以基于水平轴、垂直轴或具有一定角度的轴镜像对象，如图13-11（c）所示。最后单击“确定”或“复制”按钮。

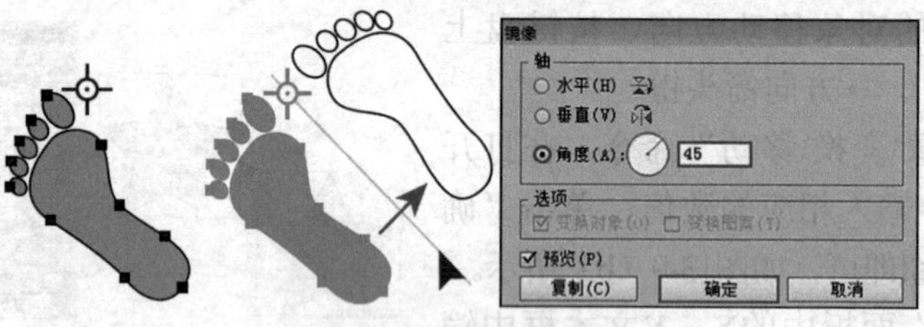

（a） （b） （c）

图13-11 对象的镜向

13.2.7 缩放对象

缩放操作会使对象沿水平方向（沿X轴）或垂直方向（沿Y轴）放大或缩小。对象相对于参考点缩放，而参考点因所选的缩放方法而不同。

默认情况下，对象的描边和效果不能随对象一起缩放。要缩放描边和效果，选择“编辑\首选项\常规”命令，然后选择“缩放描边和效果”。对象缩放操作方法如下。

（1）用“选择工具”选择一个或多个对象。

（2）执行下列操作之一，即可完成对象的缩放操作。

① 选择“工具箱”中的“比例缩放”工具，在文档窗口中的任一位置单击并拖动鼠标，直至对象达到所需大小为止。在拖动鼠标左键时按住Shift键，可以保持对象比例。

② 选择“选择工具”或“自由变换工具”，拖动定界框手柄，直至对象达到所需大小。拖动时按住 Shift键，可以保持对象的比例进行缩放。

③ 若要将对象缩放到特定宽度和高度，在“变换”面板的“宽度”或“高度”文本框中输入新值。要将对象的描边及效果与对象一起进行缩放，从面板菜单中选择“缩放描边和效果”。

若要按特定百分比缩放对象，执行“对象\变换\缩放”命令，或双击缩放工具，将打开图13-12所示的“缩放”对话框，在此对话框的“缩放”文本框，或“水

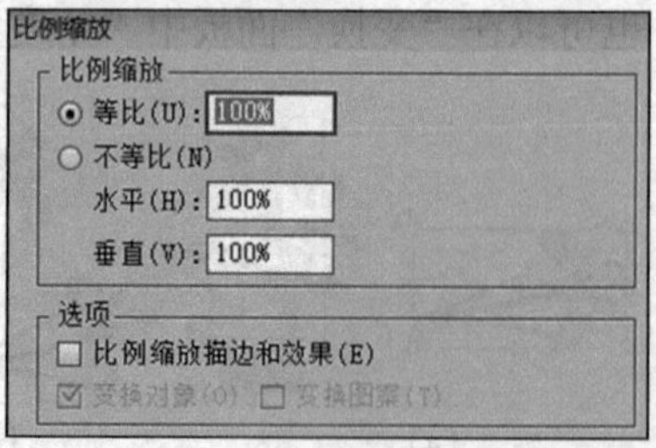

图13-12 “比例缩放”对话框

平”和“垂直”文本框中输入缩放比例，单击“确定”或“复制”按钮。

13.2.8　倾斜对象

倾斜操作可沿水平或垂直轴，或相对于特定轴的特定角度，来倾斜或偏移对象。其操作方法如下。

（1）用“选择工具”选择一个或多个对象。

（2）执行下列操作之一，即可完成对象的倾斜操作。

① 选择“工具箱”中的“倾斜工具”，单击并拖动鼠标，会以对象中心为参考点倾斜，如图13-13（b）所示；若相对于其他参考点倾斜，单击鼠标确定参考点，再单击并拖动鼠标左键，如图13-13（c）所示。

② 若要精确地控制倾斜轴方向和角度，则双击工具箱中的“倾斜工具”或执行“对象\变换\倾斜”命令，在打开“倾斜”对话框中设置合适的参数，如图13-13（d）所示。

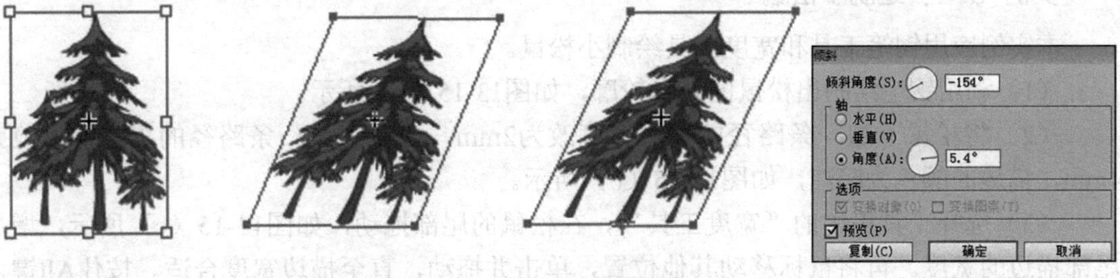

（a）原稿　（b）中心倾斜　（c）自定义倾斜中心　（d）倾斜对话框

图13-13　对象的倾斜

13.2.9　对象的分别变换

对多个对象进行变换时，执行“分别变换”命令，对象都按自身的中心变换。执行“对象\变换\分别变换”命令，将打开图13-14所示的对话框。在对话框中，可以设置缩放、移动和旋转三种变换。

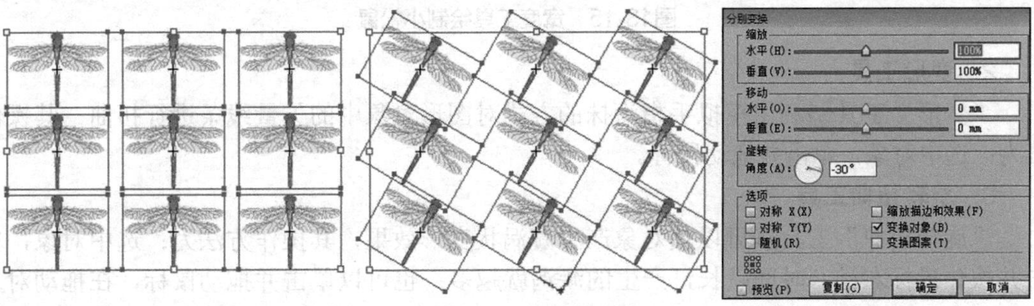

（a）原图　（b）分别旋转后效果　（c）对话框

图13-14　分别变换

13.3 改变对象的形状

在Illustrator中，可以使用液化工具对图形对象进行扭曲变形，也可以封套和效果改变图形对象的形状，从而得到特殊的视觉效果。

13.3.1 使用液化工具扭曲对象

液化工具是利用特定的预设扭曲来改变对象的形状，如旋转扭曲、收缩或皱褶等。但是液化工具不能应用于链接文件或包含文本、图形或符号的对象。

1. 宽度工具

使用“宽度”工具，可以将绘制的路径描边加宽，并调整为各种多变的形状效果。还可以使用此工具创建并保存自定义宽度配置文件，再将该文件重新应用于任何笔触。使绘图更加方便、快捷。

实例13-1：绘制小松鼠

本实例应用钢笔工具和宽度工具绘制小松鼠。

（1）利用钢笔绘制出松鼠的外形轮廓，如图13-15（a）所示。

（2）将松鼠下边一条路径的描边宽度改为2mm，松鼠上边一条路径的描边宽度改为4mm，描边的颜色为暗红，如图13-15（b）所示。

（3）选择工具箱中的“宽度工具”，在松鼠的尾部拖动，如图13-15（c）所示，增加尾部描边的宽度。再将鼠标移动其他位置，单击并拖动，直至描边宽度合适。按住Alt键，可以拖动一边的控制点。最后效果如图13-15（d）所示。

（a）　（b）　（c）　（d）

图13-15　宽度工具绘制小松鼠

2. 变形工具

“变形”工具利用模拟手指涂抹的方式对图形对象中的矢量线条进行扭曲，其操作法为：选中对象，单击并拖动鼠标。

3. 旋转扭曲工具

“旋转扭曲”工具可以使对象产生漩涡状变形效果，其操作方法为：选中对象，单击并按住鼠标左键，时间越长，产生的漩涡就越多；也可以单击并拖动鼠标，在拖动对象的同时也会产生漩涡。如图13-16所示，F是按住鼠标的漩涡效果，W是单击并拖动鼠标的漩涡效果。

4. 缩拢与膨胀工具

“缩拢工具”工具可以使对象产生内收缩的效果，效果如图13-17（a）所示。“膨胀工具”与“缩拢工具”作用相反，它可以使对象产生向外膨胀的效果，效果如图13-17（b）所示。它们的使用方法为：选中对象，单击并拖动鼠标。

图13-16 旋转扭曲工具效果

（a）缩拢效果　（b）膨胀效果

图13-17 缩拢与膨胀效果

5. 扇贝、晶格化和褶皱工具

“扇贝”工具可以使图形产生像贝壳表面的波浪起伏的效果；“晶格化”工具与“扇贝”工具的作用相反，“扇贝”工具产生向内的弯曲，而“晶格化”工具产生向外的尖锐凸起；“褶皱”工具则可以制作不规则的起伏效果。它们的使用方法为：选中对象，单击并按住鼠标，按住的时间越长，变形效果越明显，效果如图13-18所示。

（a）扇贝效果　（b）晶格化效果　（c）褶皱效果

图13-18 扇贝、晶格化和褶皱效果

13.3.2 使用封套扭曲对象

封套扭曲是Illustrator中最灵活、最具可操控性的变形功能，它可以使对象按照的形状产生变形。用户可以通过多种方法建立封套扭曲，下面介绍几种常用的方法。

1. 用变形建立封套扭曲

Illustrator提供了15种预设的封套形状，可以通过它们扭曲对象，其操作方法如下。

（1）选中要扭曲的对象，执行“对象\封套扭曲\用变形建立”命令。

（2）打开图13-19所示的对话框，在“样式”选项中选择一种变形，调整“弯曲”和“扭曲”参数，单击“确定”按钮即可。

“弯曲”用于设置对象的变形程度，值越大，效果越明显。

“扭曲”包括“水平”和“垂直”两个选项，可以使对象产生透视效果。

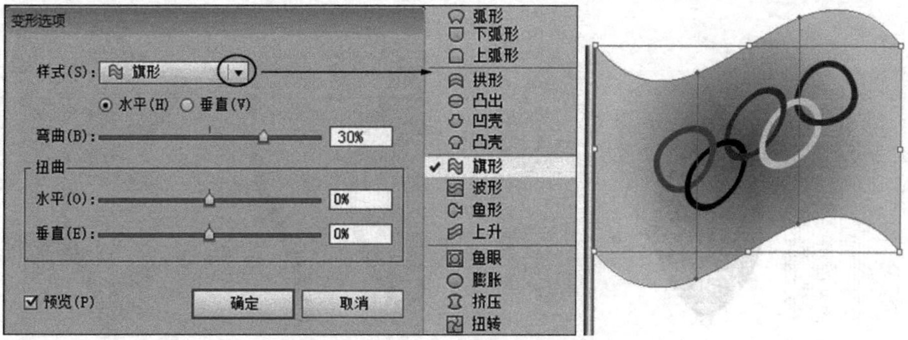

图13-19 用变形建立封套扭曲

2. 用网格建立封套扭曲

用网格建立封套扭曲是先在对象上创建矩形网格，再通过调整网格点来扭曲对象，其操作方法如下。

（1）选择一个对象，执行“对象\封套扭曲\用网格建立”命令，打开图13-20（b）所示的对话框，输入网格线的行数和列数，单击“确定”按钮，即在对象上建立了网格。

（2）使用“直接选择”工具，调整封套的外形，效果如图13-20（c）所示。

（3）再添加投影和高光，效果如图13-20（d）所示。

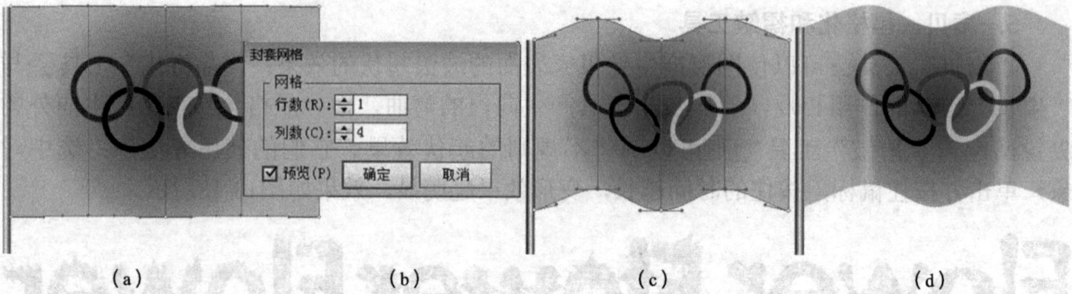

图13-20　用网格建立封套扭曲

3. 用顶层对象建立封套扭曲

用顶层对象建立封套扭曲是使用封套图形来扭曲对象。下面以一实例讲述它的用法。

实例13-2：绘制荷花

本实例应用混合、封套扭曲和宽度工具绘制荷花。

（1）绘制两条直线，分别设置黄色和品红色，然后执行“对象\混合\混合选项”命令，“间距”选择“指定距离”为2mm，再执行“对象\混合\建立”命令，效果如图13-21（a）所示。

（2）再绘制一条直线，利用“宽度”工具将其形状改为图13-21（b）所示效果，并执行“对象\扩展外观”命令，将其扩展为一个图形对象区域，并将其移到混合对象上方。

（3）选择所有对象，执行“对象\封套\用顶层对象建立”命令，生成荷花的花瓣，效果如图13-21（c）所示。同样的方法绘制荷花的叶子，如图13-21（d）所示。

（4）利用钢笔绘制一条曲线，利用“宽度”工具将其形状改为图13-21（e）所示效果。最后将绘制的花瓣、花茎和叶子组合到一起，构成漂亮的荷花，效果如图13-21（f）所示。

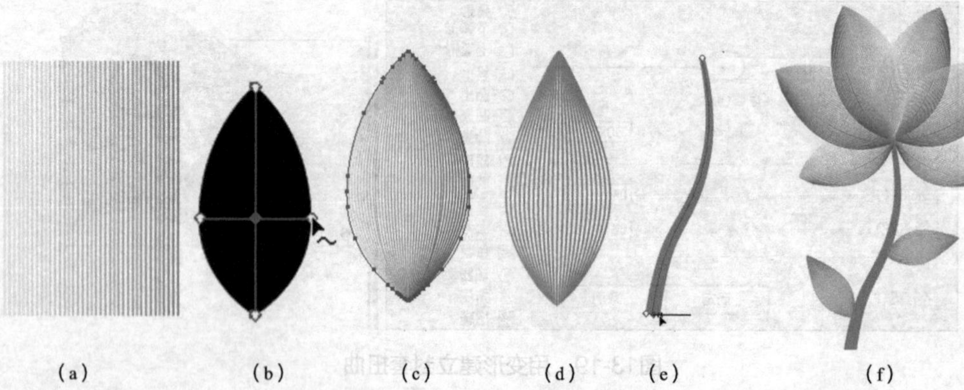

图13-21　用封套扭曲绘制荷花

4. 设置封套选项

创建封套扭曲后，选中封套对象，然后执行“对象\封套扭曲\封套选项”命令，将打开图13-22所示“封套选项”对话框。设置扭曲的内容，可以调节封套扭曲的效果。

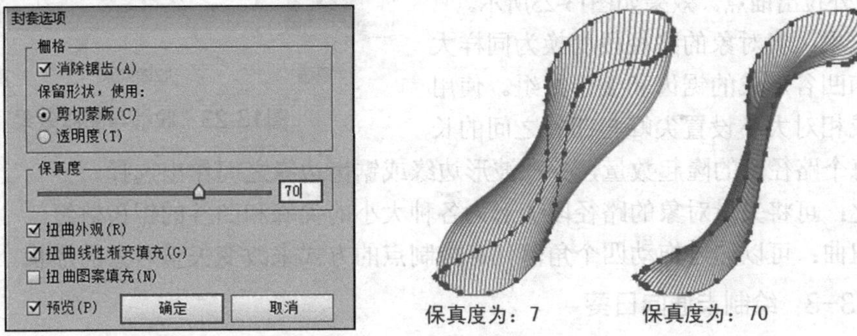

图13-22 “封套选项”对话框

“消除锯齿”：选中此复选框，可在扭曲对象时平滑栅格，使对象边缘平滑。

“保留形状，使用”：用于设置栅格化封套对象时，是以“剪切蒙版”还是“透明度”的形式保留其形状。“透明度”是应用Alpha通道保留其形状。

“保真度”：设置对象适合封套模型的精确程度。该值越大，对象扭曲的效果越接近于封套形状，效果如图13-22所示。

“扭曲外观”：将对象的形状与其外观属性一起扭曲（若应用了效果或图形样式）。

“扭曲线性渐变”：选中此项，会将对象的形状与其线性渐变一起扭曲。

“扭曲图案填充”：选中此项，会将对象的形状与其图案属性一起扭曲。

13.3.3 使用效果改变对象形状

效果是预设好的图形样式，使用它可以方便改变对象形状，而且它还不会永久改变对象的基本几何形状。效果是实时的，使用“外观”面板可以随时修改或删除效果。

1. 转换为形状

选中对象，执行“效果\转换为形状”下的命令，可以将矢量对象的形状转换为矩形、圆角矩形或椭圆。使用绝对尺寸或相对尺寸设置形状的尺寸。对于圆角矩形，需要指定一个圆角半径以确定圆角边缘的曲率。

2. 变形

选中对象，执行“效果\变形”下的命令，可以扭曲或变形对象，包括路径、文本、网格、混合以及位图图像。选择一种预定义的变形形状，在打开的“变形选项”面板中设置指定要应用的混合及扭曲量即可，效果与封套变形的效果相同。

3. 扭曲和变换

“扭曲和变换”效果组可以快速改变矢量对象形状，该组包括“变换”“扭拧”“扭转”“收缩和膨胀”“波纹效果”“粗糙化”和“自由扭曲”效果。

变换：通过重设大小、移动、旋转、镜像（翻转）和复制的方法来改变对象形状。

扭拧：随机地向内或向外弯曲和扭曲路径段。用绝对量或相对量设置垂直和水平扭曲。

扭转：旋转一个对象时，中心的旋转程度比边缘的旋转程度大。输入一个正值将顺时针扭转；输入一个负值将逆时针扭转。

收缩和膨胀：在将线段向内弯曲（收缩）时，向外拉出矢量对象的锚点；或在将线段向外弯曲（膨胀）时，向内拉入锚点。都是相对中心点向内或向外拉出锚点。效果如图13-23所示。

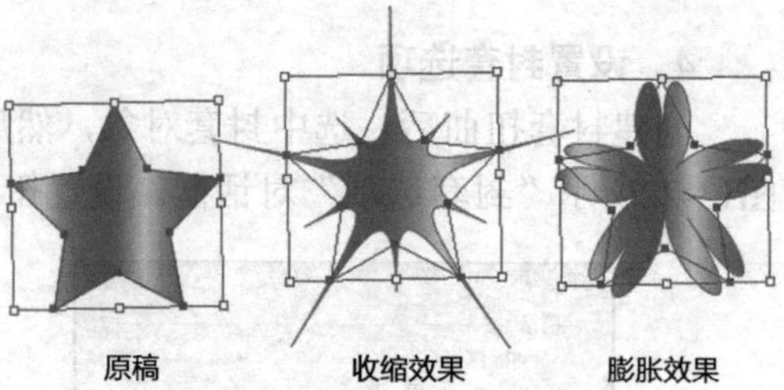

图13-23 收缩与膨胀效果

波纹效果：将对象的路径段变换为同样大小的尖峰和凹谷形成的锯齿和波形数组。使用绝对大小或相对大小设置尖峰与凹谷之间的长度。设置每个路径段的隆起数量，并在波形边缘或锯齿边缘之间作出选择。

粗糙化：可将矢量对象的路径段变形为各种大小的尖峰和凹谷的锯齿数组。

自由扭曲：可以通过拖动四个角落任意控制点的方式来改变矢量对象的形状。

实例13-3：绘制卡通向日葵

本实例应用粗糙化、扭转和扭拧效果绘制向日葵。

（1）绘制一个圆形，填充径向渐变，起点颜色（M72，Y99，K34），终点颜色（M10，Y85）。

（2）执行“效果\扭曲和变换\粗糙化”命令，在打开的“粗糙化”对话框中，设置“大小”为25%，“细节”为10，效果如图13-24（a）所示。

（3）执行“效果\扭曲和变换\扭转”命令，设置扭转“角度”为50，效果如图13-24（b）所示。再复制一份，放在上层，并旋转一定角度，效果如图13-24（c）所示。

（4）绘制一个圆，填充与上面相同的渐变，执行“效果\扭曲和变换\扭拧”命令，调节“水平”和“垂直”的量使其变为不规则的圆。

（5）给制一条曲线，用“宽度”工具调整合适的粗细，作为向日葵的茎。再绘制一条直线，用“宽度”工具调整向日葵的叶，并执行“效果\扭曲和变换\粗糙化”命令，调节叶边。最后将各部分组成向日葵，效果如图13-24（d）所示。

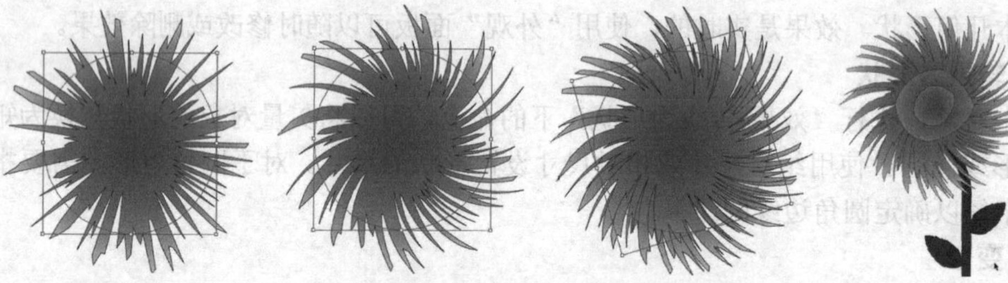

图13-24 绘制卡通向日葵

4. 风格化

“风格化”效果组可以为图形创建一些特殊的效果，以更改其特征。该组效果包括投影、羽化、圆角化、内发光以及外发光等。

（1）投影：执行“效果\风格化\投影”命令，为图形对象添加投影，创建立体效果，如图13-25（a）所示。

（2）羽化：执行“效果\风格化\羽化”命令，可以柔化图形的边缘，产生从内部至边缘渐透明的效果，如图13-25（b）所示。

（3）圆角：执行“效果\风格化\圆角”命令，可以将图形对象的角控制点转换为平滑曲线，创建圆角效果，如图13-25（c）所示。

（4）涂抹：执行“效果\风格化\涂抹”命令，为图形对象创建涂抹效果，可以从“设置”下拉菜单中选择预设的效果，也可以自定义，图13-25（d）所示为预设的“涂抹”效果。

（5）内发光\外发光：执行“效果\风格化\内发光”命令或执行“效果\风格化\外发光”命令，可以使图形对象产生向内或向外的发光效果，如图13-25（e）所示。

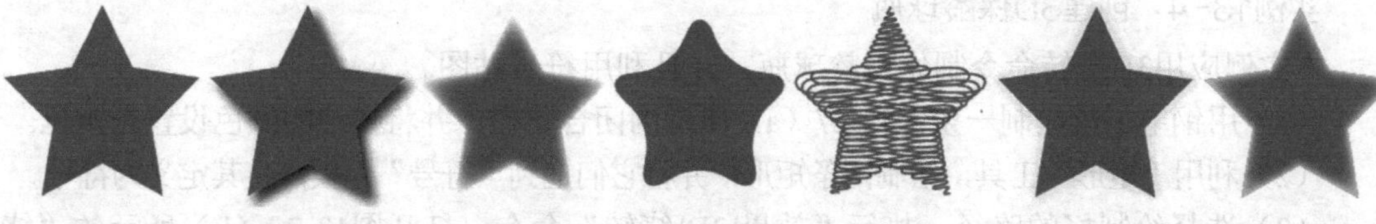

原稿　（a）投影　（b）羽化　（c）圆角　（d）涂抹　（e）外发光和内发光

图13-25　风格化效果

13.3.4　3D效果

3D效果可以从二维（2D）图稿创建三维（3D）对象。并可以通过高光、阴影、旋转及其他属性来控制3D对象的外观。还可以将图稿贴到3D对象中的每一个表面上。

有两种创建3D对象的方法：通过凸出或通过绕转。要应用或修改现有3D对象的3D效果，选择该对象，然后在“外观”面板中双击该效果。

1．通过凸出创建3D对象

通过凸出创建3D对象，就是沿对象的Z轴凸出拉伸一个2D对象，以增加对象的深度。

利用“选择”工具选择一个对象，执行“效果\3D\凸出和斜角”命令，打开图13-26所示的“凸出和斜角选项”对话框。

位置：设置对象如何旋转以及观看对象的透视角度。将鼠标放在“位置”选项的预览图位置，按住鼠标拖动，可以使正方体进行旋转，进而改变对象的透视角度。

凸出与斜角：设置对象的深度、对象是实心还是空心以及对象有无斜角及斜角样式。

表面：创建各种形式的表面，从暗淡、不加底纹的不光滑表面到平滑、光亮，看起来类似塑料的表面。并可以通过设置光源强度、环境光和高光强度和大小，调整表面效果。

光照：添加一个或多个光源，调整光源强度、改变对象的底纹颜色，以及围绕对象移动光源（可以将光源移至对象前面或对象后面）以实现生动的效果。

贴图：将图稿（符号对象）贴到3D对象表面上。

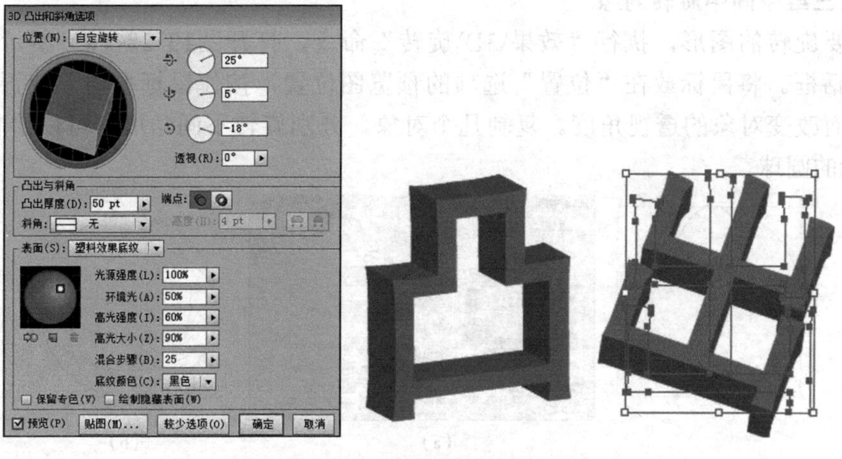

图13-26　凸出与斜角创建3D效果

2. 通过绕转创建3D对象

围绕全局Y轴（绕转轴）绕转一条路径或剖面，使其作圆周运动，通过这种方法来创建 3D 对象。由于绕转轴是垂直固定的，因此用于绕转的开放或闭合路径应为所需 3D 对象面向正前方时垂直剖面的一半。下面以实例讲解3D绕转选项及3D绕转的用法。

实例13-4：创建3D保龄球瓶

本实例应用3D绕转命令制作保龄球瓶，并且利用符号贴图。

（1）用钢笔工具绘制一条图13-27（a）所示的闭合路径，并将描边的颜色设置为黄色。

（2）利用“矩形”工具，绘制两条矩形，并将它们拖到“符号”面板，将其定义为符号。

（3）选择绘制好的路径，执行“效果\3D\绕转”命令，打开图13-27（b）所示的“绕转选项”对话框。

位置：设置对象如何旋转以及观看对象的透视角度。

绕转：通过“角度”设置路径绕转的度数；“位移”设置绕转轴与路径之间添加的距离，若要创建一个环状对象，需要设置此参数；“自”设置对象绕之转动的轴，可以是“左边”也可以是“右边”。

表面和光照与“凸出和斜角选项”对话框中的参数作用相同，不再介绍。

（4）单击“贴图”按钮，会打开图13-27（c）所示的“贴图”对话框，单击第一个、上一个、下一个以及最后一个按钮，选择贴图的表面，然后再从“符号”下拉列表中选择要贴的符号，并在“预览”框中拖动调整符号的位置和大小。若有其他面要贴图，重复上面操作。单击“确定”按钮，最后效果如图13-27（d）所示。

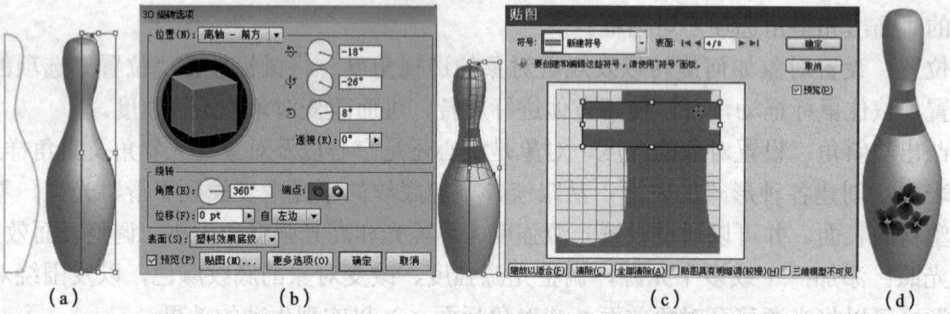

图13-27 通过绕转创建3D保龄球瓶

3. 在三维空间中旋转对象

选中要旋转的图形，执行“效果\3D\旋转”命令，打开图13-28（a）所示的“旋转选项”对话框。将鼠标放在“位置”选项的预览图位置，按住鼠标拖动，使正方体进行旋转，进而改变对象的透视角度。复制几个对象，分别旋转不同角度，可以绘制图13-28（b）所示的圆球。

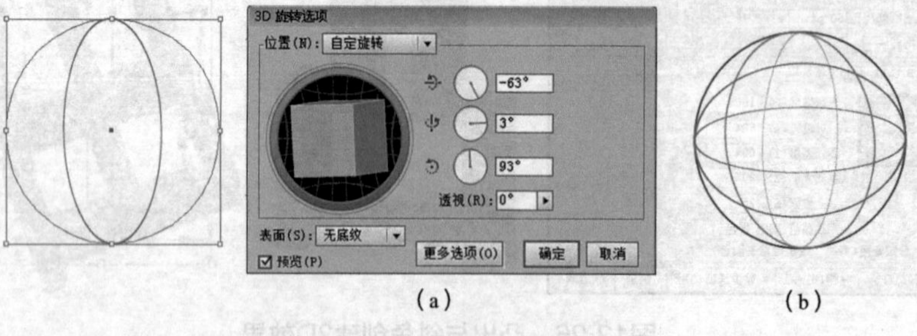

图13-28 在三维空间旋转对象

13.3.5 使用“形状生成器工具”创建形状

“形状生成器”工具是可以将绘制的多个简单图形，合并为一个复杂的图形；还可以分离、删除重叠的形状，快速生成新的图形，使复杂图形的制作更加灵活、快捷。

默认情况下，该工具处于合并模式，允许合并路径或选区。按住Alt键，切换至抹除模式，可以删除任何不想要的边缘或选区。下面以实例介绍“形状生成器工具”的用法。

实例13-5：绘制灯泡

本实例应用椭圆工具、渐变工具、混合命令以及形状生成器工具绘制灯泡。

（1）选择“椭圆”工具，绘制一个椭圆，并填充径向渐变（从白色到C20，K80），无描边，效果如图13-29（a）所示。然后再绘制一个稍大一点的椭圆，填充线性渐变，再复制一个相同的椭圆，并拉大，效果如图13-29（b）所示。

（2）选中两个椭圆，执行“对象\混合\建立”命令，效果如图13-29（c）所示。

（3）再绘制一个稍大一点的椭圆，并为其填充渐变效果，描边颜色为黑色，效果如图13-29（d）所示。选中此椭圆，执行“对象\变换\移动”命令，“水平”为0mm，“垂直”为4mm，单击“复制”按钮，然后按Ctrl+D组合键再复制几个，效果如图13-29（e）所示。

（4）再绘制一个圆，并为其填充径向渐变（白色到红色），同时选中此圆和其下面的一个椭圆。再从“工具箱”中选中“形状生成器”工具，按住鼠标左键从圆向椭圆方向拖动，在最后形成的形状用高亮显示，如图13-29（f）所示，放开鼠标左键，生成新形状。

（5）选择“删除锚点工具”，删除灯泡两边的节点，最后效果如图13-29（g）所示。

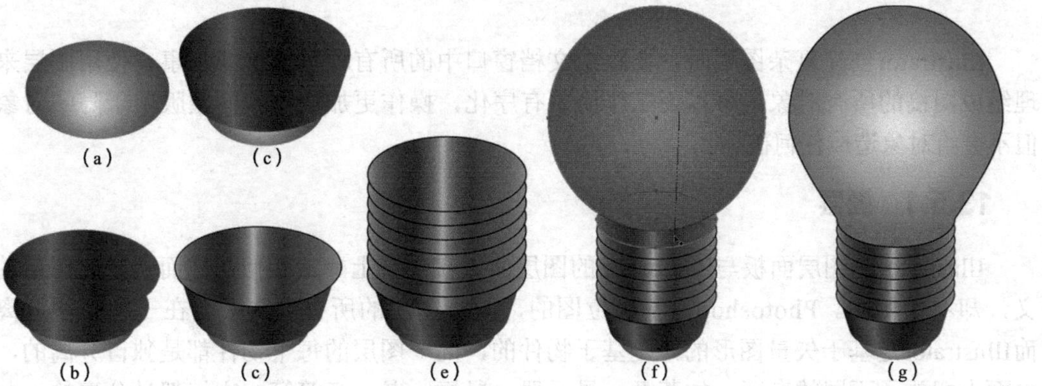

图13-29 使用“形状生成器”工具绘制灯泡

13.4 使用图形样式改变对象

图形样式是一组可反复使用的外观属性。图形样式可以快速更改对象的外观，例如，可以更改对象的填色和描边颜色、更改其透明度，还可以在一个步骤中应用多种效果。

1. 图形样式面板

执行“窗口\图形样式”命令，将打开图13-30（a）所示的“图形样式”面板，使用它可以创建、命名和应用外观属性集。

2. 应用样式

可以将图形样式应用于对象、组和图层。样式应用后，对象、组和图层内的所有对象都将具有图形样式的属性。应用方法如下。

（1）选中要应用样式的对象，在打开的“图形样式”面板中单击要添加的图层样式即可。

（2）若“图形样式”面板中没有显示需要的样式，可以执行“窗口\图形样式库”命令，在弹出的子菜单中选择需要的图形样式，如图13-30（b）所示。对象应用样式后的效果如图13-30（c）所示。

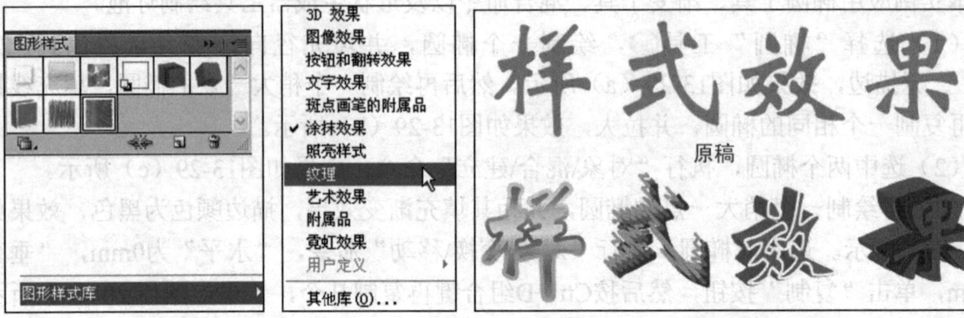

（a）（b）（c）应用图形样式后效果

图13-30 “图形样式”面板及应用

13.5 使用图层及蒙版

Illustrator创建复杂图稿时，要跟踪文档窗口中的所有项目，绝非易事。使用图层来管理组成图稿的所有对象，可以使工作简单有序化，操作更加清晰。而蒙版用于隐藏对象，但不会给对象造成任何破坏。

13.5.1 图层

Illustrator的图层面板与Photoshop的图层面板在外观上非常相似，然而两者对图层的定义，却不尽相同。Photoshop是基于位图的，同一图层的所有像素融合在一起无法分离；而Illustrator是基于矢量图形的，是基于物件的，同一图层的每个物件都是独自分离的，如桌面上摆放了不同的东西，如茶杯、显示器、鼠标、书、音箱等，它们都是分离的，此外Illustrator的图层没有背景层。

1. 图层面板

执行“窗口\图层”命令，打开图13-31所示的“图层”面板，它列出文档中的对象。默认情况下，每个新建的文档都包含一个图层，而每个创建的对象都在该图层之下列出。

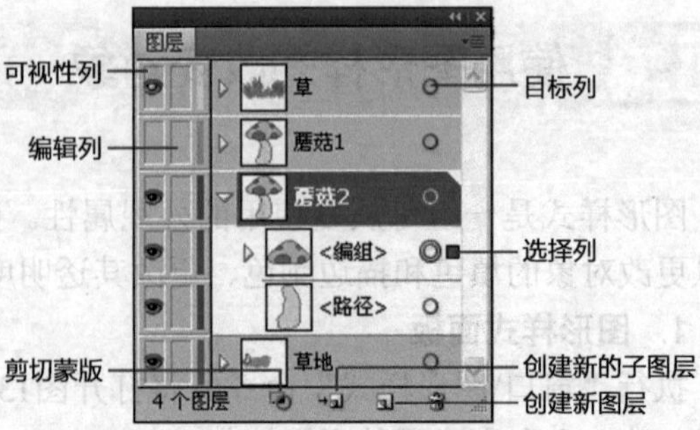

图13-31 图层面板

可视性列：指示图层中的对象是可见的，还是隐藏的（空白），并指示这些对象是模板图层还是轮廓图层。

编辑列：指示对象是锁定的还是非锁定的。若显示锁状图标，则指示对象为锁定状态，不可编辑；若为空白，则指示对象为非锁定状态，可以进行编辑。

目标列：指示是否已选定对象以应用“外观”面板中的效果和编辑属性。当目标按钮显示为双环图标（或）时，表示对象已被选定；单环图标表示对象未被选定。

选择列：指示是否已选定对象。当选定对象时，会显示一个颜色框。如果一个图层或组包含一些已选定的对象以及其他一些未选定的对象，则会在父项目旁显示一个较小的选择颜色框。如果父项目中的所有对象均已被选中，则选择颜色框的大小将与选定对象旁的标记大小相同。

2. 选择对象

创建复杂的图形时，较小的对象往往会被较大的对象遮挡，这就增加了选择对象的难度，通过“图层”面板可以快速、准确地选择对象，其操作方法如下。

单击“图层”面板中该对象所在图层右侧“目标列”中的圆形图标，即可选中对象。

3. 将对象移动到另一个图层

选中要移动的对象，在“图层”面板中单击所要移动到的图层，执行“对象\排列\发送至当前图层”命令即可。

4. 隔离组和子图层

隔离组和子图层是一种特殊的编辑模式，在这种模式下，只有某一组或某一图层中的对象可以编辑，当想要编辑一部分对象而又不影响其他对象时，采用隔离模式是非常有用的。进入隔离模式的方法如下。

（1）用“选择”工具双击对象，即可以进入隔离组。双击文件空白处，退出隔离组。

（2）在“图层”面板选择一个图层，执行“图层”面板下拉菜单中“进入隔离模式”命令，“图层”面板中只出现隔离模式图层，其他图层被隐藏，此时只能编辑隔离图层中的对象。执行“图层”面板菜单中“退出隔离模式”命令，退出隔离模式，如图3-32所示。

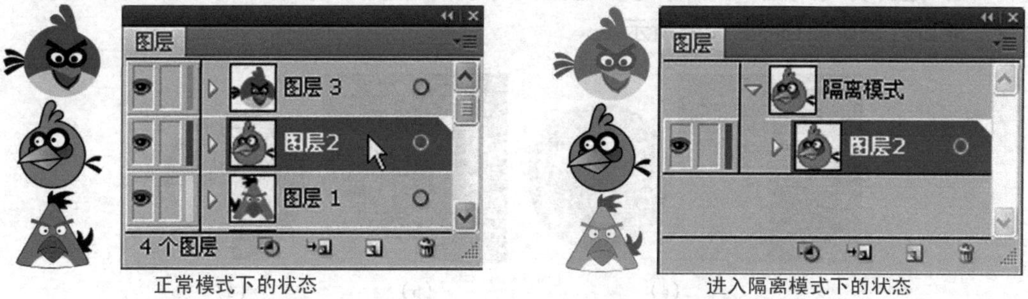

正常模式下的状态　　进入隔离模式下的状态

图13-32　进入隔离模式

13.5.2 透明度和混合模式

1. “透明度”面板

执行“窗口\透明度”命令，打开图13-33所示“透明度”面板，利用它可以指定对象的不透明度和混合模式，创建不透明蒙版，或者使用透明对象的上层部分来挖空某个对象的一部分。

如果某一个图层或组改变了不透明度，则图层或组中的所有对象的透明度都会改变；如果某个对象被移入此图层或组，它就会具有此图层或组的不透明度设置，而如果某一对象被移出，则其不透明度设置也将被去掉，不再保留。改变透明度的效果如图13-33所示。

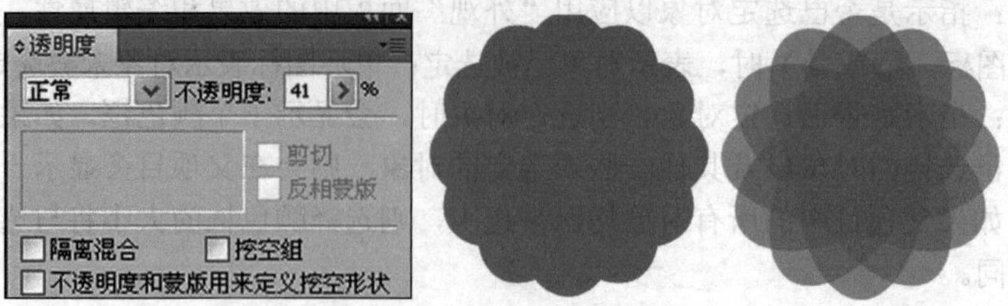

图13-33 “透明度”面板

2. 混合模式

混合模式可以用不同的方法将对象颜色与底层对象的颜色混合。当将一种混合模式应用于某一对象时，在此对象下方的任何对象上都可看到混合模式的效果。Illustrator混合模式与Photoshop混合模式原理相差不多，请参阅Photoshop相关章节。

13.5.3 蒙版的应用

Illustrator中的蒙版可分剪切蒙版和透明蒙版两种，剪切蒙版可以用其形状遮盖其他图稿的对象，从效果上来说，就是将图稿裁剪为蒙版的形状；不透明蒙版是使用蒙版对象来调整设置底层图稿的透明度。

1. 剪切蒙版

剪切蒙版用来隐藏对象的某些部分，在Illustrator中，只有矢量对象可以作为剪切蒙版，不过，任何图稿都可以被蒙版。建立剪切蒙版的方法如下。

（1）创建要用作蒙版的对象，此对象被称为剪切路径，如图13-34（a）中所示的圆，在堆栈顺序中，将剪切路径（圆）移至想要遮盖的对象的上方，如图13-34（b）所示。

（2）选择剪切路径（圆）和想要遮盖的对象（矩形），执行“对象\剪切蒙版\建立”命令，最后效果如图13-34（c）所示。

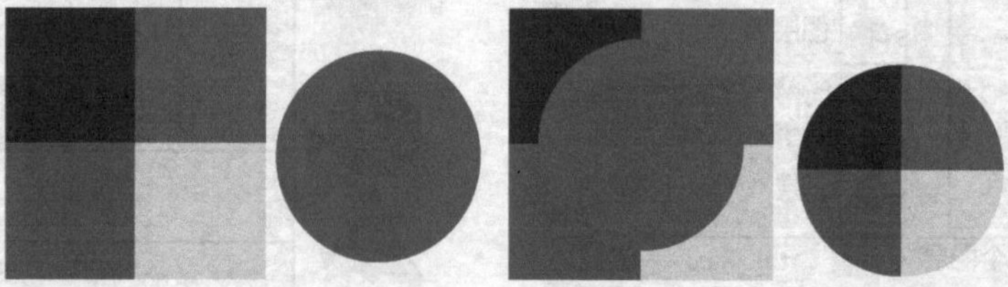

（a） （b） （c）

图13-34 剪切蒙版

2. 不透明蒙版

可以使用不透明蒙版和蒙版对象来更改图稿的透明度。可以透过不透明蒙版（也称为被蒙版的图稿）提供的形状来显示其他对象。蒙版对象定义了透明区域和透明度。可以将任何着色对象或栅格图像作为蒙版对象。Illustrator 使用蒙版对象中颜色的等效灰度来表示蒙版中的不透明度。如果不透明蒙版为白色，则会完全显示图稿。如果不透明蒙版为黑色，则会隐藏图稿。蒙版中的灰阶会导致图稿中出现不同程度的透明度。其用法参照13.6节实例。

13.6 综合实例：制作儿童影集内页

本实例主要是基本绘制工具、渐变填充、文字工具和不透明蒙版的综合应用。

（1）新建一个900px×600px的文件，绘制一个同文件一样大小的矩形，并为其填充浅蓝色（R:230，G:245，B:245）。利用“椭圆工具”绘制一个与文件同宽的椭圆，再绘制一个矩形，选中椭圆和矩形，单击“路径选择器”上“减去顶层对象”按钮，如图13-35（a）所示。

（2）再绘制三个椭圆，其宽度和高度分别为450px，描边颜色为绿色（R:98，G:186，B:113）和浅蓝色（R:145，G:211，B:236），粗细为2pt，无填充，调整其位置，如图13-35（a）所示。

（3）再利用“圆角矩形”工具，绘制宽为290px、高为170px的两个圆角矩形，描边颜色为绿色（R:98，G:186，B:113），无填充，调整其位置，效果如图13-35（a）所示。

（4）执行“文件\置入”命令，选择要置入的图片，单击“确定”按钮，然后单击选项栏上的“嵌入”按钮，将图像嵌入。保持图像选中状态，执行“窗口\透明度”命令，打开“透明度”面板，单击“制作蒙版”按钮，并去掉“剪切”前的钩，这时可以看到整个图像。这时，在“透明度”面板中，单击右侧空蒙版图标，选中蒙版。在画板上绘制一个圆，圆覆盖要保留的图像，并为此圆填充径向渐变，圆中央为白色，边为黑色，调节渐白，使中央的白色多一些，然后勾选“透明度”面板中“剪切”，图像效果如图13-35（b）所示。

（5）同步骤4，再处理另外两张照片，不同的是，不给蒙版填充渐变，而是填充白色。最后输入“The happy childhood”和“开心童年乐翻天”，最后效果如图13-35（c）所示。

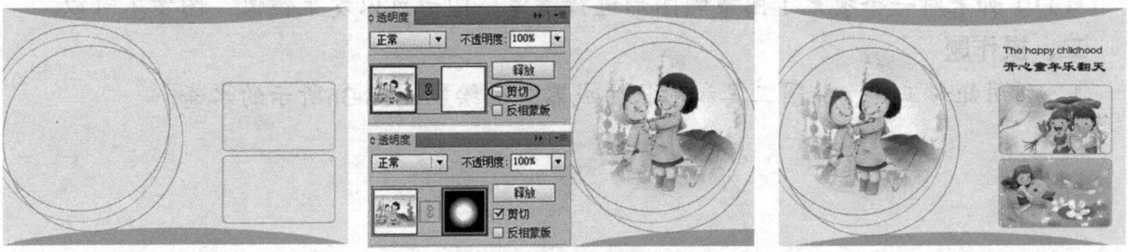

（a）　　（b）　　（c）

图13-35　制作儿童影集内页

习题

本章部分图片

一、选择题

1. 下列有关蒙版（Mask）描述不正确的是（　　）。

（A）通过透明调板弹出菜单中的创建透明蒙版命令可以在两个图形之间创建透明蒙版

（B）蒙版可以遮盖图形的部分区域

（C）只有一般路径可用来制作蒙版，复合路径不能用来制作蒙版

（D）蒙版图形和蒙版之间的链接关系一旦建立，就不能删除

2. 下列有关（涡形旋转工具）的叙述正确的是（　　）。

（A）如果要制作一个风火轮的图形，只需绘制出一个正六边形，再使用涡形旋转工

具，对正六边形进行涡形旋转

（B）使用涡形旋转工具对图形进行涡形旋转时，图形路径上的锚点属性不会发生变化

（C）如果要精确定义涡形旋转的角度，首先按住Alt键，单击鼠标，此时就会弹出一个涡形旋转对话框，在角度后面的角度框中输入相应的角度值

（D）使用涡形旋转工具不存在对称轴的问题

3. 当通过“透明”面板对图形施加透明效果时，下面的描述正确的是（　　）。

（A）在缺省状态下，当对一个具有填充色和边线色的图形施加透明效果时，物体的填充色、边线色的透明度都同时发生变化

（B）只能同时对图形的填充色和边线色施加透明效果

（C）可对图形的填充色和边线色分别施加透明效果

（D）透明效果一旦施加就不能更改

4. 下列有关镜像对称工具的叙述不正确的是（　　）。

（A）通过打开镜像对称工具对话框的方式来精确定义对称轴的角度

（B）在使用精确对称工具时，需要先确定轴心

（C）对称轴的轴心位置必须在图形内部

（D）对称轴可以是水平的、垂直的，也可以是任意角度的

5. 下列关于图案描述正确的是（　　）。

（A）图案单元之间的距离是不可以调整的

（B）如果对一个填充了图案的图形进行旋转，填充的图案可以旋转，也可以不发生旋转

（C）在“缩放”工具对话框中，如果“选项”下面的“变换图案”被选中，图案会随着图形的缩放而缩放

（D）如果对一个填充了图案的图形进行镜像，图形可以发生镜像，图案不可以

二、操作题

1. 利用矩形工具、椭圆工具和形状生成器工具绘制图13-36所示的水壶。

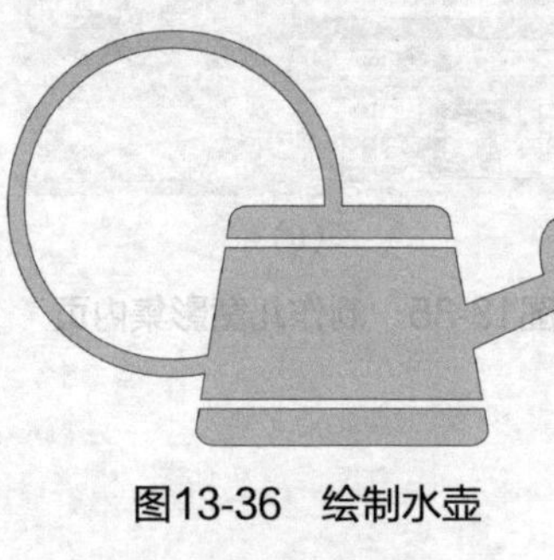

图13-36　绘制水壶

2. 利用3D效果制作图13-37所示的蛋糕包装盒。

图13-37　蛋糕包装盒

3. 制作图13-38所示的服装上市广告。（说明：背景是填充图案）

图13-38 服装上市广告

第14章　创建与编辑文本

学习要点：

◆了解文字的创建方法

◆掌握字符面板和段落面板的使用方法

◆掌握文字属性的设置方法

Adobe Illustrator 的文字功能是其最强大的功能之一。可以在图稿中添加一行文字，创建多行或多列文字，将文字排入形状中或沿路径排列文字以及将文字转为图形对象。本章主要介绍文本的创建方法、文字属性的设置。

14.1 创建点文字

点文字是指从单击位置开始并随着字符的输入而扩展的一行横排或一列竖排文本。每行文本都是独立的，对其进行编辑时，该行将扩展或缩短，但不会自动换行。这种方式非常适用于在图稿中输入少量文本的情形。点文字的输入方法如下。

选择“文字工具” T 或“直排文字工具” ↓T，在画板需要输入文字的位置单击鼠标左键，此时插入点出现闪烁的文字插入光标，即可输入文本。在文字输入完成后，选择工具箱中的选择工具，确认输入的文字。

提示

输入文本时，若需要换行，按Enter键，可以强制换行。

14.2 创建段落文本

“段落文本”也称为“区域文本”，它是利用对象边界来控制字符排列（既可横排，也可直排）。当文本触及边界时，会自动换行，以使文本排在所定义区域内。

14.2.1 创建段落文本

创建段落文本的方法如下。

（1）选择“文字工具” T或“直排文字工具” ↓T，在画板上单击并拖动鼠标左键，绘制一个区域，然后释放鼠标，此时区域左上角出现闪烁的文字插入光标，如图14-1（a）所示。

（2）也可以先绘制图形。再选择“文字工具” T、“直排文字工具” ↓T、“域文字工具” T或“直排区域文字工具” T，在图形路径上单击，即可输入文字，如图14-1（b）所示。

（3）输入文本，文字可以自动换行。如果输入的文本超过区域的容许量，则靠近边框区域底部的位置会出现一个内含加号（+）的小方块，如图14-1（b）所示。

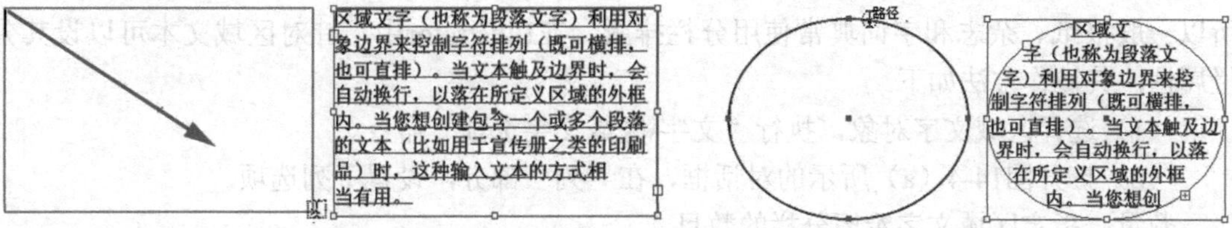

（a）　　（b）

图14-1　创建区域文本

14.2.2　调整文本区域的大小

使用“选择工具”或“图层”面板选择文字对象，然后拖动定界框上的手柄，就可以调整文本区域的大小，如图14-2（a）所示。

如果要改变文本区域的形状，可以使用“直接选择工具”对文本区域进行编辑和变形，而区域中的文字也会重新排列，适应新区域形状，如图14-2（b）所示。

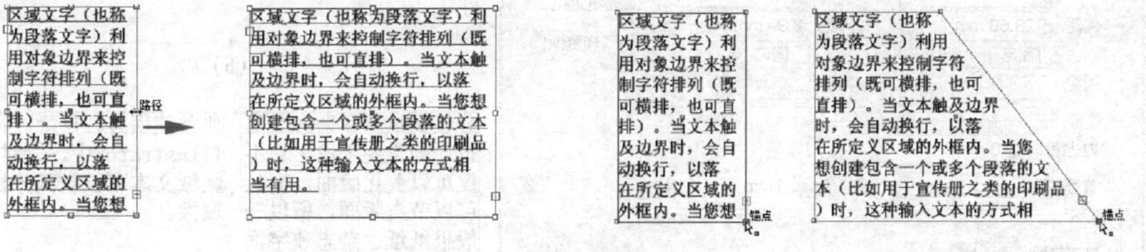

（a）　　（b）

图14-2　调整文本区域的大小

14.2.3　更改文本区域的边距

建立区域文字对象时，可以控制文本和边框路径之间的边距，这个边距被称为内边距。

使用“选择工具”选择区域文字对象，执行“文字\区域文字选项”命令。在“区域文字选项”对话框中，指定“内边距”的值，单击“确定”按钮，效果如图14-3（b）所示。

若要给“边框路径”描边，用“编组选择工具”选中区域路径，从“描边”面板中设置描边属性即可，描边效果如图14-3（c）所示。

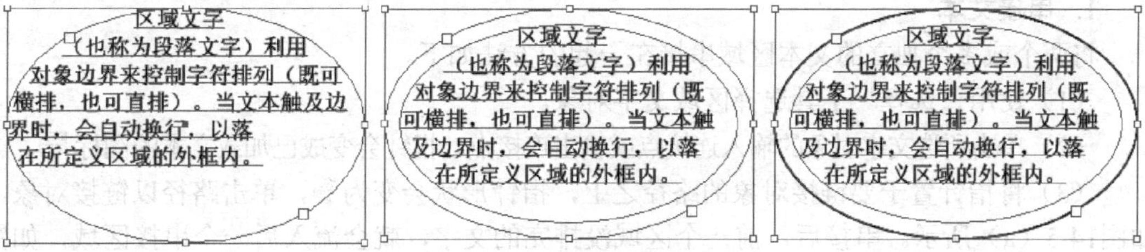

（a）无“内边距”　（b）“内边距”为3mm　（c）设置“边框路径”边描

图14-3　更改文本区域的边距

14.2.4 设置文本区域的分栏属性

分栏是报纸和杂志版面设计的重要手段，它不仅可以美化版面，而且可以节省版面，所以一般报纸、杂志和字词典常使用分栏排版。在Illustrator中，针对区域文本可以设其分栏属性，其操作方法如下。

（1）选择区域文字对象，执行“文字\区域文字选项”命令。

（2）打开图14-4（a）所示的对话框，在“列”部分，设置下列选项。

数量：指定区域文字希望分栏的数目。

跨距：指定每一栏的宽度。

间距：指定两栏之间的栏间距。

固定：确定调整文字区域大小时栏宽的变化情况。选中此选项后，若调整区域大小，只会更改栏数，而不会改变栏宽。如果希望栏宽随文字区域大小而变化，则取消选择此选项。区域文字分栏前的效果如图14-4（b）所示，分栏后的效果如图14-4（c）所示。

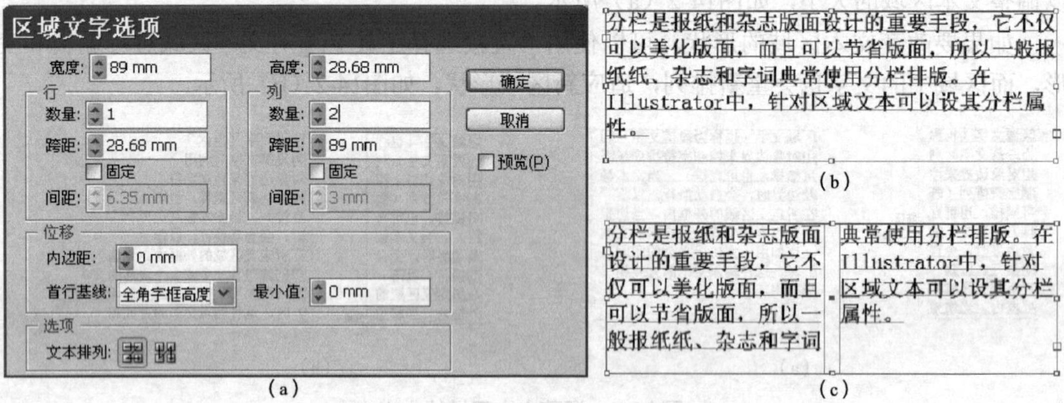

图14-4 区域文字选项及区域文字分栏

14.2.5 文本对象之间的串接、删除与中断

输入的文本超过区域能容纳的文字时，可以将文本串接到另一个文本区域，这两个区域之间的文本保持连接关系，这两个区域称为串接区域，其中的文本称为串接文本。

每个区域文字对象都包含输入连接点和输出连接点，由此可链接到其他对象并创建文字对象的链接。空连接点表示所有文本都是可见的，且对象尚未链接。连接点中的箭头表示对象已链接到另一个对象。输出连接点中的红色加号表示对象包含其余文本，这些剩余的不可见文本称为溢流文本。

1. 串接文本

将两个或多个独立的文本区域串接在一起的方法如下。

（1）使用“选择”工具选择区域文字对象。

（2）单击所选文字对象的输入连接点或输出连接点。指针会变成已加载文本的图标。

（3）将指针置于要链接对象的路径之上，指针形状会变为，单击路径以链接对象，如图14-5（a）所示。串接后，前一个区域没排完的文字，就会流入后一个串接区域，如图14-5（b）所示。

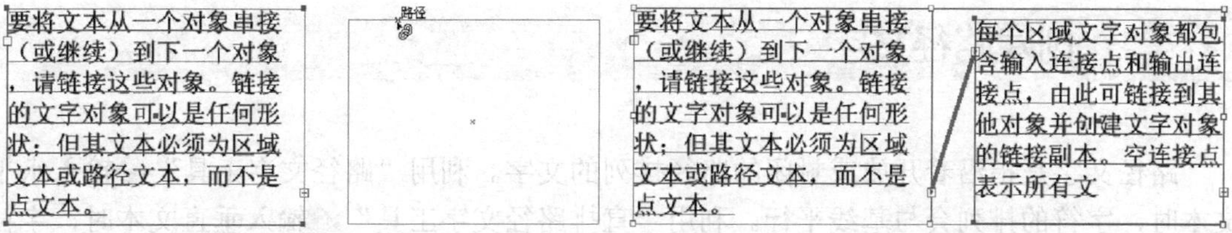
要将文本从一个对象串接（或继续）到下一个对象，请链接这些对象。链接的文字对象可以是任何形状；但其文本必须为区域文本或路径文本，而不是点文本。
路径
要将文本从一个对象串接（或继续）到下一个对象，请链接这些对象。链接的文字对象可以是任何形状；但其文本必须为区域文本或路径文本，而不是点文本。
每个区域文字对象都包含输入连接点和输出连接点，由此可链接到其他对象并创建文字对象的链接副本。空连接点表示所有文

（a）串接前　　（b）串接后

图14-5　文本区域串接

2. 删除或中断串接

要删除或中断串接的区域文字，选择链接的文字对象，执行下列任意一项操作。

（1）若要中断对象间的串接，双击串接任一端的连接点。文本排列到第一个对象中。

（2）要从文本串接中释放对象，选择“文字\串接文本\释放所选文字”。文本排列到下一个对象中。

（3）要删除所有串接，选择“文字\串接文本\移去串接”。文本将保留在原位置。

14.2.6 文本绕排

在Illustrator中，可以将区域文本绕排在对象的周围，其中包括文字对象、导入的图像以及在Illustrator 中绘制的对象。如果绕排对象是嵌入的位图图像，Illustrator则会在不透明或半透明的像素周围绕排文本，而忽略完全透明的像素。

要在对象周围绕排文本，绕排对象必须与文本位于相同的图层中，并且在图层层次结构中位于文本的正上方。设置文本绕排及释放文本绕排的方法如下。

（1）选择一个或多个要绕排文本的对象，执行“对象\文本绕排\建立”。

（2）然后再执行“对象\文本绕排\文本绕排选项”，设置文本和绕排对象之间的间距大小以及文本绕排对象的方式，文本绕排效果如图14-6所示。

（3）选择绕排对象，执行“对象\文本绕排\ 释放”命令，可以释放文本绕排，使文本不再绕排在对象周围。

图14-6　文本绕排效果

提示

位图图像置入Illustrator中，需执行“对象\删格化”命令，并设背景为透明。

14.3 创建路径文字

路径文字是指沿着开放或封闭的路径排列的文字。利用“路径文字工具”输入水平文本时，字符的排列会与基线平行。利用“直排路径文字工具”输入垂直文本时，字符的排列会与基线垂直。无论是哪种情况，文本都会沿路径点添加到路径上的方向来排列。

1. 在路径上输入文本

在工具箱上选择“路径文字工具”或“直排路径文字工具”，将鼠标指针置于路径上单击，输入文本即可，效果如图14-7（a）所示。

2. 沿路径移动或翻转文字

（1）选择路径文字对象，在文字的起点、路径的终点以及起点标记和终点标记之间的中点，都会出现标记，如图14-7（a）所示。

（2）若要沿路径移动文本，将鼠标指针置于文字的始点标记上，直至指针旁边出现一个小图标，沿路径拖动文字的起点标记，可以将文本沿路径移动。或者将鼠标指针置于文字的中点标记上，直至指针旁边出现一个小图标，按住Ctrl键，沿路径拖动文字的中点标记。

（3）要沿路径翻转文本的方向，将鼠标指针置于文字的中点标记上，直至指针旁边出现一个小图标，拖动中点标记，使其越过路径。或者执行“文字\路径文字\路径文字选项”命令，选择“翻转”，单击“确定”按钮，效果如图14-7（b）所示。

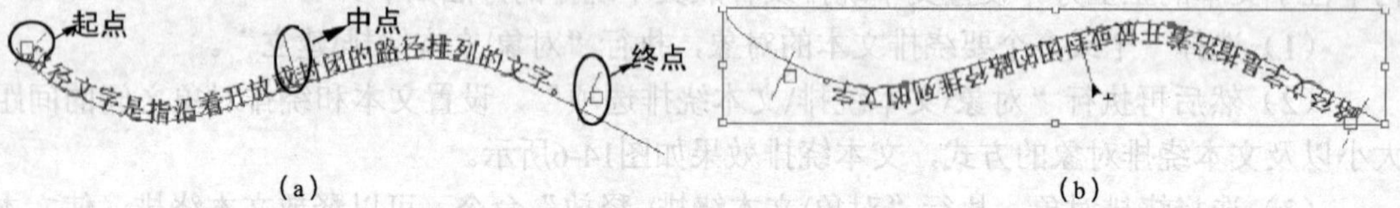

（a）　　（b）

图14-7　沿路径排版

3. 路径文字效果

路径文字效果可以 沿路径扭曲字符方向。必须先创建路径文字，才能应用这些效果。

选择路径文字对象，执行“文字\路径文字”，然后从子菜单中选择一种效果。或执行“文字\路径文字\路径文字选项”。然后从“效果”菜单中选择一个选项，单击“确定”按钮。各种路径文字效果如图14-8所示。

图14-8　路径文字效果

4. 调整路径文字的垂直对齐方式

选择路径文字对象，执行“文字\路径文字\路径文字选项”命令，再打开图14-9所示的“路径文字选项”对话框。在“对齐路径”下拉列表中选择一个选项，以指定如何将所有字符对齐到路径（相对字体的整体高度）。

其中，“字母上缘”字体上边缘沿路径对齐，“字母下缘”字体下边缘沿路径对齐。“中央”字体字母上、下边缘间的中心点沿路径对齐，“基线”沿基线对齐，这是默认设置。要更好地控制垂直对齐方式，使用“字符”面板中的“基线偏移”选项。例如，在“基线偏移”框中键入一个负值，可以降低文字，各种效果如图14-9所示。

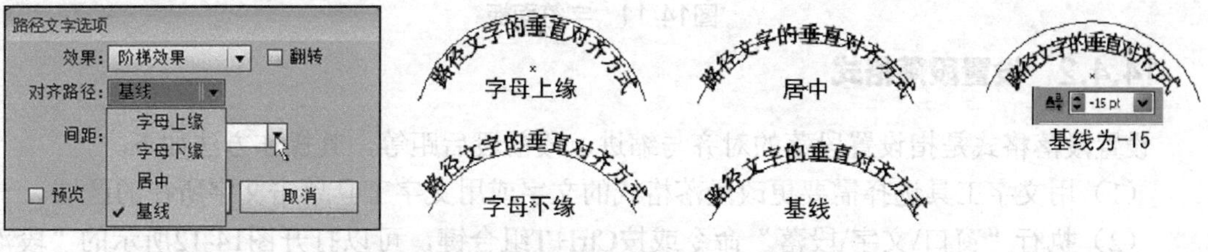

图14-9 路径文字的垂直对齐方式

5. 调整锐利转角处的字符间距

当字符围绕尖锐曲线或锐角排列时，字符之间可能会出现额外的间距。可以用“路径文字选项”对话框中的“间距”选项来缩小曲线上字符间的间距。

选择文字对象，执行“文字\路径文字\路径文字选项”。在“路径文字选项”对话框的“间距”中，以点为单位键入一个值。设置较高的值，可消除锐利曲线或锐角处的字符间的不必要间距，如图14-10所示。

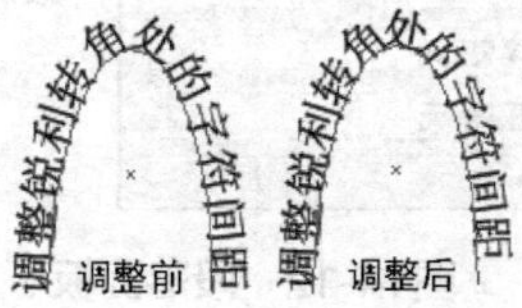

图14-10 调整字符间距

14.4 设置文字、段落格式

14.4.1 设置文字格式

设置文字的格式是指设置文字的字体、大小、行距等属性，在创建文字之前或创建文字之后，都可以通过“字符面板”或工具栏设置文字的格式，其操作方法如下。

（1）选择文字工具，拖动鼠标以选择需要更改格式的文字。

（2）执行“窗口\文字\字符”命令或按Ctrl+T组合键，可以打开图14-11所示的“字符面板”，利用“字符面板”中的选项来设置字符格式即可。

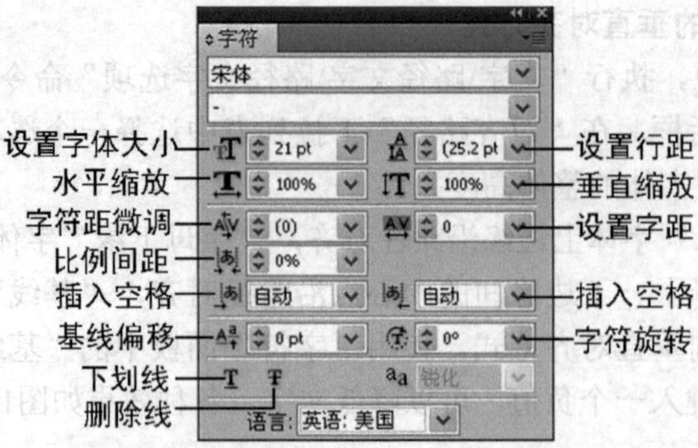

图14-11　字符面板

14.4.2　设置段落格式

设置段落格式是指设置段落的对齐与缩进、段前段后距等，其操作方法如下。

（1）用文字工具选择需要更改段落格式的文字或用文字工具单击文字所在的区域。

（2）执行“窗口\文字\段落”命令或按Ctrl+T组合键，可以打开图14-12所示的“段落面板”，利用“段落面板”中的选项来设置文字的段落格式即可。

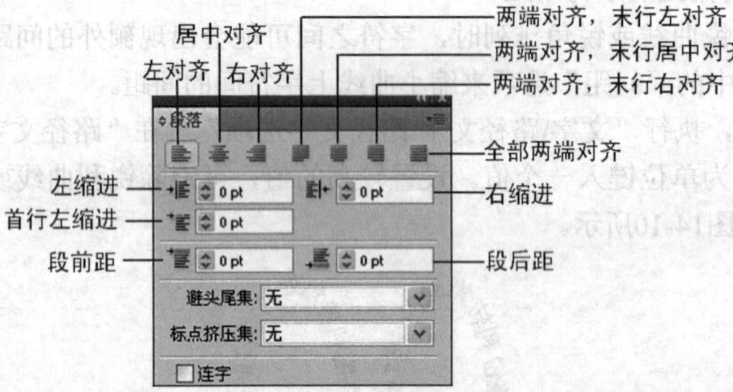

图14-12　段落面板

实例14-1：制作牵手字

本实例应用文字工具、文字创建轮廓及路径查找器制作牵手字效果。

（1）选择“文字工具”T，单击输入“2008”，并设置文字的字号为150磅。

（2）用“选择工具”选中文本区域，执行“文字\创建轮廓”命令或按Shift+Ctrl+O组合键，将文字转化为图形。然后再执行“对象\取消编组”命令或Shift+Ctrl+G组合键。

（3）用“选择工具”分别选中每一个字符，改变它的颜色、调整它的位置，并适当进行旋转，最后效果如图14-13（a）所示。

（4）用“选择工具”选中“2”和“0”，单击“路径查找器”中“分割”按钮，然后执行“对象\取消编组”命令。选中“2”和“0”交叉的一处，改为红色，如图14-13（b）所示。

（5）按住Shift键，用“选择工具”选中“2”的各个部分，单击“路径查找器”中“联集”按钮，效果如图14-13（c）所示，同样的方法，再将“0”进行连接。

（6）重复步骤（4）和（5），制作其他字符的牵手效果，最后效果如图14-13（d）所示。

图14-13 牵手字效果

实例14-2：制作霓虹灯效果

本实例应用图形样式，制作霓虹灯文字效果。

（1）输入“霓虹灯”，并设置合适的字体和字号。然后执行“文字\创建轮廓”命令。

（2）执行“窗口\图形样式”命令，单击“图形样式”对话框右上角的面板菜单按钮，选择“打开图形样式库\霓虹效果”命令，如图14-14所示。

（3）分别选择“霓虹灯”三个字，单击“霓虹效果”面板或“图形样式”面板中的合适样式，最后效果如图14-14所示。

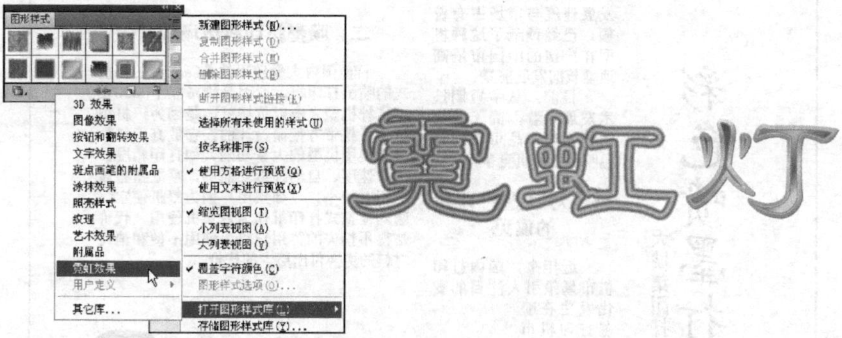

图14-14 霓虹效果

提示

通过“创建轮廓”命令，可以将文字转化为图形，应用“图形样式”可以快速创建一些文字效果。若效果不合适，也可以通过“外观”面板修改应用的图形样式。

14.5 综合实例：杂志内页排版

本实例主要是文字工具、文字属性改变和文图混排的综合应用。

（1）执行“文件\新建”命令，在打开的“新建文档”对话框中，设置“宽度”为185mm，“高度”为260mm，颜色模式为CMYK，单击“确定”按钮。

（2）选择“文字工具”，单击并拖大小合适的文字区域，输入“计算机与通信”，按Ctrl+T组合键打开字符面板，设置字体为“综艺”，字号大小为72pt，“水平缩放”为70%，颜色为（C0，M0，Y0，K100），在“段落面板”中设置段格式为“全部两端对齐”。

（3）再绘一个同宽的文字区域，输入“COMPUTER AND COMMUNICATION MARKET”，设置字体为“Arial”，字号大小为24pt，“水平缩放”为60%，“垂直缩放”为200%。文字描边颜色为（C0，M0，Y0，K100），填充颜色为“无”。段格式设为

“全部两端对齐”。

（4）绘制一个矩形，填充黑色。用“直排文字工具 ”输入“市场”，字体为“黑体”，字号为60pt，“垂直缩放”为75%，文字颜色为白色。

（5）利用“直线工具” ，按住Shift键，绘制两条合适的水平线直线，如图14-15所示。

计算机与通信 市场

COMPUTER AND COMMUNICATION MARKET

彩色喷墨打印机

天城集团打印机事业部 孙梨

彩色喷墨打印机的发展速度与市场占有份额，已经预示了这种机型在广阔的中国市场高速增长的发展前景。

目前，从中短期技术发展来看，尚无其他的技术与产品可以同彩色喷墨打印机竞争。

一、对喷墨打印机的偏见

近年来，国内打印机市场最引人注目的变化发生在喷墨打印机市场领域。

喷墨打印机早在80年代就已经进入中国市场，最初主要应用在科研院所与大专院校的实验室里，作为实验仪器的输出设备。高昂的身价和远远超出针式打印机的输出效果，更有些人至今提起喷墨打印机就联想到“贵”和“娇气”。然后，今天的喷墨打印机不仅价格下降，而且已成为办公自动化、个人办公、家庭计算机最常见的输出设备。

二、喷墨打印机市场现状

目前国内大量使用的是Canon 的便携式的喷墨打印机，原因是价格低于2000元。这种机型之所以价格低，是因为该机型是为了携带方便而设计的，它放弃了日常桌面使用机型的大量功能，如打印精度、打印速度、自动馈纸功能等，喷墨盒容量也相对较小。 如果用户因为整机便宜，选购便携式打印机作为台式机使用，代价是得不偿失的。用户将为使用不便和消耗材料的更换付出更大的代价。

图14-15 杂志内页版面

（6）在版面的下部绘制一个宽为150mm、高为163mm的文字区域，并在其中输入正文的内容，字体设置为宋体，字号为11pt，颜色为黑色，段落格式为“两端对齐，末行左对齐”。

（7）利用“直排文字工具” 拖放一个宽为28mm、高为123mm的文字区域，输入“彩色喷墨打印机”，字体设置为“楷体”，字号设置为36pt。再输入“天城集团打印机事业部 孙梨”字体设置为“宋体”，字号设置为14pt。用“选择工具”选择此文字区域，执行“对象\文本绕排\建立”。

（8）执行“文件\置入”命令，置入一幅图片，执行“对象\文本绕排\建立”。最后版面效果如图14-15所示。

习题

本章部分图片

一、选择题

1. 下面关于文字转化为矢量图形的相关内容正确的是（　　）。

（A）中文文字只有TrueType字体才能转化为图形

（B）文字转化为图形之后，还可以转回文字

（C）如果要给文字填充渐变色，必须将文字转换为图形

（D）英文的TrueType和PostScript字体都可转为图形

2. 要改变矩形文字块的大小可通过（　　）工具直接完成。

（A）选择工具（工具箱中的黑色箭头）　（B）直接选择工具（工具箱中的白色箭头）

（C）群组选择工具　（D）区域文字工具

3. 下列（　　）两种中文字体不能被转换为图形。

（A）TrueType字体　（B）Bitmap（点阵）字

（C）PostScript字体　（D）ATM字体

4. 在Illustrator中关于文字处理的描述正确的是（　　）。

（A）可将某些文字转换为图形　（B）文字可沿路径进行水平或垂直排列

（C）文字是不能执行绕图操作的　（D）文字可在封闭区域内进行排列

二、操作题

1. 制作图14-16所示的文字效果。

图14-16　立体字效果

2. 制作图14-17所示的印章。

图14-17　印章效果

第15章　创建与编辑图表

学习要点：

- ◆了解图表的种类
- ◆掌握图表的创建方法
- ◆掌握图表的编辑方法

图表可以清晰、直观地反映出各种统计数据的比较结果，应用非常广泛。Illustrator软件中提供了丰富的图表类型和强大的图表功能，使设计师在运用图表进行数据统计和比较时更加方便、快捷。本章主要讲解各种图表的创建和编辑方法。

15.1 图表的类型

在Illustrator CC中包含9种图表工具，分别为“柱形图工具”“堆积柱形图工具”“条形图工具”“堆积条形图工具”“折线图工具”“面积图工具”“散点图工具”“饼图工具”和“雷达图工具”，每一种图表工具可以创建一种不同的图表类型，下面分别对每种图表类型的特点进行简单介绍。

柱形图工具：此图表可用垂直柱形来比较数值。也可直接读出不同形式的统计数值。

堆积柱形图工具：创建的图表与柱形图相似，但是它是将柱形叠加起来，而不是互相并列。这种图表类型可用于表示部分和总体的关系。

条形图工具：创建的图表与柱形图类似，但它是水平放置的条形，而不是垂直放置柱形。横条的宽度代表比较数值的大小。

堆积条形图工具：创建的图表与条形图类似，不同之处在于比较数值叠加在一起。

折线图工具：使用点来表示一组或多组数值，并且对每组中的点都采用不同颜色的线段来连接。

面积图工具：创建的图表与折线图类似，但是它强调的是数值的整体和变化情况。

散点图工具：创建的图表沿X轴和Y轴将数据点作为成对的坐标组进行绘制。使用这种图表可以反映数据的变化趋势。

饼图工具：可以创建饼形图表，在饼形图表上，可以使用选择工具，分别点选单一种类的百分比面积，单列出该图表，以达到特别的加强效果。

雷达图工具：创建的雷达图表可以以一种环形方式显示各组数据作为比较。雷达图表和其他图表不同，它经常被用于自然科学上，一般并不常见。

15.2 创建图表

在Illustrator中可以按照以下方法创建图表。

（1）单击并按住“工具箱”中的图表工具，选择所需要的图表工具。

（2）在文档窗口中单击并拖动鼠标左键，拖一个矩形框，释放鼠标后，弹出图15-1（a）所示的“图表数据”窗口。

其中，“图表数据”窗口中第一排的选项按钮依次为“输入数据”文本框、“导入数据”按钮、“换位行/列”按钮、“切换X/Y”按钮、“单元格样式”按钮、“恢复”按钮和“应用”按钮，如图15-1（b）所示。

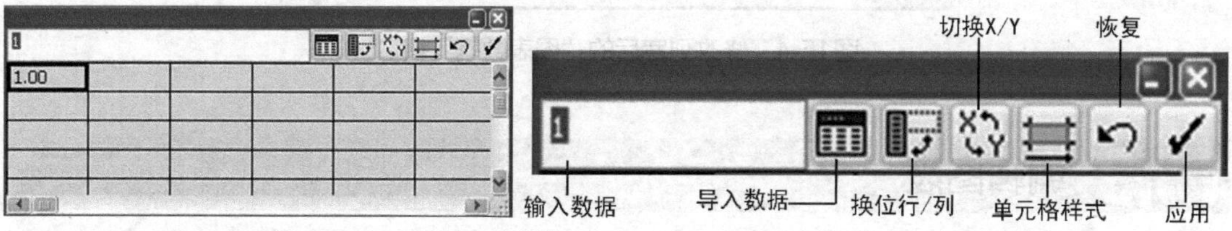

（a）（b）

图15-1 “图表数据”窗口

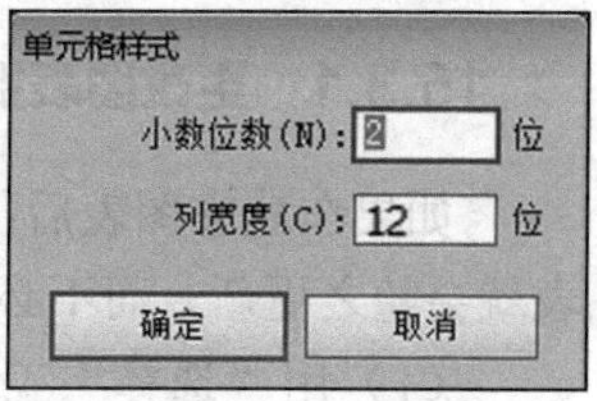

图15-2 单元格样式

“输入数据”文本框：可以为表格输入数据。

“导入数据”按钮：单击可以导入其他软件中输入的数据。

“换位行/列”按钮：单击可以转换横向和纵向的数据。

“切换X/Y”按钮：单击可以切换X轴和Y轴的位置。

“单元格样式”按钮：单击可以弹出图15-2所示“单元格样式”对话，可以设置单元格的大小和小数点位数。

单击单元格，然后在顶行输入数据，数据便会出现在该单元格中，如图15-3（a）所示。

（3）单元格的左列输入类别标签，如果输入的标签只包含数字，则需要用英文状态下的双引号将数字引起来，如"2012"。数据输入完成后，单击“应用”✓按钮，即可创建图表，如图15-3（b）所示。

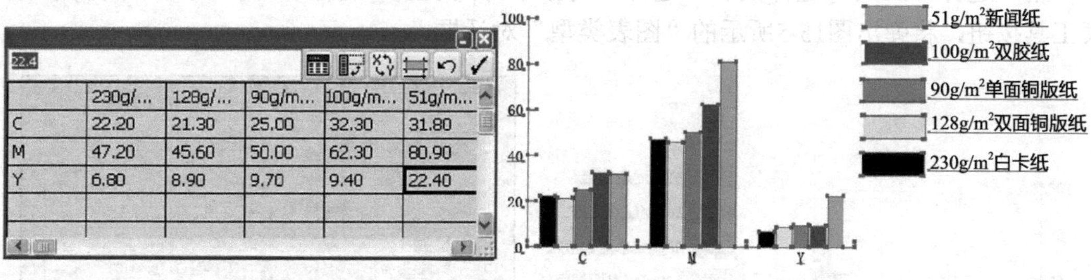

（a）（b）

图15-3 创建表格

提示

若“图表数据”窗口不能完全显示输入的数据，单击“单元格样式”按钮设置列宽，或将鼠标指针放置到需要调整的列的边缘。指针会变为双箭头。然后拖动鼠标手柄到所需的位置即可，调整后的图表数据窗口如图15-4所示。

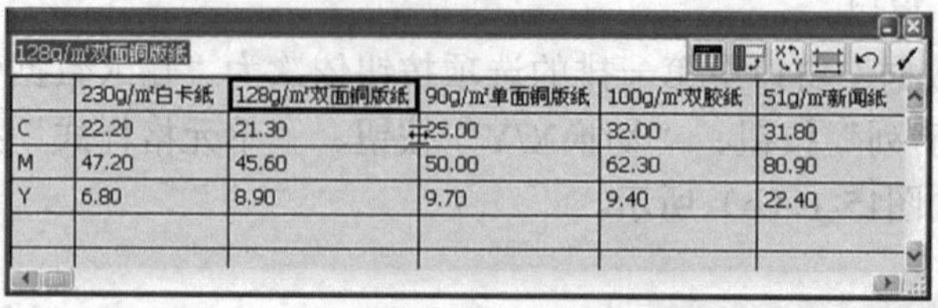
128g/m²双面铜版纸

	230g/m²白卡纸	128g/m²双面铜版纸	90g/m²单面铜版纸	100g/m²双胶纸	51g/m²新闻纸
C	22.20	21.30	25.00	32.00	31.80
M	47.20	45.60	50.00	62.30	80.90
Y	6.80	8.90	9.70	9.40	22.40

图15-4 修改列宽后的“图表数据”窗口

15.3 编辑图表

图表创建完成后，需要对图表做进一步的修改，如修改图表数据、更改图表的类型、更改图表数值轴的位置及刻度、设置图表的样式，使图表更符合制作要求。

15.3.1 更改图表数据

如果在建立图表后，相关数据需要更新或者变动，可以再次编辑图表数据，相应的图表就会随之更新，而不必重新建立图表，操作方法如下。

（1）用“选择”工具选中创建好的图表，选择“对象\图表\数据”命令，将弹出“图表数据”窗口，如图15-4所示。

（2）在“图表数据”窗口中，选择要修改数据的单元格，在“输入数据”文本框中输入数据。修改完成后，单击“应用”✓按钮，即完成修改。

15.3.2 更改图表类型

用“选择”工具选择图表，选择“对象\图表\类型” 或者双击“工具” 面板中的图表工具按钮，将弹出图15-5所示的“图表类型”对话框。

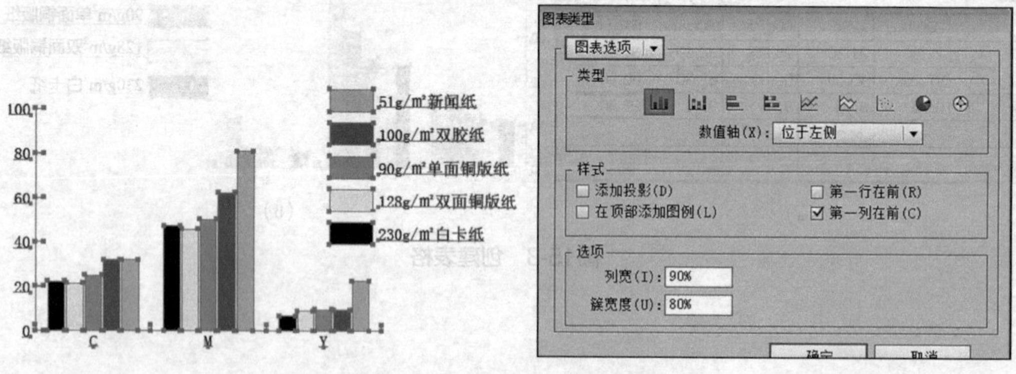

图15-5 “图表类型”对话框

在“图表类型”对话框中，单击所需图表类型相对应的按钮，如“条形图”按钮，然后单击“确定”按钮，图表类型即可修改为图15-6所示的条形图。

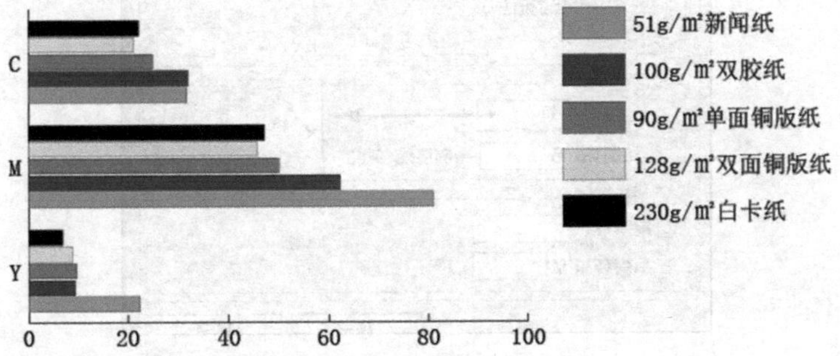

图15-6 更改后的图表

15.3.3 更改图表数值轴的位置及刻度

除了饼图之外，所有的图表都有显示图表的测量单位的数值轴。可以选择在图表的一侧显示数值轴或者两侧都显示数值轴，操作方法如下。

（1）用“选择”工具选择图表。

（2）选择“对象\图表\类型”命令，弹出图15-7所示的“图表类型”对话框。

（3）在“数值轴”下拉列表中包含“位于上侧”“位置下侧”和“位置两侧”三个选项，选择其一，如选择“位置两侧”项，单击“确定”按钮，效果如图15-7所示。

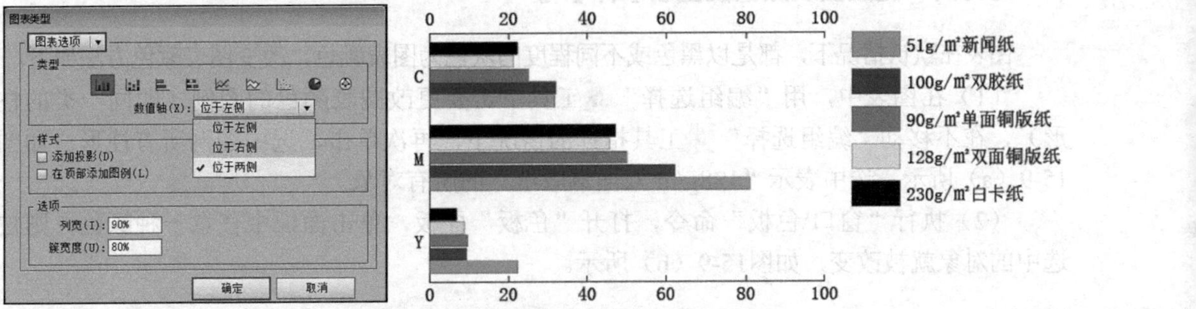

图15-7 更改图表数据轴的位置

（4）如果需要控制每个轴上显示多少个刻度线，改变刻度线的长度，并且为数轴上的数字添加前缀和后缀。在“图表选项”下拉列表中选择“数据轴”选项，即打开图15-8所示的“数据轴”选项对话框。

刻度值：确定数值轴、左轴、右轴、下轴或上轴上的刻度线的位置。选择“忽略计算出的值”以手动计算刻度线的位置。

刻度线：确定刻度线的长度和各刻度线/刻度的数量。可以在“长度”下拉列表框中选择“无”“短”和“全宽”选项，并在“绘制”文本框中输入刻度线的个数。

添加标签：可以为数轴上的数字加前缀和后缀。

图15-8所示的效果，是将刻度线的“长度”设置为“短”，绘制“5”个刻度线，并在后缀文本框中输入“%”的效果。

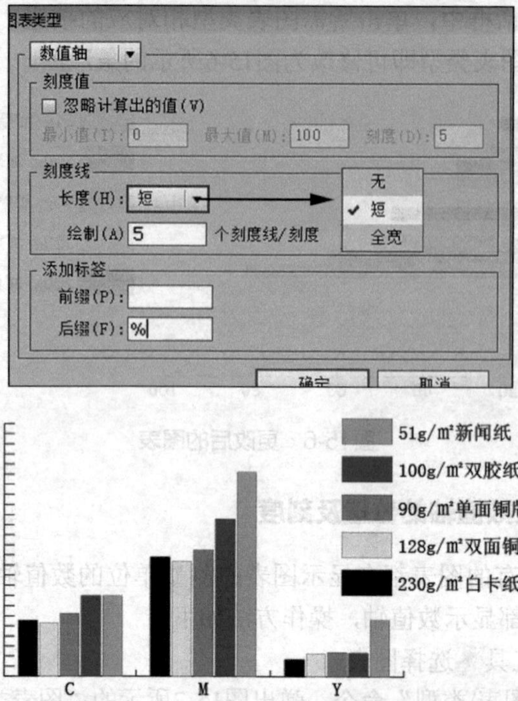

图15-8　更改数据轴的刻度及为数轴上的数字添加前后缀

15.3.4　更改图表颜色及图表字体字号

图表在默认情况下，都是以黑色或不同程度的灰色为图表颜色，改变图表颜色方法如下。

（1）在图表中，用“编组选择”工具单击要更改图表颜色的图例（即同一类的柱形），在不移动“编组选择”工具指针的情况下，再次单击，选中图例所有柱形。如图15-9（a）所示。选中表示“128g/m^{2}双面铜版纸”的所有对象。

（2）执行“窗口\色板”命令，打开“色板”面板，单击面板中任意一种颜色，则被选中的对象就被改变，如图15-9（b）所示。

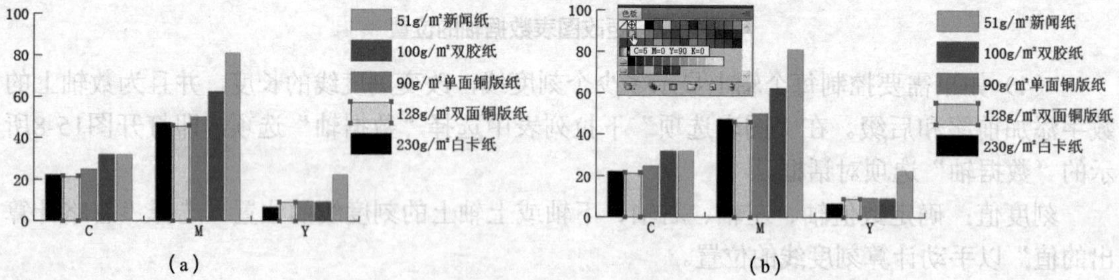

图15-9　修改图表颜色

（3）按照以上的操作方法，可以修改其他对象的颜色。

（4）用“编组选择”工具，单击图表右侧的说明文字，继续单击同一个数字则完全选中右侧的说明文字，如图15-10（a）所示。

（5）执行“窗口\文字和表\字符”命令，打开“字符”面板，在“字体”下拉列表中选择“黑体”，在“字体大小”下拉列表中选择“26pt”，改变后的字体效果如图15-10（b）所示。

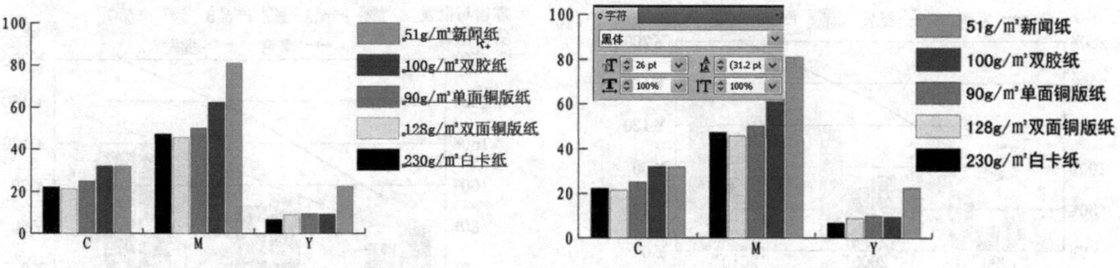

（a）　（b）

图15-10　修改图表的字体和字的大小

15.3.5　组合不同图表类型

可以在一个图表中组合显示不同的图表类型。例如，可以让一组数据显示为柱形图，而其他数据组显示为折线图。除了散点图之外，可以将任何类型的图表与其他图表组合。

（1）选择“工具箱”中的“柱形图工具”，在文档窗口中单击并拖动鼠标左键，拖一个矩形框，释放鼠标后，出现设置好大小的图表和“图表数据”窗口。

（2）在“图表数据”窗口输入数据，如图15-11所示，单击“应用”✓按钮。

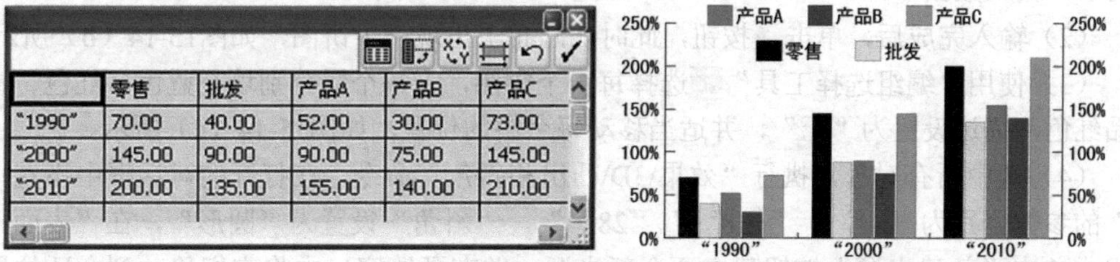

	零售	批发	产品A	产品B	产品C
“1990”	70.00	40.00	52.00	30.00	73.00
“2000”	145.00	90.00	90.00	75.00	145.00
“2010”	200.00	135.00	155.00	140.00	210.00

图15-11　创建图表

（3）选择“编组选择”工具，单击要更改图表类型的数据的图例，在不移动“编组选择”工具指针的情况下，再次单击，选定用图例编组的所有柱形，如图15-12（a）所示。

（4）选择“对象\图表\类型”命令，在“图表选项”对话框中，单击“折线图工具”按钮，并在“数据轴”下拉列表中选择“位于右侧”，如图15-12（b）所示。

（5）在“图表选项”对话框中，选择数值轴，设置刻度值的最大和最小值，如图15-12（c）所示。

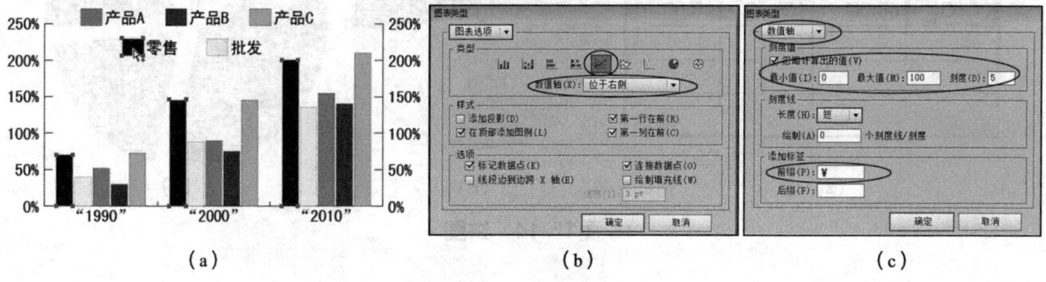

（a）　（b）　（c）

图15-12　图表选项

（6）设置完成后，单击“确定”按钮，图表的效果如图15-13（a）所示，同样的方法，将“批发”的柱形图也改为折线图。在图表数轴上面添加合适的文字，并更改图表的颜色，图表的最后效果如图15-13（b）所示。

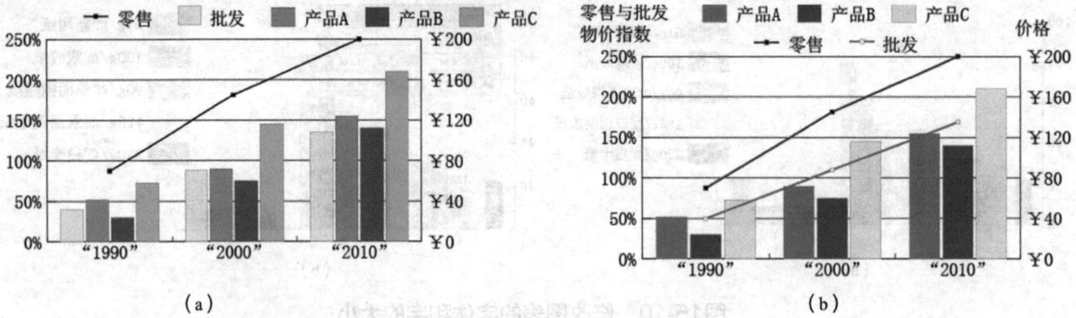

图15-13 图表效果

15.4 综合实例：制作销量报表

本实例主要是饼图工具、3D效果和投影效果的综合应用。

（1）选择“工具箱”中的“饼图工具”，在画布上画出一个区域。此时会弹出数据输入窗口，输入数据：80、60、120和40，如图15-14（a）所示。

（2）输入完成后，单击✓按钮，此时在画布上出现一个饼图，如图15-14（b）所示。

（3）使用“编组选择工具”选择每一个饼图，为每个饼分别填充蓝色、红色、青色和品红色，描边设置为“无”，并适当移动每个饼的位置，如图15-14（c）所示。

（4）选中所有对象，执行“效果\3D\凸出和斜角”命令，在打开的对话框中设置“位置”的参数分别为“50°”“-38°”“28°”，“斜角”设置为“圆形”，在“表面”选项组中单击“新建光源”按钮建立两个新光源，并在预览窗口中将它们移动到合适位置，各项参数如图15-15所示，单击“确定”按钮。

（5）执行“效果\风格化\投影”命令，使用默认值，然后单击“确定”按钮。

（6）使用“矩形工具”绘制一个矩形，为其填充一个黄色到绿色的渐变，并将其置入底层。再使用“文字工具”输入所需的文字，最终效果如图15-15所示。

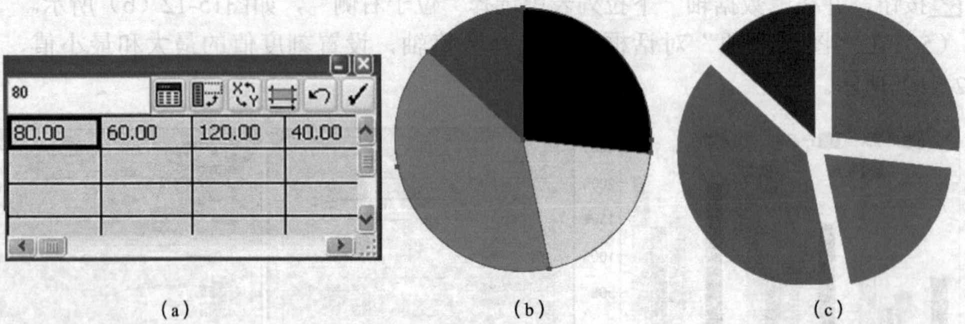

图15-14 饼图

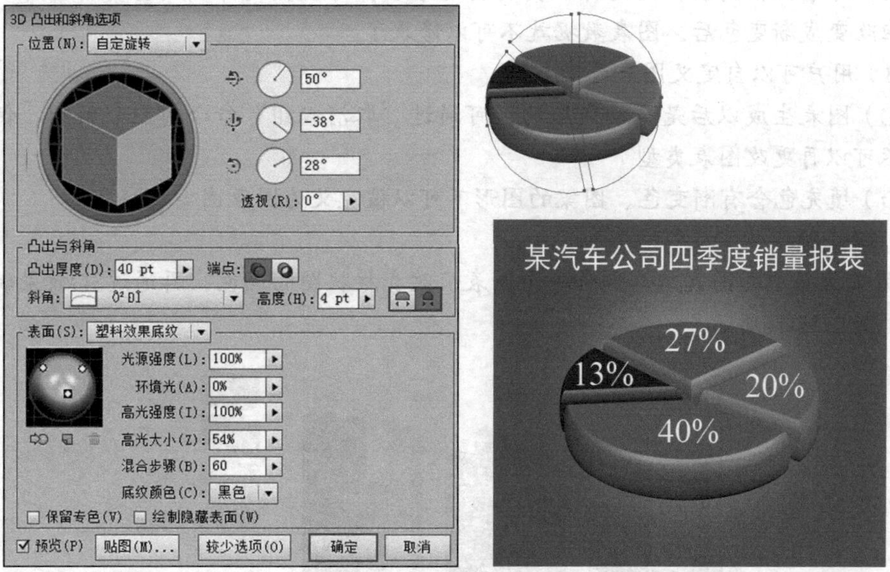

图15-15　四季度销量报表

习题

本章部分图片

一、选择题

1. 在Illustrator中，下列关于图表的创建描述正确的是（　　）。

（A）工具箱中提供了六种图表工具

（B）创建图表有两种方式，一种是选中图表工具后在页面上直接拖拉；另一种是用图表工具在页面上单击，在弹出的图表对话框中设定图表的高度和宽度

（C）图表中的数据可以从其他软件中输入

（D）表制作完成之后，数据就不可以做任何变动

2. 通过图表类型对话框可以对图表进行多种改变，下列描述正确的是（　　）。

（A）如果给图表加阴影，只能通过复制、粘贴到后面命令来增加阴影

（B）可以在图表类型对话框中，选择“添加投影”命令给图表加阴影

（C）选择图表类型对话框“刻度线”中的“全宽”，可使刻度线的长度贯穿图表

（D）当选择“柱状图表”时，坐标轴可在左边或右边，也可以两边都显示

3. 下列关于 Illustrator图表工具的描述正确的是（　　）。

（A）选中任何一个图表工具，在页面上拖拉矩形框，就会弹出“输入数据对话框”

（B）“输入数据对话框”能输入或复制其他软件的数据

（C）图表工具创建的图表是事先设计好的，是无法修改的

（D）创建以后的图表中的数据可以随时修改

4. 图表创建完后，所有元素是自动成组的，若要改变图表的单个元素，可使用（　　）。

（A）群组选择工具　　　　（B）直接选择工具

（C）直接选择套索工具　　（D）选择工具

5. 下面有关图表设计的描述正确的是（　　）。

（A）对于柱状图表，用选择工具将其选中后，可直接选择渐变色对其进行填充色的改变，但改变成渐变色后，图表数据就不可以修改了

（B）用户可以自定义图表元素

（C）图表生成以后是自动成组的，可通过“取消编组”命令对图表解组，但解组后的图表不可以再更改图表类型

（D）填充色含有渐变色、图案的图形不可以被定义为图表图案

二、操作题

利用工具箱中的图表工具制作一个图表，改变柱状图的颜色，再通过3D效果制作出立体效果，如图15-16所示。

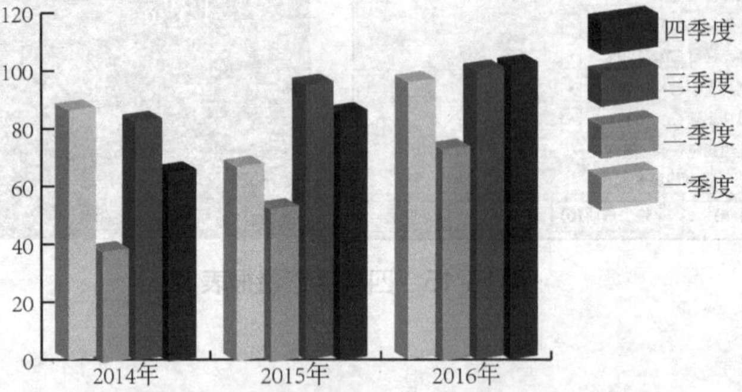

图15-16 图表

综合案例篇

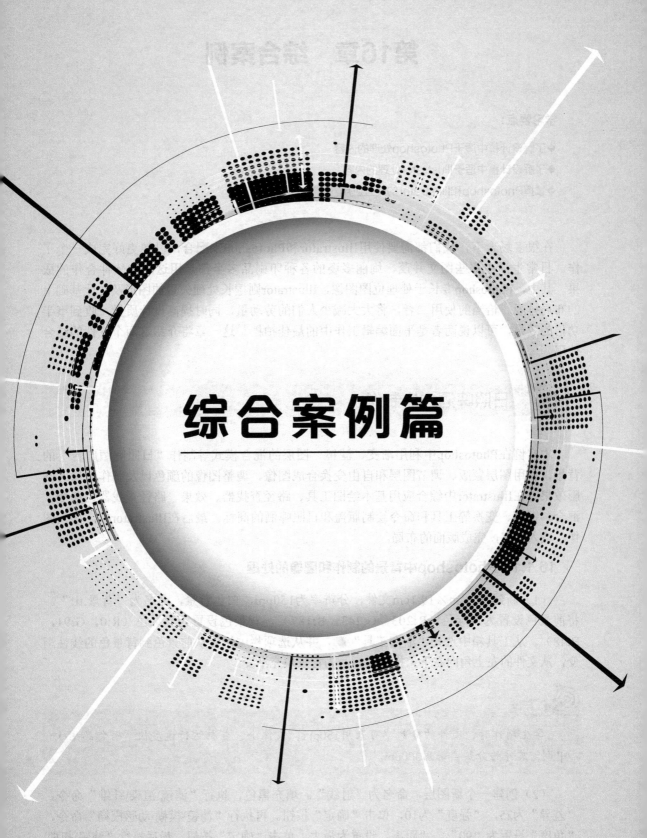

第16章　综合案例

学习要点：

- ◆了解设计稿中适于Photoshop处理的内容
- ◆了解设计稿中适于Illustrator处理的内容
- ◆掌握Photoshop和Illustrator的交互应用

在很多场合下，我们都需要使用Illustrator和Photoshop来配合，以便更好完成一个工作。日常生活中那些图文并茂、绚丽多姿的各种印刷品多半都是用这两种软件合作的成果。其中，Photoshop专长于处理位图图像，Illustrator则擅长处理矢量的图形及在此基础上的布局排版。恰当的使用二者，将大大减少人们的劳动量，同时提高设计质量，收到事半功倍的效果，可以说两者是平面编辑工作中的最佳拍档。这一章将介绍这两个软件的结合使用。

16.1 日照啤酒广告制作

本实例在Photoshop中利用渐变、滤镜、图层的混合模式等制作“日照啤酒广告”的背景，利用图层蒙版、调节图层和自由变换合成图像、调整图像的颜色以及制作图像的倒影效果。在Illustrator中综合应用基本绘图工具、路径查找器、效果、路径查找器、渐变、混合、钢笔、变换等工具和命令绘制瓶盖和日照啤酒的商标。最后在Illustrator中，插入图像，输入文字，完成版面的布局。

16.1.1 Photoshop中背景的制作和图像的处理

（1）新建26.6cm×19.1cm文件，分辨率为150ppi，白色背景，命名为“背景.tif”。将前景色设置为浅绿色（R:203，G:243，B:187），背景色设置为深绿色（R:0，G:91，B:48）。从工具箱中选择“渐变工具”，并从选项栏中设置从前景色到背景色的线性渐变，从文件的左上角向右下角拖动鼠标，为背景填充渐变。

提示

学生制作时，文件的分辨率可采用150ppi，文件小，电脑运行速度快。若作品用于印刷，文件的分辨率采用300ppi。

（2）创建一个新图层，命名为“射线”。填充黑色，执行“滤镜\渲染\纤维”命令，“差异”为25，“强度”为10，单击“确定”按钮。再执行“滤镜\模糊\动感模糊”命令，“角度”设置为“90”，“距离”设置为最大，单击“确定”按钮。最后执行“滤镜\扭曲\

极坐标”命令，选择“平面到极坐标”，单击“确定”按钮，效果如图16-1（a）所示。按Ctrl+T组合键进入自由变换状态，拖动右下角的控制点，将其放大，并将图像中心点移到文件的左上角，如图16-1（b）所示。然后改变“射线”图层的混合模式为“柔光”。

（3）选择“矩形工具”，并在选项栏中设置绘制形状，在文档的底部绘制一个矩形。再选择“添加锚点工具”，在矩形的上边中间位置添加一个锚点，利用“直接选择工具”拖动该锚点向下拖动，效果如图16-1（c）所示。将前景色设置浅黄（R:242，G:228，B:194），背景色设置为深黄（R:209，G:174，B:87），然后单击图层面板的“添加图层样式”按钮，选择“渐变叠加”命令，在“渐变叠加”样式对话中，“渐变”选择前景色到背景色的渐变；“样式”选择“对称的”，角度为0，单击“确定”按钮，效果如图16-1（c）所示。

（4）将绘制好的图层复制一份，删除“渐变叠加”样式，添加“颜色叠加”样式，叠加的颜色为深绿色（R:0，G:91，B:48）。向下移动该层至合适位置。在“图层”面板，选中叠加渐变的形状图层，利用“直接选择工具”选中上边缘添加的描点，向下拖动，调整其形状，效果如图16-1（d）所示。

(a) (b) (c) (d)

图16-1 广告背景制作

（5）分别打开人物图片，选择“图层\复制图层”命令，打开“复制图层”对话框，在目标“文档”中选择“日照啤酒广告.tif”文件。执行“编辑\水平翻转”命令，对图像左右翻转。利用“魔棒工具”单击图像背景——白色，人的白色衣服与背景颜色相近，被选进了选区中，选择多边形套索工具，单选项栏上“从选区减去”按钮，减去多选的衣服。按Shift+Ctrl+I组合键反转选区，单击选项栏上的“调整边缘”按钮，对选区进一步优化调整，调整完成后输出为“图层蒙版”，执行“图层\图层蒙版\应用”命令。就删除了图像的白色背景。再利用椭圆选框工具，绘制一个大的椭圆选区，选区包含图片的全部人物，但选区的左边缘与图像的左边缘齐，执行“图层\图层蒙版\显示选区”命令，效果如图16-2（a）所示。

（6）分别打开啤酒瓶图片文件，将它们复制到“背景.tif”文件中，利用图层蒙版去掉图像背景，调整其大小和位置，效果如图16-2（b）所示。将所有啤酒瓶合并为一个图层，并复制一份，执行“编辑\变换\垂直翻转”命令，调整其位置，并给此图层添加一个图层蒙版，保持图层蒙版处于选中状态，从瓶底到文件的下边缘，拉白到黑的渐变，制作出啤酒瓶的倒影，效果如图16-2（c）所示。合并所有图层，整体效果如图16-2（d）所示，并存盘。

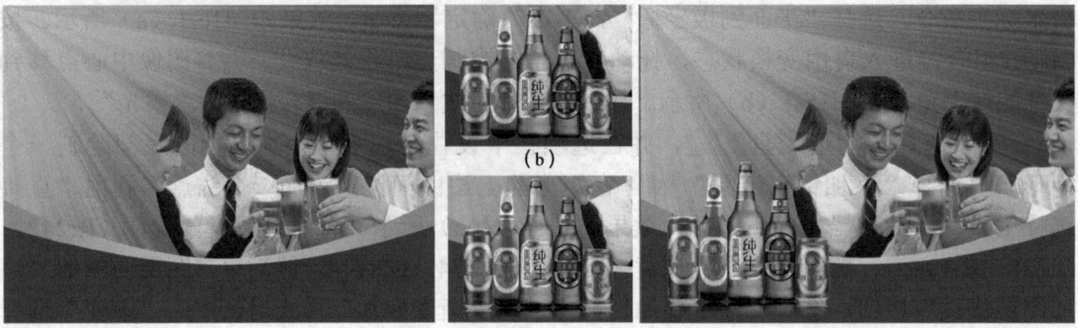

（a）　（b）　（c）　（d）

图16-2　广告背景制作

16.1.2　Illustrator 绘制瓶盖

（1）新建一个高为600像素、宽为400像素的文件，命名为“瓶盖”。选择“椭圆工具”在画布上单击，在弹出的“椭圆”对话框中的“宽度”和“高度”文本框中分别输入100像素，单击“确定”按钮。并设置此圆填充为黑色，无描边，如图16-3（a）所示。

（2）双击工具箱中的“晶格化工具”按钮，在弹出的“晶格化工具”选项对话框中设置“宽度”和“高度”分别为150像素；细节为5。将“晶格化工具”与绘制的黑色圆的圆心对齐，单击鼠标左键，黑色的圆变为如图16-3（b）所示的形状。

提示

操作此步骤之前，要保证“视图\对齐点”选中（前面有钩），若没有选中，先选中此命令。

（3）选择“椭圆工具”再绘制一个“宽度”和“高度”分别输入120像素的圆，填充为50%灰度，无描边。利用“选择工具”选中这两个对象，分别单击选项栏上的“水平居中对齐”和“垂直居中对齐”按钮，效果如图16-3（c）所示。选择“窗口\路径查找器”命令，在“路径查找器”面板中，单击形状模式中的“交集”按钮，效果如图16-3（d）所示。再执行“对象\变换\缩放”命令，在“等比”后的文本框中输入200%，将对象放大两倍。

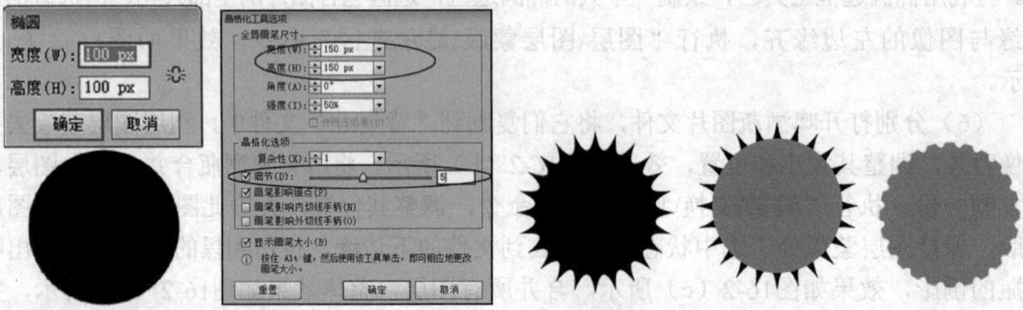

（a）　（b）　（c）　（d）

图16-3　瓶盖制作

（4）选中对象，双击工具箱中的“渐变工具” ，会打开“渐变”对话框，在“类型”中选择“线性”，“角度”设置为-25°，左侧色块为10%的灰度，右侧色块为60%的灰度，为对象填充渐变，效果如图16-4（a）所示。

（5）选择“星形工具”在画布上单击，在弹出“星形”对话框中，设置“半径1”为190像素，“半径2”为80像素，“角点数”为24，单击“确定”按钮，填充颜色改为100%黑，无描边。

利用同样的方法，再绘制一个星形，只将“半径2”改为50像素，其他设置不变，并为其填充50%灰，无描边。选择“选择工具”，拖动鼠标，选择所有对象，单击选项栏中的“水平居中对齐” 和“垂直居中对齐” 按钮，效果如图16-4（b）所示。

（6）选择最先绘制的形状（即“图层”面板最下面的路径），按Ctrl+C组合键，复制对象，按Ctrl+V组合键，将对象贴至最前面。选中此对象，按住Shift键，再选择填充为黑色的星形，单击选项栏中的“水平” 和“垂直” 对齐按钮，再单击“路径查找器”面板上的“交集” 按钮。然后再按Ctrl+V组合键，将刚才复制的对象再贴至最前面，选择它，按住Shift键，再选择填充为灰色的星形，单击选项栏中的水平和垂直对齐按钮，再单击“路径查找器”面板上的“交集”按钮。

（7）在“图层”面板中单击最上层路径后面的图标，选择最上层的对象。为其填充白色到70%灰的渐变，渐变角度为-90°。同样方法，选择中间层的对象。为其填充20%～50%灰的渐变，渐变角度为-25°。最后效果如图16-4（c）所示。

（8）绘制一个宽度和高度为215像素的圆，并为其填充白色到80%灰色的线性渐变，渐变角度为-45°，无描边，效果如图16-4（d）所示。

再绘一个宽度和高度均为190像素的圆，并为其填充白色到20%灰色的线性渐变，渐变角度为-45°，无描边；选中所有对象，水平和垂直对齐，效果如图16-4（e）所示。

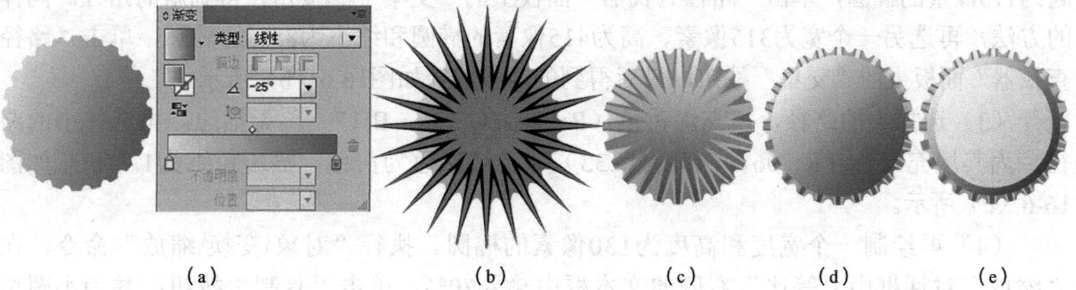

图16-4 制作瓶盖

（9）按住Shift键，选中最上层的两个圆，执行“对象\混合\混合选项”命令，在“混合选项”对话框中，“间距”选择“指定的步数”，后面的文本框中输入10。执行“对象\混合\建立”命令，效果如图16-5（a）所示。

（10）选择最先绘制的形状（即“图层”面板最下面的路径），按Ctrl+C组合键，复制对象，按Ctrl+V组合键，将对象贴至最前面，为其填充绿色（R:152，G:189，B:66）。执行“窗口\透明度”命令，打开“透明度”面板，选择混合模式为“正片叠底”，如图16-5（b）所示。

绘制一个宽度和高度均为190像素的圆，选中此圆，执行“对象\变换\移动”命令，在打开的移动对话框中，“水平”和“垂直”文本框中分别输入7像素，单击“复制”按钮。按住Shift选中这两个圆，单击“路径查找器”面板中的“减去顶层对象”按钮，得到月牙形，为其填充白色到透明的线性渐变，渐变的角度为-45°，如图16-5（c）所示，存盘。

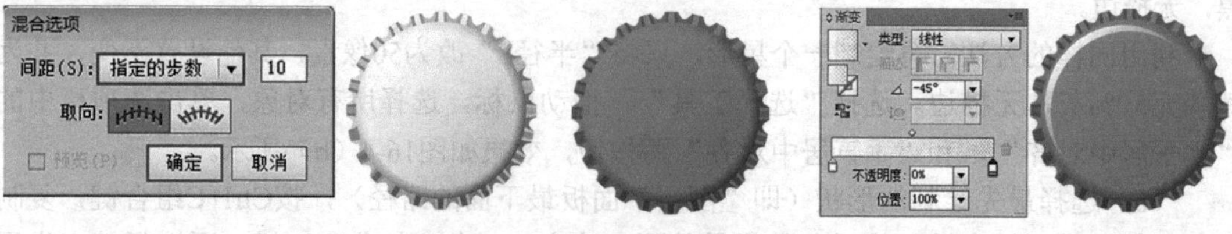

（a） （b） （c）

图16-5 制作瓶盖

16.1.3 绘制日照啤酒商标

（1）新建一个600像素×600像素的文件，命名为“商标”。选择“椭圆工具”，并在画布上单击，在弹出的“椭圆”对话框中的“宽度”和“高度”文本框中分别输入560像素和110像素，按“确定”按钮。保持椭圆选中状态，执行“对象\变换\缩放”命令，在缩放对话框中“等比”后面的文本框中输入85%，单击“复制”命令。

同样方法，再绘制一个宽为315像素、高为415像素的椭圆，并按Ctrl+C组合键和Ctrl+V组合键复制一个备份。选中所有对象，单击选项栏上的“水平居中对齐”和“垂直居中对齐”按钮，效果如图16-6（a）所示。

（2）按住Shift键，选中一个宽为315像素、高为415像素的椭圆和一个宽为560像素、高为110像素的椭圆，单击“路径查找器”面板上的“交集”按钮，得到新的路径。同样的方法，再选另一个宽为315像素、高为415像素的椭圆和缩小为85%的椭圆，单击“路径查找器”面板上的“交集”按钮，最后得到的两条路径如图16-6（b）所示。

（3）选择大的路径，填充深黄色（R:188，G:156，B:17），无描边。再选择小的路径，为其填充红色（R:206，G:38，B:33），描边颜色为白色，描边粗细为1.75pt，如图16-6（c）所示。

（4）再绘制一个宽度和高度为130像素的椭圆。执行“对象\变换\缩放”命令，在“缩放”对话框中“等比”右侧的文本框中输入70%，单击“复制”按钮。并为小圆填充浅蓝色（R:145，G:202，B:229）到深蓝色（R:34，G:51，B:92）的径向渐变，渐变的“角度”为-45°。小圆的描边为浅黄（R:250，G:241，B:200）到橙黄色（R:237，B:169，B:96）线性渐变，渐变的“角度”为-120°。为大圆填充红色（R:206，G:38，B:33）到深红色（R:103，G:32，B:23）的径向渐变，渐变滑块的位置为87%。大圆描边与小圆的描边渐变设置相同，但大圆的渐变“角度”设置为0°，效果如图16-6（d）所示。

（5）新建一个图层，命名为“麦穗”。选择“椭圆工具”在画布上单击，绘制一个宽为38像素、高为9像素的椭圆。执行“对象\变换\旋转”命令，旋转“角度”设置为20°，单击“确定”按钮。利用添加锚点工具，在椭圆的上部1/4圆弧上添加两个锚点，如图16-6（e）所示。选择“转换锚点工具”，单击椭圆长半轴上的两个锚点，将其转化为尖锐锚点。利用“直接选择工具”选中并拖动新添加的最上面的锚点，如图16-6（f）所示。

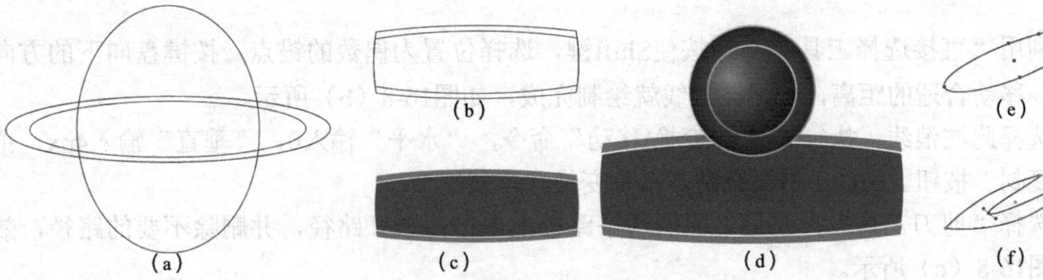

图16-6　绘制商标

（6）“选择工具”选中此对象，执行“对象\变换\旋转”命令，旋转角度设置30°，单击“复制”按钮。然后向上移动至合适位置，效果如图16-7（a）所示。

（7）选择“椭圆工具”在画布上单击，绘制一个宽为12像素、高为5像素像素的椭圆。执行“对象\变换\旋转”命令，旋转角度设置为60°，单击“确定”按钮。选择“转换锚点工具”，单击椭圆长半轴上的两个锚点，将其转化为尖锐锚点。这样就绘制好一个麦粒。选中此麦粒，执行“对象\变换\旋转”命令，旋转角度设置为20°，单击“复制”按钮就可得到下一颗麦粒，向上移到合适位置。同样的方法，利用复制的麦粒再得到下一颗麦粒，效果如图16-7（a）所示。选择右侧的麦粒，执行“对象\变换\旋转”命令，旋转角度设置为45°，单击“复制”按钮就可以得到左侧的麦粒，将其移动到合适位置即可。

（8）利用钢笔工具绘制三条曲线，在选项栏中，单击“描边”按钮，在打开的下拉框中，“粗细”设置为1pt，“端点”选择“圆头端点”，配置文件选择，效果如图16-7（b）所示。选择三条曲线，执行“对象\路径\轮廓化描边”命令，将三条曲线路径，转化为三个区域。

（9）按住Shift键，分别单击，选中麦穗的所有部件，单击“路径查找器”中的“联集”按钮，使它们成为一个整体。并为它填充由浅黄（R:250，G:241，B:200）到橙黄色（R:237， B:169，B:96）线性渐变，渐变的角度为0°，无描边。

再选中它，执行“对象\变换\对称”命令，选择“垂直”后，单击“复制”按钮，并将其移至合适位置，效果如图16-7（c）所示。利用“椭圆工具”，按住Shift键，再绘一个正圆，填充同样的渐变。

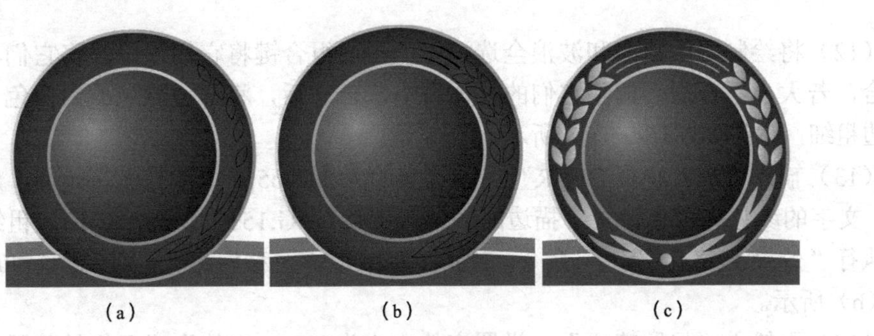

图16-7　绘制商标

（10）绘制波浪线。利用“选择工具”拉出一些等间距的参考线，选择“钢笔工具”，按住 Shift 键，单击并拖动鼠标左键，绘制一条由锚点组成的直线。使每个锚点的控制把柄都水平，且长短尽量一样，这样绘制的波浪线才会均匀一致，如图16-8（a）所示。

利用“直接选择工具”，按住Shift键，选择位置为偶数的锚点，按键盘向下的方向键↓，移动合适的距离，一根波浪线就绘制完成，如图16-8（b）所示。

选择此波浪线，执行“对象\变换\移动”命令，“水平”输入0，“垂直”输入4px，单击“复制”按钮。按Ctrl+D组合键，重复变换，再复三个。

选择“剪刀工具”，在最下面的两条路径上单击，断开路径，并删除不要的路径，效果如图16-8（c）所示。

（11）绘制帆船。利用矩形工具绘制一个矩形，描边0.5pt，无填充，如图16-8（d）所示。在矩形下边缘与参考线相交的位置添加锚点（最左侧的不用加）。并将它们转换为平滑锚点，利用直接选择工具，调整锚点的位置，使船底与波浪吻合，如图16-8（e）所示。在矩形上边缘加一个锚点，转换为平滑锚点后，将其稍向下拉。

再绘制一个矩形，描边0.5pt，无填充。在上下两个边上各加一锚点，将它们和左下角的锚点转换为平滑锚点，利用直接选择工具，调整其形状，如图16-8（f）所示。

帆船的帆绘制方法。钢笔工具先绘制一个基本图形，再在相应部位添加或减少锚点，根据需要把相应的锚点转换为平滑点，利用“直接选择工具”调节方向线的角度和长短，即可得图16-8（g）所示的部件。最后将各个部件组合在一起，效果如图16-8（h）所示。

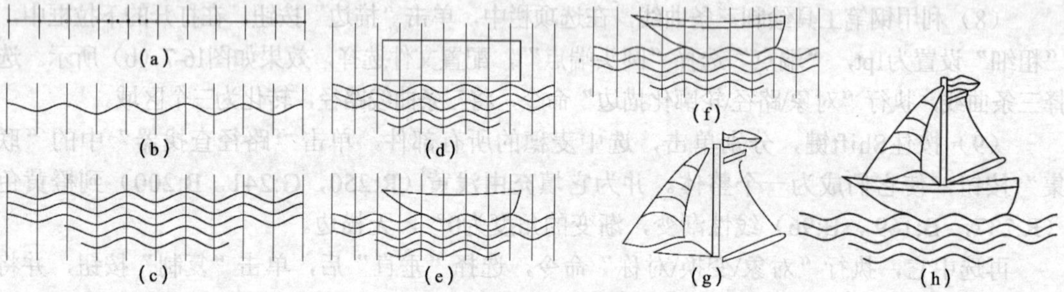

图16-8 绘制帆船和波浪

（12）将绘制好的帆船和波浪全选，按Ctrl+G组合键将它们编组。将它们与前面的商标组合，若大小不合适，调整它们的整体大小，合适后，将描边颜色改为白色，设置合适的描边粗细，效果如图16-9（a）所示。

（13）输入“RIZHAO BEER”，设置字的大小为65pt，字体为Georgia，水平缩放为75%，文字的颜色为白色，文字描边的颜色（R:181，G:151，B:25），描边粗细为1.5pt。然后执行“效果\风格化\投影”命令，X位移为2px，Y位移为2px，“模糊”为0.5px，如图16-9（b）所示。

（14）再输入“日照啤酒”，设置字的大小为50pt，字体为“汉仪长美黑简”，文字颜色为红色（R:206，G:38，B:33），描边为白色，粗细为2pt。然后执行“效果\风格化\投影”命令，“X位移”为2px，“Y位移”为2px，“模糊”为0.5px，如图16-9（b）所示，存盘。

（a） （b）

图16-9 日照啤酒商标

16.1.4 日照啤酒广告版面布局

（1）在Illustrator CC中，新建一个命名为“日照啤酒广告”的文件，其宽为260mm，高为185mm，上、下、左、右出血为3mm，单击“确定”按钮。

（2）选择“文件\置入”命令，在打开的“置入”对话框中，选择先前制作好的“背景.tif”文件，单击“置入”按钮，并调整文件位置。

（3）打开“商标”文件，将绘制的日照啤酒商标全选，执行“对象\编组”命令，然后将其复制到“日照啤酒广告”文件中，按住Shift键，拖动对象的控制边框，等比例调整商标大小。商标图像缩小，“RIZHAO BEER”的描边过粗，选中文字，重新设置描边为0.5pt。

（4）打开“瓶盖”文件，将绘制好的瓶盖编组，并复制到“日照啤酒广告”文件中。按住Shift键，拖动对象控制边框，等比例调整瓶盖大小。按住Alt键，拖动瓶盖，复制两份，并安排好其位置，效果如图16-10所示。

（5）选择“文字工具”T，输入“日照”，字体为魏碑，大小为21pt，文字颜色为白色。再复制两份，利用“旋转工具”分别旋转合适角度。

（6）选择“钢笔工具”围绕“日照啤酒商标”绘制一条弧线。选择“路径文字工具”，在弧形线上单击，输入“喝日照啤酒 交天下朋友”，并设置文字的字体为汉仪长美黑，文字的大小为30pt，文字颜色为红色（R:194，G:39，B:39）描边白色，描边粗细为0.75pt。选择“效果\风格化\投影”命令，设置“X偏移”为0.7mm，“Y偏移”为1mm，模糊为0.5mm，不透明度为100%，设置完成后按“确定”按钮。广告版面的最后效果如图16-10所示。

图16-10 广告效果图

16.2 包装盒的制作

本实例学习在Photoshop中使用选择工具、图层蒙版、图层变换等，处理包装盒的插图以及制作包装盒的立体效果图；在Illustrator中，根据包装盒的尺寸绘制包装盒的盒形图，并制作出包装盒的展开图。

16.2.1 在Photoshop中制作包装盒的插图

（1）新建一个宽度为8cm、高度6.9cm、分辨率为300ppi，透明背景命令为“包装贴图.tif”的图像文件。

（2）打开“树叶.tif”文件，利用“快速选择工具”选择图像背景，按Shift+Ctrl+I组合键反转选区，单击选项栏上的“调整边缘”按钮，调整选区，并输出带有图层蒙版的新图层。选中新生成的图层，执行“图层\复制图层”命令，在对话框中，“目标文档”选“包装贴图.tif”，按Ctrl+T组合键进入自由变换状态，调整图像大小，如图16-11（a）所示。

（3）按Ctrl键，单击“图层面板”上树叶图层的缩览图，载入选区。执行“选择\扩展”命令，在对话框输入10像素，单击“确定”按钮。新建一个图层，并为选区填充白色，并置于树叶层下，如图16-11（b）所示。

（4）打开“幼儿.jpg”文件，按利用“魔棒工具”选择图像背景，按Shift+Ctrl+I组合键反转选区，按Ctrl+C组合键复制图像。切换在“包装贴图.tif”文件中，按Ctrl+V组合键，将图像贴到此文件中。按Ctrl+T组合键进入自由变换状态，调整图像大小，如图16-11（c）所示。

（5）复制树叶图层，Ctrl+T组合键进入自由变换状态，调整图像大小，并将它放在幼儿的头上。调整好，再复制两份，一份稍旋转其角度，另一份执行“编辑\变换\水平翻转”命令，并调整其位置。执行“编辑\变换\变形”命令，调整叶柄处的图像，如图16-11（d）所示。

（6）合并所有图层，按Ctrl键，在“图层面板”上单击合并图层缩览图，载入选区。执行“窗口\路径”命令，打开“路径面板”，单击“从选区生成路径”按钮，选区转化为“工作路径”。选择“路径面板”菜单中的“存储路径”命令，将“工作路径”存为“路径1”。再选“路径面板”菜单中的“剪贴路径”命令，“展平度”设为2像素，保存文件。

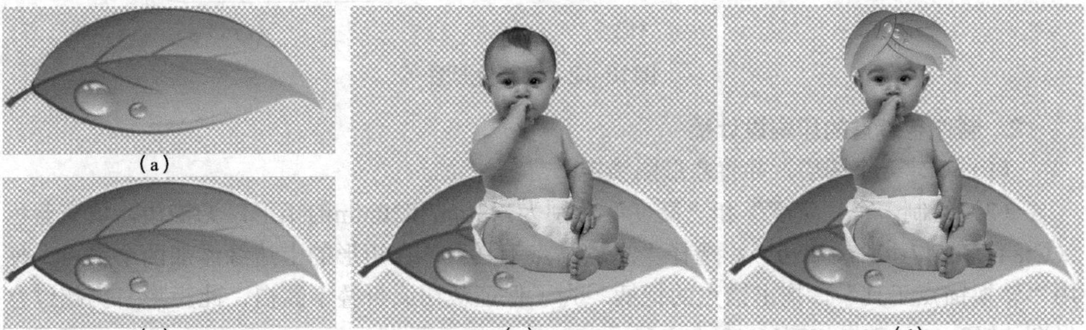
（a）（b）（c）（d）

图16-11　包装贴图

16.2.2　在Illustrator中制作包装盒的展开图

1. 绘制盒形尺寸图

（1）新建一个宽为300mm、高为250mm的文件，命名为“药品包装盒”。

（2）选择“矩形”工具，在画板上单击鼠标左键，在弹出的“矩形”面板中，“宽度”文本框中输入140mm，“高度”文本框中输入80mm，单击“确定”按钮。无填充，描边的粗细为1pt，描边的颜色为黑色。

（3）同样的方式，再绘制一个“宽度”和“高度”分别为140mm和25mm的矩形，无填充，描边的粗细为1pt，描边的颜色为黑边。选中这两个矩形，单击选栏中“对齐”按钮，选择“左对齐”。并使两矩形上下边对齐，效果如图16-12（a）所示。

（4）再绘制两个高度为80mm、宽度分别为25mm和10mm的矩形，放在绘制的第一个矩形（140mm×80mm）的左侧，作为盒盖和插头，效果如图16-12（b）所示。

（5）再绘制两个高度为25mm、宽度为15mm的矩形，放在绘制的第二个矩形（140mm×25mm）的左侧和右侧，作为防护翼，效果如图16-12（b）所示。

（6）利用“选择工具”选中所有绘制的矩形，按住Alt键，拖动鼠标，复制一份，并将它们拼接第二个绘制的矩形（140mm×25mm）上边。并将大矩形左侧的作为盒盖和插头的两个矩形移到大矩形的右侧，效果如图16-12（c）所示。

（7）再绘制一个宽度和高度分别为140mm和10mm的矩形，拼接在图形的最下面，作为糊头。至此，盒形尺寸图绘制完成，按Ctrl+A组合键，选中所有矩形，按Ctrl+G组合键将它们编组。最后效果如图16-12（c）所示。

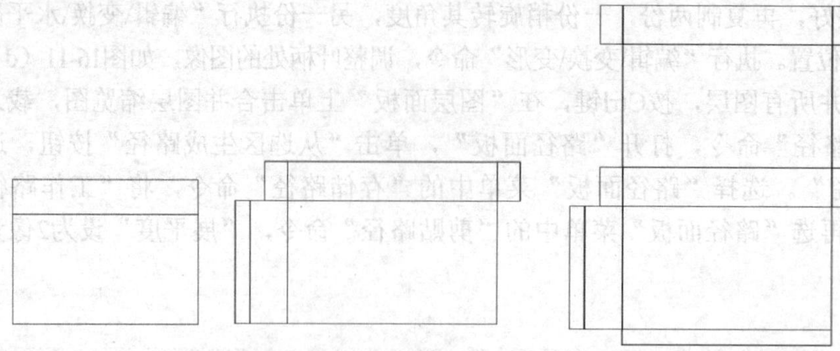

(a)　(b)　(c)

图16-12　绘制盒形图

2. 制作包装盒的印刷设计稿

（1）新建一个图层，并将盒形图锁定。

（2）绘制一个“宽度”和“高度”分别为143mm和20mm的矩形，无描边，填充蓝色（C:84，M:47，Y:7，K:0）。选择“添加锚点工具”，在矩形的上边缘添加两个锚点，使用“转换锚点工具”，拖出锚点的把柄。为了保证裁切或折叠不露白，此矩形右侧超过盒形图边缘3mm。效果如图16-13（a）所示。

（3）再绘制一个“宽度”和“高度”分别为143mm和10mm的矩形，无描边，填充蓝色（C:84，M:47，Y:7，K:0），矩形的下边缘与糊头矩形的下边缘对齐。效果如图16-13（b）所示。

（4）将第（2）步绘制好的波浪图形复制一份，并为其填充青色（C:62，M:7，Y:4，K:0），并执行“对象\排列\后移一层”命令，将此层放在蓝色图形的后面。用“直接选择工具”选择青色对象上边缘锚点，调整其形状，效果如图16-13（c）所示。

（5）同样的方法，再复制两份，分别填浅青色，上层颜色为（C:14，M:1，Y:1，K:0），底层颜色为（C:25，M:3，Y:2，K:0）。并执行“对象\排列\后移一层”命令，调整它们的层次。利用“直接选择工具”分别选择对象上边缘锚点，调整其形状，如图16-13（d）所示。

（6）执行“文件\置入\婴儿.tif”，将PS合成的图片文件置入，调整其位置。执行“效果\风格化\羽化”命令，效果如图16-13（e）所示。

提示

在AI中，图像一般不能再缩放，若需要放大，需到PS执行“图像\图像大小”对图像进行修改。

（7）选择“文字工具”，输入“婴儿保肺散”，文字颜色为黑色，字体为隶书，文字大小为40pt。

（8）选择“矩形工具”绘制一个“宽度”和“高度”分别为14mm和6.5mm的矩形，无描边，填充红色（C:0，M:100，Y:100，K:0）。按Ctrl键，拖动鼠标左键，复制4份，分别填充青（C:62，M:7，Y:4，K:0）、黄（C:23，M:23，Y:85，K:0）、绿（C:68，M:8，Y:100，K:0）和蓝色（C:84，M:47，Y:7，K:0）。选中这些小矩形，单击选项栏中的对齐和分布。

（9）选择“文字工具”，分别输入“YING-ER-BAO-FEI-SAN”，拖到色块上。文字颜色设置为白色。再输入“【功能主治】”字体设置为黑体，大小为12pt。分别输入“清肺化痰-止咳降逆-肺热咳嗽-喘满痰盛-呕吐身热”。字体为黑体，大小为10.5pt，颜色分别为上面色块的颜色。效果如图16-13（f）所示。

（10）再输入“国药准字号Z41020257”字体为黑体，文字大小为10.5pt。利用“椭圆工具”绘制一个宽和高分别为12mm和7mm的椭圆，填充红色（C:0，M:100，Y:100，K:0）。输入“OTC”，字号为14pt，颜色白色。效果如图16-13（f）所示。

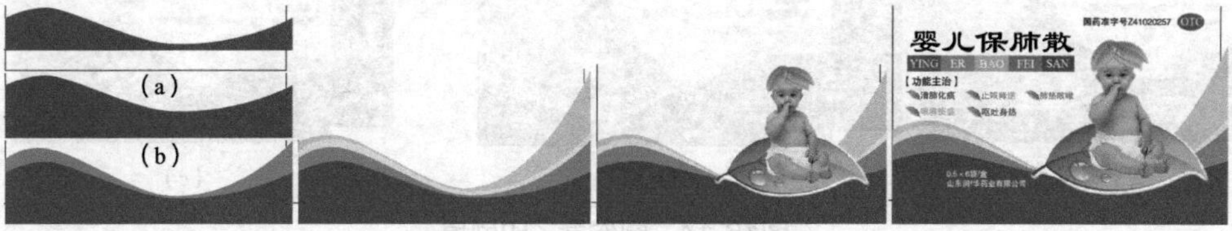

（c）　（d）　（e）　（f）

图16-13　制作盒子印刷稿

（11）用“文字工具”输入“0.5×6袋/盒、山东润华药业有限公司”字体为黑体、大小为12pt颜色为白色。将这层的对象（除糊头上的矩形外），全部选中，按Ctrl+G组合键，编组。

（12）将编组的对象复制一份，执行“对象\变换\对称”命令，选“垂直”选项，单击“确定”按钮。再执行“对象\变换\对称”命令，选“水平”选项。将变换后的对象移至合适位置（注意：这次出血的边在左侧），效果如图16-14（a）所示。

（13）新建一个宽度和高度分别为28mm和86mm矩形，填充蓝色（C:84，M:47，Y:7，K:0），无描边，放在盒盖处（由于上、下和左侧都需要3mm出血，所以这个矩形尺寸为宽为25mm+3mm=28mm、高为80mm+3mm+3mm=86mm）。选择“文字工具”，输入“产品批号、生产日期、有效期”，字体黑体，大小10.5pt，颜色白色，效果如图16-14（B）所示。复制这个矩形，选择“直排文字工具”输入“婴儿保肺散”，字体隶书，大小28pt，颜色白色，将文字和矩形按Ctrl+G组合键编组。编组的对象移至上面的盒盖处，执行“对象\变换\对称”命令，选“垂直”选项，单击“确定”按钮。然后再执行一次，选“水平”选项。调整好其位置，效果如图16-14（b）所示。

（14）绘制一个宽为146mm、高为25mm的矩形。左右需要3mm出血，上下不用出血，宽为140mm+3mm+3mm，填充蓝色（C:84，M:47，Y:7，K:0），无描边。放在中间盒子厚度位置。输入“【规 格】一袋0.25g。【用法用量】口服。一次1袋，一日三次。【不良反应】【禁忌】【注意事项】详见说明书。【贮藏】密闭。”字体为黑体、大小为9pt，颜色为白色。

（15）绘制一个宽为146mm、高为25mm的矩形（左右需要3mm出血，上边缘出血，所以宽为140mm+3mm+3mm=146，高为25mm+3mm=28mm），填充蓝色（C:84，M:47，Y:7，K:0），无描边。放在最上边盒子厚度位置。输入“【成分】川贝母、橘红、姜半夏、百部、桔梗、紫苏梗、天竺黄、紫苏子（炒）、硼砂、石膏、滑石、朱砂、赭石、冰片。【功能主治】清肺化痰；止咳降逆；肺热咳嗽；喘满痰盛；呕吐身热。【性 状】本品为浅红色的粉末；气清凉，味苦。”字体为黑体、大小为9pt，颜色为白色。隐藏盒形图所在的图层，最后效果如图16-14（c）所示。至此，印刷设计稿制作完成，根据印刷机尺寸，利用设计稿拼大版。

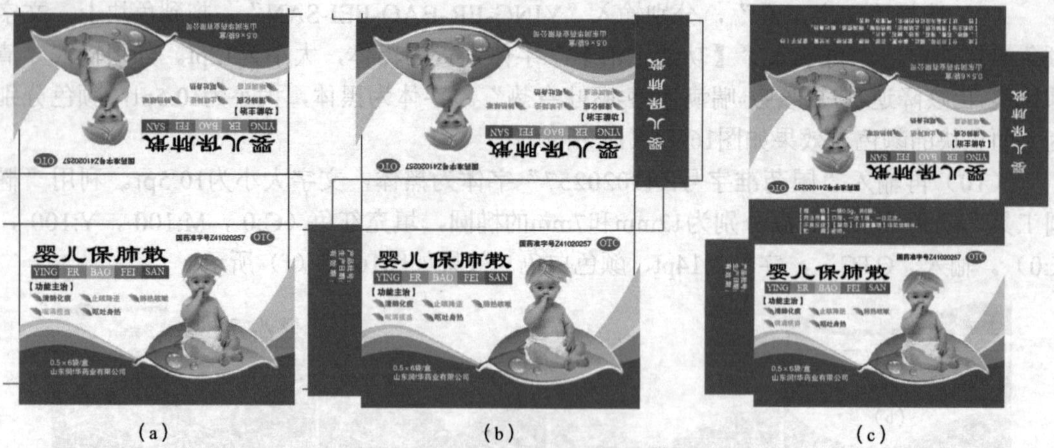

图16-14　制作盒子印刷稿

16.2.3　制作包装盒的立体效果

（1）将包装展开图文件另存一份，命令为“包装盒无出血”。调整盒子三个面的大小，去掉每个面的出血部分。

（2）打开Photoshop，新建一个宽度为12cm、高为12cm、分辨率为300ppi的文件，命名为“包装盒立体效果”。将三个面分别由AI复制到PS中（以像素的方式），效果如图16-15（a）所示。

（3）在“图层面板”中，单击“婴儿保肺散”所在的图层，按Ctrl+T组合键进入自由变换状态，并在选项栏中，单击“参考点位置”图的左上角，将变换中心换到图像的左上角，在“V:”后面的文本框中输入-45，再拖动右侧控制把柄，将图像压扁一些，效果如图16-15（b）所示，合适后双击。

（4）选上面的图层，按Ctrl+T组合键进入自由变换状态，在选项栏中，单击“参考点位置”图的右下角，在“H:”后面的文本框中输入-45，再拖动上侧控制把柄，将图像压扁，且它右侧边缘与左侧对象的上边缘合在一起，效果如图16-15（c）所示，合适后双击。最后的立体效果如图16-15（d）所示。

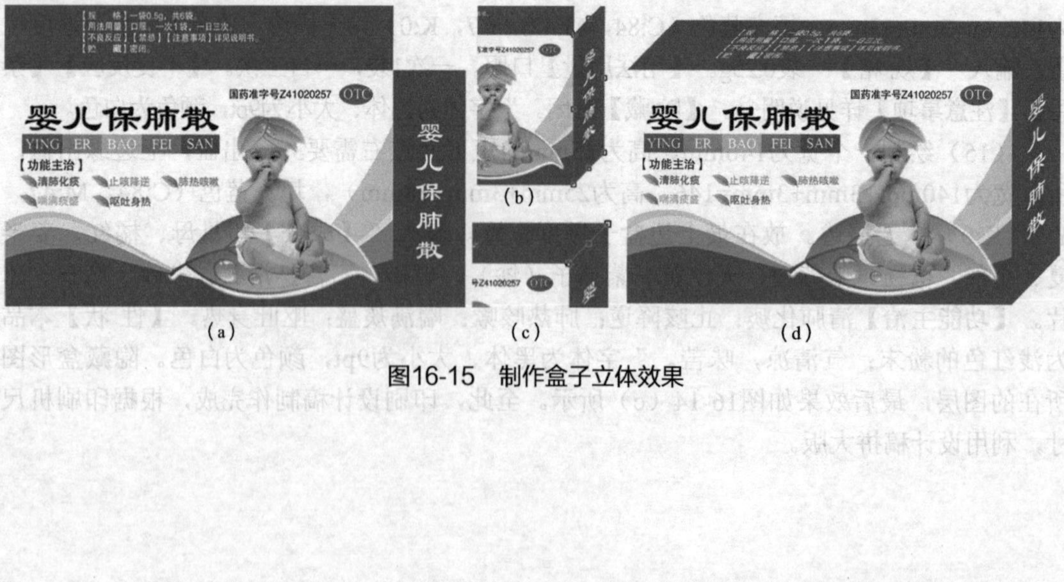

图16-15　制作盒子立体效果

习题

利用Illustrator和Photoshop制作图16-16所示的端午节招贴画。

本章部分图片

图16-16　端午节招贴画

参考文献

[1] Sener.超详细通道磨皮教程[DB/OL].http://www.68ps.com/jc/big_ps_tp.asp?id=20123,2013-1-28.

[2] 耶菜.Photoshop初学者实例教程：画笔应用绘制一只可爱的小熊[DB/OL]. http://www.jcwcn.com/article-3986-1.html,2009-5-10.

[3] 种下星星的孩子.PS图层混合模式实例详解[DB/OL]. http://wenku.baidu.com/view/967ba849f7ec4afe04a1dfc1.html,2012-1-20.

[4] PS实例：巧用“匹配颜色”命令处理照片[EB/OL]. http://soft.zol.com.cn/71/718077.html,2007-11-16.